Integration virtueller Methoden in das Anlaufmanagement skalierbarer Fertigungssysteme

Integration of Virtual Methods in the Ramp-Up Management of Scalable Manufacturing Systems

Von der Fakultät für Maschinenwesen
der Rheinisch-Westfälischen Technischen Hochschule Aachen
zur Erlangung des akademischen Grades eines
Doktors der Ingenieurwissenschaften
genehmigte Dissertation

vorgelegt von

Nicolas Johannes Lutz

Berichter/in:

Univ.-Prof. Dr.-Ing. Achim Kampker, MBA
Univ.-Prof. Dr.-Ing. Robert Heinrich Schmitt

Tag der mündlichen Prüfung: 26. November 2021

ERGEBNISSE AUS DER ELEKTROMOBILPRODUKTION

Nicolas Johannes Lutz

Integration virtueller Methoden in das Anlaufmanagement skalierbarer Fertigungssysteme

Herausgeber:
Univ.-Prof. Dr.-Ing. Achim Kampker, MBA

Band 19

Bibliografische Information der Deutschen Nationalbibliothek
Die Deutsche Nationalbibliothek verzeichnet diese Publikation in der Deutschen Nationalbibliografie; detaillierte bibliografische Daten sind im Internet über https://portal.dnb.de abrufbar.

Nicolas Johannes Lutz:

Integration virtueller Methoden in das Anlaufmanagement skalierbarer Fertigungssysteme

1. Auflage, 2022

Gedruckt auf holz- und säurefreiem Papier, 100% chlorfrei gebleicht.

Apprimus Verlag, Aachen, 2022
Wissenschaftsverlag des Instituts für Industriekommunikation und Fachmedien an der RWTH Aachen
Steinbachstr. 25, 52074 Aachen
Internet: www.apprimus-verlag.de, E-Mail: info@apprimus-verlag.de

Druck: CPI Druckdienstleistungen GmbH, Ferdinand-Jühlke-Straße 7 I 99095 Erfurt

ISBN 978-3-98555-035-7

D 82 (Diss. RWTH Aachen University, 2021)

Vorwort

Die vorliegende Arbeit enstand während meiner Zeit als Doktorand bei der BMW Group in München im Bereich der Planung und Produktion elektrischer Antriebssysteme in enger Kooperation mit dem Lehrstuhl Production Engineering of E-Mobility Components der RWTH Aachen.

Mein größter Dank gilt meinem Doktorvater und Vorbild, Herrn Prof. Dr.-Ing. Achim Kampker, welcher mir die Möglichkeit der Erstellung dieser Arbeit schaffte. Sein Vertrauen und der enge inhaltliche Austausch waren Grundlage für das Gelingen dieser Arbeit. Ich möchte mich für die Anregungen und die Übernahme des Koreferates bei Herrn Prof. Dr.-Ing. Robert Schmitt herzlich bedanken. Herrn Prof. Dr.-Ing. Johannes Schleifenbaum danke ich für die Übernahme des Prüfungsvorsitzes.

Der Austausch und die inhaltichen Diskussionen mit den Kollegen am Lehrstuhl für Production Engineering of E-Mobility Components haben maßgeblich zum Erfolg dieser Arbeit beigetragen. Für außerordentliche Unterstützung durch kritisches und ehrliches Feedback zum Inhalt der Arbeit sowie organisatorische Meisterleistungen danke ich Frau Dr.-Ing. Saskia Wessel.

Herrn Franz Heydner danke ich für die Chance der Anfertigung meiner Arbeit in seinem Team, den gewährten Freiraum während meiner Tätigkeit bei der BMW Group und die Möglichkeit zur Erforschung des Themas in laufenden Projekten. Herrn Dr.-Ing. Martin Hehl danke ich ganz besonders für frequentes Feedback zum Inhalt der Arbeit und die Unterstützung während des gesamten Promotionsprozesses.

Ich bedanke mich bei allen Kollegen der BMW Group für regen Austausch und offene Gespräche. Insbesondere möchte ich mich bei Jens Niemann, Tillmann Möller, Matthias Bildhauer, Valentin Gauckler, Michaela Reibetanz, Simon Heine, Dekai Xiao und Heiko Wirtz bedanken.

Schließlich möchte ich mich herzlich bei meinen Freunden und meiner Familie bedanken. Thomas Scheuer und Thomas Schwarberg danke ich für mentalen Beistand und strukturelles Feedback. Meine Eltern haben meinen bisherigen Lebensweg immer mit allen Mitteln unterstützt und maßgeblich zum Gelingen meiner Arbeit beigetragen.

Köln, im November 2021 Nicolas Johannes Lutz

Inhaltsübersicht

Zusammenfassung

Die fortschreitende Elektrifizierung der Flotten in der Automobilindustrie erfordert eine effiziente Großserienproduktion des elektrischen Antriebsstrangs. Neue Produktionstechnologien und fortschreitende Entwicklungen der Produkte verlangen eine flexible und kosteneffiziente Anpassung aufzubauender Produktionskapazitäten. Dabei senken skalierbare Fertigungssysteme initiale Investitionskosten und erhalten die Anpassungsfähigkeit an Technologiesprünge. Insbesondere teure Inbetriebnahmephasen durch die Integration neuer Fertigungsstationen und deren Software treten regelmäßig auf. Die effiziente Gestaltung der Umbauphasen wird durch den gesamthaften Einsatz der virtuellen Inbetriebnahme in Projekten zwischen Automobilbau und Anlagenbau als adäquates Werkzeug unterstützt.

Der wesentliche Beitrag der vorliegenden Forschungsarbeit ist die Integration der virtuellen Inbetriebnahme in Projekte skalierbarer Fertigungssysteme. Die technologische Weiterentwicklung durch reale Produktionsdaten wird methodisch vorbereitet. Vor allem die wirtschaftliche Einführung virtueller Methoden in komplexe Planungsprojekte zwischen Anlagenlieferant und Anlagenkunde muss fokussiert betrachtet werden. Dabei wird ein Beitrag zur Senkung der Kosten durch verkürzte Produktionsunterbrechungen bei gleichbleibender Qualität und Stückzahl geleistet. Zentraler Aspekt ist die Vorbereitung von Organisationseinheiten im Bereich der Produktion elektrischer Antriebssysteme zur effizienteren Gestaltung zukünftiger Planungsprojekte skalierbarer Fertigung durch virtuelle Methoden.

Summary

The advancing electrification of fleets in the automotive industry requires efficient large-scale production of the electric drive train. New production technologies and progressive product developments demand flexible and cost-efficient adaptation of the production capacities to be built up. Thereby scalable manufacturing systems lower initial investment costs and maintain the ability to adapt to technological advances. In particular, expensive commissioning phases due to the integration of new stations and their software occur more frequently. The efficient design of the renovation phases is supported by the overall use of virtual commissioning in projects between automobile construction and plant construction as an adequate tool.

The main contribution of this research work is the integration of virtual commissioning in projects of scalable manufacturing systems. Technological advancement through real production data is being prepared methodically. Above all, the economic introduction of virtual methods in complex planning projects between the system supplier and the system customer must be viewed in a focused manner. A contribution is made to lowering costs by shortened production interruptions while maintaining the same quality and quantity. The central aspect is the preparation of organizational units in the area of the production of electric drive systems for the more efficient design of future planning projects for scalable production using virtual methods.

Inhaltsverzeichnis

Verzeichnis der Abbildungen

Verzeichnis der Formelzeichen und Abkürzungen

Abkürzung	Einheit	Beschreibung
a	-	Anzahl Eingangsgrößen
β	-	Regressionskoeffizient
c	-	Konstante
d	-	Desirability
D	-	Composite-Desirability
ϵ	-	Zufällige Störung
k	-	Anzahl Faktoren
L	s	Frühester Auslösezeitpunkt
m	-	Anzahl Auslösezeitpunkte
n	-	Anzahl Parameterkombinationen
P_F	-	Verfahrparameter
P_V	-	Verzögerungsparameter
s	-	Steigung
σ^2	-	Varianz
T_F	s	Verfahrzeit
T_{FR}	s	Reale Verfahrzeit
T_V	s	Verzögerungszeit
T_{VR}	s	Reale Verzögerungszeit
U	s	Spätester Auslösezeitpunkt
V_E	s	Einseitiger zeitlicher Versatz
V_Z	s	Zweiseitiger zeitlicher Versatz
x	-	Eingangsgröße
y	-	Ausgangsgröße
Y	s	Auslösezeitpunkt
$\hat{Y}$	-	Regressionsfunktion

Y_R	s	Realer Auslösezeitpunkt

Abkürzung	**Beschreibung**
AML	Automation Markup Language
API	Application Programming Interface (Programmierschnittstelle)
BPMN	Business Process Modeling (and) Notation
Bspw.	Beispielsweise
CNC	Computerized Numerical Control (Rechnergestützte numerische Steuerung)
CSV	Comma-Separated Values
DT	Digital Twin (Digitaler Zwilling)
E-Plan	Schaltplan- und Stromlaufplan
FZP	Flankenzeitpunkt
KI	Künstliche Intelligenz
Inkl.	Inklusive
IT	Informationstechnik
MTA	Meilenstein-Trendanalyse
OEM	Original Equipment Manufacturer
PPS	Produktionsplanung und Steuerung
PU(s)	Produktionsunterbrechung(en)
RSM	Response Surface Methodology
s.	siehe
SOP	Start of Production (Produktionsstart)
SPS	Speicherprogrammierbare Steuerung
Vgl.	Vergleiche
VIBN	Virtuelle Inbetriebnahme
z.B.	zum Beispiel

1 Einleitung

Im vorliegenden Kapitel werden zunächst die Ausgangssitution und Problemstellung der Arbeit (Kapitel 1.1) erörtert. Daraufhin wird die Zielsetzung der Arbeit (Kapitel 1.2) vorgestellt und die Forschungsfrage (Kapitel 1.3) wird mit der Aufteilung in Unterforschungsfragen aufgestellt. Im Weiteren werden die wissenschaftstheoretische Einordnung (Kapitel 1.4) vorgenommen sowie der Aufbau der Arbeit (Kapitel 1.5) beschrieben.

1.1 Ausgangssituation und Problemstellung

Zunehmendes Umweltbewusstsein in der Bevölkerung sowie staatliche Förderprogramme und eine strengere Gesetzgebung führen weltweit zu einer wachsenden Nachfrage nach elektrisch betriebenen Fahrzeugen[1]. Branchenexperten prognostizieren hierbei eine Stückzahl weit über dem Volumen klassischer Nischenmärkte. Jedoch ist das tatsächliche Eintreffen dieser Prognosen von vielen Einflussfaktoren abhängig[2]. Durch verschiedene, ofmals wechselnde Subventionen, unterschiedlich gewichtete Berichterstattungen in den Medien und vergleichsweise hohe Preise für Elektrofahrzeuge ist hier ein sehr volatiler Markt entstanden[3]. Diese Volatilität zeigt sich auch in Prognosen der zukünftigen Entwicklung dieses Marktes. Betrachtet man verschiedene Studien zum Thema Elektromobilität in der Zukunft, so schwanken die Vorhersagen für verkaufte Fahrzeuge sehr stark (s. Abbildung 1-1)[4].

Die Unsicherheit bezüglich der zukünftig nachgefragten und damit auch zu fertigenden Stückzahlen stellt eine immense Herausforderung für die Planung und Auslegung von Produktionssystemen dar[5]. Im Vergleich zur etablierten Fertigung von Verbrennungsmotoren geht mit frequentierenden Produktänderungen der elektrischen Antriebe eine unreifere Produktionstechnologie einher.[6]

[1] Vgl. Strathmann, T. (Disruptive Innovationen in der Automobilindustrie), 2019, S. 21-24.
[2] Vgl. Kampker, A. (Elektromobilproduktion), 2014, S. 1.
[3] Vgl. Greiner, O./Deeg, M. et al. (Fakten-Check Elektromobilität), 2017, 3f.
[4] Vgl. Kampker, A. (Elektromobilproduktion), 2014, S. 10.
[5] Vgl. Reinhart, G./Zäh, M. F. (Flexibilität und Wandlungsfähigkeit), 2008, S. 657.
[6] Vgl. Lanza, G./Sauer, A. et al. (Planung einer wandlungsfähigen Batteriemontage), 2013, S. 281.

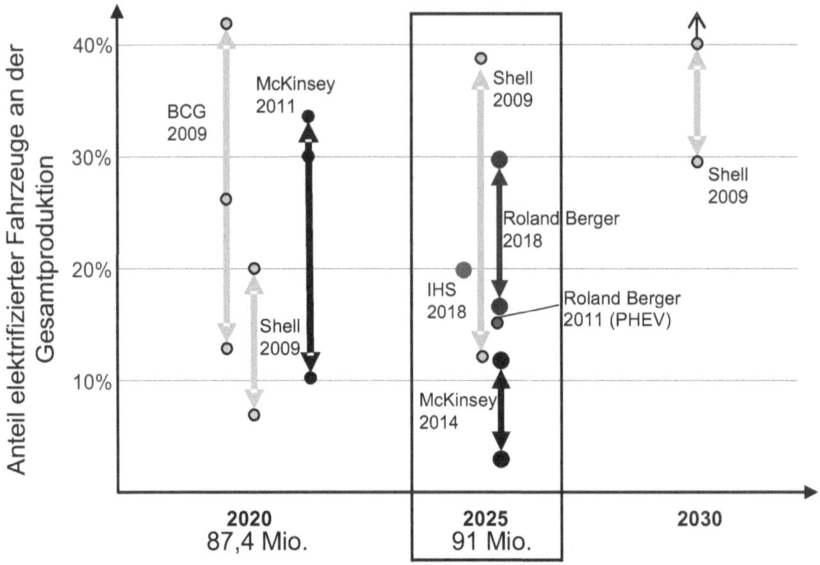

Abbildung 1-1: Nachfrageprognosen elektrifizierter Automobile [7]

Somit ist das Produktionssystem nicht mehr rein auf die Produktion hochqualitativer Produkte zu einem möglichst geringen Preis auszulegen, sondern bedarf ebenso einer Adaptionsfähigkeit, um auf Änderungen am Markt und Trends reagieren zu können[8] (s. Abbildung 1-2). Ein adaptives Produktionssystem muss sowohl über eine Flexibilität zur Bewältigung von Stückzahlschwankungen als auch über eine Reaktionsfähigkeit zur kostengünstigen Anpassung verfügen[9]. Aufgrund dessen versuchen Unternehmen ihre Produktionssysteme wandlungsfähig zu gestalten, wofür jedoch tiefgreifende strukturelle Veränderungen notwendig sind.[10]

---

[7] Vgl. Kampker, A. (Elektromobilproduktion), 2014, S. 10.

[8] Vgl. Rauch, E. (Modulares Produktionssystem), 2013, S. 29.

[9] Vgl. RWTH Aachen IKA. (Elektromobile Wertschöpfungskette), 2014, S. 67.

[10] Vgl. Nyhuis, P./Fronia, P. et al. (Wandlungsfähige Produktionssysteme), 2009, S. 205.

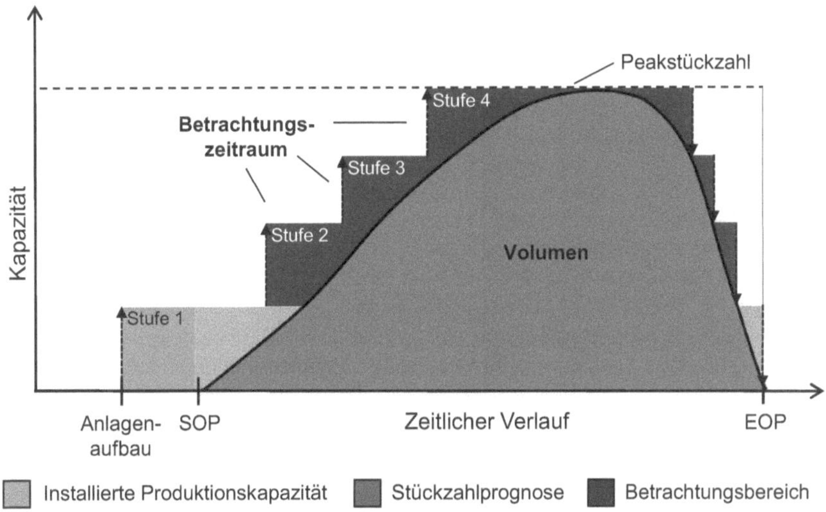

Abbildung 1-2: Stufenweiser Kapazitätsausbau skalierbares Produktionssystem[11]

Das Ziel der schnellen Stückzahlanpassung ist elementar vom Produktionsanlauf abhängig. Dieser bildet die Phase zwischen der Produktentwicklung und der produktiven Kapazitätsauslastung.[12] Die nachhaltige Erreichung der vorgegebenen Qualität, Stückzahl, Zeit und Kosten stellen dabei Zieldimension und Herausforderung zugleich dar. Die Umsetzung dieser Ziele fällt in Anbetracht der steigenden Prozess- und Produktkomplexität zunehmend schwerer.[13]

Skalierbare Fertigungssysteme gehen mit einer höheren Frequenz von Anläufen einher[14], welche sich dadurch unterscheiden, dass Maschinen in die laufende Produktion integriert werden. Nötige Produktionsunterbrechungen (PU) und Wiederanläufe mit kostenintensiven Inbetriebnahmephasen gefährden die durch das skalierbare System erreichte Senkung von Investition[15].

Die virtuelle Inbetriebnahme (VIBN) verspricht einen schnellereren Hochlauf, eine höhere Qualität der Steuerungssoftware und damit ein stabileres Gesamtsystem.[16] Es entsteht ein großes Potenzial durch eine effiziente Implementierung der VIBN zur Verkürzung der PU und zur Steigerung der Overall-Equipment-Effectiveness (OEE) während der Wiederanläufe.

11 Vgl. Hildebrand, T./Günther, U. et al. (Die Fabrik als Produkt), 2004, 360f.

12 Vgl. Schuh, G./Stölzle, W. et al. (Grundlagen des Anlaufmanagements), 2008, 1f.

13 Vgl. Scholz-Reiter, B./König, F. (Kernkompetenzen Anlaufmanagement), 2010, S. 42.

14 Vgl. Shahim, N./Møller, C. (Virtual Commissioning), 2016, S. 2430.

15 Vgl. RWTH Aachen IKA. (Elektromobile Wertschöpfungskette), 2014, S. 67.

16 Vgl. Reinhart, G./Wünsch, G. (Anwendung der virtuellen Inbetriebnahme, übers.), 2007, S. 378.

1.2 Zielsetzung der Arbeit

Die Zielsetzung des Forschungsvorhabens leitet sich aus der Ausgangssitutaion der schwer vorhersehbaren Nachfrage nach elektrischen Antriebssystemen und der Problemstellung der effizienten Gestaltung skalierbarer Fertigungssysteme ab. Vor allem die wirtschaftliche Einführung virtueller Methoden in komplexe Planungsprojekte zwischen Anlagenlieferant und Anlagenkunde muss fokussiert betrachtet werden. Dabei wird ein Beitrag zur Senkung der Kosten durch verkürzte PU bei gleichbleibender Qualität und Stückzahl geleistet. Zentraler Aspekt ist die Vorbereitung von Organisationseinheiten im Bereich der Produktion elektrischer Antriebssysteme zur effizienteren Gestaltung zukünftiger Planungsprojekte skalierbarer Fertigung durch virtuelle Methoden.

Die übergeordnete Zielstellung des Forschungsvorhabens lässt sich somit aus der zuvor erörterten Ausgangssituation und Problemstellung folgendermaßen formulieren:

> *„Entwicklung eines Vorgehensmodells zur Integration virtueller Methoden in das Anlaufmanagement skalierbarer Fertigungssysteme zur Effizienzsteigerung in der Planung und Umsetzung von Anläufen der Ausbaustufen."*

Die vorliegende Forschungsarbeit orientiert sich an dem Ziel, dem Planer durch die Methodik zu ermöglichen, die VIBN in Projekte skalierbarer Fertigungssysteme zu integrieren und eine Weiterentwicklung durch reale Produktionsdaten offenzuhalten.

1.3 Forschungsfrage

Auf Grundlage der zuvor beschriebenen Zielsetzung des Forschungsvorgehens resultiert die Forschungsfrage, welche nach KUBICEK zur prozessualen Steuerung und Eingrenzung des Betrachtungsbereichs dient.[17] Die hier formulierte Forschungsfrage zielt auf die Nutzung der Potenziale aus VIBN und dessen Weiterentwicklung für Wiederanläufe im skalierbaren Fertigungsystem ab und lautet folgendermaßen:

> *Inwieweit kann die Effizienz von Wiederanläufen skalierbarer Fertigungssysteme durch virtuelle Methoden gesteigert werden?*

Daraufhin sind folgende Unterforschungsfragen zu beantworten, welche die innere Struktur des Forschungsvorhabens und den heuristischen Bezugsrahmen darstellen[18]:

[17] Vgl. Kubicek, H. (Heuristische Bezugsrahmen), 1976, S. 14.

[18] Vgl. Kubicek, H. (Heuristische Bezugsrahmen), 1976, S. 18.

- Wie kann die Komplexität im Anlaufmanagement von Wiederanläufen eines skalierbaren Fertigungssystems eingeordnet werden und wie wirken sich Komplexitätstreiber aus?
- Welche Anforderungen an die Organisation und Struktur an der Schnittstelle Kunde – Anlagenlieferant müssen für eine VIBN erfüllt sein?
- Welche Faktoren haben Einfluss auf die Effizienz des Einsatzes VIBN in Wiederanläufen und wie erfolgt eine effiziente Projektintegration?
- Wie können reale Produktionsdaten generiert, aufbereitet und zur Vergleichbarkeit mit virtuellen Parametern verarbeitet werden?
- Wie kann durch Optimierungsverfahren die Diskrepanz realer und virtueller Daten durch die Anpassung der Verhaltensmodelle verringert werden?
- Wie können Anläufe eines skalierbaren Fertigungssystems durch Informationsrückführung und optimierte Simulationsmodelle effizienter gestaltet werden?

1.4 Wissenschaftstheoretische Einordnung der Arbeit

Im vorliegenden Kapitel erfolgt die wissenschaftstheoretische Einordnung der Forschungsarbeit. Dabei wird zunächst auf den wissenschaftsthoretischen Bezugsrahmen eingegangen, welcher die Arbeit den unterschiedlichen Wissenschaftsdisziplinen zuordnet. Im anschließenden Kapitel wird die Forschungsmethodologie der vorliegenden Arbeit aufgegriffen

1.4.1 Wissenschaftstheoretischer Bezugsrahmen

Die vorliegende Arbeit fällt in den Bereich der ingenieurwissenschaftlichen Forschung. Ein Nachweis soll über die Einordung der Wissenschaftstheorien nach ULRICH UND HILL gezeigt werden. Diese lassen sich grundsätzlich in die Formal- und Realwissenschaften einteilen. Die Formalwissenschaften beschäftigen sich mit der Formung, Regelung und Anwendung von Zeichensystemen. Beispiele sind die Mathematik, die Philiosophie und die Logik. Die Realwissenschaften hingegen behandeln Wirklichkeitsausschnitte, welche als sinnlich wahrnehmbar gelten und sind um deren Darstellung, Begründung sowie Ausformung bestrebt.[19]

Ferner unterteilen sich die Realwissenschaften in die reinen Grundlagenwissenschaften und die angewandten Handlungswissenschaften. Die Grundlagenwissenschaften, welche auch als „reine“ Wissenschaften bezeichnet werden, erforschen Erklärungsmodelle für Wirklichkeitsausschnitte und werden den Naturwissenschaften zugeordnet. Die „angewandten“ Handlungswissenschaften, zu welchen auch die ingenieuerwissenschaftliche Forschung zählt, untersuchen menschliche Handlungsalternativen zur Gestaltung sozialer und technischer Systeme.[20]

---

[19] Vgl. Ulrich, P./Hill, W. (Wissenschaftstheoretische Grundlagen der BWL), 1976, S. 305.

[20] Vgl. Ulrich, P./Hill, W. (Wissenschaftstheoretische Grundlagen der BWL), 1976, S. 305.

Die vorliegende Idee der Forschungsarbeit entstand durch die enge Zusammenarbeit mit Experten der Planung elektrischer Antriebssysteme in der Automobilindustrie sowie konkreten Projekten innerhalb des Anwendungskontextes. Die Arbeit dient der Lösung einer konkreten praktischen Fragestellung und überführt die Ergebnisse zurück zur Untersuchung möglicher zukünftiger Realitäten,[21] welches die Einordnung in die „angewandten“ Handlungswissenschaften zulässt.[22]

1.4.2 Forschungsmethodologie

Nach der vorangegangenen wissenschaftstheoretischen Einordnung in die angewandten Handlungswisschaften orientiert sich die vorliegende Forschungsarbeit am explorativen Forschungsansatz nach KUBICEK. Nach KUBICEK werden in der explorativen Forschung nicht theoriegeleitet Fragestellungen an der Realität geprüft, sondern erfahrungsgestützte Theorien zur Formung der Realität entworfen.[23] Aus explorativen Studien können neue Erkenntnisse, in Form von Hypothesen oder der Beantwortung offener Forschungsfragen, gewonnen werden.[24]

TOMCZAK entwickelt auf Basis dieses Ansatzes einen „explorativen Forschungszyklus“, welcher als Grundlage dieser Arbeit angenommen wird (s. Abbildung 1-3).[25] Das Herzstück bildet der heuristische Bezugsrahmen in Form eines konzeptionellen Denkmodells. Dieser gedankliche Bezugsrahmen ist der Zweckmäßigkeit unterworfen, grenzt den Objektbereich ab, definiert Variablen bzw. Grundbegriffe und stellt systematisiert Arbeitshypothesen auf.[26]

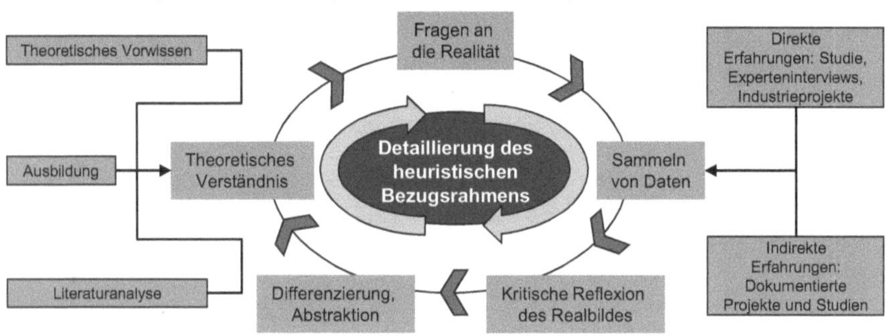

Abbildung 1-3: Explorativer Forschungszyklus[27]

[21] Vgl. Ulrich, H./Dyllick, T. et al. (Anwendungsorientierte Sozialwissenschaft), 1984, S. 174.
[22] Vgl. Ulrich, P./Hill, W. (Wissenschaftstheoretische Grundlagen der BWL), 1976, S. 305.
[23] Vgl. Kubicek, H. (Heuristische Bezugsrahmen), 1976, S. 14.
[24] Vgl. Döring, N./Bortz, J. (Forschungsmethoden), 2016, S. 192.
[25] Vgl. Tomczak, T. (Forschungsmethoden), 1992, S. 84.
[26] Vgl. Ulrich, P./Hill, W. (Wissenschaftstheoretische Grundlagen der BWL), 1976, S. 306.
[27] Vgl. Tomczak, T. (Forschungsmethoden), 1992, S. 84.

Aus der theoretischen Perspektive wird ein spezifischer, heuristischer Bezugsrahmen dieser Forschungsarbeit geschaffen, welcher eine genaue Definition des Problems anstrebt, Erklärungen erzeugt und mögliche Lösungsschritte beinhaltet.

Die Basis entstammt praktischen Anwendungsfällen aus der Planung skalierbarer Fertigungssysteme für elektrische Antriebe in der Automobilindustrie sowie bereits veröffentlichten Forschungsergebnissen zur virtuellen Inbetriebnahme. Aufbauend wird ein Vorgehensmodell entwickelt, welches möglichst realitätsnah den Einsatz virtueller Inbetriebnahme in skalierbaren Fertigungssystemen für elektrische Antriebe in der Automobilindustrie beschreibt. Gestaltet wird die Wiederverwendung virtueller Modelle und es wird die Optimierung innerhalb der mehrfachen Inbetriebnahmen beim stufenweisen Ausbau des Fertigungssystems untersucht.

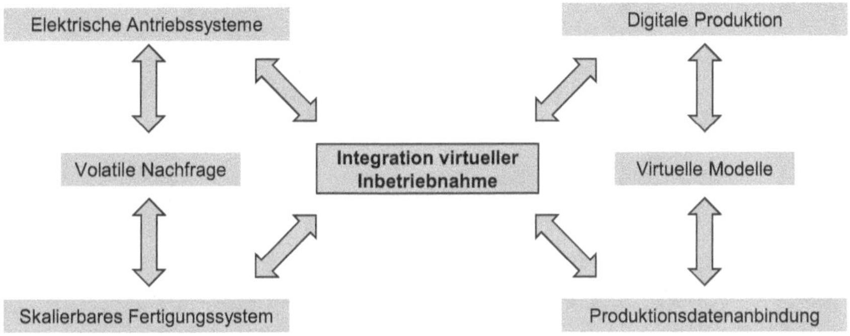

Abbildung 1-4: Heuristischer Bezugsrahmen[28]

1.5 Aufbau der Arbeit

Die vorliegende Arbeit unterteilt sich gemäß der Strategie der angewandten Forschung nach ULRICH in sieben Phasen (Abbildung 1-5). Dabei beginnt die Untersuchung mit der praktischen Problemstellung, woraufhin das bestehende Wissen aus der Theorie ausgewertet wird und endet auch in der Praxis mit der Prüfung im Kontext des Anwendungszusammenhangs.[29] Auch die explorative Forschung nach KUBICEK fordert einen klaren Bezug zur Praxis und eine erfahrungsgestützte Theoriebildung.[30]

[28] Eine ähniche Darstellung findet sich auch bei Heimes, H. H. (Batterieproduktion), 2014, S. 7.

[29] Vgl. Ulrich, H./Dyllick, T. et al. (Anwendungsorientierte Sozialwissenschaft), 1984, S. 192ff.

[30] Vgl. Kubicek, H. (Heuristische Bezugsrahmen), 1976, S. 12ff.

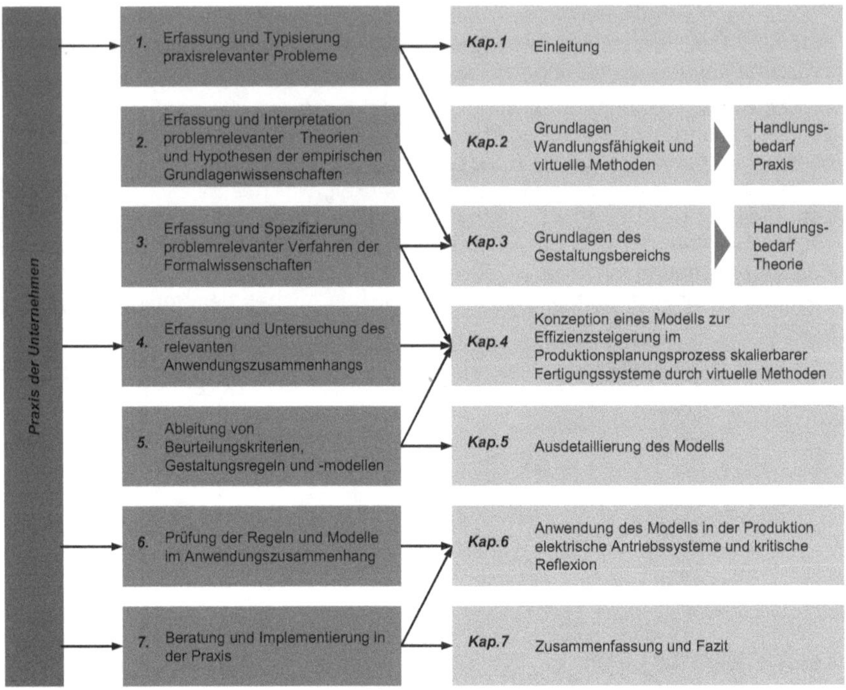

Abbildung 1-5: Aufbau der Arbeit[31]

Das erste, hier vorliegende Kapitel, behandelt die Einleitung, welche die Ausgangssituation und Problemstellung sowie die Zielsetzung der Arbeit beinhaltet. Zusätzlich wird die wissenschaftstheoretische Einordnung adressiert und somit das Forschungsvorgehen festgelegt.

Das zweite Kapitel behandelt die Grundlagen des Betrachtungsbereichs aus den Gebieten der Produktion elektrischer Antriebssysteme, der wandlungsfähigen Produktion, der digitalen Produktion und der Systemarchitektur zur Produktionsdatenanbindung. Abschließend wird der Handlungsbedarf aus der Praxis untersucht und aufgezeigt.

Im dritten Kapitel werden die Grundlagen des Gestaltungsbereichs behandelt und die bestehenden Forschungsansätze im Anlaufmanagement, zur Wandlungsfähigkeit, zur digitalen Fabrik und zur Systemarchitektur der Datenanbindung dargestellt. Das Kapitel schließt mit der Bewertung der beschriebenen Forschungsansätze und dem daraus entstehenden Forschungsbedarf ab.

[31] Vgl. Ulrich, H./Dyllick, T. et al. (Anwendungsorientierte Sozialwissenschaft), 1984, S. 193.

Das vierte Kapitel beschreibt die Konzeption der Methodik der vorliegenden Forschungsarbeit und geht dabei auf die methodischen Grundlagen sowie die Anforderungen an die Methodik ein. Der Konzeptentwurf der Gesamtmethodik und die Ablaufstruktur werden vorgestellt. Die Detaillierung der Gesamtmethodik wird anschließend im fünften Kapitel als Lösungsvorgehen detailliert und erläutert.

Im sechsten Kapitel findet das Lösungsvorgehen Anwendung in der Praxis und die Validierung wird anhand von Beispielen aus dem Projektgeschäft bei einem ausgewählten Automobilhersteller validiert.

Das siebte Kapitel schließt mit der Zusammenfassung der Arbeit und dem Ausblick zukünftiger Ansätze die vorliegende Forschungsarbeit ab.

2 Grundlagen des Betrachtungsbereichs

Im vorliegenden Kapitel werden die relevanten Grundlagen vorgestellt und die erforderlichen Begriffe definiert. Aus der Zielsetzung der Arbeit, virtuelle Methoden in den Ausbau skalierbarer Fertigungssysteme für Elektromotoren zu integrieren, werden zunächst die Grundlagen der Produktion von Elektromotoren beschrieben (Kapitel 2.1). Im Anschluss wird die wandlungsfähige Produktion (Kapitel 2.2) beschrieben und im Zuge dessen das Anlaufmanagement skalierbarer Fertigungssysteme erörtert. Abschließend wird die digitale Produktion (Kapitel 2.3) mit dem Schwerpunkt der VIBN (Kapitel 2.3.3) vorgestellt.

2.1 Grundlagen der Produktion von Elektromotoren

Die Herausforderungen der Ressourcenverknappung, Metropolisierung sowie gesetzliche Rahmenbedingungen bezüglich der CO_2 Grenzwerte beeinflussen sowohl die gegenwärtige Mobilität als auch die Fahrzeugkonzepte der Zukunft[32]. Große Erwartungen liegen auf alternativen Antriebstechnologien, wobei insbesondere das elektrische Fahren in den Interessenfokus gerückt ist[33].

Die Elektromobilität, mit dem Fokus der Elektrifizierung des Antriebsstrangs, stellt für die Automobilindustrie einen Technologiesprung dar, welcher als automobile Zukunft gehandelt wird[34]. Dabei können in Abhängigkeit vom Elektrifizierungsgrad Hybrid-Fahrzeuge, Elektrofahrzeuge mit erweiterter Reichweite, batteriebetriebene Elektrofahrzeuge und Elektrofahrzeuge mit Brennstoffzelle unterschieden werden[35]. Trotz eines teilweise fließenden Übergangs lässt sich festhalten, dass die Antriebsmomente aller Fahrzeuge bis auf wenige Ausnahmen primär bis ausschließlich von einem elektrischen Traktionsmotor bereitgestellt sind[36].

In den folgenden Abschnitten wird zunächst eine Definition des in dieser Arbeit beschriebenen elektrischen Traktionsmotors dargelegt. Anschließend werden dessen Funktion und verschiedene Ausprägungen erläutert. Final wird die Produktion der einzelnen Komponenten sowie deren Endmontage zum elektrischen Traktionsmotor beschrieben.

[32] Vgl. Hüttl, R. F./Pischetsrieder, B. et al. (Elektromobilität), 2010, S. 75.

[33] Vgl. Bozem, K./Nagl, A. et al. (Elektromobilität), 2013, S. 15.

[34] Vgl. Hüttl, R. F./Pischetsrieder, B. et al. (Elektromobilität), 2010, S. 73.

[35] Vgl. Kampker, A. (Elektromobilproduktion), 2014, S. 117.

[36] Vgl. Böcker, J. (VDE-Studie: Elektrofahrzeuge), 2010, S. 11.

2.1.1 Arten von Elektromotoren

Der Elektromotor beschreibt verschiedene Typen von Motoren, welche elektrische Energie durch die motorspezifische Wirkungsweise in mechanische Energie umwandeln. Während das Prinzip der Kraftentstehung jeweils gleich ist, unterscheiden sich die Motoren bezüglich des Aufbaus, der Art des elektrischen Stroms und der Kraftumwandlung. Als Erläuterung der derzeit gängigen Varianten werden im Folgenden der Asynchronmotor, der Synchronmotor und der Gleichstrommotor näher beschrieben.[37]

2.1.1.1 Asynchronmotor

Der Asynchronmotor besteht aus einem feststehenden Stator und einem drehenden Rotor[38]. Der Stator, auch als Ständer bezeichnet, erzeugt durch die geeignete Anordnung drei räumlich versetzter Spulen und einer geeigneten Bestromung ein rotierendes Magnetfeld[39]. In diesem Drehfeld befindet sich der Rotor, welcher auch Läufer genannt wird. Dieser beinhaltet einen Kurzschluss-Käfig, welcher isoliert im Eisenkern des Rotors eingebettet ist. Zwischen Stator und Rotor besteht dabei weder eine elektrische Verbindung noch ein externer Klemmanschluss. Für den Stromfluss wird das Prinzip der Induktion genutzt. Dabei rotiert der Kurzschluss-Käfig langsamer als das Drehfeld, um so aufgrund der Differenzialgeschwindigkeit in den Leiterstäben des Rotors eine Spannung zu erzeugen. Die Stäbe sind durch beide Ringe des Kurzschluss-Käfigs kurzgeschlossen, sodass die induzierte Spannung einen Stromfluss im Käfig aufbaut. So entsteht im stromdurchflossenen Leiterstab eine Lorentzkraft. Die stellt die Kraft dar, welche auf einzelne bewegte Ladungsträger in einem Magnetfeld wirkt[40]. Die Lorentzkraft wirkt an den Leiterstäben des Käfigs, wodurch ein Drehmoment an der Welle der Maschine entsteht. [41] Der prinzipielle Aufbau des Asynchronmotors ist in der folgenden Abbildung 2-12 dargestellt.

[37] Vgl. Kampker, A. (Elektromobilproduktion), 2014, S. 123.
[38] Vgl. Spring, E. (Elektrische Maschinen), 2009, S. 228.
[39] Vgl. Schröder, D. (Regelung von Antriebssystemen), 2015, S. 462.
[40] Vgl. Definition Lorenzkraft in Meschede, D. (Gerthsen Physik), 2015, S. 367.
[41] Vgl. Schröder, D. (Elektrische Antriebe), 2013, 278f.

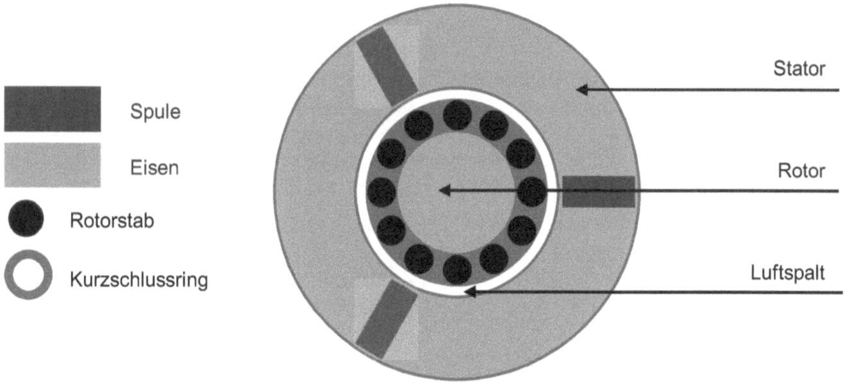

Abbildung 2-1: Aufbau einer Asynchronmaschine[42]

Der Rotor des Asynchronmotors kann in zwei Formen ausgeführt werden. Während der Aufbau des Ständers jeweils unabhängig konstruiert ist, können der Schleifring- und der Kurzschlussläufer unterschieden werden. Der Schleifringläufer trägt eine Drehstromwicklung in den Nuten, deren Enden über Schleifringe geführt an der Welle angebracht sind.[43] Der Betriebspunkt kann dabei über das Schließen von Widerständen reguliert werden[44]. Aufgrund der primären Anwendung im hohen Leistungsbereich findet diese Art des Asynchronmotors besonders bei Windkraftanlagen Anwendung und ist für Elektrofahrzeuge nicht relevant[45]. Im Gegensatz dazu ist der Asynchronmotor mit Kurzschlussläufer sehr weit verbreitet[46]. Anstelle der Drehstromwicklungen kommen hierbei Aluminium- oder Kupferstäbe in den Nuten zum Einsatz, welche an den Läuferenden durch Kurzschlussringe miteinander verbunden sind[47]. Diese Bauform ermöglicht einen Verzicht der verschleißanfälligen Schleifringe[48].

Sowohl der Stator als auch der Rotor bestehen aus geschichteten und gegeneinander isolierten Eisenblechen, um der Entstehung von Wirbelströmen entgegenzuwirken. Wirbelströme werden durch veränderte Magnetfelder induktiv erzeugt und führen zu Leistungsverlusten.[49]

---

[42] Vgl. Füßel, A. (Technische Potenzialanalyse der Elektromobilität), 2017, S. 65.
[43] Vgl. Kampker, A. (Elektromobilproduktion), 2014, S. 124.
[44] Vgl. Babiel, G. (Elektrische Antriebe in der Fahrzeugtechnik), 2014, 96f.
[45] Vgl.VDE-Studie. (Elektrofahrzeuge), 2010, S. 59.
[46] Vgl. Weidauer, J. (Elektrische Antriebstechnik), 2011, S. 66.
[47] Vgl. Mueller, G. (Grundlagen elektrischer Maschinen), 2014, S. 465.
[48] Vgl. Kampker, A. (Elektromobilproduktion), 2014, S. 125.
[49] Vgl. Isermann, R. (Mechatronische Systeme), 2008, S. 238.

2.1.1.2 Synchronmotor

Analog zum Asynchronmotor zählt auch der Synchronmotor zu den Drehfeldmaschinen. Dabei induziert der Anker als Teil der elektrischen Maschine die Spannung durch das Erregerfeld. Die Lage der Ankerwicklung in den Hauptkomponenten Stator und Rotor entscheidet dabei über deren Art. So bezeichnet man den Motor, bei welchem die Ankerwicklung im Rotor integriert ist, als Innenpolmaschine, bei einer Integration im Stator als Außenpolmaschine. Aufgrund der notwendigen Schleifringe bei der Außenpolmaschine findet diese lediglich bei kleineren Leistungen Anwendung.[50]

Die Unterscheidung des Aufbaus beruht in der Erregerform. So kommen bei bauraumbeschränkten Antrieben permanentmagnetische Erreger zum Einsatz, während größere Antriebe über Stromleiterwicklungen fremderregt werden.[51] In der folgenden Abbildung 2-2 sind beide Ausführungen des Rotoraufbaus dargestellt.

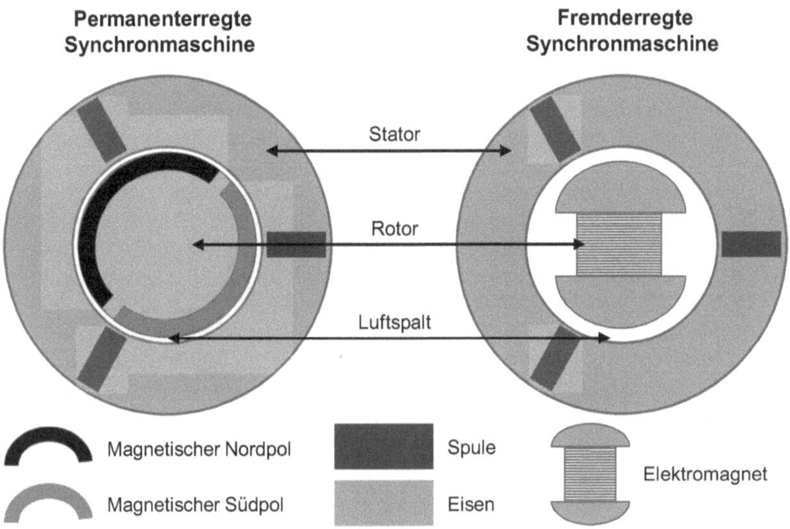

Abbildung 2-2: Aufbau permanenterregte und fremderregte Synchronmaschine[52]

Der zentrale Unterschied des Synchron- zum Asynchronmotor beruht auf dem Aufbau des Rotors, welcher auch als Polrad bezeichnet wird. Dieser kann sowohl aus Blechpaketen als auch aus massivem Stahl gefertigt werden.[53] Letzteres

[50] Vgl. Kampker, A. (Elektromobilproduktion), 2014, S. 126.

[51] Vgl. Kampker, A. (Elektromobilproduktion), 2014, 126f.

[52] Vgl. Füßel, A. (Technische Potenzialanalyse der Elektromobilität), 2017, S. 65.

[53] Vgl. Schröder, D. (Elektrische Antriebe), 2013, S. 350.

kommt bei Elektrofahrzeugen aufgrund der großen Wirbelströme und dadurch entstehenden hohen Verlusten nicht zum Einsatz.

Das Funktionsprinzip beruht auf der Magnetfeldbildung im Rotor. Dort besitzt der mit Permanentmagneten betriebene Synchronmotor keine Erregerwicklung, sondern Permanentmagneten. Demzufolge muss das magnetische Feld um den Läufer nicht erzeugt werden, wodurch der Einsatz einer Gleichstromspeisung über Schleifringe entbehrlich wird. Die Permanentmagneten können sowohl auf die Oberfläche geklebt als auch im Rotor vergraben werden.[54] Unabhängig dieser konstruktiven Möglichkeiten zeichnen sich beide Bauweisen durch eine geringe Baugröße aus[55]. Als Werkstoffe kommen Seltene-Erden-Magnete wie das Neodym-Eisen-Bor aufgrund deren sehr guten magnetischen Eigenschaften zum Einsatz[56]. Diese sind jedoch technisch begrenzt und durch hohe und stark volatile Preise charakterisiert[57].

Beim fremderregten Synchronmotor wird das Magnetfeld im Rotor über eine Stromleiterwicklung erzeugt. Dies erfolgt nach dem Prinzip der Induktion.[58] Die Erzeugung des Gleichstroms in den Erregerwicklungen erfolgt über Schleifringe. Mithilfe dieses fließenden Stroms in den Wicklungen entsteht ein magnetisches Gleichfeld, welches dem vom Stator gebildeten Drehfeld synchron folgt.[59]

Unabhängig des Rotoraufbaus können Synchronmotoren weiter nach der Ausprägung des Läufers differenziert werden. Dabei können Vollpol- und Schenkelpolmaschinen unterschieden werden. Erstere findet bei der Realisierung niedriger Drehzahlen und hoher Momente Anwendung, letztere bei der Umsetzung höherer Drehzahlen. Dabei bestimmt die Anzahl der Polpaare bei gegebener Netzfrequenz die Nenndrehzahl.[60]

2.1.1.3 Gleichstrommotor

Der Gleichstrommotor wurde im Jahr 1832 von Hippolyte Pixii entwickelt und ist somit der älteste elektrische Antrieb.[61] Die folgende Abbildung 2-3 zeigt den prinzipiellen Aufbau des Motors.

---

[54] Vgl. Kampker, A. (Elektromobilproduktion), 2014, S. 129.

[55] Vgl. Böcker, J. (VDE-Studie: Elektrofahrzeuge), 2010, S. 29.

[56] Vgl. Isermann, R. (Mechatronische Systeme), 2008, S. 254.

[57] Vgl. Kampker, A. (Elektromobilproduktion), 2014, S. 129.

[58] Vgl. Kampker, A. (Elektromobilproduktion), 2014, 129f.

[59] Vgl. Schröder, D. (Regelung von Antriebssystemen), 2015, S. 350.

[60] Vgl. Kampker, A. (Elektromobilproduktion), 2014, S. 127.

[61] Vgl. Fischer, R. (Elektrische Maschinen), 2009, S. 32.

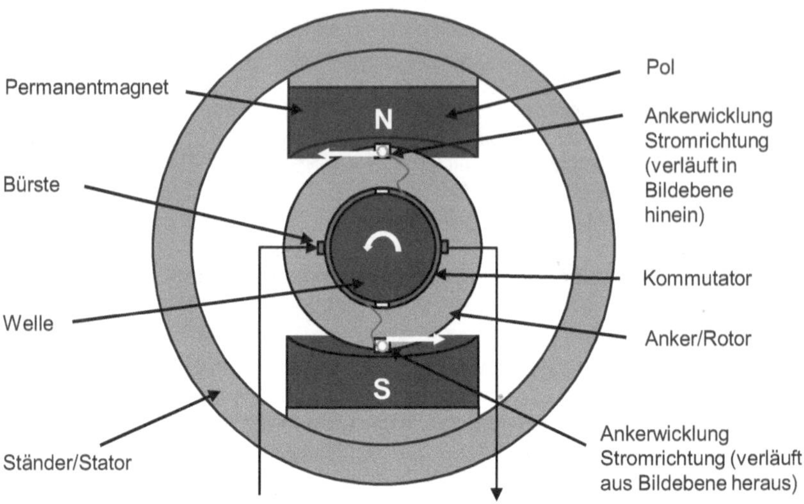

Abbildung 2-3: Aufbau eines Gleichstrommotors[62]

Im Ständer, welcher in der Regel aus massivem Eisenjoch besteht, wird ein Magnetfeld erzeugt[63]. Dieses durchdringt den Rotor und versorgt über die Bürsten die Ankerwicklung mit Gleichstrom[64]. Aufgrund der Kraft des Magnetfeldes auf ein Elektron, welches sich im Magnetfeld befindet, entsteht und wirkt die Lorentzkraft. Diese wirkt auf die stromdurchflossenen Ankerwicklungen, wodurch ein Drehmoment im Rotor entsteht. Das Drehmoment ensteht aufgrund des Kräftepaares der beiden Teilstücke der Wicklung, die senkrecht zum Magnetfeld von Strom mit entgegengesetzter Richtung durchflossen werden.[65] Bei einer Drehung des Rotors um 90 Grad wirken die Kräfte entgegengesetzt und enden die Drehbewegung. Um dies zu vermeiden, werden die beiden Kraftrichtungen umgekehrt. Dies erfolgt mithilfe einer Änderung der Stromrichtung in der Ankerwicklung.[66] Hierfür erfolgt eine definierte Anordnung der Bürsten auf dem Kommutator, sodass sich diese nach jeder halben Umdrehung von der einen Hälfte des Kommutators auf die andere Hälfte wechseln, wodurch sich die Stromrichtung in den Ankerwicklungen umkehrt[67]. Um dabei ein unregelmäßiges Drehmoment zu

---

[62] Vgl. Billmann, L. (Elektrotechnik - Basics), 2008, S. 109.
[63] Vgl. Kampker, A. (Elektromobilproduktion), 2014, S. 130.
[64] Vgl. Müller, G./Ponick, B. (Grundlagen elektrischer Maschinen), 2006, 284f.
[65] Vgl. Roddeck, W. (Einführung in die Mechatronik), 2003, S. 198.
[66] Vgl. Billmann, L. (Elektrotechnik - Basics), 2008, S. 109.
[67] Vgl. Weidauer, J. (Elektrische Antriebstechnik), 2011, S. 42.

vermeiden, werden viele Gleich-strommotoren heutzutage durch Trommelwicklungen ergänzt[68]. So werden mehrere Ankerwicklungen im Rotor angebracht und mit dem Kommutator ver-bunden, welche um kleine Winkel versetzt sind[69].

Gleichstrommotoren unterscheiden sich abhängig von ihrer Bauart im Betriebsverhalten[70]. So eignen sich beispielsweise permanenterregte Gleichstrommotoren aufgrund ihrer Bedeutung im unteren Leistungsbereich für Hilfsantriebe im Kraftfahrzeug[71]. Dabei können die elektrisch erregten Maschinen nach der Verschaltungsart der Anker- und Erregerwicklung weiter in Nebenschluss-, Reihenschluss-, Doppelschluss- und fremderregte Maschinen unterschieden werden[72]. Letztere liegt vor, sobald die Anker- und Erregerwicklung je an eine feste Stromquelle angeschlossen sind. Im Falle einer parallelen Anordnung der Anker- und Erregerwicklung an dieselbe Spannungsquelle handelt es sich um einen Nebenschlussmotor. Sobald diese nicht parallel, sondern in Reihe geschaltet sind, liegt ein Reihenschlussmotor vor. Die Kombination dieser beiden Anordnungen stellt der Doppelschlussmotor dar.[73]

Mit den einzelnen Motortypen gehen jeweils unterschiedliche Betriebsverhalten einher. So entwickelt der Reihenschlussmotor bei geringen Drehzahlen ein hohes Anzugsmoment. Dieses fällt bei zunehmender Drehzahl jedoch stark ab und nähert sich dem Wert null. [74] Der Reihenschlussmotor ist für Anwendungen geeignet, die bei hoher Drehzahl ein niedriges Drehmoment und bei niedriger Drehzahl ein hohes Drehmoment benötigen. Diese werden als Schweranläufer bezeichnet.[75] Der Nebenschlussmotor weist hingegen bei wechselnden Belastungen eine weitestgehend konstante Drehzahl auf. Er findet beispielsweise beim Antrieb in Werkzeugmaschinen Verwendung.[76] Mithilfe der Kombination aus Reihen- und Nebenschlusserregerwicklungen können Zwischenstufen in der Drehzahl-Drehmoment-Charakteristik erreicht werden. Diese Eigenschaften nutzt der Doppelschlussmotor. Dieser weist ein hohes Anzugsmoment und eine niedrige Leerlaufdrehzahl auf. Daher findet der Doppelschlussmotor vorrangig in Elektrofahrzeugen mit Gleichstromantrieb Anwendung.[77]

2.1.2 Produktion von Elektromotoren

Der Elektromotor unterscheidet sich vom Verbrennungsmotor nicht nur im Aufbau und Wirkprinzip, sondern auch im Herstellungsprozess. Im Folgenden

---

68 Vgl. Fuest, K./Döring, P. (Elektrische Maschinen und Antriebe), 2008, 36f.

69 Vgl. Busch, R. (Elektrotechnik und Elektronik), 2015, S. 312.

70 Vgl. Lukac, D. (Ausbildungskonzept für Robotik), 2008, S. 40.

71 Vgl. Stölting, H.-D./Amrhein, W. (Handbuch elektrische Kleinantriebe), 2006, 23f.

72 Vgl. Seinsch, H. O. (Grundlagen elektrischer Maschinen und Antriebe), 1988, S. 26.

73 Vgl. Fuest, K./Döring, P. (Elektrische Maschinen und Antriebe), 2008, S. 44.

74 Vgl. Fuest, K./Döring, P. (Elektrische Maschinen und Antriebe), 2008, 44f.

75 Vgl. Billmann, L. (Elektrotechnik - Basics), 2008, S. 114.

76 Vgl. Reif, K. (Autoelektrik und Autoelektronik), 2011, S. 384.

77 Vgl. Kampker, A. (Elektromobilproduktion), 2014, S. 132.

werden die Produktionsschritte des Elektromotors nach den Bestandteilen Gehäuse, Stator, Rotorwelle und Rotor erläutert. Abschließend erfolgt die Darlegung der Endmontage aller Komponenten, welche die Produktion des Elektromotors abschließt. Diese Wertschöpfungskette ist in der folgenden Abbildung 2-4 mit den jeweiligen Prozessschritten der Bestandteile und Endmontage ganzheitlich aufgezeigt.[78]

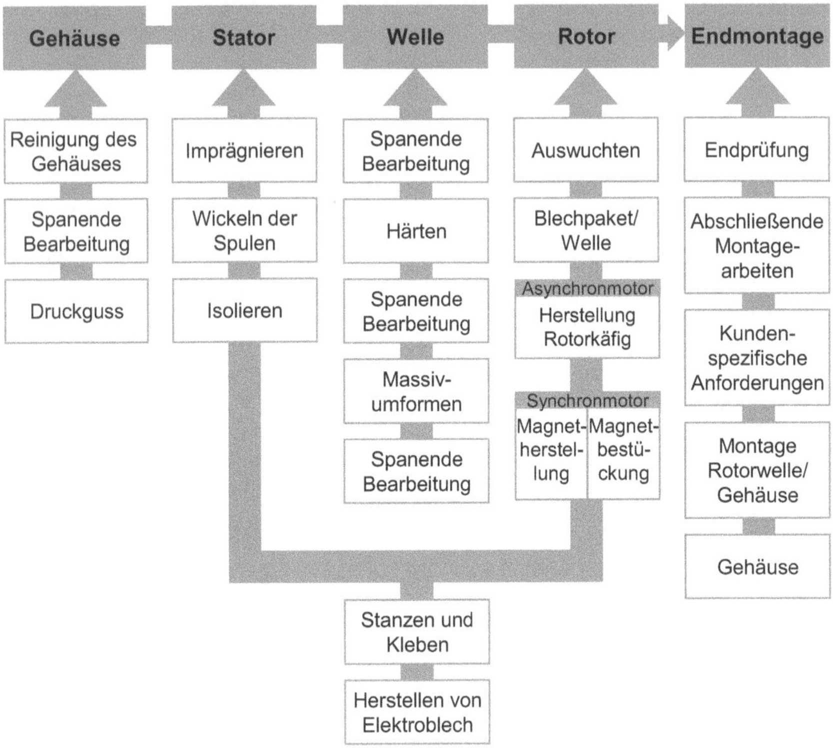

Abbildung 2-4: Produktionsprozess von Elektromotoren[79]

2.1.2.1 Gehäuse

Das Passivteil Motorgehäuse des Elektromotors dient zum Schutz der aktiven Maschinenteile[80]. Die Produktion des Gehäuses beginnt mit der Formgebung, welche mittels der Gießverfahren Sandguss, Schleuderguss, Strangpressen und

[78] Vgl. Kampker, A. (Elektromobilproduktion), 2014, S. 135.
[79] Vgl. Kampker, A. (Elektromobilproduktion), 2014, S. 136.
[80] Vgl. Kampker, A. (Elektromobilproduktion), 2014, S. 135.

Druckguss umgesetzt wird. Das Gießen bietet hierbei im Vergleich zu anderen formgebenden Verfahren Vorteile. So zeichnet es sich durch einen geringeren Energieverbrauch, eine hohe Werkstoffausnutzung und die endkonturnahe Herstellung aus. Darüber hinaus besteht ein hoher Freiheitsgrad bei der Gestaltung, wodurch auch komplexe Geometrien produzierbar sind. [81] Die Wahl des Gießverfahrens erfolgt anhand drei übergeordneter Kriterien. So stellt die Stückzahl, aufgrund des Investitionsvolumens der Produktionsanlage und des wirtschaftlichen Betriebspunktes, einen wichtigen Faktor dar. Als weiteres Entscheidungskriterium werden die konstruktiven Merkmale wie Stückmaße oder Wanddicke herangezogen. Abschließend sind als drittes Kriterium die qualitativen Eigenschaften wie Maßgenauigkeit oder Oberflächengüte ausschlaggebend.[82]

Auf Basis der übergeordneten Kriterien erfolgt die Wahl des Gussverfahrens. Das Sandgussverfahren wird dabei lediglich in der Prototypenfertigung eingesetzt, während die verbleibenden Verfahren in der Großserie zum Einsatz kommen. Beim Sandgussverfahren werden zunächst das Ober- wie auch Unterteil des Modells in den Sand eingeformt. Nach dem Verdichten des Sands kann das Modell entnommen und die Kerne eingelegt werden. Diese sind für den Formgebung der Innenkontur verantwortlich. Anschließend wird der Hohlraum mit geschmolzenem Metall gefüllt, um nach dem Abkühlen die Sandform zu entfernen, wobei diese zerstört wird.[83] Das Schleudergussverfahren kommt meist bei kleinen bis mittleren Produktionsgrößen zum Einsatz. Hierbei wird die Form, nach dem Eingießen der Schmelze, in Rotation gebracht, wodurch mittels der Zentrifugalkraft die Urformung erfolgt.[84] Das Druckgießen und Strangpressen finden vorrangig in der Großserienfertigung Anwendung. Nach der Erhitzung des Werkstoffs wird dieser bei beiden Verfahren durch eine Matrizenöffnung gepresst. Dadurch ist es möglich, auch komplizierte Formen und Profile herzustellen.[85]

Trotz der endkonturnahen Gussverfahren müssen die Werkstücke anschließend nachbearbeitet werden. Oftmals entstehen beim Guss scharfe Kanten, welche einerseits eine akute Verletzungsgefahr darstellen und andererseits für die Weiterbearbeitung des Werkstücks zu entfernen sind. Diese Grate können an einer Entgratpresse mittels eines Stanzvorgangs entfernt werden. Bei kleineren Stückzahlen kann der Grat auch manuell abgeschliffen werden. Die Feinbearbeitung wird daraufhin mit einem Bearbeitungszentrum ausgeführt. Diese Werkzeugmaschine ermöglicht die Bearbeitungsverfahren Fräsen, Drehen und Bohren, welche mit einer computerunterstützten Steuerung den automatisierten Betrieb und simplen Werkzeugwechsel ermöglicht.[86]

[81] Vgl. Fritz, A. H. (Fertigungstechnik), 2012, S. 4.

[82] Vgl. RWTH Aachen IKA. (Elektromobile Wertschöpfungskette), 2014, S. 74.

[83] Vgl. Kalpakjian, S./Schmid, S. R. et al. (Werkstofftechnik), 2011, S. 343.

[84] Vgl. Bergmann, W. (Werkstofftechnik), 2009, S. 85.

[85] Vgl. Kampker, A. (Elektromobilproduktion), 2014, S. 138.

[86] Vgl. Kampker, A. (Elektromobilproduktion), 2014, 139f.

Den letzten Prozessschritt der Gehäusefertigung stellt die Reinigung des Werkstücks dar. Bei der Kleinserien- und Prototypenfertigung erfolgt dies mit Trockeneis, welches elektrisch nichtleitend, ungiftig, umweltneutral und nicht brennbar ist. Bei der Reinigung greift es tief in die bei der Verschmutzung entstandenen Mikrorisse ein und unterwandet die zu beseitigende Beschichtung, um diese zu entfernen. Als weiteres Strahlverfahren kommen Kugelpartikeln zum Einsatz. Der Vorgang erfolgt analog zum Trockeneis mit mikroskopischen Körnern. Hierbei besteht jedoch die Gefahr der Formveränderungen des Gehäuses. Im Gegensatz dazu stellt das Ultraschallbad als kontaktloses Verfahren eine Möglichkeit zu der Werkstoff schonenden Reinigung dar. In einem Reinigungsmedium wird das Gehäuse Ultraschallwellen ausgesetzt, um an Fehlstellen die Kavitation anzuregen. Die Implosion der Kavitationsblasen entfernt folglich den Schmutz. In der Großserienproduktion eignet sich eine Durchlauf-Reinigungsanlage, welche das Gehäuse durch mehrere Reinigungs- und Spülzonen leitet. Aufgrund der unterschiedlichen Vor- und Nachteile wird die Reinigungsanlage stets an jede Produktion spezifisch angepasst. [87]

Der nachfolgende morphologische Kasten der Gehäuseproduktion (Abbildung 2-5) zeigt eine Übersicht der zuvor erläuterten Fertigungsverfahren anhand deren Eignung für die Prototypenfertigung, Kleinserien- und Massenproduktion.

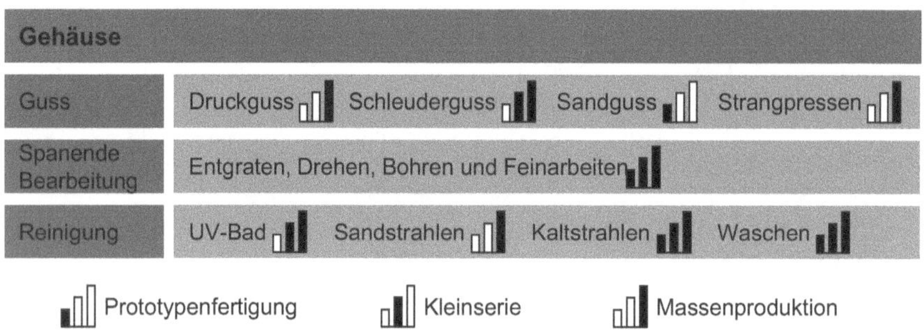

Abbildung 2-5: Morphologischer Kasten Gehäusefertigung[88]

2.1.2.2 Stator

Der Stator stellt mit einem Kostenanteil von rund 35% das teuerste Bauteil bei der Produktion des Elektromotors dar.[89] Grundlegend können dabei zwei unterschiedliche Funktionsweisen und Bauformen unterschieden werden. Einerseits kann die Stromübertragung über Kupferdrahtwicklungen realisiert werden, andererseits mittels Hairpins (Kupferstäbe, welche an den Kopfseiten des

[87] Vgl. Kampker, A. (Elektromobilproduktion), 2014, 140f.
[88] Vgl. Kampker, A. (Elektromobilproduktion), 2014, S. 142.
[89] Vgl. Kampker, A. (Elektromobilproduktion), 2014, S. 147.

Stators umgeformt und verschweißt werden) erfolgen. Der Produktionsprozess beider Verfahren ist in der Folge beginnend mit Kupferdrahtwicklungen dargelegt.

Die Basis des kupferdrahtgewickelten Stators bilden, analog zum Rotor, Blechpakete aus gegeneinander isolierten, gestapelten und paketierten Elektroblechen. Als Werkstoff der Elektrobänder dient siliziumlegierter Stahl, welcher sich durch seine besonderen magnetischen Kennwerte auszeichnet. So erfolgt eine Verstärkung des magnetischen Flusses (skalare, physikalische Größe zur Beschreibung des magnetischen Feldes). Mit einem steigenden Siliziumgehalt kann der spezifische elektrische Widerstand erhöht und damit die Ummagnetisierungsverluste reduziert werden. Diese stellen die zusammengefassten Verluste dar, welche bei einer Wechselspannung an der Spule mit Eisenkern entstehen. Um dennoch die Kaltumformbarkeit des Elektrobands zu gewährleisten, beträgt der Anteil des Kupfers maximal 3,5%.[90]

Unter der Prämisse einer Vermeidung von Spannungsüberschlägen und Kurzschlüssen dient eine Isolierung zur Unterdrückung von Wirbelströmen. Diese führt zu einer Erhöhung des Wirkungsgrads. Dazu wird das Blechpaket durch den Einschub von Isolationspapieren gegenüber den Kupferwicklungen isoliert. Zudem ist der Kupferdraht mit mehreren Lackschichten zu überziehen, um Kurzschlüsse innerhalb der Wicklung zu vermeiden. Dies erfolgt unmittelbar nach dem Drahtziehen in einem Lackierprozess.[91]

Als nächster Fertigungsschritt erfolgt der Wickelvorgang. Dieser setzt sich aus dem Terminieren, Wickeln, Abschneiden und Verschalten zusammen. Im ersten Schritt der Terminierung wird der Draht vor der Bewicklung an einem Drahtparkerstift fixiert. Diese Befestigung wird nach dem Wickeln durch das Abschneiden wieder gelöst und mittels Lichtbogenschweißen, Löten oder Stecken verschaltet.[92] Beim Wickeln des Kupferdrahts für den Stator können vier verschiedene Techniken differenziert werden. So kommen die Linear-, Flyer-, Nadel- und Einziehwickeltechnik zum Einsatz.[93]

Die Linearwickeltechnik zeichnet sich durch die Rotation des zu bewickelnden Spulenkörpers aus. Nach dem Befestigen der Drahtenden wird die Zuführung des Drahtes mit einem Führröhrchen realisiert. Mithilfe dessen Bewegung findet die Verteilung des Drahtes im Spulenkörper statt. Bei der Flyerwickeltechnik rotiert ein umlaufender und ausgewuchteter Flyer um den feststehenden Spulenkörper. Die Drahtführung läuft dabei zunächst zentrisch in einer Hohlwelle, bevor der Draht über Umlenkelemente auf den Spulenkörper gelegt wird. So dreht sich der Draht um seine Achse, wodurch hohe Belastungen für den Draht und die Isolierung entstehen. Die Nadelwickeltechnik nutzt die Nuten zwischen den benachbarten Polen. So fährt eine rechtwinklig zur Bewegungsrichtung angeordnete Nadel

[90] Vgl. Kampker, A. (Elektromobilproduktion), 2014, S. 142.

[91] Vgl. Kampker, A. (Elektromobilproduktion), 2014, S. 148.

[92] Vgl. Kampker, A./Nee, C. (Herausforderungen in der Elektromotorenproduktion), 2012, 20f.

[93] Vgl. Fleischer, J./Haag, S. et al. (Quo Vadis Wickeltechnik?), 2017, S. 14-17.

mittels einer Düse durch die Nuten und legt den Draht an gewünschten Stellen ab. Bei der Einziehwickeltechnik werden die einzelnen Spulen auf Schablonen außerhalb des Stators vorgelegt und phasenweise durch ein Werkzeug in den Stator eingezogen. Damit zählt die Technik zu den indirekten Wickelverfahren. Aufgrund der hohen Belastung des Drahtes kommen hier meist gleitoptimierte Drähte zum Einsatz. [94]

Nach der Bewicklung erfolgt die elektrische Überprüfung der eingebrachten Kupferspulen. Diese umfasst eine Kapazitäts-, Induktivitäts-, Widerstands- und Windungsmessung. Um die Lebensdauer trotz der Vielzahl an Anforderungen zu erhöhen, werden die Spulen final mit einer Harzschicht imprägniert. Diese bietet einen Schutz vor den mechanischen Kräften im Betrieb, verhindert das Eindringen von Feuchtigkeit und verbessert die thermische Leitfähigkeit.[95]

Der Fertigungsprozess eines Hairpin Stators ist in die fünf Prozessschritte Formen, Einfügen, Verdrehen, Kontaktieren und Imprägnieren unterteilt (s. Abbildung 2-6).

Abbildung 2-6: Prozessschritte Hairpin Stator Produktion[96]

Zunächst wird der Kupferdraht als Halbzeug mit der bereits richtigen Querschnittsfläche auf einer Spule geliefert. Im ersten Prozessschritt wird der Draht zunächst auf seine endgültige Länge geschnitten und anschließend in die benötigte Geometrie geformt.[97] Abhängig ob es sich bei der fertigenden Maschine um eine 2D oder 3D Werkzeugbiegung handelt, erfolgt der Biegevorgang in einem oder zwei Schritten. Alternativ kann auch eine Biegung durch rechnergestützte numerische Steuerung (engl. Computerized Numerical Control, CNC) oder freie Biegetechnologie zum Einsatz kommen. Während sich die Werkzeugbiegung durch eine hohe Produktivität und Prozessstabilität auszeichnet, haben die CNC-Biegung oder eine freie Biegung die Vorteile bezüglich der Flexibilität. So können mit den beiden letztgenannten Verfahren problemlos verschiedene Varianten des Stators realisiert werden.[98] Nach dem Formen werden die Statornuten mit Papier isoliert, um der Gefahr eines Kurzschlusses vorzubeugen[99]. Anschließend sind im zweiten Prozessschritt die Hairpins im gewünschten Steckmuster vorzumontieren

---

[94] Vgl. Kampker, A. (Elektromobilproduktion), 2014, 152f.

[95] Vgl. Kampker, A. (Elektromobilproduktion), 2014, 153f.

[96] Vgl. Kampker, A./Treichel, P. et al. (Hairpin Stator Production), 2018, S. 3.

[97] Vgl. Glaessel, T./Seefried, J. et al. (Challenges in the manufacturing of hairpin windings), 2017, S. 2.

[98] Vgl. Kampker, A./Treichel, P. et al. (Hairpin Stator Production), 2018, 2f.

[99] Vgl. Stöck, M. (Steigerung der Leistungsdichte von Elektromotoren), 2016, S. 17.

und mit großer Kraft in den Stator einzufügen. Daraufhin werden die Enden der Hairpins in ihre endgültige Position gedreht, um eine Verbindung dieser zu ermöglichen. Die Position wird dabei durch das Wicklungsschema vorgegeben.[100] Der nachfolgende Prozessschritt des Kontaktierens realisiert die Verbindung und das Verschweißen der Kupferenden. Dabei kommen das Laser- oder Widerstandsschweißen zum Einsatz. Das Laserschweißen zeichnet sich durch eine hohe Prozessstabilität bei kurzen Prozesszeiten aus. Hierzu müssen die vorgelagerten Prozessschritte jedoch eine exakte Einhaltung des Schweißspaltes erfüllen, um eine ausreichende Zugänglichkeit zur Schweißnaht zu gewährleisten. Dies muss für das Widerstandsschweißen nicht erfüllt sein. Jedoch bestehen hier die Nachteile des Werkzeugverschleißes und der mangelnden Flexibilität. Dadurch ist das Widerstandsschweißen nicht für komplexe Statoren geeignet. Unabhängig vom Verfahren muss das Schweißen eine sehr hohe Zuverlässigkeit aufweisen, da schon der Ausfall eines Schweißpunktes zum Totalausfall des Elektromotors führt.[101] Im finalen Prozessschritt wird eine Isolierschicht auf die Schweißnähte sowie eine Imprägnierung aufgetragen. Nach der Durchführung ist der Stator fertiggestellt und kann abschließend getestet werden.[102]

2.1.2.3 Welle

Die Hauptfunktion der Welle besteht in der Übertragung des erzeugten nutzbaren Drehmoments für den Elektromotor. Obwohl die Ausfertigung über eine Hohl- oder Vollwelle realisiert werden kann, kommen heutzutage aufgrund der betriebsbedingten Anforderungen überwiegend Vollwellen zum Einsatz. Jedoch wird in Anbetracht der Gewichtsersparnis zukünftig eine vermehrte Fertigung von Hohlwellen erwartet.[103]

Den ersten Schritt im Fertigungsprozess der Welle stellt die Formgebung dar. Diese kann in unterschiedlichen Weisen realisiert werden. Das Kaltumformen eignet sich aufgrund seiner guten Automatisierbarkeit für die Fertigung hoher Stückzahlen in einer Großserienproduktion. Es zeichnet sich durch eine höhere Dauerfestigkeit gegenüber anderen Verfahren aus. Eine weitere Möglichkeit zur Fertigung der Welle stellt eine komplett spanende Bearbeitung dar. Diese findet vorrangig bei Kleinserien- und Prototypenfertigung Anwendung und wird durch das Drehen und Fräsen des Rohlings in einem Bearbeitungszentrum durchgeführt.[104]

Nach der Formgebung wird die Welle gehärtet. Dieser Fertigungsschritt gewährleistet eine höhere Festigkeit gegenüber mechanischen Beanspruchungen als auch bessere Oberflächeneigenschaften. Das Härten kann mittels Induktionshärten, Plasmanitrieren oder Einsatzhärte erfolgen. Im Gegensatz zum Einsatz-

---

[100] Vgl. Stöck, M. (Steigerung der Leistungsdichte von Elektromotoren), 2016, S. 41.

[101] Vgl. Glaessel, T./Seefried, J. et al. (Challenges in the manufacturing of hairpin windings), 2017, S. 3.

[102] Vgl. Kampker, A./Treichel, P. et al. (Hairpin Stator Production), 2018, S. 3.

[103] Vgl. Kampker, A. (Elektromobilproduktion), 2014, S. 157.

[104] Vgl. Kampker, A. (Elektromobilproduktion), 2014, S. 157f.

härten erfolgt das Induktionshärten lediglich lokal an einzelnen Stellen des Bauteils. Hierzu wird mittels eines Induktors ein Induktionsstrom erzeugt, welcher das Bauteil erhitzt. Anschließend findet das Abschrecken in einer Abschreckbrause statt. Das Plasmanitrieren wird in einer Vakuumkammer durchgeführt. Dabei wird das Werkstück zunächst mit positiv geladenen Ionen zur Reinigung beschossen. Anschließend ereignet sich die Erhitzung durch Bildung von Nitriden aus Stickstoff, Eisen und Legierungselementen. Im Gegensatz zu anderen Verfahren kommt es beim Härten mittels Plasmanitrieren zu einem sehr geringen Verzug des Bauteils.[105]

Abschließend erfolgt eine erneute spanende Überarbeitung in einem Bearbeitungszentrum. Dort werden besonders beanspruchte Bereiche geschliffen und nachbereitet, um eine durchweg hohe Oberflächengüte zu gewährleisten. Zudem wird die Verzahnung der Welle mittels einer Wälzfräse hergestellt. Deren Zähne sind wendelförmig angeordnet. Weiter können Bearbeitungsschritte wie das Fräsen von Nuten oder das Bohren von Stirnbohrungen folgen.[106]

2.1.2.4 Rotor

Als Aktivteil des Motors hat der Rotor großen Anteil an der Leistung des Elektromotors[107]. Da in Elektrofahrzeugen primär Asynchronmotoren und permanenterregte Synchronmotoren zum Einsatz kommen, wird im Folgenden der Fertigungsprozess der Rotoren erläutert. Aufgrund der Ähnlichkeit des Prozesses der Rotoren wird auf eine Gliederung nach Motortypen verzichtet. Die Abbildung 2-7 zeigt den generellen Herstellungsprozess des Rotors.

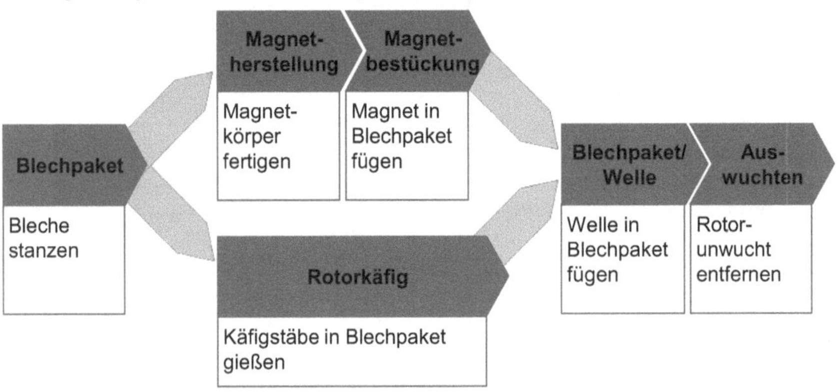

Abbildung 2-7: Herstellungsprozess des Rotors[108]

[105] Vgl. Kampker, A. (Elektromobilproduktion), 2014, S. 158f.
[106] Vgl. Schönherr, H. (Spanende Fertigung), 2002, S. 230.
[107] Vgl. Kampker, A. (Elektromobilproduktion), 2014, S. 159.
[108] Vgl. Kampker, A. (Elektromobilproduktion), 2014, S. 160.

Das Rotorblechpaket wird analog zum Statorblechpaket gefertigt. Hierbei kommen die gleichen Materialien und Prozessschritte zum Einsatz (s. Kapitel 2.1.2.2).

Der Magnet entscheidet über die Güte der Kraftübertragung im Luftspalt zwischen Rotor und Stator. Daher kommt ihm eine wesentliche Bedeutung in der Funktion des Motors zu.[109] Der Fertigungsprozess der Magneten beginnt mit dem Schmelzen der Legierungsbestandteile. Hierbei finden vorranging die Werkstoffe Samarium-Kobalt und Neodym-Eisen-Bor Anwendung, da sie sich durch eine hohe Magnetisierung, Gegenfeldstärke und Temperaturbeständigkeit auszeichnen. Diese führen bei einer geeigneten Kombination zu einer hohen Leistungsdichte, welche für eine kompakte Bauweise des Elektromotors elementar ist. Im geschmolzenen Zustand werden die Metalle vollständig vermischt. Nach dem Aushärten des Materialblocks wird dieser zu Pulver gemahlen. Das anschließende Pressen der Pulverkörner in Matrizen erfolgt jeweils unter Einwirkung eines Magnetfeldes, um so die magnetischen Teilchen bereits vorzuorientieren. In einem Sinter- und Nachbearbeitungsvorgang werden die Magnete verdichtet, ausgehärtet und geschliffen.[110] Da die Magnete in diesem Fertigungsschritt jegliche magnetische Kraft verlieren, wird diese mittels Stromimpulsen eines äußeren Magnetfelds wiederhergestellt[111]. Aufgrund des kostenintensiven Herstellungsprozesses werden Magnete für die Elektromotorenfertigung häufig als Zukaufteile beschafft, um hohe Investitionskosten zu vermeiden[112].

Bei der Magnetbestückung sind zwei grundsätzliche Verfahren der Positionierung zu unterscheiden. So können die innenliegenden Magnete in der Rotorkavität gefügt werden, während außenliegende Magnete auf dem Rotorumfang fixiert werden.[113] Dabei haben beide Verfahren Vor- und Nachteile. Die an der Oberfläche montierten Magnete sind kostengünstig und besitzen gute dynamische Eigenschaften, jedoch können Wirbelströme eine Wärmeentwicklung zur Folge haben, welche die Remanenz (Restmagnetismus, den ein magnetisiertes Material nach Entfernen des Magnetfeldes behält) herabsetzt.[114] Innenliegende Magnete werden aufgrund des Blechpakets vor Wirbelströmen und mechanischen Beschädigungen geschützt. Darüber hinaus ist ihre Fixierung sehr einfach und hält großen Drehzahlen stand. Allerdings sind die Flussverläufe derart komplex, dass die magnetische Auslegung sehr umfangreich ist. Während in üblichen Anwendungen daher auf die einfachere äußere Befestigung zurückgegriffen wird, kommt bei Kfz-Anwendungen aufgrund der hohen

[109] Vgl.Junker, S. (Technologien und Systemlösungen permanent erregter Läufer), 2007, S. 18.

[110] Vgl.Junker, S. (Technologien und Systemlösungen permanent erregter Läufer), 2007, 23f.

[111] Vgl.Marinescu, M. (Elektrische und magnetische Felder), 2012, S. 227.

[112] Vgl. Junker, S. (Technologien und Systemlösungen permanent erregter Läufer), 2007, S. 39.

[113] Vgl. Kampker, A. (Elektromobilproduktion), 2014, S. 165.

[114] Vgl. Böcker, J. (VDE-Studie: Elektrofahrzeuge), 2010, S. 66.

Drehzahlen und Temperaturen die komplexere innere Befestigung der Magnete zum Einsatz. Dabei sind im Rotor Nuten angebracht, in welche ein Roboter die Magnetkörper genau einpassen muss. Das exakte Einfügen und anschließende Verkleben der Magnete ist für die Funktion des Motors elementar und stellt den wichtigsten Prozess der Bestückung dar. Ein fehlerhaftes Anbringen hätte bei derart hohen Zentrifugalkräften eine Zerstörung des gesamten Elektromotors zur Folge.[115]

Der Rotorkäfig wirkt unmittelbar an der Krafterzeugung mit. Zur Herstellung des Käfigs stellt der Druckguss das dominierende Verfahren dar. Diverse Schweißtechniken eignen sich hingegen nur für den Prototypenbau und Kleinserien. Der Guss weist zudem die Vorteile geringer Kosten als auch einer geringen Fertigungsabweichung auf. Hier kommen präferiert die Werkstoffe Kupfer und Aluminium zum Einsatz, da sich diese aufgrund ihrer elektrischen Kennwerte auszeichnen. Kupfer verfügt dabei über eine deutlich bessere elektrische Leitfähigkeit, ist jedoch als Werkstoff auch deutlich teurer. Weiterhin hat es einen höheren Schmelzpunkt, weshalb ein hoher Kupferanteil nur bei Motoren mit großer Leistung (zum Beispiel im Automobilbereich) verwendet wird. Die Werkstoffe werden unter Ausschluss von Sauerstoff induktiv erhitzt und unter hohem Druck in die Rotornuten gegossen. Final kühlt das gegossene Material ab und erhält dadurch seine Stabilität.[116]

Die Verbindung des Blechpakets mit der Welle sollte optimal hinsichtlich der Kraftübertragung ausgelegt sein. Dabei kann die Welle-Nabe-Verbindung form-, kraft- oder stoffschlüssig erfolgen. Während eine stoffschlüssige Verbindung in Form eines Klebstoffs realisiert wird und die formschlüssige Verbindung mit verschiedenen Geometrien erfolgt, stellt die kraftschlüssige Verbindung auf Basis von Reibkräften den geringsten Bearbeitungsaufwand und damit die meistgewählte Verbindung dar.[117] Das Aufschrumpfen und Eindehnen kann aufgrund der konstruierten Übermaßpassung ohne Hilfsmittel erfolgen. So wird das äußere Blechpaket erhitzt und im ausgedehnten Zustand auf die innen liegende Welle gefügt. Im Zuge des Abkühlens schrumpft das Blechpaket zusammen, wodurch die Presspassung entsteht. Alternativ kann auch mit Flüssigstickstoff oder Trockeneis die Welle geschrumpft und in das Blechpaket gefügt werden. Dabei entsteht beim Erwärmen der Welle auf Raumtemperatur die Presspassung. Um die Temperaturänderungen so gering wie möglich zu halten, können beide Verfahren kombiniert werden.[118] Zudem kann mit einem zusätzlich eingefügten Klebstoff ein starker Halt generiert werden[119].

---

[115] Vgl. Reif, K. (Konventioneller Antriebsstrang und Hybridantriebe), 2010, S. 38.

[116] Vgl. Kampker, A. (Elektromobilproduktion), 2014, S. 167f.

[117] Vgl. Leidich, E. (Welle-Nabe-Verbindungen), 2016, S. 494.

[118] Vgl. Kampker, A. (Elektromobilproduktion), 2014, S. 169f.

[119] Vgl. Leidich, E. (Welle-Nabe-Verbindungen), 2016, S. 563.

Um eine Prüfung und Verbesserung der Masseverteilung vorzunehmen, wird das Bauteil abschließend ausgewuchtet. Dabei sollen die Schwingungen und die unwuchtbedingten Kräfte innerhalb vorgegebener Grenzen liegen, um so einen schwingungsarmen Lauf und eine lange Lebensdauer der Maschine zu gewährleisten. Zur Auswuchtung eines Rotors muss zunächst die Unwucht identifiziert werden.[120] Hier können eine statische Unwucht und Momentenunwucht auftreten, welche bei einem synchronen Auftritt als dynamische Unwucht bezeichnet werden. Diese werden in einer Spindelkompensation oder einer Umschlagsmessung analytisch aufgedeckt. Kraftsensoren ermitteln dabei die auftretenden Fliehkräfte und berechnen automatisiert die Unwucht sowie den Unwuchtausgleich des Rotors.[121] Der Gewichtsausgleich kann wahlweise additiv oder subtraktiv erfolgen. Da der Luftspalt zwischen Stator und Rotor des Elektromotors dessen Funktion beeinflusst, wird hier auf das subtraktive Wuchten zurückgegriffen. Dieses trägt Material durch Bohrungen oder auch flächiges Abtragen lokal ab.[122]

2.1.2.5 Endmontage

Die Endmontage des Elektromotors unterscheidet sich bezüglich manuell durchgeführter oder automatisierter Montageschritte. Die folgende Abbildung 2-8 gibt einen Überblick der durchzuführenden Schritte, welche in der Folge dargelegt werden.

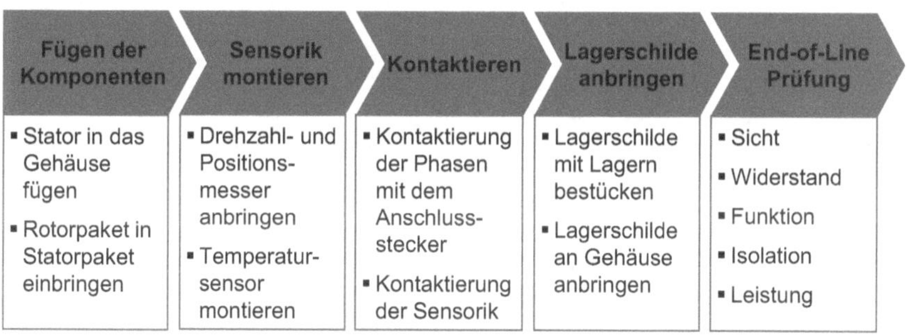

Abbildung 2-8: Endmontage des Elektromotors[123]

Die Endmontage des Elektromotors beginnt mit dem Zusammensetzen des Stators und des Gehäuses. Dies kann mittels einer Verschraubung, Kleben oder Warmschrumpfen realisiert werden. Aufgrund des Aufwands und der Beschädigungsanfälligkeit von beiden erstgenannten Verfahren findet meist das Warmschrumpfen Anwendung. Hierbei erfolgt mittels Induktionserwärmung eine Erwärmung des Gehäuses, welches anschließend über den Stator gestülpt wird.

[120] Vgl. Kampker, A. (Elektromobilproduktion), 2014, S. 170.
[121] Vgl. Schneider, H. (Auswuchttechnik), 2013, S. 4.
[122] Vgl. Kampker, A. (Elektromobilproduktion), 2014, S. 171.
[123] Vgl. Kampker, A. (Elektromobilproduktion), 2014, S. 173.

Somit entsteht nach dem Abkühlen eine kraftschlüssige Verbindung. Anschließend erfolgt die Montage der Welle, bevor diese in das Gehäuse und den Stator eingefahren wird.[124] In diesem Zuge sind auch kundenspezifische Anforderungen wie Lage- oder Temperatursensoren und die Anschlüsse von Steckern oder Hochvoltkontaktierungen anzubringen, bevor das Gehäuse verschlossen wird. Die finale Montage der Hochvoltverbindungen erfolgt mittels eines Interlock-Systems, welches durch den Einsatz von akustischen und visuellen Systemen einen passgenauen Zusammenbau gewährleistet. [125]

In der abschließenden End-of-Line Prüfung sind diverse Tests durchzuführen, um die Funktionalität des Elektromotors zu verifizieren. Hierbei kann zwischen Sicht-, Widerstands-, Funktions-, Isolations- und Leistungstest unterschieden werden (s. Abbildung 2-8). Nach dem Einspannen des Motors beginnt der Prüfablauf mit einem Kurzschlussversuch, der Prüfung von Drehgebern oder der Prüfung von Leerlaufeigenschaften zur Gewährleistung der Funktion. Dabei kann parallel durch die Messung der Schwingungen sowie des Geräuschpegels der Geräuschtest durchgeführt werden. Um die Leistung des Motors zu überprüfen, ist das Drehzahl-Drehmoment-Kennlinienfeld zu erstellen und mit den Soll-Eigenschaften abzu-gleichen. Final stellt die Sicherheitsprüfung fest, ob die konstruktiven Sicherheits-maßnahmen bei der Überlastung des Elektromotors greifen. Dies erfolgt mit dem Momententest als auch mit der Hochvoltprüfung.[126]

2.1.3 Zwischenfazit

Die marktseitige und technologische Entwicklung der Elektromobilität stellt die Relevanz des Betrachtungsbereichs heraus. Weitere Entwicklungsschritte in der Technologie des elektrischen Traktionsmotors sind noch zu erwarten, sodass die Produktionstechnologien sich ebenfalls weiterentwickeln werden. Produktionssysteme müssen auf die schwer vorhersehbare Nachfrage und auf Technologiesprünge vorbereitet sein. Im folgenden Kapitel werden die wandlungsfähige Produktion mit der skalierbaren Ausbaufähigkeit eines Produktionssystems sowie das im Zuge dessen wiederkehrende Anlaufmanagement vorgestellt.

2.2 Wandlungsfähige Produktion

Nachdem in Kapitel 2.1 die Grundlagen der Produktion von Elektromotoren dargestellt wurden, wird im folgenden Kapitel 2.2 zunächst der Begriff der wandlungsfähigen Produktion erläutert. Darauffolgend wird in Kapitel 2.2.1 die Wandlungsfähigkeit von Produktionssystemen im Allgemeinen dargestellt. Im Anschluss werden in Kapitel 2.2.2 die Wandlungstreiber und -befähiger beschrieben, um nachfolgend auf die Skalierbarkeit von Produktionssystemen in

[124] Vgl. RWTH Aachen IKA. (Elektromobile Wertschöpfungskette), 2014, S. 74.

[125] Vgl. Ponn, J./Lindemann, U. (Gestaltung technischer Produkte), 2011, S. 227.

[126] Vgl. Kampker, A. (Elektromobilproduktion), 2014, S. 175.

Kapitel 2.2.3 näher einzugehen. Abschließend wird in Kapitel 2.2.4 die Besonderheit des Anlaufmanagements skalierbarer Produktion betrachtet.

Heutige Produktionsunternehmen sehen sich im Zuge schwankender Absatzzahlen, steigender Variantenbildung sowie neuer gesetzlicher Rahmenbedingungen einem dynamischen und turbulenten Umfeld ausgesetzt. Darüber hinaus können im Unternehmen durch mangelnde Produktqualität oder die Einführung neuer Produkttechnologien interne Turbulenzen entstehen.[127] In Anbetracht dieser externen und internen Einflüsse besteht das strategische Ziel der Unternehmen, mithilfe einer wandlungsfähigen Produktion auf die stetig wechselnden Anforderungen adäquat reagieren zu können, um somit eine langfristige Stabilität und Agilität zu gewährleisten[128].

Aufgrund unterschiedlicher Definitionen in der Literatur wird in Kapitel 2 der Begriff der Produktion und der Produktionssysteme verwendet. Ab Kapitel 4 wird in der Methodik der Begriff des Fertigungssystems verwendet, welches überlappend zum Produktionssystem zu sehen ist, jedoch einer eigenen Definition bedarf:

Aufgabe der Fertigung ist es, mithilfe bereitstehender Betriebsmittel die Informationen aus den vorgelagerten Stufen in Tätigkeiten umzusetzen, die zu einer Umwandlung der eingesetzten Rohmaterialien in die benötigten Erzeugnisse führen [...] Fertigung wird demnach als eine spezielle Form der Produktion betrachtet[129]. In der vorliegenden Arbeit werden industrielle Fertigungsmaschinen betrachtet, welche größtenteils automatisiert laufen mit geringen Eingriffen durch Mitarbeiter der Produktion.

2.2.1 Wandlungsfähigkeit von Produktionssystemen

Die Wandlungsfähigkeit wird in der Literatur mit diversen unterschiedlichen, aber dennoch eng zusammenhängenden Begriffen rund um die Veränderungsfähigkeit von Produktionssystemen diskutiert[130,131]. Anhand der Ebenen der Produktionsleistung und der Marktleistung können die einzelnen Begriffe in Beziehung zueinander gesetzt werden[132]. Eine Übersicht dieser Einordnung stellt die folgende Abbildung 2-9 dar.

[127] Vgl. Haas, S./Sheehan, E. et al. (Zukunftsfähige Produktionssysteme), 2014, S. 133.

[128] Vgl. Meier, H./Schröder S. et al. (Wandlungsfähigkeit), 2013, S. 350.

[129] Vgl. Dangelmaier, W. (Fertigungsplanung), 1999, 3f.

[130] Vgl. Nyhuis, P./Reinhart, G. et al. (Wandlungsfähige Produktionssysteme), 2008, S. 19.

[131] Vgl. Wiendahl, H. P. (Wandlungsfähigkeit), 2002, S. 122.

[132] Vgl. Nyhuis, P./Heins, M. et al. (Wandlungsfähige Produktionssysteme), 2008, S. 334.

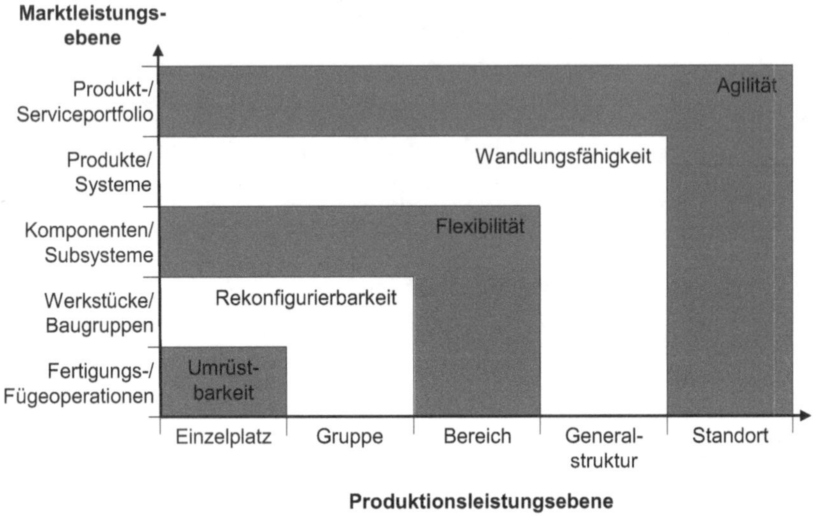

Abbildung 2-9: Veränderungstypen der Fabrik[133]

Die Umrüstbarkeit umfasst die operative und zeitnahe Veränderung einzelner Maschinen und Arbeitsplätze. Sie ermöglicht einen zeit- und kostenminimalen Austausch von Werkzeugen und Spannmitteln, wodurch unterschiedliche Arbeitsoperationen durchgeführt werden können. Die zu fertigenden Produkte sind dabei bereits bekannt. Demgegenüber bezieht sich die Rekonfigurierbarkeit auf einzelne hochspezialisierte Fertigungseinrichtungen, welche ihre soft- und hardwaretechnischen Systemelemente zur Bearbeitung unterschiedlicher Produktfamilien reaktiv verändern können.[134] Die Flexibilität beschreibt die Fähigkeit, durch Veränderung der Fertigungsverfahren und Logistikfunktionen ein Produktionssystem so umzustellen, dass die Bearbeitung neuer, aber dennoch in die bereits bekannten Produktfamilien passende Produkte ermöglicht wird. Diese Veränderung erfolgt strukturell fest in das System integriert und ermöglicht unter mittlerem zeitlichem und finanziellem Aufwand die Anpassung vorgegebener Größen innerhalb eines definierten Korridors. Der Begriff Flexibilität schließt die Begriffe Umrüstbarkeit und Rekonfigurierbarkeit mit ein.[135] Im Gegensatz dazu betrifft die Wandlungsfähigkeit eher die Struktur als die Prozesse des Produktionssystems und ermöglicht somit eine Veränderung der Lage oder Größenordnung

[133] Vgl. Wiendahl, H. P./El Maraghy, H. A. et al. (Changeable Manufacturing), 2007, S. 786.
[134] Vgl. Wiendahl, H. P./El Maraghy, H. A. et al. (Changeable Manufacturing), 2007, S. 786.
[135] Vgl. Schuh, G./Potente, T. et al. (Strukturbedingte Wandlungsfähigkeit), 2013, S. 285.

des Korridors[136]. Die Wandlungsfähigkeit wird somit benötigt, sobald die Flexibilität eines Produktionssystems nicht mehr ausreicht, um auf die veränderten Anforderungen reagieren zu können (vgl. Abbildung 2-10).

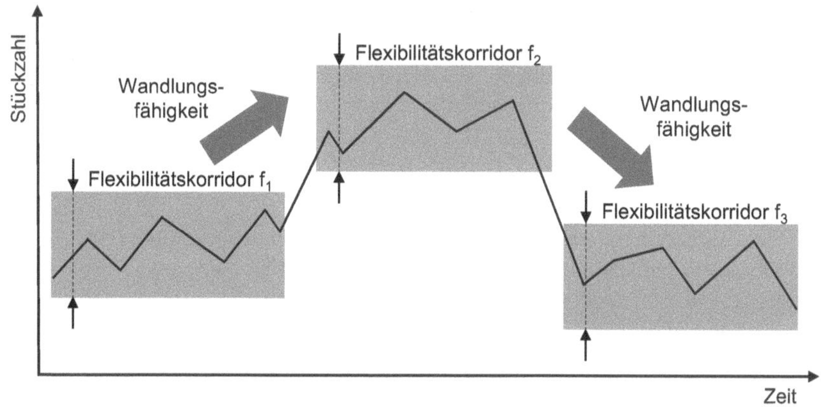

Abbildung 2-10: Flexibilität und Wandlungsfähigkeit[137]

Aus Abbildung 2-10 ist ersichtlich, dass die Ausbringungsmenge des dargestellten Produktionssystems zu einem bestimmten Zeitpunkt den Anforderungen des Flexibilitätskorridors f_1 nicht mehr gerecht werden. Daraufhin sind durch das Produktionsmanagement Veränderungen am Produktionssystem zu initiieren, um einen neuen Flexibilitätskorridor f_2 zu erreichen. Die Aufgabe der Wandlungsfähigkeit besteht dabei in der Gewährleistung eines schnellen und kostengünstigen Wechsels zwischen diesen Korridoren.[138]

Der Begriff Wandlungsfähigkeit wird als Fähigkeit verstanden, neue Produktlinien einzuführen und die Kapazitäten dieser aktiv zu ändern. Sie beinhaltet die Strukturen, Prozesse und Organisationsprinzipien auf allen Ebenen des Produktionssystems, erfolgt lösungsneutral und lässt Freiräume in der Ausgestaltung.[139] Die Agilität bildet die oberste Stufe der Veränderungsfähigkeit. Sie übersteigt den Umfang der Wandlungsfähigkeit deutlich und umfasst die strategische Ausrichtung des Unternehmens, um neue Märkte durch ein bestimmtes Produktportfolio zu erschließen.[140] Die Wandlungsfähigkeit ist bereits zum Zeitpunkt der Planung und Dimensionierung zu berücksichtigen. Sie umfasst

[136] Vgl. Franke, J./Merhof, J. et al. (Intelligente Steuerungskonzepte), 2010, S. 61.
[137] Vgl. Zäh, M. F./Möller, N. et al. (Symbiosis of Changeable and Virtual Production), 2005, S. 5.
[138] Vgl. Seiter, M./Käfer, U. et al. (Wandlungsfähige Produktionssysteme), 2013, S. 476f.
[139] Vgl. Wiendahl, H.-P./Nofen, D. et al. (Planung modularer Fabriken), 2005, S. 70f.
[140] Vgl. Nyhuis, P./Reinhart, G. et al. (Wandlungsfähige Produktionssysteme), 2008, S. 25.

im Bedarfsfall technologische, logistische, organisatorische und personelle Veränderungen, welche über die Flexibilität hinausgehen.[141]

2.2.2 Wandlungstreiber und Wandlungsbefähiger

Das heutige Produktionsumfeld ist von externen wie auch internen Einflüssen charakterisiert. Dies verlangt den Unternehmen eine erhöhte Wandlungs- und Adaptionsfähigkeit ab.[142] Hierzu sind im Folgenden zunächst die internen und externen Wandlungstreiber dargelegt, welche einen Wandlungsprozess zur Folge haben können. Anschließend werden Wandlungsbefähiger vorgestellt, mit deren Hilfe die Wandlungsfähigkeit in Produktionssystemen umgesetzt und erreicht wird.

2.2.2.1 Wandlungstreiber

Die Wandlungstreiber können in unternehmensexterne und -interne Wandlungstreiber gruppiert werden (s. Abbildung 2-11).

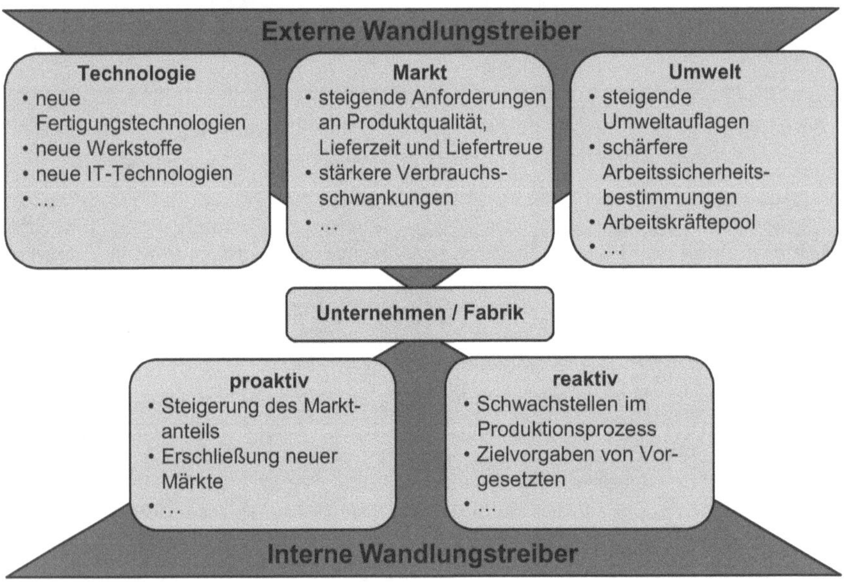

Abbildung 2-11: Unternehmensexterne und -interne Wandlungstreiber[143]

Die erste Klasse der Wandlungstreiber umfasst die Einflüsse und Impulse des unternehmensexternen Umfelds. Diese haben ihren Ursprung in der Markt-, Technologie- und Umweltveränderung. Die wesentlichen technologischen

[141] Vgl. Bergholz, M. (Objektorientierte Fabrikplanung), 2006, S. 41.

[142] Vgl. Westkämper, E./Zahn, E. (Wandlungsfähige Produktionsunternehmen), 2009, S. 9.

[143] Vgl. Wiendahl, H.-P./Nofen, D. et al. (Planung modularer Fabriken), 2005, S. 9.

Wandlungstreiber umfassen neue Werkstoffe, neue Fertigungstechnologien und neue Informations- (IT) Technologien. Die Identifizierung von Wandlungstreibern sowie deren Konsequenzen ist daher keineswegs trivial und erfordert ein grundlegendes Verständnis der Einflüsse, welche auf Fabriken einwirken können.[144]

Die externen Wandlungstreiber, welche der Marktveränderung zugeordnet werden können, haben ihren Ursprung in den im Folgenden aufgeführten fünf Triebkräften des Branchenwettbewerbs nach PORTER[145]

1. Verhandlungsmacht der Abnehmer
2. Bedrohung durch neue Konkurrenz
3. Verhandlungsstärke der Lieferanten
4. Bedrohung durch Ersatzprodukte und -dienste
5. Rivalität unter bestehenden Unternehmen der Branche

Die externen Wandlungstreiber durch das Thema Umweltschutz resultieren aus der zunehmenden Globalisierung und steigenden Erwartungen der Mitarbeiter. Damit einhergehende schärfer werdende Arbeitsschutz- sowie Umweltschutzauflagen, Tarifvereinbarungen der Gewerkschaften mit dem Arbeitgeber und dem Arbeitskräfteangebot hinsichtlich Mitarbeiterverfügbarkeit und -qualifikation verstärken diese Einflüsse.[146]

Die zweite Kategorie der Wandlungstreiber hat ihren Ursprung innerhalb des Unternehmens und lässt sich in reaktiv und proaktiv unterteilen. Die reaktiven Wandlungstreiber basieren in erster Linie auf Schwachstellen im Produktionsprozess, auf welche erst im Nachhinein des Auftretens reagiert wird. Gängige Schwachstellen sind eine mangelnde Produktqualität, eine zu geringe Logistikqualität, zu geringe Prozesssicherheit, zu hohe Produktionskosten sowie unübersichtliche Strukturen und Materialflüsse. Darüber hinaus sind auch Anweisungen oder Zielvorgaben von übergeordneten Hierarchieebenen an deren untergeordnete Fabrikbereiche als reaktive Wandlungstreiber zu identifizieren.[147]

Die proaktiven Wandlungstreiber können mit der unmittelbaren Verfolgung einer Offensivstrategie seitens der Unternehmensführung einhergehen[148]. Mit der bewussten Erzeugung von Turbulenzen am Markt wird das Ziel einer Erhöhung des Marktanteils oder die Erschließung neuer Märkte verfolgt. Dazu werden Maßnahmen wie neue Produkttechnologien oder verkürzte Lieferzeiten

---

[144] Vgl. Wiendahl, H.-P./Nofen, D. et al. (Planung modularer Fabriken), 2005, S. 9f.
[145] Vgl. Porter, M. E. (Wettbewerbsstrategie), 2013, S. 38.
[146] Vgl. Wiendahl, H.-P./Nofen, D. et al. (Planung modularer Fabriken), 2005, S. 11.
[147] Vgl. Wiendahl, H.-P./Nofen, D. et al. (Planung modularer Fabriken), 2005, S. 12.
[148] Vgl. Wiendahl, H. P. (Wandlungsfähigkeit), 2002, S. 122.

eingeleitet, welche weder vom Kunden gefordert noch vom Wettbewerber angeboten, aber dennoch vom Kunden wahrgenommen werden.[149]

Dabei wird je nach Art der auf das Unternehmen einwirkenden Einflüsse und Impulse eine mehr oder weniger wandlungsfähige Fabrik erforderlich. Im Zuge dieser sind alle vorangegangen erläuterten unternehmensinternen wie auch -externen Turbulenzen zu beobachten, um diesen proaktiv als auch reaktiv entgegenzuwirken und somit die Zukunftsfähigkeit des Unternehmens zu sichern.[150]

2.2.2.2 Wandlungsbefähiger

Die folgende Abbildung 2-12 gibt einen grundlegenden Überblick der primären Wandlungsbefähiger.

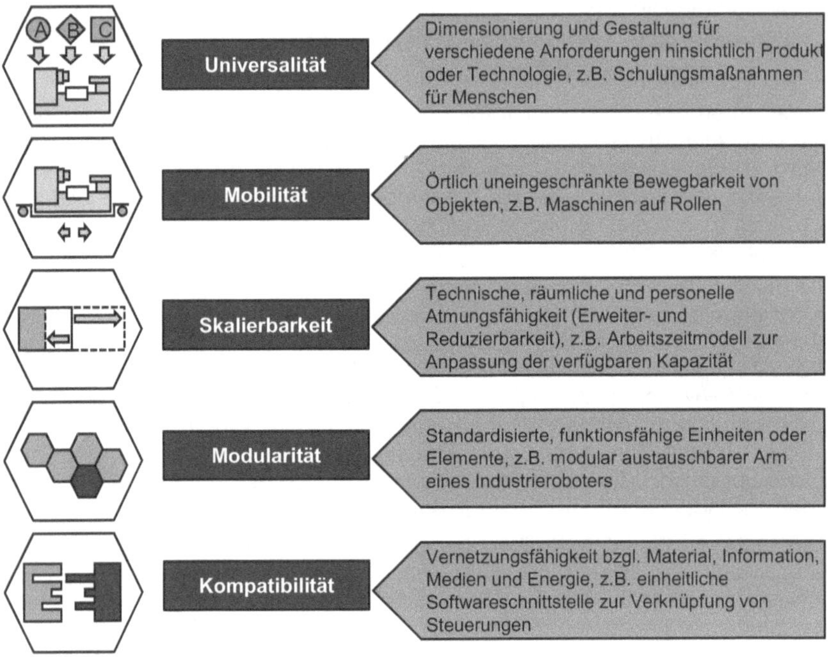

Abbildung 2-12: Übersicht primärer Wandlungsbefähiger[151,152,153]

[149] Vgl. Wiendahl, H.-P./Nofen, D. et al. (Planung modularer Fabriken), 2005, S. 12.

[150] Vgl. Wiendahl, H.-P./Nofen, D. et al. (Planung modularer Fabriken), 2005, S. 12f.

[151] Vgl. Nyhuis, P./Heinen, T. et al. (Adequate and economic factory transformability), 2007, S. 290.

[152] Vgl. Nyhuis, P./Heinen, T. et al. (Wandlungsfähige Produktionssysteme), 2008, S. 88.

[153] Vgl. Wiendahl, H.-P./Nofen, D. et al. (Planung modularer Fabriken), 2005, S. 25.

Um eine angemessene Reaktionsfähigkeit des Produktionssystems zu gewährleisten, muss dieses über Eigenschaften verfügen, welche den Wandel befähigen. In der Literatur lässt sich dazu eine Vielzahl an Wandlungsbefähigern identifizieren, welche hierarchisch in primäre und sekundäre Wandlungsbefähiger zu unterscheiden sind.[154],[155]

Die *Universalität* beschreibt die Fähigkeit von Maschinen, unterschiedliche Varianten zu produzieren. Diese Eigenschaft wird über die entsprechende Dimensionierung und Gestaltung der Fabrikmodule und -elemente generiert.[156] Die Fähigkeit kann zudem auf den Menschen übertragen werden. So ist der Mensch mithilfe von Schulungen und Weiterbildungen vielseitig einsetzbar, wodurch er eine Vielzahl an Aufgaben übernehmen und somit auch zum Wandel beitragen kann.[157]

Unter der *Mobilität* wird die örtliche Beweglichkeit von Objekten verstanden. Exemplarisch kann hierfür die Beweglichkeit von Betriebsmitteln auf Rollen genannt werden. Diese können ohne Handhabungsmittel leicht bewegt werden, um so das Fabriklayout problemlos an veränderte Rahmenbedingungen anzupassen. Die Mobilität wirkt sich zudem bei den Mitarbeitern positiv aus, da sie örtlich flexibel im Zuge von Veränderungen im international verteilten Zulieferernetzwerk eingesetzt werden können.[158]

Die *Skalierbarkeit* beschreibt die technische, räumliche und personelle Erweiter- und Reduzierbarkeit von Fabrikmodulen. So können beispielsweise explizite Erweiterungsflächen in Fabriken vorgesehen oder im Zuge eines Arbeitszeitmodells verfügbare Kapazitäten wandlungsfähig angepasst werden.[159] Auf die Wandlungsbefähigung durch Skalierbarkeit soll in der vorliegenden Arbeit ein besonderes Augenmerk gelegt werden (s. Kapitel 2.2.3), um speziell auf noch unsichere Nachfragemengen nach elektrischen Antriebssystemen reagieren zu können.

Die *Modularität* befähigt ein Produktionssystem, standardisierte und funktionsfähige Einheiten oder Elemente auszutauschen. Aufgrund ihrer Einfachheit gilt sie als bedeutendster Wandlungsbefähiger. Am Beispiel eines Industrieroboters kann die Modularität so ausgestaltet sein, dass der Roboterarm bei veränderten Reichweiteanforderungen einfach demontiert und durch einen neuen längeren Arm ersetzt werden kann. [160]

[154] Vgl. Koren, Y. (Reconfigurable Manufacturing and Beyond), 2005, S. 1f.
[155] Vgl. Abele, E./Albrecht, F. et al. (Wandlungsfähige Produktion in der Medizintechnik), 2011, S. 307f.
[156] Vgl. Nyhuis, P./Heinen, T. et al. (Wandlungsfähige Produktionssysteme), 2008, S. 88.
[157] Vgl. Wiendahl, H.-P./Nofen, D. et al. (Planung modularer Fabriken), 2005, S. 26.
[158] Vgl. Wiendahl, H.-P./Nofen, D. et al. (Planung modularer Fabriken), 2005, S. 26.
[159] Vgl. Nyhuis, P./Heinen, T. et al. (Wandlungsfähige Produktionssysteme), 2008, S. 89.
[160] Vgl. Wiendahl, H.-P./Nofen, D. et al. (Planung modularer Fabriken), 2005, S. 26f.

Abschließend beschreibt der Begriff *Kompatibilität* die Vernetzungsfähigkeit von Modulen und Elementen, um Informationen, Medien und Energie austauschen zu können. Exemplarisch sind hier einheitliche Softwareschnittstellen zu nennen.[161]

Über die primären Wandlungsbefähiger hinaus existiert eine Vielzahl an weiteren Wandlungsbefähigern, welche den primären untergeordnet werden können. Diese beinhalten keine neuen Aspekte, sondern ergänzen und beschreiben die vorhandenen Wandlungsbefähiger. Aufgrund des rein ergänzenden und vertiefenden Charakters sowie der Vielzahl sekundärer Wandlungsbefähiger wird auf eine vollständige Darlegung und Erklärung dieser in der vorliegenden Arbeit verzichtet.

Die Wandlungsbefähiger ermöglichen dem Produktionssystem eine effiziente Reaktion auf Turbulenzen, welche dem System entgegenwirken. Der Wirkzusammenhang aus der Kombination von Wandlungstreibern und -befähigern lässt sich für jede Ebene des Produktionssystems darstellen. Zur Erhöhung der Wandlungsfähigkeit des Systems können jedem dieser Zusammenhänge technische, organisatorische, menschenbezogene und methodische Lösungen zugeordnet werden. Für die Darstellung dieses Wirkmodells wählt NYHUIS den in der folgenden Abbildung 2-13 dargestellten Kubus.

[161] Vgl. Nyhuis, P./Heinen, T. et al. (Wandlungsfähige Produktionssysteme), 2008, S. 89.

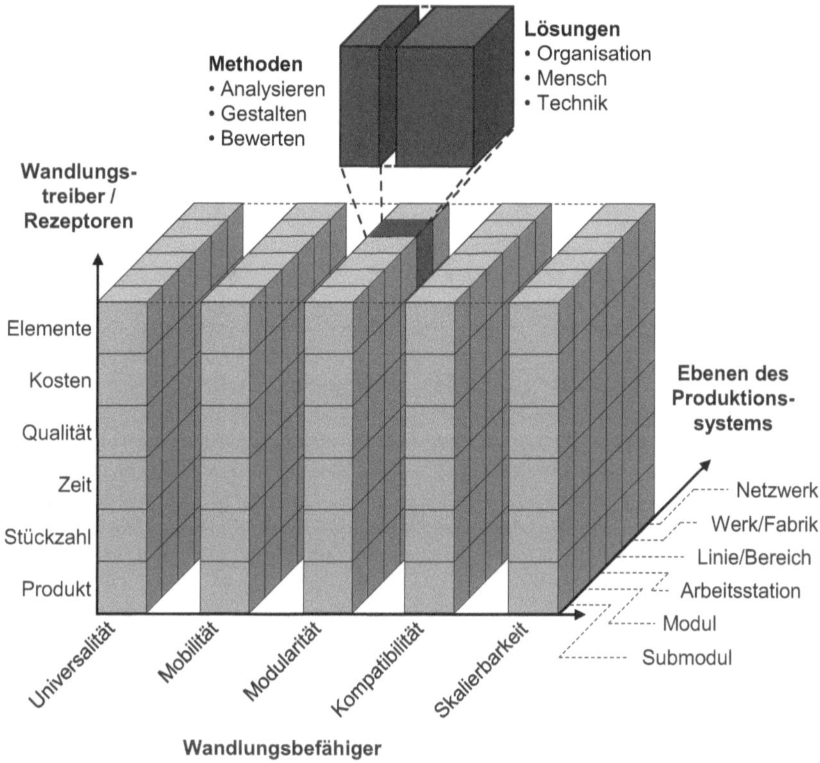

Abbildung 2-13: Wirkmodell der Wandlungsfähigkeit im Produktionssystem [162]

Der Kubus ermöglicht eine Ableitung der theoretisch ausführbaren Verknüpfungen von Produktionssystemebene, Wandlungsbefähiger und Rezeptoren. Dabei stellt jeder Würfel des Kubus einen spezifischen Wirkzusammenhang dar. Durch das Ausschließen unzulässiger Kombinationen lässt sich die Komplexität bei der Beschreibung von Wirkzusammenhängen reduzieren.[163]

2.2.3 Skalierbare Produktionssysteme

Skalierbare Produktionssysteme unterscheiden sich von konventionellen Produktionssystemen dadurch, dass ihre Kapazität stufenweise auf die zu erreichende Maximalstückzahl ausgebaut werden kann. Sie zeichnen sich vor

[162] Vgl. Nyhuis, P./Heinen, T. et al. (Wandlungsfähige Produktionssysteme), 2008, S. 89.

[163] Vgl. Nyhuis, P./Heinen, T. et al. (Wandlungsfähige Produktionssysteme), 2008, S. 89

allem durch die zwei folgenden Eigenschaften aus. Erstens lassen sich Änderungen der Stückzahl und des Produktes im Vergleich zu konventionellen Systemen schneller integrieren. Zweitens wird das Investitionsrisiko reduziert, da erst an den jeweiligen Entscheidungspunkten in Abhängigkeit von den aktualisierten Prognosen über die Erweiterung des Produktionsvolumens und damit den Ausbau des Produktionssystems entschieden wird.[164]

Vor allem in der Automobilindustrie hat diese Form der Produktionssysteme ein sehr hohes Potenzial, da sie aktuell einem disruptiven Wandel von Verbrennungsmotoren zu elektrischen Antriebssystemen unterliegt. Aufgrund noch geringer Kundenakzeptanz, hoher Kosten, wechselnder politischer Rahmenbedingungen und fehlender Infrastruktur ist die tatsächliche Nachfrage nach den Komponenten des elektrischen Antriebsstrangs nur schwer vorhersagbar.[165] Die Unternehmen, die schnell und kosteneffizient auf die Entwicklung des Marktes reagieren können, werden damit deutliche Wettbewerbsvorteile erzielen. Mit dem Konzept der skalierbaren Produktionssysteme kann diesen Herausforderungen begegnet werden.[166]

Das Produktionssystem wird dabei nicht wie konventionell üblich direkt auf die maximale Stückzahl ausgelegt. Stattdessen wird, wie auf Abbildung 2-14 dargestellt, Schritt für Schritt die Kapazität je nach Bedarf erhöht. Diese einzelnen Ausbaustufen werden im Voraus von der Produktionsplanung und Steuerung (PPS) definiert.[167]

[164] Vgl. Hildebrand, T./Günther, U. et al. (Die Fabrik als Produkt), 2004, S. 360.

[165] Vgl. Strathmann, T. (Disruptive Innovationen in der Automobilindustrie), 2019, S. 21ff.

[166] Vgl. Kampker, A./Kohnhäuser, M. et al. (Planung skalierbarer Produktionssysteme), 2016, S. 775.

[167] Vgl. Hildebrand, T./Günther, U. et al. (Die Fabrik als Produkt), 2004, S. 361.

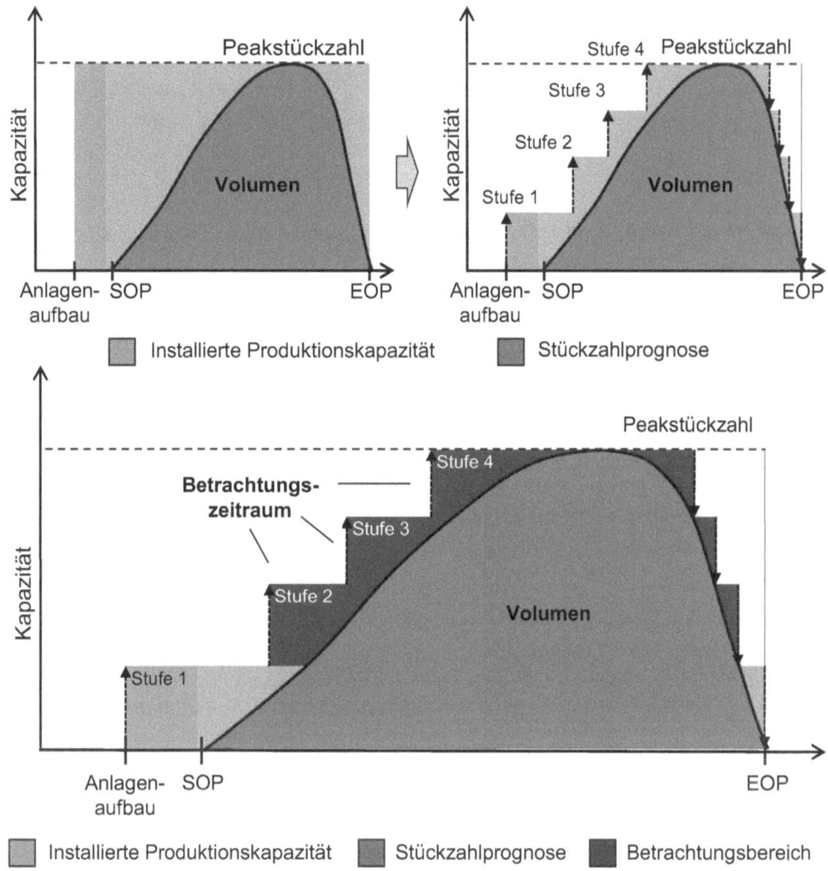

Abbildung 2-14: Modell einer skalierbaren Produktion[168]

Die Skalierbarkeit des Produktionssystems kann in der Praxis durch eine sogenannte Stufen-Logik umgesetzt werden. Die Erweiterung der Kapazität kann einen Ausbau der Produktionslinie um weitere Produktionsanlagen, aber auch eine Erhöhung des Automatisierungsgrads oder die Befähigung von Anlagen für neue Varianten umfassen.[169]

---

[168] Vgl. Hildebrand, T./Günther, U. et al. (Die Fabrik als Produkt), 2004, S. 361.

[169] Vgl. Kampker, A./Kreiskother, K. et al. (Re-Ramp-Up Management), 2019, S. 138.

2.2.4 Anlaufmanagement skalierbarer Produktionssysteme

Der Produktionsanlauf stellt den für produzierende Unternehmen oftmals erfolgskritischen Übergang der Entwicklungsphase eines Produkts zur Produktionsphase dar.[170] In Anbetracht der ansteigenden Modell- und Variantenvielfalt bei gleichzeitig sinkenden Modellzyklen gewinnt allen voran der Serienanlauf an Bedeutung. Mit den ansteigenden Markteinführungen von Produkten geht dabei nicht nur eine Erhöhung der Anläufe einher, sondern auch die Herausforderung, diese innerhalb kürzerer Zeit zu bewältigen.[171] Bei skalierbaren Produktionssystemen kommt es aufgrund der Grundkonzeption der Stufen-Logik inhärent zu mehrmaligen Produktionsanläufen[172].

Die nachfolgenden Abschnitte legen die Grundlagen des Anlaufmanagements sowie des Anlaufs dar. Dazu sind zunächst die gängigen Definitionen aufgezeigt und hinsichtlich des Schwerpunkts der Arbeit eingegrenzt. Nachfolgend werden die Ziele und Phasen des Anlaufs erläutert, um ein Grundverständnis des Anlaufprozesses zu vermitteln. Darauf aufbauend wird mit der Planung des Anlaufprozesses eine Eingrenzung des Anlaufmanagements hinsichtlich des Fokus der Arbeit vorgenommen. Abschließend werden Anlaufkriterien definiert, welche es im Zuge des Anlaufmanagements für die Realisierung eines erfolgreichen Anlaufs zu beherrschen gilt. Die Besonderheiten eingangs erwähnter Anläufe in skalierbaren Produktionssystemen werden am Ende dieses Kapitels betrachtet.

2.2.4.1 Begriffsbestimmung des Anlaufs und Anlaufmanagements

Der Begriff Anlauf bezeichnet in der Fachsprache die Inbetriebnahme von technischen Geräten und Anlagen[173]. Dieser Zeitraum umfasst den Übergangsbereich von der Produktentwicklung hin zur Produktion des Produkts[174]. In der Forschung und Praxis existiert jedoch keine einheitliche Definition[175]. So werden in der Folge gängige Definitionen der Überbegriffe Anlauf und Anlaufmanagement aus der Literatur aufgezeigt und hinsichtlich des Fokus der vorliegenden Arbeit ausgewählt.

Anlauf

FRITSCHE definiert den Anlaufprozess als Veränderungsprozess, welcher innerhalb eines Zeitintervalls einen stabilen Prozess in einen anderen stabilen Prozess überführt. Dieser wird in Planung, Konstruktion, Inbetriebnahme und Serienanlauf bzw. Hochlauf unterteilt. Während in der Planungsphase verschiedene Alternativen generiert und analysiert werden, erfolgt im Rahmen der

[170] Vgl. Wiesinger, G./Housein, G. (Schneller Produktionsanlauf von Serienprodukten), 2002, S. 505.
[171] Vgl. Schuh, G./Stölzle, W. et al. (Anlaufmanagement in der Automobilindustrie), 2008, S. 1.
[172] Vgl. Kampker, A./Kreiskother, K. et al. (Re-Ramp-Up Management), 2019, S. 138.
[173] Vgl. Wiendahl, H. P./Hegenscheidt, M. et al. (Anlaufrobuste Produktionssysteme), 2002, S. 650.
[174] Vgl. Wildemann, H. (Instrumente zur Anlaufoptimierung), 2004, S. 457.
[175] Vgl. Laick, T. (Hochlaufmanagement), 2003, S. 8.

Entwicklung die mechanische und elektrische Konstruktion. Die Inbetriebnahme verantwortet die termingerechte Funktionsbereitschaft der Anlagenkomponenten, woraufhin der Serienanlauf und die Hochlaufphase starten. Der Prozess wird durch eine Endabnahme des Kunden finalisiert.[176] WANGENHEIM stellt den Serienanlauf als physischen Transfer von Entwicklungsergebnissen aus Laborbedingungen in die Umgebung der Serienproduktion dar. Dieser Transfer erfolgt bei komplexen Produkten in mehreren Stufen. Dabei werden die Stückzahlen langsam erhöht und die Kapazitäten schrittweise angeglichen.[177] Nach SCHUH ET AL. beschreibt der Serienanlauf den Zeitraum zwischen der abgeschlossenen Produktentwicklung und der vollen Kapazitätserreichung [178]. Trotz unterschiedlicher Begriffsabgrenzungen unterteilen die meisten Unternehmen den Serienanlauf in die drei Hauptphasen Vorserie, Nullserie und Produktionshochlauf[179] (vgl. Abbildung 2-15).

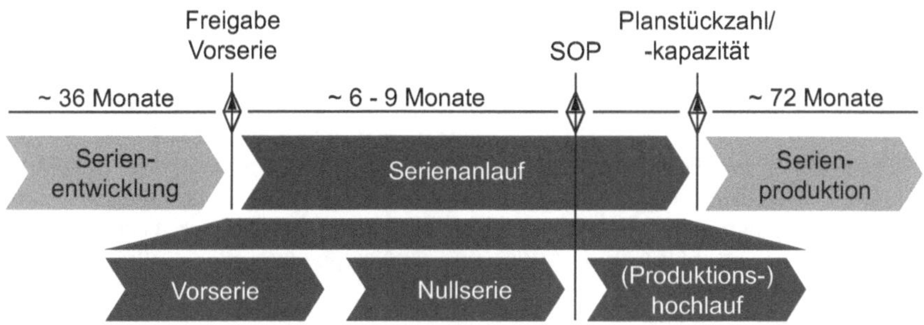

Abbildung 2-15: Phasen des Serienanlaufs[180]

In der ersten Phase, der Vorserie, werden Prototypen unter seriennahen Bedingungen in großer Stückzahl hergestellt[181]. Unabhängig ob dies auf separaten Pilotlinien oder der späteren Fertigungsstraße stattfindet, werden noch nicht alle Teile mit dem Serienwerkzeug produziert[182]. Die Phase dient insbesondere zur Mitarbeiterqualifikation, zur Prozessverbesserung und zur Problemfrüherkennung.[183,184]

[176] Vgl. Fritsche, R. (Bewertung und Verkürzung von Anlaufprozessen), 1998, S. 11ff.
[177] Vgl. Wangenheim, S. v. (Planung und Steuerung des Serienanlaufs), 1998, S. 24.
[178] Vgl. Schuh, G./Stölzle, W. et al. (Anlaufmanagement in der Automobilindustrie), 2008, S. 1f.
[179] Vgl. Risse, J. (Time-to-Market-Management), 2003, S. 80f.
[180] Vgl. Schuh, G./Stölzle, W. et al. (Anlaufmanagement in der Automobilindustrie), 2008, S. 2.
[181] Vgl. Wangenheim, S. v. (Integrationsbedarf im Serienanlauf), 1998, S. 63f.
[182] Vgl. Wangenheim, S. v. (Planung und Steuerung des Serienanlaufs), 1998, S. 25.
[183] Vgl. Baumgarten, H./Risse, J. (Management des Produktentstehungsprozesses), 2001, S. 150.
[184] Vgl. Schuh, G./Stölzle, W. et al. (Anlaufmanagement in der Automobilindustrie), 2008, S. 2.

Nach der Vorserie erfolgt die Phase der Nullserie. Diese seriennahe Produktion kann wiederum auf einer Pilotlinie oder der Serienproduktionslinie stattfinden[185]. Dabei werden alle Teile auf den späteren Serienwerkzeugen produziert und auch der Zulieferer fertigt bereits unter Serienbedingungen[186]. In Anbetracht des großen Aufwands der Vor- und Nullserie werden diese speziell in der Automobilindustrie oftmals zu einer Pilotserienproduktion zusammengefasst[187].

Nach der Freigabe für die Serie beginnt mit dem Start of Production (SOP) der Produktionsanlauf[188]. Hierbei entsteht erstmalig ein kundenfähiges Produkt, wessen Stückzahlen in der Folge erhöht werden[189]. Diese Beschleunigung der Produktion zeigt sich in der sogenannten Anlaufkurve, in welcher eine abgesicherte Produktion und die geforderte Produktqualität angestrebt werden[190]. Das Ende des Hochlaufs und der damit einhergehende Serienanlauf sind erreicht, sobald eine stabile Produktion oder ein eingeschwungener Zustand vorliegt und die Planstückzahl erreicht ist[191].

Im Rahmen der vorliegenden Arbeit wird in Anlehnung an SCHUH ET AL. der Anlauf als diejenige Phase beschrieben, in welcher ein vorhandenes oder neu entwickeltes Produkt in das Produktionssystem integriert wird. Dabei ist eine Anpassung oder Neugestaltung des Systems erforderlich, um den definierten Zustand des Produktionssystems zu erreichen.[192] Die Ausbaustufen eines skalierbaren Produktionssystems stellen eine Integration eines möglicherweise angepassten Produktes und mindestens eine kapazitive Erweiterung einzelner Produktionslinien dar.

Anlaufmanagement

In der Literatur finden sich für das Anlaufmanagement verschiedene Definitionen und unterschiedliche zeitliche Einordnungen im Anlaufprozess. Nach KUHN ET AL. umfasst das Anlaufmanagement alle Tätigkeiten und Maßnahmen zur Planung, Steuerung und Durchführung des Anlaufs im dazugehörigen Produktionssystem. Im Anlaufprozess beginnt das Management mit der Freigabe der Vorserie und endet bei Erreichen der geplanten Produktionsmenge. Dabei können auch vorgelagerte und nachgelagerte Prozesse einbezogen werden,

[185] Vgl. Baumgarten, H./Risse, J. (Management des Produktentstehungsprozesses), 2001, S. 152.

[186] Vgl. Wangenheim, S. v. (Planung und Steuerung des Serienanlaufs), 1998, S. 26.

[187] Vgl. Schuh, G./Stölzle, W. et al. (Anlaufmanagement in der Automobilindustrie), 2008, S. 2.

[188] Vgl. Wangenheim, S. v. (Planung und Steuerung des Serienanlaufs), 1998, S. 28.

[189] Vgl. Laick, T. (Hochlaufmanagement), 2003, S. 11.

[190] Vgl. Laick, T. (Hochlaufmanagement), 2003, S. 16.

[191] Vgl. Wangenheim, S. v. (Planung und Steuerung des Serienanlaufs), 1998, S. 30.

[192] Vgl. Schuh, G./Stölzle, W. et al. (Anlaufmanagement in der Automobilindustrie), 2008, S. 1f.

sofern diese einer messbaren Eignung der Produkt- und Prozessreife entsprechen.[193]

Nach BUNGARD & HOFMANN orientiert sich das Anlaufmanagement am Prinzip des Simultaneous Engineering. Es resultiert aus dem sequenziell organisierten Prozess, in welchem die einzelnen Bearbeitungsetappen nacheinander schrittweise die funktionalen Abteilungen durchlaufen. Die wesentlichen Inhalte sind neben der Einbeziehung der Kunden und Lieferanten eine konsequente Schulung, die Wissensintegration aller Beteiligten, der Einsatz von Methoden zur Projektorganisation sowie die Erhöhung der Transparenz und des Prozesswissens.[194]

Eine weitere Definition liefert RISSE unter besonderer Beachtung der logistischen Perspektive. Dabei umfasst das Anlaufmanagement die Planung, Organisation, Durchführung und Kontrolle aller unternehmensinternen wie auch -übergreifenden Material- und Informationsflüsse im Serienanlauf. Das Ziel stellt eine Einhaltung der definierten Zeit-, Kosten- und Qualitätsanforderungen sowie eine Harmonisierung von Produkt, Prozess und Fabrik durch die Schaffung von Transparenz dar. In der vorliegenden Arbeit orientiert sich das Verständnis des Anlaufmanagements an der Darlegung nach RISSE. So wird das Anlaufmanagement als Management des Anlaufprozesses verstanden, dessen Aufgabe die Planung, Steuerung, Durchführung und Kontrolle des Anlaufs von der Produktentwicklung bis hin zur Serienproduktion darstellt. Der Ausgangspunkt des Managements für den Anlaufprozess basiert auf einem für die Herstellung ausgewählten Produkt. Das Ziel stellt dessen Fertigung nach definierten Anforderungen in stabilen Prozessen dar. Jeder Anlauf verhält sich wie ein eigenständiges Projekt und wird durch einen einzigartigen Charakter beschrieben.[195]

Zielsetzung des Anlaufprozesses

Mit der Überführung eines neuen Produkts aus der Konzeption und Entwicklung in eine stabile Serienfertigung verfolgt der Anlauf das Ziel einer Erhöhung des Ausstoßes der Produktion bis zum nachhaltigen Erreichen der Normalproduktivität[196]. Dazu lässt sich das Produktionsvolumen über die Anlaufperiode hinweg mittels der Anlaufkurve grafisch darstellen[197]. Die Ziele der Anlaufphase bestehen in der Reduzierung der Anlaufkosten, Sicherung der Qualität des Endprodukts und einer Reduzierung der Anlaufdauer[198]. Dabei kann für jeden der Kernbereiche Zeit, Kosten und Qualität eine Zielerreichung ausgemacht werden.[199] Dies ist beispielhaft in Anlehnung an die Ergebnisse eines

---

[193] Vgl. Kuhn, A./Wiendahl, H. P. et al. (Fast ramp up), 2002, S. 8.

[194] Vgl. Bungard, W./Hofmann, K. (Anlaufmanagement), 2003, S. 1266f.

[195] Vgl. Risse, J. (Time-to-Market-Management), 2003, S. 139.

[196] Vgl. Risse, J. (Time-to-Market-Management), 2003, S. 149.

[197] Vgl. Lanza, G./Fleischer, J. (OEE-Prognose im Produktionsanlauf), 2005, S. 554.

[198] Vgl. Kuhn, A./Wiendahl, H. P. et al. (Fast ramp up), 2002, S. 4.

[199] Vgl. Blank, G. S. (Systemorientiertes Controlling), 1998, S. 98.

Forschungsprojekts der Universität St. Gallen in der folgenden Abbildung 2-16 dargelegt. Die Zielstellung des Projekts liegt in der schnellen Behebung von Anlaufstörungen Die Auswertung veranschaulicht die unterschiedliche Zielerreichung von Unternehmen bei der schnellen Behebung von Anlaufstörungen.[200]

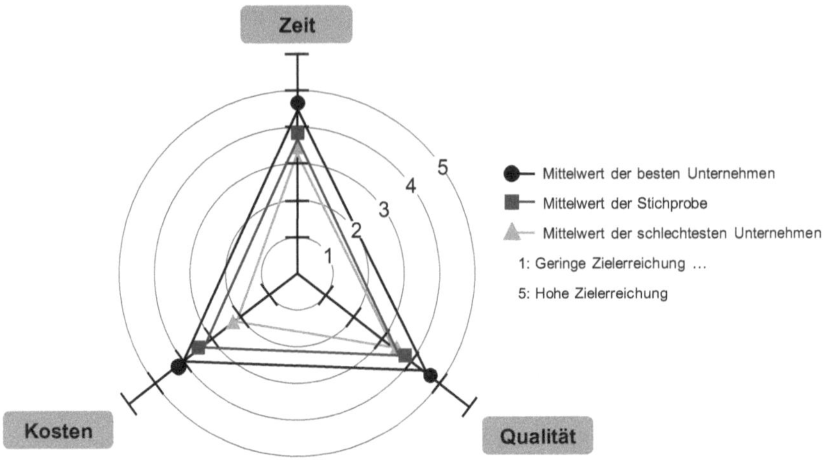

***Abbildung 2-16: Zielstellung im Anlaufprozess des Anlaufmanagements**[201]*

Zeit

Der erste Kernbereich stellt eine Reduzierung von Anlaufzeiten dar. Dieser resultiert aus der strategischen Bedeutung des Vorhandenseins einer marktspezifischen Menge an Produkten für den Zeitpunkt des Markteintritts.[202] Im Zuge dieser Unternehmensstrategie zielen Unternehmen wesentlich auf eine schnelle Einbringung des Produkts in den Markt (engl. Time-to-Market)[203]. Um dabei nachhaltige Wettbewerbsvorteile zu generieren, ist bei der Umsetzung von Produktinnovationen der Faktor Zeit entscheidend[204]. Der „First Mover" Strategieansatz beschreibt das Bestreben eines Unternehmens, als erstes ein neues Produkt auf den Markt zu bringen[205]. Dies ermöglicht auf dem Markt Monopolrenditen zu erwirtschaften, attraktive Märkte zu besetzen, höhere

[200] Vgl. Schuh, G./Stölzle, W. et al. (Anlaufmanagement in der Automobilindustrie), 2008, S. 10, 19f.

[201] Vgl. Schuh, G./Stölzle, W. et al. (Anlaufmanagement in der Automobilindustrie), 2008, S. 11u. S.20.

[202] Vgl. Schneider, M./Lücke, M. (Kooperations- und Referenzmodelle), 2002, S. 514.

[203] Vgl. Risse, J. (Time-to-Market-Management), 2003, S. 18.

[204] Vgl. Buchholz, W. (Time-to-market-Management), 1996, S. 33.

[205] Vgl. Kopel, M./Löffler, C. (Commitment, first-mover-, and second-mover advantage), 2008, S. 143.

Verkaufszahlen zu erreichen sowie maximale Deckungsbeiträge abzuschöpfen[206]. Weiterhin ist es wichtig, Störfaktoren in den zeitlichen Verlauf des Projektplans einzuberechnen, um eine realitätsnahe Planung des Anlaufs zu ermöglichen[207].

Kosten

Die Senkung der Anlaufkosten ist aus dem übergeordneten Ziel einer Minimierung der Produktlebenszykluskosten abgeleitet. So führt eine Reduzierung der anlaufbezogenen Ausgaben bei gegebener Nutzungsdauer und Zahlungsüberschüssen zu einem steigenden Kapitalwert und somit einer erhöhten Rentabilität der Investition.[208] Die anlaufbezogenen Ausgaben sind dabei dem Anlauf direkt zuordenbare Kosten, welche in der Übergangsphase von der Produktentwicklung in die Serienproduktion entstehen. Sie werden einerseits durch die Integration neuer Anforderungen in der Beschaffung, Produktion und Administration während der Anlaufphase verursacht und beeinflusst.[209] Andererseits entstehen Kosten durch die Herstellung der Vorserie sowie die Personalqualifikation. Weiter müssen die Kostentreiber, welche aus ungeplanten Ereignissen wie fehlerhafte Bauteile, Maschinenausfälle und nicht vorhersehbare Produktänderungen resultieren, berücksichtigt werden. So können aufgrund von Qualitätsmängeln erhöhte Personalkosten im Zuge von Nacharbeiten, Sonderschichtzulagen und Versuchsaufbauten entstehen. Diese Planabweichungen ziehen ihrerseits wiederum zusätzliche Logistikkosten durch eine mangelnde Teileversorgung der Lieferanten, Sonderfrachtkosten oder auch unvorhersehbare Bestandskosten der Lager mit sich.[210]

Qualität

Der dritte Kernbereich berücksichtigt die Einhaltung der erforderlichen Endproduktqualität. Diese wird als Erfüllung der expliziten und impliziten Kundenwünsche verstanden.[211] Sie beinhaltet die Funktionalität, Montierbarkeit, Dauerbelastung und Herstellbarkeit des Produkts. Dabei sind sowohl die Qualitätsaspekte in der Anlaufphase zu berücksichtigen als auch Bereiche des Qualitätsmanagements in die strategische Ausrichtung des Anlaufnetzwerks zu integrieren.[212] Voraussetzung für die Realisierung der geforderten Endproduktqualität sind eine hohe Organisations- und Prozessqualität[213]. Dabei werden stabile und fähige Prozesse benötigt[214], welche neben der Einhaltung technischer

[206] Vgl. Nagel, J. (Risikoorientiertes Anlaufmanagement), 2011, S. 33.
[207] Vgl. Nagel, J. (Risikoorientiertes Anlaufmanagement), 2011, S. 24.
[208] Vgl. Nagel, J. (Risikoorientiertes Anlaufmanagement), 2011, S. 33.
[209] Vgl. Möller, K. (Lebenszyklusorientierte Planung), 2002, S. 445.
[210] Vgl. Wiendahl, H. P./Hegenscheidt, M. et al. (Anlaufrobuste Produktionssysteme), 2002, S. 653.
[211] Vgl. Weule, H. (Integriertes Forschungs- und Entwicklungsmanagement), 2002, S. 231.
[212] Vgl. Wildemann, H. (Anlaufmanagement), 2015, S. 69.
[213] Vgl. Pfeifer, T. (Qualitätsmanagement), 2001, S. 314.
[214] Vgl. Schuh, G./Stölzle, W. et al. (Anlaufmanagement in der Automobilindustrie), 2008, S. 17.

Parameter auch einer klaren Ablauforganisation für die Fertigungsaufträge mit einer Definition von Zuständigkeiten und Arbeitsaufgaben folgen[215].

Planung des Anlaufprozesses

Die Aufgabe der Anlaufplanung ist sowohl die Entwicklung einer Konzeption bezüglich der Gestaltung des Produktionssystems als auch die Erarbeitung eines organisatorischen Ablaufschemas zur Umsetzung der Konzeption. Zur Entwicklung eines Konzepts müssen dabei die Zeit für die Realisierung des Anlaufprozesses, die Menge des herzustellenden Produktes sowie die Gestaltung des Produktionssystems in der Hochlaufphase festgelegt werden. So lassen sich drei Planungsbereiche identifizieren, welche im Folgenden detaillierter erläutert werden.[216]

Zeitliche Realisierung des Anlaufprozesses

Im Fokus der zeitlichen Planung des Anlaufs stehen die Festlegung eines zeitlichen Rahmens sowie die Strukturierung einer Staffelung innerhalb dieses Rahmens. Das Ziel stellt dabei die Erstellung eines Anlaufprojektplans dar, welcher mittels definierter Meilensteine geplante Ergebnisse zu jeweiligen Zeitpunkten festlegt. In Kombination mit den Meilensteinen ermöglichen operationalisierte Zielgrößen die Durchführung der Planung und Steuerung von anlaufrelevanten Teilprozessen. So sind beispielsweise die maximalen Anlaufkosten, die Produktreife oder die Serienproduktreife zu bestimmen.[217]

Neben dem Einsatz eines Gesamtprojektplans, welcher den übergeordneten Plan des Prozesses darstellt[218], kann die zeitliche Staffelung des Anlaufprozesses mittels Gantt- bzw. Balkendiagrammen dargestellt werden[219]. Diese geben den zeitlichen Umfang von aufeinander folgenden und parallelen Projektaktivitäten wieder. So können Projektterminpläne erstellt werden, auf deren Grundlage die inhaltliche und zeitliche Abfolge der Aktivitäten, eine Termineinhaltung sowie eine Ergebniskontrolle gewährleistet werden. Dabei sind auch mögliche Probleme und Störungen frühzeitig zu identifizieren, um mittels Handlungsstrategien diesen entgegenzuwirken[220]

Produktionsmenge im Zeitverlauf

Die Planung der zu produzierenden Menge ist vorranging in der Hochlaufphase von Bedeutung. Während der Vor- und Nullserie werden lediglich kleinere Produktionsmengen zur Ausgestaltung des Produktionssystems hergestellt. Diese sind jedoch nicht für den Verkauf bestimmt. Um die Produktionsmenge zu planen,

---

[215] Vgl. Pfeifer, T. (Qualitätsmanagement), 2001, S. 319.

[216] Vgl. Risse, J. (Time-to-Market-Management), 2003, S. 149.

[217] Vgl. Risse, J. (Time-to-Market-Management), 2003, S. 149.

[218] Vgl. Risse, J. (Time-to-Market-Management), 2003, S. 150.

[219] Vgl. Madauss, B.-J. (Handbuch Projektmanagement), 2000, S. 204f.

[220] Vgl. Nagel, J. (Risikoorientiertes Anlaufmanagement), 2011, S. 24.

wird die Anlaufkurve herangezogen. Diese ist in der folgenden Abbildung 2-17 dargestellt. [221]

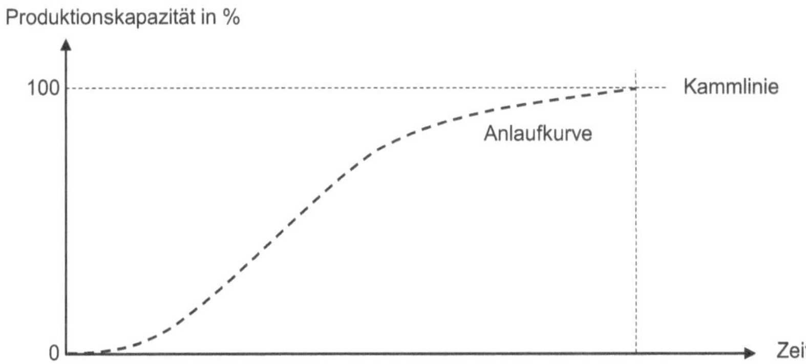

Abbildung 2-17: Idealtypische Anlaufkurve[222]

Die Anlaufkurve stellt die grafische Darstellung des Fortschritts im Produktionsanlauf dar[223]. Dies erfolgt anhand des jeweils aktuellen Produktionsvolumens von der Freigabe der Vorserie bis zum Ende der Hochlaufphase[224]. So kennzeichnet die Anlaufkurve die Produktionsleistung innerhalb des vorgegebenen Zeitintervalls. Diese Produktionsleistung wird im Allgemeinen diskontinuierlich, beispielsweise über die Mittelung der Produktionsleistung, erfasst.[225] Dabei wird die Kurve maßgeblich durch die zunehmenden Lerneffekte des Personals, den technischen Fortschritt, die anfänglich mangelnde Beherrschung der Produktionsqualität sowie die zugrundeliegende Anlaufstrategie beeinflusst[226]. Das Ziel besteht dabei in einer steilen Anlaufkurve, um so möglichst schnell die geforderte Stückzahl mit der notwendigen Produktqualität erreichen zu können[227].

Hochlauf und Produktionssystem

Die Planung des Hochlaufsystems umfasst die Produktionsfaktoren Betriebsmittel, Werkstoffe und Mitarbeiter sowie deren Zusammenwirken im Anlaufsystem. Dabei sind das Produktionslayout, die Maschinen- und Mitarbeiterkapazitäten als auch der Material- und Informationsfluss festzulegen.[228] Mithilfe des Konzepts der Digitalen Fabrik steht der Planung des

---

[221] Vgl. Risse, J. (Time-to-Market-Management), 2003, S. 153f.

[222] Vgl. Fleischer, J./Spath, D. et al. (Qualitätssimulation im Serienanlauf), 2003, S. 50.

[223] Vgl. Peters, N./Hofstetter, J. S. (Konzepte und Erfolgsfaktoren für Anlaufstrategien), 2008, S. 10.

[224] Vgl. Terwiesch, C./Bohn, R. E. (Improvement during production ramp-up), 2001, S. 1.

[225] Vgl. Lanza, G./Fleischer, J. (OEE-Prognose im Produktionsanlauf), 2005, S. 554.

[226] Vgl. Dyckhoff, H./Müser, M. et al. (Produktionstheorie des Serienanlaufs), 2012, S. 1436.

[227] Vgl. Risse, J. (Time-to-Market-Management), 2003, S. 153f.

[228] Vgl. Nagel, J. (Risikoorientiertes Anlaufmanagement), 2011, S. 28.

Produktionssystems eine rechnergestützte Hilfestellung bereit. Diese erstellt anhand des Abbilds der realen Fabrik ein Modell, in welchem die einzelnen Fertigungsprozesse simuliert und visualisiert werden können. Dabei kommen Softwarewerkzeuge wie CAD (Computer-Aided Design) und 3D-Simulationen zum Einsatz, die durch eine Integrationsplattform und gemeinsame Datenbasis verbunden werden können.[229] Dadurch entsteht die Möglichkeit Planungsinformationen, -ergebnisse und -daten einerseits zu generieren und zu speichern als auch andererseits zu strukturieren und zu kombinieren.[230] Mithilfe des Konzepts der Digitalen Fabrik können sowohl die Produkte als auch die Produktionsprozesse erprobt und verbessert werden, um so einen reibungsloseren und steileren Serienanlauf realisieren zu können. Dies resultiert in einer Verkürzung der Anlaufzeit als auch der Einhaltung geplanter Zielkosten.[231] Für eine detaillierte Betrachtung der digitalen Fabrik im Anlaufmanagement sei auf Kapitel 2.3 verwiesen.

Zielgröße des Anlaufmanagements

Eine in der Praxis sehr häufig verwendete Kennzahl zur Beurteilung von Produktionsanläufen stellt die Gesamtanlageneffektivität (engl., Overall Equipment Effectiveness, OEE) dar[232]. Dabei handelt es sich um eine stark aggregierte Kennzahl, welche es erlaubt, die tatsächlich abgegebene Leistung einer Anlage zu beurteilen. Sie umfasst neben den technischen Störungen alle Verluste, welche die Leistung der Anlage beeinträchtigen. Zudem können auftretende Effektivitätsverluste direkt dem verursachenden Bereich zugeordnet werden.[233]

Grundsätzlich bestehen zwei Möglichkeiten zur Berechnung der OEE. Die einfachere Variante ist die Division der produzierten i.O.-Teile[234] durch die Anzahl der Teile, welche in einem bestimmten Zeitraum hätten produziert werden können. Ausgehend vom gesamten Produktionszeitraum findet dabei zunächst ein Abzug der Stillstände der Anlage statt. Anschließend sind die Verluste durch verlangsamten Anlagenbetrieb sowie fehlerhafte Teile zu subtrahieren.[235] Das Produkt der jeweiligen Verhältnisse des Verfügbarkeitsgrads, des Leistungsgrads und des Qualitätsgrads ergibt den OEE als Prozentwert[236]. Dieses Vorgehen ist in der folgenden Abbildung 2-18 treppenförmig dargestellt.

---

229 Vgl. Westkämper, E./Bierschenk, S. et al. (Digitale Fabrik), 2003, S. 22f.

230 Vgl. Schraft, R. D. (Digitale Fabrik), 2003, S. 268f.

231 Vgl. Menges, R. (Produktbeeinflussung und Prozessabsicherung), 2005, S. 26.

232 Vgl. Focke, M./Steinbeck, J. (Steigerung der Anlagenproduktivität), 2018, S. 3.

233 Vgl. Steven, M. (Produktionsmanagement), 2014, S. 81.

234 Teile, die aus Qualitätssicht als „in Ordnung“ gewertet werden.

235 Vgl. Focke, M./Steinbeck, J. (Steigerung der Anlagenproduktivität), 2018, S. 7.

236 Vgl. Steven, M. (Produktionsmanagement), 2014, S. 81f.

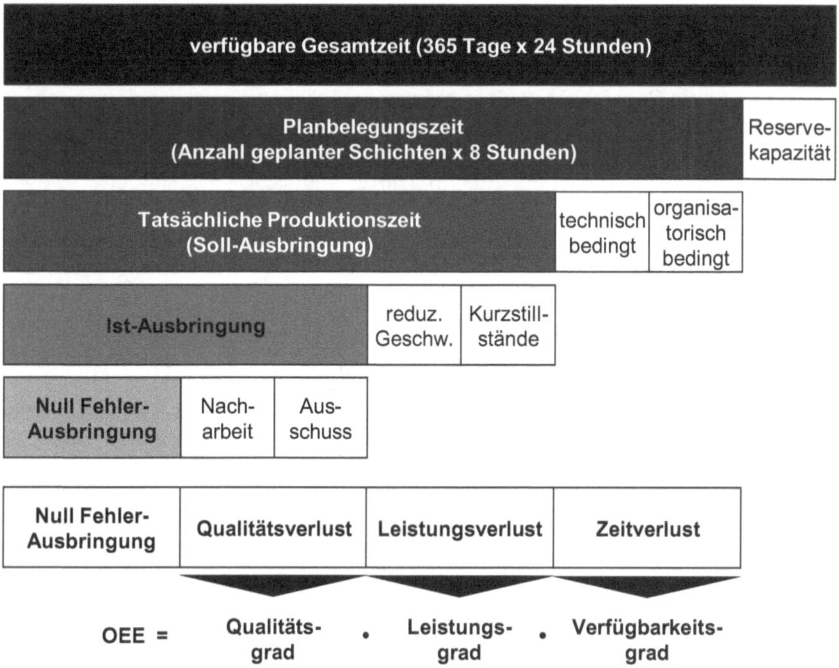

Abbildung 2-18: Zusammensetzung der OEE[237]

Ausgangspunkt für den Verfügbarkeitsgrad stellt die mögliche Produktionszeit dar. Diese umfasst alle Schichten, in denen die Anlage mit Fertigungsaufträgen belegt und somit für Produktion vorgesehen ist. Demgegenüber ermittelt die tatsächliche Produktionszeit die Gesamtzeit, in der die Anlage tatsächlich läuft. Diese kann durch fehlendes Material genauso wie durch defekte Werkzeuge verkürzt sein. Des Weiteren empfiehlt sich hierbei auch eine Berücksichtigung der Pausenzeiten. Es werden Anreize durch Mitarbeiterrotation und geschickte Schichtpläne geschaffen, um diese zu minimieren. Somit ergibt sich folgende Formel zur Berechnung des Verfügbarkeitsgrads:[238]

$$Verfuegbarkeitsgrad = \frac{Tatsaechliche\ Produktionszeit\ in\ [h]}{Theoretisch\ moegliche\ Produktionszeit\ in\ [h]} \tag{2-1}$$

[237] Vgl. May, C./Koch, A. (Overall Equipment Effectiveness), 2008, S. 247.

[238] Vgl. Focke, M./Steinbeck, J. (Steigerung der Anlagenproduktivität), 2018, S. 9.

Zur Ermittlung des Leistungsgrad ist zunächst eine mögliche Ausbringung als Ausgangsbasis zu definieren. Diese stellt die maximal produzierbare Menge pro Zeit dar. Hierbei hat sich das Konzept der bestmöglichen Zykluszeit etabliert. Dieses sieht die Stückzahl bei einer maximal möglichen Geschwindigkeit vor, die bisher über einen repräsentativen Zeitraum wie beispielsweise einer Stunde erreicht wurde. Dieser Wert kann sich im Laufe der Zeit durch Optimierungsmaßnahmen steigern, wobei die maximal mögliche Ausbringung diesem angepasst werden muss. Demgegenüber steht die tatsächliche Ausbringung, welche sich über die produzierte Gesamtstückzahl dieses Zeitraums der Anlage ergibt.[239]

$$\boldsymbol{Leistungsgrad} = \frac{\boldsymbol{Tatsaechliche\ Ausbringung\ in\ [Stueck]}}{\boldsymbol{Theoretisch\ moegliche\ Ausbringung\ in\ [Stueck]}} \tag{2-2}$$

Zur Darlegung des Qualitätsgrads werden von der tatsächlich ausgebrachten Stückzahl diejenigen außerhalb der Spezifikation abgezogen. Darunter sind Teile zu verstehen, welche mit ihren Merkmalen außerhalb der Toleranzgrenzen liegen. Diese auftretenden Abweichungen werden als Prozessfehler angesehen. Für die Berechnung ist es dabei unerheblich, ob diese Teile in den späteren Prozess des Verkaufs durch Sonderfreigaben oder Ähnliches wieder eingeschleust und an den Kunden verkauft werden. Dies resultiert aus der Berechnung des OEE, für welchen die produzierte und nicht ausgelieferte Qualität ausschlaggebend ist.[240]

$$Qualitaetsgrad = \frac{Ausbringung\ einwandfreier\ Teile\ in\ [Stueck]}{Tatsaechliche\ Ausbringung\ in\ [Stueck]} \tag{2-3}$$

2.2.5 Zwischenfazit

Zur Sicherstellung der Flexibilität eines skalierbaren Produktionssystems müssen die Wandlungsbefähiger (s. Kapitel 2.2.2) erfüllt sein. Die Erfüllung dieser Kriterien wird aber nicht ausreichen, um eine effiziente Integration neuer weiterer Skalierungsstufen des Fertigungssystems zu gewährleisten. Neben den Anforderungen an den Anlauf des Fertigungssystems selbst muss ebenso die Wandlungsfähigkeit des IT-Systems an die Anpassungen der Umstände sichergestellt werden.[241] Im folgenden Kapitel wird auf die Potenziale und Konsequenzen einer digitalen Produktion eingegangen.

[239] Vgl. Focke, M./Steinbeck, J. (Steigerung der Anlagenproduktivität), 2018, S. 9.

[240] Vgl. Focke, M./Steinbeck, J. (Steigerung der Anlagenproduktivität), 2018, S. 10.

[241] Vgl. Westkämper, E. (Rahmenmodell der digitalen Produktion), 2013, S. 15.

2.3 Digitale Produktion

Zur Realisierung verkürzter Anlaufzeiten, höherer Flexibilitätsanforderungen und der Minimierung von PU sind Unternehmen im produzierenden Gewerbe gefordert, neue Wege zu gehen[242]. Insbesondere die Digitalisierung bietet Ansatzpunkte zur erfolgreichen Nutzung der IT, um diesen Herausforderungen zu begegnen[243]. Digitale Werkzeuge und Methoden bieten Potenziale zur Steigerung der Produktivität als auch Flexibilität in der Produktion von elektrischen Antrieben[244]. Ein gewinnbringender Einsatz ist jedoch nur dann möglich, wenn bei Anpassungen im Bereich der Produktion die Datengrundlage hinsichtlich Sicherheit, Verfügbarkeit, Konsistenz und Menge sichergestellt werden kann[245]. Analog zum Anlaufmanagement (s. Kapitel 2.2.4) spielen beim Einsatz digitaler Methoden die Kriterien Zeit, Kosten und Qualität die tragende Rolle, um den Nutzen des Einsatzes zu rechtfertigen[246].

Zum einheitlichen Verständnis werden zunächst relevante Fachbegriffe eingeführt und der Begriff der digitalen Fabrik definiert. Im Weiteren werden die Begriffe des digitalen Fabrikbetriebs und der VIBN beschrieben.

Das Modell ist eine „vereinfachte Nachbildung eines existierenden oder gedachten Systems mit seinen Prozessen in einem anderen begrifflichen oder gegenständlichen System".

Die *Simulation* ist die „Nachbildung eines Systems mit seinen dynamischen Prozessen in einem experimentierbaren Modell, um zu Erkenntnissen zu gelangen, die auf die Wirklichkeit übertragbar sind". [247]

Das *Verhaltensmodell* „ist das Signalabbild des zu simulierenden Systems. Es beschreibt sowohl das Zeit- und Schaltverhalten als auch die Logik im System bzw. der einzelnen Komponenten (z. B. Ventile, Pumpen, Zylinder)."[248]

2.3.1 Digitale Fabrik

Die Literatur befasst sich seit einigen Jahren mit der Digitalen Fabrik, ohne dass bis heute eine einheitliche Begriffsbestimmung herrscht. In diesem Kapitel werden zunächst ausgewählte Interpretationen des Begriffs vorgestellt. Im Anschluss wird eine in Industrie und Praxis anerkannte Definition dargelegt, um im weiteren Verlauf als Grundlage zum allgemeinen Verständnis beizutragen.

DOMBROWSKI ET AL. bezeichnen die digitale Fabrik als rechnerunterstützte Abbildung aller Gestaltungsmerkmale und Prozesse einer Fabrik. Die Abbildung ist hierbei ein virtuelles Modell, welches unter der Verwendung realer Daten oder

[242] Vgl. Huber, W. (Industrie 4.0 in der Automobilproduktion), 2016, S. 2f.
[243] Vgl. Spath, D. (Nutzung neuer Informationstechnologien), 2013, S. 199.
[244] Vgl. Huber, W. (Industrie 4.0 in der Automobilproduktion), 2016, S. 3.
[245] Vgl. Landherr, M./Neumann, M. et al. (Digitale Fabrik), 2013, S. 107.
[246] Vgl. Jacobi, H.-F./Landherr, M. (Informations- und Kommunikationstechnik), 2013, S. 44.
[247] Vgl. VDI/VDE (VDI 3693 Blatt 1 Virtuelle Inbetriebnahme), 2016, S. 3.
[248] Vgl. Spitzweg, M. (Physikalisches Modell von Produktionsanlagen), 2009, S. 8f.

Planungsdaten zu betreiben ist. Neben den Kern-Geschäftsprozessen werden außerdem alle Querschnittsfunktionen und die genutzten baulichen, technischen und organisatorischen Ressourcen dargestellt.[249]
BLEY UND FRANKE sehen die digitale Fabrik als Rahmen für die Verknüpfung verschiedener Simulationstechnologien in der Produktionsplanung. Durch die Verknüpfung über verschiedene Unternehmensebenen hinweg und die daraus resultierende, gemeinsame Datennutzung entstehen Synergieeffekte zwischen den einzelnen Anwendungsbereichen. Die Notwendigkeit der digitalen Fabrik wird in einem erhöhten Kostendruck und einer zunehmenden Verkürzung von Produktlebenszyklen begründet. Dadurch wird eine Parallelisierung der Entwicklung von Produkt und Produktionssystem vermehrt zum Standard.[250]

Auch für WIENDAHL stellt die digitale Fabrik sämtliche Elemente einer Fabrik und die darin ablaufenden Prozesse in einem Rechnermodell dar. Neben den physischen Elementen soll das Rechnermodell die Geschäftsprozesse, logistische Prozesse, Organisationsstrukturen und Kommunikationsflüsse umfassend abbilden.[251] WESTKÄMPER ET AL. unterteilen die digitale Fabrik in drei wesentliche Aspekte:

- Visualisierung und Simulation
- Datenbasis und Datenmanagement
- Organisation und Planungsworkflow

Hierbei wird die digitale Fabrik als digitales Abbild der realen Fabrik gesehen, welches die Strukturen und Fertigungsprozesse durch Visualisierung und Simulation erlebbar macht. Die Simulation und Visualisierung werden durch Softwarewerkzeuge geleistet, welche durch Datenbasis und Datenmanagement mit den notwendigen Informationen versorgt werden. Zur Ausschöpfung der Potenziale neuer Werkzeuge bedarf es außerdem einer neuen Arbeitsorganisation und -teilung sowie einer angepassten Vorgehensweise bei der Planung.[252]

Folgende Definition der digitalen Fabrik aus der VDI RICHTLINIE 4499 gilt als branchenweit anerkannt und wird als Grundlage dieser Arbeit angenommen: „Die digitale Fabrik ist der Oberbegriff für ein umfassendes Netzwerk von digitalen Modellen, Methoden und Werkzeugen – u. a. der Simulation und dreidimensionalen Visualisierung –, die durch ein durchgängiges Daten-management integriert werden. Ihr Ziel ist die ganzheitliche Planung, Evaluierung und laufende Verbesserung aller wesentlichen Strukturen, Prozesse und Ressourcen der realen Fabrik in Verbindung mit dem Produkt."[253]

Demnach handelt es sich bei der digitalen Fabrik nicht nur um die Integration von Softwarewerkzeugen, wie von Führungskräften und Spezialisten produzierender

[249] Vgl. Dombrowski, U./Bothe, T. et al. (Visionen für die Digitale Fabrik), 2001, S. 97.
[250] Vgl. Bley, H./Franke, C. (Integration von Produkt- und Produktionsmodell), 2001, S. 214.
[251] Vgl. Wiendahl, H. P. (Auf dem Weg zur „Digitalen Fabrik"), 2002, S. 121.
[252] Vgl. Westkämper, E./Bierschenk, S. et al. (Digitale Fabrik), 2003, S. 22.
[253] Vgl. VDI-Richtlinie (VDI 4499 Blatt 1 Digitale Fabrik - Grundlagen), 2008, S. 3.

Unternehmen in einer Studie von MARCZINSKI wahrgenommen[254]. Nach BRACHT ET AL. sind ebenso Methoden und Prozesse in den Ablauf zu integrieren[255].
Die Produktionsplanung und die Gestaltung der Fabrik stellen den Schwerpunkt des Einsatzes der digitalen Fabrik dar[256]. Darüber hinaus besteht die Eventualität, die Bereiche der Entwicklung und Konstruktion sowie den operativen Betreiber durch die Methoden bedeutender miteinander zu verknüpfen[257].

Die Werkzeuge der digitalen Fabrik sind vor allem Modelle sowie Funktions- und Ablaufsimulationen[258]. In der vorliegenden Arbeit werden insbesondere diese Aspekte sowie die VIBN durch Verhaltensmodelle betrachtet[259]. Die digitale Fabrik reicht zeitlich bis in den operativen Betrieb der realen Fabrik, hierbei stellt der Digitale Fabrikbetrieb einen wesentlichen Teilaspekt dar[260]. Eine detaillierte Beschreibung folgt im anschließenden Kapitel.

2.3.2 Digitaler Fabrikbetrieb

Im Folgenden wird der Begriff des digitalen Fabrikbetriebs vorgestellt, welcher sich wie oben beschrieben als ein großes Element der Digitalen Fabrik einordnet und durch nachfolgende Definition beschrieben wird:

Der *digitale Fabrikbetrieb* beschreibt die „Nutzung von Methoden, Modellen und Werkzeugen der Digitalen Fabrik, die bei der Inbetriebnahme einzelner Anlagen, dem Anlauf mehrerer Anlagen und der Durchführung realer Produktionsprozesse eingesetzt werden. Ziele sind die Absicherung und Verkürzung des Anlaufs sowie die betriebsbegleitende und kontinuierliche Verbesserung der Serienproduktion."[261]

Ein durchgängiger Engineering-Prozess von der Planung bis zum Betreiber bildet das übergeordnete Ziel des digitalen Fabrikbetriebs. Dabei liegt das Augenmerk auf den Phasen der Planung, Inbetriebnahme sowie des Anlaufs und der Produktion, da hier die größten Effekte zur Effizienzsteigerung zu erwarten sind.[262] Ein weiteres vorangestelltes Ziel ist die Reduzierung des Dilemmas zwischen Kostenfestlegung und Kostenbeeinflussung[263], indem eine höhere Planungssicherheit über die Herstellungskosten schon in frühen Phasen der Produktentwicklung erreicht wird[264].

---

[254] Vgl. Marczinski, G. (Umfrageergebnisse zur Digitalen Fabrik), 2006, S. 72f.

[255] Vgl. Bracht, U./Geckler, D. et al. (Digitale Fabrik), 2018, S. 12.

[256] Vgl. VDI-Richtlinie (VDI 4499 Blatt 1 Digitale Fabrik - Grundlagen), 2008, S. 3.

[257] Vgl. Bracht, U./Geckler, D. et al. (Digitale Fabrik), 2018, S. 12.

[258] Vgl. Bracht, U./Geckler, D. et al. (Digitale Fabrik), 2018, S. 25.

[259] Vgl. Kapitel 2.3.3

[260] Vgl. Sauer, O./Schleipen, M. et al. (Digitaler Fabrikbetrieb), 2010, S. 555.

[261] Vgl. VDI-Richtlinie (VDI 4499 Blatt 2 Digitale Fabrik - Digitaler Fabrikbetrieb), 2011, S. 5f.

[262] Vgl. Sauer, O./Schleipen, M. et al. (Digitaler Fabrikbetrieb), 2010, S. 555f.

[263] Vgl. Ehrlenspiel, K./Kiewert, A. et al. (Kostengünstig Entwickeln und Konstruieren), 2014, S. 13.

[264] Vgl. Sauer, O./Schleipen, M. et al. (Digitaler Fabrikbetrieb), 2010, S. 556.

Die frühe Abschätzung der Auswirkungen von Änderungen einzelner Komponenten wird durch Kopplung realer und virtueller Elemente der Fabrik- bzw. Produktionsanlage möglich. Dabei werden im digitalen Fabrikbetrieb nicht nur einzelne Komponenten der Anlage, sondern ebenfalls der Produktion zugehörige IT- und Steuerungssysteme realitätsnah dargestellt.[265]

Die frühzeitige Erkennung von Fehlern bietet Potenzial zur Einsparung von Folgekosten. Die Verlagerung der Inbetriebnahme in die virtuellen Modelle bietet die Möglichkeit, Fehler noch vor dem Aufbau der Produktionsanlage zu erkennen und der Test- und Anpassungsaufwand während der realen Inbetriebnahme wird reduziert.[266] Die Beseitigung etwaiger Fehler wird deutlich günstiger, da eine spätere Erkennung des Fehlers im Produktlebenszyklus deutlich höhere Kosten verursacht[267].

Der digitale Fabrikbetrieb befasst sich mit dem Einsatz der Methoden und Werkzeuge der Digitalen Fabrik. Dabei werden die in Abbildung 2-19 aufgeführten Lebenszyklusphasen von der Montage und Fertigungsprozessplanung bis zur laufenden Serienproduktion der digitalen Fabrik adressiert. [268] Ein durchgängiges Datenmanagement bildet das Grundgerüst des Digitalen Fabrikbetriebs über alle Lebenszyklusphasen hinweg[269]. Die VDI 4499 BLATT 2 beschreibt für jede Lebenszyklusphase die Veränderungen durch den Digitalen Fabrikbetrieb[270] und zeigt ebenso die zu erreichenden Ziele hinsichtlich Zeit, Kosten und Qualität für die Anwendung auf (s. Kapitel 2.2.4)[271].

„Auf Basis eines durchgängigen Datenmanagements nutzt der digitale Fabrikbetrieb die Ergebnisse der Produktionsplanung in der Digitalen Fabrik und stellt seinerseits Daten für operative IT-Systeme bereit. Bei der Nutzung in der Serienproduktion werden die Modelle laufend der Realität angepasst."[272] Ziel ist die Versorgung aller Planungsschritte und des operativen Betriebs aus derselben Datenbasis. Die Effizienz der Teilschritte VIBN (s. Kapitel 2.3.3), Projektierung überlagerter IT und die betriebsbegleitende Simulation der Serienproduktion sind stark von den Daten abhängig. Im Anlaufmanagement (s. Kapitel 2.2.4) wird die Datengrundlage mithilfe der erstellten Modelle für Schulungen, die Überwachung des Anlaufs mittels überlagerter IT und die Prognose von Kennzahlen durch Simulation genutzt.[273]

---

[265] Vgl. VDI-Richtlinie (VDI 4499 Blatt 2 Digitale Fabrik - Digitaler Fabrikbetrieb), 2011, S. 6.

[266] Vgl. Sauer, O./Schleipen, M. et al. (Digitaler Fabrikbetrieb), 2010, S. 558f.

[267] Vgl. Müller, E. (Qualitätsmanagement), 2014, S. 7 (10er Regel der Fehlerkosten).

[268] Vgl. Schleipen, M. (Manufacturing Execution Systeme), 2013, S. 163.

[269] Vgl. VDI-Richtlinie (VDI 4499 Blatt 2 Digitale Fabrik - Digitaler Fabrikbetrieb), 2011, S. 44.

[270] Vgl. VDI-Richtlinie (VDI 4499 Blatt 2 Digitale Fabrik - Digitaler Fabrikbetrieb), 2011, S. 3f.

[271] Vgl. VDI-Richtlinie (VDI 4499 Blatt 2 Digitale Fabrik - Digitaler Fabrikbetrieb), 2011, S. 6-8s. auch Kapitel 2.4.x.

[272] Vgl. VDI-Richtlinie (VDI 4499 Blatt 2 Digitale Fabrik - Digitaler Fabrikbetrieb), 2011, S. 6.

[273] Vgl. VDI-Richtlinie (VDI 4499 Blatt 2 Digitale Fabrik - Digitaler Fabrikbetrieb), 2011, S. 15.

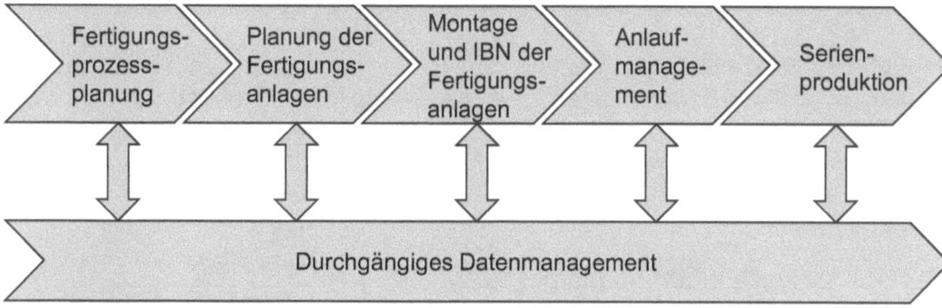

Abbildung 2-19: Digitaler Fabrikbetrieb eines Fertigungssystems[274]

Die Rückführung der relevanten Daten der Serienproduktion bildet den letzten Schritt des digitalen Fabrikbetriebs. Dabei nehmen sowohl die Datenerfassung als auch die Datenverarbeitung eine wichtige Rolle ein.[275] Die Herausforderungen sind der Modellabgleich (real vs. virtuell), die Datenübertragung (keine Beeinflussung operativer Systeme) und das Datenmanagement (Abweichungen vom Standard). Die Anforderungen an die zurückzuführenden Daten hängen vom jeweiligen Anwendungsfall der Planungsaufgabe ab (s. Abbildung 2-20).

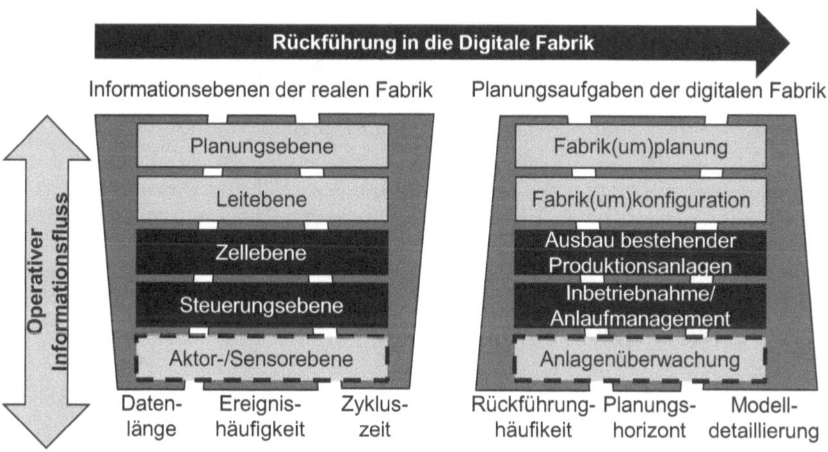

Abbildung 2-20: Ebenen des Informationsflusses[276]

[274] Vgl. VDI-Richtlinie (VDI 4499 Blatt 2 Digitale Fabrik - Digitaler Fabrikbetrieb), 2011, S. 4.

[275] Vgl. VDI-Richtlinie (VDI 4499 Blatt 1 Digitale Fabrik - Grundlagen), 2008, S. 25.

[276] Vgl. VDI-Richtlinie (VDI 4499 Blatt 2 Digitale Fabrik - Digitaler Fabrikbetrieb), 2011, S. 18.

Bezugnehmend auf Abbildung 2-20 werden in der vorliegenden Arbeit seitens der realen Fabrik vor allem die Informationsebenen der Zell- und Steuerungsebene betrachtet. Bei den Aufgaben der Digitalen Fabrik liegt der Fokus auf den Ebenen Inbetriebnahme/Anlaufmanagement und in einer Zwischenebene „Ausbau bestehender Produktionsanlagen" (eigene Darstellung). Die Fabrikkonfiguration bleibt als solche erhalten und es bedarf keiner erneuten Fabrikplanung, da diese als abgeschlossen angenommen wird. In den folgenden Unterkapiteln wird näher auf die für diese Arbeit relevanten Teilaspekte des Digitalen Fabrikbetriebs eingegangen.

2.3.3 Virtuelle Inbetriebnahme

Grundsätzlich ist bei der *Inbetriebnahme*, der „Überführung der Anlage aus dem Ruhezustand in den Dauerbetriebszustand", zwischen der *Erstinbetriebnahme,* „der Überführung der Anlage aus dem Ruhezustand nach mechanischer Fertigstellung in den Dauerbetriebszustand nach werkvertraglicher Abnahme bzw. nach schriftlicher Bestätigung der erbrachten Vertragsleistung" und der *Wiederinbetriebnahme*, der „Überführung der Anlage aus dem Ruhezustand nach Abstellung (Stillstand) in den Dauerbetriebszustand", zu unterscheiden.[277]

Der Druck auf produzierende Unternehmen durch die steigende Komplexität von Produktions- und Fertigungssystemen und die wachsende Bedeutung von kurzen Hochlaufphasen werden durch die VIBN adressiert[278]. Die VIBN bzw. der virtuelle Funktionstest nach BENDER ist „die Vorverlagerung des System-Abnahmetests in frühere Phasen"[279]. WÜNSCH beschreibt die VIBN als „den abschließenden Steuerungstest anhand eines Simulationsmodells, das in der Kopplung von realer oder virtueller Steuerung mit dem Simulationsmodell eine ausreichende Abtastrate[280] für alle Steuerungssignale gewährleistet"[281].

Die VIBN ist ein Instrument, das beim Aufbau oder Umbau von Produktionsanlagen genutzt werden kann, um frühzeitig das Zusammenspiel der Konstruktion von Mechanik, Elektronik, Hydraulik und Pneumatik zu überprüfen[282]. Dabei werden durch Generierung eines virtuellen Verhaltensmodells der zu betrachtenden Produktionsanlage und die Verbindung mit der entsprechenden Steuerung die Prozessabläufe simuliert[283]. Im Idealfall kann durch entsprechende Optimierungsmaßnahmen die Qualität der Steuerungssoftware verbessert

---

[277] Vgl. Weber, K. H. (Inbetriebnahme verfahrenstechnischer Anlagen), 2019, S. 5.

[278] Vgl. Reinhart, G./Wünsch, G. (Anwendung der virtuellen Inbetriebnahme, übers.), 2007, S. 372.

[279] Vgl. Bender, K. (Embedded Systems), 2005, S. 55.

[280] „Erfassung einer Steuerungsreaktion...mindestens mit der Steuerungsfrequenz", vgl. Wünsch, G. (Methoden für die virtuelle Inbetriebnahme), 2008, S.25.

[281] Vgl. Wünsch, G. (Methoden für die virtuelle Inbetriebnahme), 2008, S. 33.

[282] Vgl. Mewes, J. (Virtuelle Inbetriebnahme mit realen Automatisierungssystemen), 2005, S. 54.

[283] Vgl. Wünsch, G. (Methoden für die virtuelle Inbetriebnahme), 2008, S. 29.

werden, bevor die realen Anlagenkomponenten einsatzbereit sind[284]. Erwartet wird zudem eine zeitlich verkürzte Inbetriebnahme des realen Produktionssystems (s. Abbildung 2-21).

Demgegenüber entstehen Kosten durch Software und Hardware für die VIBN, den Modellierungsaufwand und die Durchführung der Simulationen. Insgesamt sind die Verkürzung der kapitalintensiven realen Inbetriebnahme sowie die Qualitätssteigerung der Steuerungssoftware und Möglichkeit einer Weiterverwendung der erstellten Verhaltensmodelle als überwiegend anzusehen.[285]

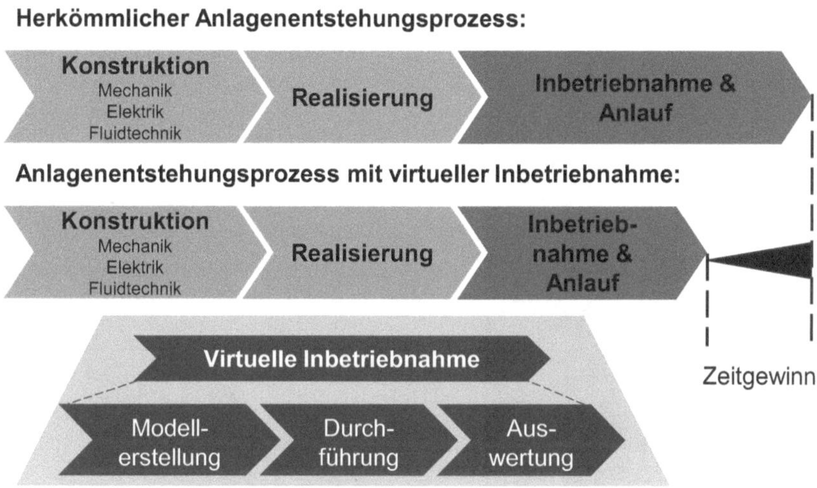

Abbildung 2-21: Vorgehen VIBN[286]

Weiterhin besteht die Möglichkeit, in der virtuellen Umgebung die Produktionsanlage auch unter Grenzlasten zu testen, ohne dabei Mensch oder Maschine in Gefahr zu bringen. Aufgrund der begrenzten Zeit der realen Inbetriebnahme und der Gefahr für den Bediener sind hierbei Tests im Grenzbereich nicht durchführbar.[287] Die Vorteile der VIBN werden in der VDI 4499 BLATT 2 nochmals genauer aufgeführt und vor allem durch die präventive Behebung von Fehlern aus der Planung und Auslegung der Produktionsanlage beschrieben. So können beispielsweise Sonderfälle wie das Ausschleusen von Bauteilen berücksichtigt, die Anlagenparameter wie Taktzeit, Ausbringung und

[284] Vgl. Mewes, J. (Virtuelle Inbetriebnahme mit realen Automatisierungssystemen), 2005, S. 55.
[285] Vgl. Zäh, M. F./Wünsch, G. (Schnelle Inbetriebnahme von Produktionssystemen), 2005, S. 700.
[286] Vgl. Reinhart, G./Wünsch, G. (Anwendung der virtuellen Inbetriebnahme, übers.), 2007, S. 372.
[287] Vgl. Spitzweg, M. (Physikalisches Modell von Produktionsanlagen), 2009, S. 35.

Verfügbarkeit validiert, das dynamische Verhalten der Anlage getestet oder Fehler im Steuerungscode sowie dessen Ablauf überprüft werden[288].

Weitere Gründe für die VIBN sind ein schnellerer Hochlauf, welcher eine kürzere Time-to-Market ermöglichen kann. Ebenso kann dies eine höhere Qualität der Steuerungssoftware und damit eine höhere Qualität des Gesamtsystems bedeuten. Dies geht mit einem geringeren Risiko von Unterbrechungen und Verzögerungen während des Hochlaufs und des Betriebs einher.[289]

2.3.3.1 Vorgehen der VIBN

Für die virtuelle Modellierung existieren unterschiedliche Vorgehensweisen zur Erstellung von Testumgebungen. Die gängigsten Varianten werden durch *Model-in-the-Loop* (MIL-Simulation)[290], *Software-in-the-Loop* (SIL-Simulation) und *Hardware-in-the-Loop-Simulation* (HIL-Simulation) beschrieben[291]. Abbildung 2-22 zeigt die Kombinationsmöglichkeiten der Konfigurationen.

		Anlage	
		real	simuliert
Steuerung	real	Testbetrieb	Hardware-in-the-Loop (HiL)
	simuliert	Steuerungsentwicklung	Software-in-the-Loop (SiL)

Abbildung 2-22: Konfigurationen der VIBN[292]

Die *MIL-Simulation* wird nicht in den klassischen Steuerungssprachen entwickelt und kann auf einem Rechner im Büro ausgeführt werden. Mithilfe von grafisch orientierten Simulationswerkzeugen werden Prototypen von Steuerungs-algorithmen an einfach gehaltenen Modellen der zu simulierenden Anlage getestet. Die MIL-Simulation wird als Vorläufer der nachfolgenden Varianten genutzt, da keine direkte Übertragbarkeit auf die reale Anlage möglich ist.[293]

Die *SIL-Simulation* umfasst sowohl eine Simulation der Produktionsperipherie als auch der Steuerungshardware selbst. Der Nachteil dieser Simulation besteht darin, dass die Steuerungssoftware nur mit einem Pseudocode getestet werden kann und eine exakte Nachbildung des Kontrollverhaltens kaum realisierbar ist.

288 Vgl. VDI-Richtlinie (VDI 4499 Blatt 2 Digitale Fabrik - Digitaler Fabrikbetrieb), 2011, S. 13.

289 Vgl. Reinhart, G./Wünsch, G. (Anwendung der virtuellen Inbetriebnahme, übers.), 2007, S. 378.

290 Vgl. VDI/VDE (VDI 3693 Blatt 1 Virtuelle Inbetriebnahme), 2016, S. 8.

291 Vgl. Reinhart, G./Wünsch, G. (Anwendung der virtuellen Inbetriebnahme, übers.), 2007, S. 372.

292 Vgl. Lee, C. G./Park, S. C. (Virtual commissioning of manufacturing systems), 2014, S. 214.

293 Vgl. VDI/VDE (VDI 3693 Blatt 1 Virtuelle Inbetriebnahme), 2016, S. 8.

Der Vorteil dieser Lösung liegt in der Nutzbarkeit eines virtuellen Zeitrahmens und der damit verbundenen Möglichkeit zur Integration komplexer Simulationsmodelle mit einem hohen Verbrauch an Rechenressourcen.[294]

Ein weiterer Ansatz ist die *hybride Inbetriebnahme*. Nach DOMINKA wird schrittweise von der virtuellen zur klassischen Inbetriebnahme vorgegangen. Es werden fortlaufend simulierte Anlagenkomponenten durch die realen Komponenten ersetzt. Ein Vorteil liegt darin, dass auf die Modellierung von einzelnen Anlagenkomponenten verzichtet werden kann, da direkt reale Komponenten zum Einsatz kommen können. Nachteilig ist der erhöhte Modellierungsaufwand durch den sequenziellen Aufbau des Simulationsmodells für die schrittweise Ersetzung durch das reale System.[295]

Die *HIL-Simulation* ist die in der industriellen Praxis sowie der Wissenschaft meist genutzte Umgebung für die VIBN[296]. Für ein Fertigungssystem besteht die Simulation aus einer realen speicherprogrammierbaren Steuerung (SPS) und dem virtuellen 3D-Verhaltensmodell der Maschine bzw. Anlage, für welche die Steuerung bestimmt ist[297]. Diese Umgebung ermöglicht es, die Inbetriebnahme und Prüfung komplexer Steuerungen durchzuführen. Durch die realistischen Testbedingungen und die Möglichkeit der späteren Nutzung des Softwarecodes ohne weitere Übersetzungen[298] wird diese Variante auch als Grundlage dieser Arbeit gewählt. Nach Abschluss einer SIL- oder HIL-Simulation mit der virtuellen Anlage kann diese auf die reale Fertigungsanlage übertragen werden, um mit der realen Inbetriebnahme abzuschließen (s. Abbildung 2-23).

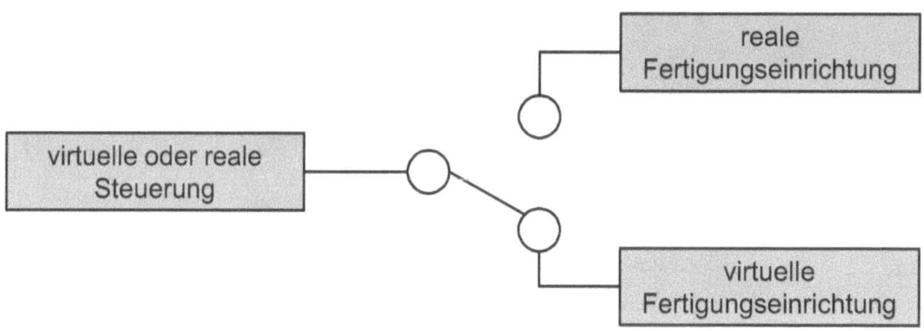

Abbildung 2-23: Prinzip der VIBN[299]

In einer herkömmlichen Implementierung werden die mechanischen, elektrischen und softwaretechnischen Entwurfsphasen sequenziell durchgeführt.

[294] Vgl. Reinhart, G./Wünsch, G. (Anwendung der virtuellen Inbetriebnahme, übers.), 2007, S. 372.
[295] Vgl. Dominka, S. (Hybride Inbetriebnahme von Produktionsanlagen), 2007, S. 45ff.
[296] Vgl. Lacour, F.-F. (Physikbasierte virtuelle Inbetriebnahme), 2012, S. 45.
[297] Vgl. Wünsch, G. (Methoden für die virtuelle Inbetriebnahme), 2008, S. 30.
[298] Vgl. Reinhart, G./Wünsch, G. (Anwendung der virtuellen Inbetriebnahme, übers.), 2007, S. 372.
[299] Vgl. VDI-Richtlinie (VDI 4499 Blatt 2 Digitale Fabrik - Digitaler Fabrikbetrieb), 2011, S. 14.

Daher können Elektrokonstrukteure die Steuerungsprogrammierung erst nach Abschluss der mechanischen Konstruktionsphase starten, welches eine Hauptursache für Verzögerungen bei der Inbetriebnahme darstellt.[300] Vorangehende Modelle zum mechatronischen Engineering beschreiben die zeitgleiche Entwicklung der Mechanik, Elektronik und der Software[301], welche die Grundlage für das Simulationsmodell der VIBN bilden (s. Abbildung 2-24). Das Teilsystem der Steuerungstechnik setzt sich aus der realen oder emulierten SPS, dem Bedienfeld bzw. der Benutzerschnittstelle (engl. Human Machine Interface, HMI) und möglichen weiteren Steuerungskomponenten zusammen. Die Schnittstelle bildet die Signalverbindungen zwischen Aktoren/Sensoren und der Steuerung.[302]

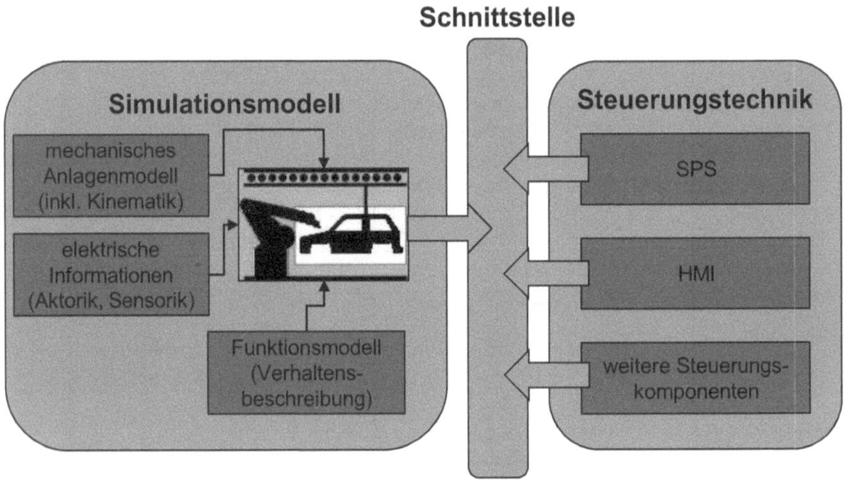

Abbildung 2-24: Teilsysteme zur Durchführung der VIBN[303]

2.3.3.2 Modellierungstiefe

Unterschiedliche Detaillierungsstufen der Modelle zur VIBN entscheiden über die Effizienz des Einsatzes. Mögliche Alternativen sind das ereignisorientierte Modell, welches für Materialflusssimulationen erfahrungsgemäß hinlänglich ist. Ein Kinematikmodell, auch als Teil von 3D-Modellen, ist für eine umfassende VIBN einer Roboter-, Numerische Steuerung (NC)- und SPS-Steuerung einer Fertigungseinheit mindestens erforderlich.[304] Dynamikmodelle können die freie

300 Vgl. Park, S. C./Chang, M. (Hardware-in-the-loop simulation), 2012, S. 2323.

301 Vgl. Voß, V. (Simulationsmodelle für die Produktentwicklung), 2012, S. 37f.

302 Vgl. Kiefer, J. (Mechatronikorientierte Planung automatisierter Fertigungszellen), 2007, S. 42f.

303 Vgl. Kiefer, J. (Mechatronikorientierte Planung automatisierter Fertigungszellen), 2007, S. 43.

304 Vgl. VDI/VDE (VDI 3693 Blatt 1 Virtuelle Inbetriebnahme), 2016, S. 29.

Bewegung des Werkstücks darstellen und ermöglichen detaillierte physikalische Berechnungen wie z.B. den Energieverbrauch. Demnach bauen sie auf den Regeln der Physik auf und fußen zwingenderweise auf den geometrischen Konstruktionsdaten.[305] Auch die Kombination der einzelnen Modellarten ist möglich, um beispielsweise das Verhalten komplexer Gesamtanlagen zu testen[306].

Die Modelle der VIBN können im weiteren Verlauf auch in der Serienproduktion für Optimierungen und mögliche Umbauten genutzt werden.[307] Im nächsten Abschnitt wird die Möglichkeit der Datenverarbeitung aus der Serienproduktion diskutiert.

2.3.4 Zwischenfazit

Die digitale Fabrik stellt weitreichende Werkzeuge zur Effizienzsteigerung des Fabrikbetriebs zur Verfügung. Insbesondere die Komponente des Digitalen Fabrikbetriebs verspricht Handlungsoptionen zur Effizienzsteigerung im Anlauf und Hochlauf einer Produktionsanlage. Im kritischen Teil der Anlaufphase, der Inbetriebnahme, greift die Methode der VIBN vorbeugend ein. Einem flächendeckenden Einsatz steht jedoch der Aufwand zur Modellbildung entgegen, sodass bisher nur eine projektabhängige Anwendung möglich ist.

2.4 Systemarchitektur zur Produktionsdatenanbindung

In dem Kapitel der Systemarchitektur zur Datenanbindung werden die technischen Grundlagen für eine Realdatenanbindung behandelt. Für die Implementierung einer Realdatenanbindung ist es von großer Bedeutung, im Voraus sicherzustellen, dass die Computer- und Netzwerkinfrastruktur den Anforderungen neuer Softwareprogramme und erweiterter Datenmengen entspricht.[308] Darüber hinaus ist eine hohe vertikale Integration ein wichtiger Faktor einer erfolgreichen Datenanbindung. Technische Prozesse, Ressourcen und Geschäftsprozesse sowie die jeweiligen Informations-, Kommunikations-, Steuerungs- und Managementsysteme auf den verschiedenen Hierarchieebenen von der Aktor- und Sensorebene bis zur Unternehmensplanungsebene sollten dazu miteinander verbunden sein.[309] Den Aufbau dieses Abschnitts betreffend wird in Unterkapitel 2.4.1 auf die benötigten Systemkomponenten einer Realdatenanbindung und in Unterkapitel 2.4.2 auf die Datenerhebung mithilfe dieser Komponenten eingegangen.

---

305 Vgl. VDI/VDE (VDI 3693 Blatt 1 Virtuelle Inbetriebnahme), 2016, S. 27ff.

306 Vgl. VDI/VDE (VDI 3693 Blatt 1 Virtuelle Inbetriebnahme), 2016, S. 30.

307 Vgl. VDI-Richtlinie (VDI 3633 Blatt 1 Simulation von Produktionssystemen), 2014, S. 8f.

308 Vgl. Bracht, U./Geckler, D. et al. (Digitale Fabrik), 2018, S. 232.

309 Vgl. Bracht, U./Geckler, D. et al. (Digitale Fabrik), 2018, S. 183.

2.4.1 Systemkomponenten zur Produktionsdatenanbindung

Die zur Realdatenanbindung benötigten Systeme bestehen aus mehreren Grundkomponenten. Diese sind Steuerungssysteme, Erfassungskomponenten, „Middleware"-Systeme, Komponenten zur Implementierung der Anwendungslogik mit kontextbezogenen Funktionen sowie Benutzer- und Maschinenschnittstellen.

Steuerungssysteme dienen der Automatisierung von Maschinen und Anlagen und tragen entscheidend zu einer effizienten und qualitativ hochwertigen Produktion bei. Die Steuerungssysteme sind heute leistungsfähig, aber auch sehr komplex[310]. In der Automatisierungs- und Produktionstechnik hat jede einzelne Maschine sowie jeder Roboter eine eigene sowie geschlossene, sogenannte monolithische Steuerung. Die darin verfügbare Rechenleistung wird im Normalbetrieb kaum ausgenutzt. In heutigen Produktionsanlagen ist die Steuerungsarchitektur streng hierarchisch zwischen den einzelnen Steuerungsebenen getrennt (s. Abbildung 2-25). Ausgehend von Sollwerten und entsprechenden Istwerten werden neue Sollwertvorgaben für die untere Ebene in der jeweiligen Regelebene mit statischen Algorithmen berechnet. Die Kontrolle in der heutigen Produktion erfolgt immer von oben nach unten. Jede Steuerung verfügt über ein eigenes, festes HMI im laufenden Betrieb und eine Schnittstelle zu Engineering-Anwendungen zur Inbetriebnahme auf Maschinenebene. Wenn spezielle Schnittstellen verfügbar sind, kann auf die Steuerung auch über die Fernwartung oder mit mobilen Geräten zugegriffen werden. In einigen Fällen können Simulationen auf separaten Computern mit der Steuerung verbunden werden, wenn dies ausdrücklich unterstützt wird. Die einzelnen Steuerungen sind immer in sich geschlossene Einheiten, die über eine Vielzahl unterschiedlicher Schnittstellen meist statisch konfigurierte Informationen austauschen können. Darüber hinaus haben die einzelnen Steuerungen einen festen Funktionsumfang und eine feste Rechenleistung.[311]

[310] Vgl. Weck, M./Brecher, C. (Werkzeugmaschinen), 2006, S. 11.

[311] Vgl. Vogel-Heuser, B./Bauernhansl, T. et al. (Handbuch Industrie 4.0), 2017, S. 62.

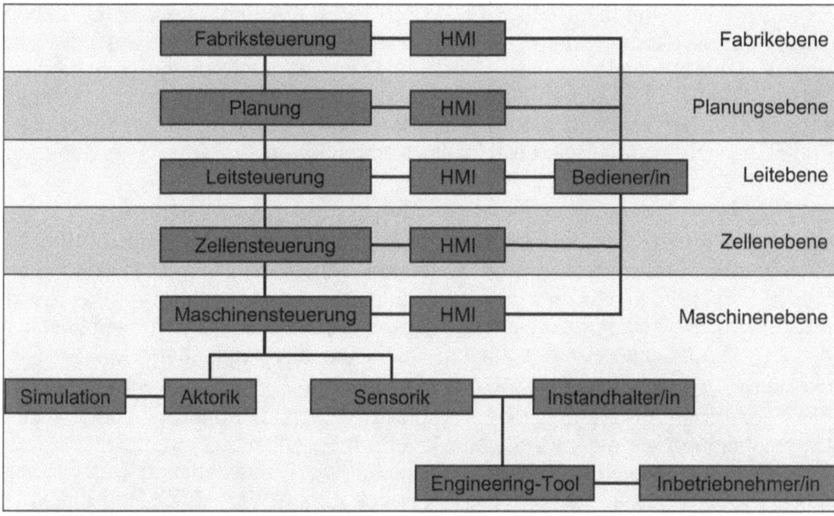

Abbildung 2-25: Ebenen der Steuerungsarchitektur[312]

Neben Steuerungssystemen spielen auch Komponenten zur Erfassung kontextrelevanter Informationen aus der physischen und digitalen Welt eine Rolle. Der Zweck der Erfassungskomponenten besteht darin, Informationen zu sammeln. Weitere Aufgaben sind die Aufbereitung von Daten zu standardisierten Informationen und die Möglichkeit, auf Informationen aus dem jeweiligen IT-System zuzugreifen, wie z. B. Messwerte. Für die Erfassung von kontextrelevanten Informationen in der physischen Welt beinhalten diese Komponenten Sensoren und Sensornetzwerke, automatische Identifizierungs- und Datenerfassungsmethoden, Positionsbestimmungsmethoden, Komponenten für die mobile Kommunikation, Mikrocontroller und eingebettete Systeme.[313]

Zu den Sensoren und Sensornetzwerken gehören Messumformer und deren Signalverarbeitung, z. B. zur Messung von Temperaturen, Vibrationen, Kräften oder elektrischen Strömen, aber auch intelligente Sensoren als deren Weiterentwicklung. Intelligente Sensoren sind in der Regel mit einem Mikroprozessor, Kommunikationsschnittstellen sowie einem Daten- und Energiespeicher ausgestattet. Neben der Datenerfassung ist der gesamte Prozess der Signalkonditionierung und -verarbeitung in einem Gerät integriert.[314]

Komponenten für die mobile Kommunikation ermöglichen die Vernetzung und Kommunikation mobiler Objekte in einer Produktion. Dazu gehören Hard- und

[312] Vgl. Vogel-Heuser, B./Bauernhansl, T. et al. (Handbuch Industrie 4.0), 2017, S. 63.

[313] Vgl. Fleisch, E./Mattern, F. (Das Internet der Dinge), 2005, S. 44ff.

[314] Vgl. Fortuna, L./Graziani, S. et al. (Monitoring and Control of Industrial Processes), 2007, S. 4.

Software, die Standards wie z.B. „Long Term Evolution“, „Universal Mobile Telecommunications System”, „High Speed Download Packet Access”, „General Packet Radio Service” und „Wireless Local Area Network” entsprechen. Mikrocontroller und eingebettete Systeme stellen die erforderliche Rechenkapazität bereit, um Sensordaten bei Bedarf lokal zu verarbeiten oder intelligente Funktionen zu implementieren und die Komponenten für die mobile Kommunikation zu steuern.[315]

Außerdem kommen „Middleware“-Systeme zur Verwaltung und zum Austausch der aufgezeichneten Informationen zum Einsatz. Hierzu zählen in erster Linie grundlegende administrative Dienste und Funktionen, wie die Auflösung von Computernamen in Netzwerkadressen oder die Überwachung von Netzwerkressourcen, Netzwerkprotokollen, Abfragesprachen und Programmierhilfen, um den Zugriff auf Daten aus verschiedenen Quellen zu vereinfachen.[316]

Neben „Middleware“-Systemen werden Komponenten zur Implementierung der eigentlichen Anwendungslogik mit kontextbezogenen Funktionen benötigt. Die Unterscheidung als eigenständiges Modul ermöglicht es, ein kontextbezogenes System auf verschiedene Hardwareressourcen zu verteilen und Daten, Logik sowie Präsentation zu trennen. Dies hat auch andere Vorteile für den Einsatz in der Produktion, da einfache mobile Geräte mit geringer Leistung auf Präsentationsebene eingesetzt werden können oder wenn mehrere Präsentationsmodule das gleiche Funktionsmodul verwenden. Diese Komponenten implementieren Funktionen zur Analyse, Simulation und Auswertung, wie online parametrisierte Materialflusssimulationen. Eine weitere wichtige Funktion kontextbezogener Anwendungen und Systeme ist die Interaktion mit dem Menschen, die über verschiedene Schnittstellen, wie mobile Geräte oder per Telefon, sprachgesteuert erfolgen kann.[317] Zuletzt finden auch Benutzer- und Maschinenschnittstellen Anwendung[318].

2.4.2 Produktionsdatenerhebung

Die Datenerhebung ist ein Prozess, bei dem die zu beschaffenden Informationen gezielt identifiziert und die Datenerfassung vorbereitet sowie durchführt wird. Nach der Erhebung stehen Rohdaten zur Verfügung, für die in der Regel eine zusätzliche Vorbereitung zur Nutzung für die geplante Aufgabe erforderlich ist.[319]

Rohdaten sind Daten, welche von Sensoren bei der Beobachtung eines realen Prozesses generiert werden. Die Daten werden dabei von einer nicht digitalen Domäne in eine digitale Domäne übertragen. Im Gegensatz dazu stehen die Daten

[315] Vgl. Westkämper, E./Spath, D. et al. (Digitale Produktion), 2013, S. 255f.

[316] Vgl. Fleisch, E./Mattern, F. (Das Internet der Dinge), 2005, S. 119ff.

[317] Vgl. Westkämper, E./Spath, D. et al. (Digitale Produktion), 2013, S. 256f.

[318] Vgl. Westkämper, E./Spath, D. et al. (Digitale Produktion), 2013, S. 257.

[319] Vgl. Obermaier, R. (Handbuch Industrie 4.0 und Digitale Transformation), 2019, S. 673.

digitaler Herkunft. Hierbei handelt es sich um Daten, die auf einem virtuellen und nicht auf einem physischen Produktionsprozess basieren. Dies beinhaltet z. B. Metadaten, die für die maschinenlesbare Beschreibung von Ressourcen im Web erstellt wurden.[320]

Abhängig von den benötigten Daten kann die Datenerfassung manuell oder automatisch mit speziellen Eingabegeräten erfolgen[321]. Eine manuelle Datenerfassung findet vor allem bei prozessabhängigen Daten zu Maschinen, wie Belegungszeiten oder Störungen, zu Fertigungsaufträgen, zum Lagerbestand und zum Personal statt. Dabei wird die manuelle Erfassung im laufenden Anlagenbetrieb häufig dezentral, z. B. über mobile Datenerfassungsgeräte oder aber auch durch eine direkte Maschinendatenerfassung aus der Maschinensteuerung, unterstützt. Mit den gleichen Systemen können die Daten auch rein automatisch erfasst werden. Das ermöglicht, die in der realen Fabrik gesammelten Daten in einem viel kürzeren Zeitintervall mit einem geringeren Prozentsatz von Fehlern und nahezu ohne Medienbruch in den Modellen der digitalen Fabrik zu verwenden. Technische Systeme zur automatischen Datenerfassung beinhalten einfaches Zählen (Feststellen des Vorhandenseins oder Nichtvorhandenseins eines Objekts oder Ereignisses), eine Messung (Ermittlung von Messwerten für diskrete und kontinuierliche sowie analoge und digitale Signale) oder die automatische Identifikation von Objekten, z. B. über Barcodes oder elektronische Etiketten oder auch anhand von Objektdaten, wie Größe, Position und Form.[322]

Die manuelle oder automatische Datenerfassung kann weiter in aktiv und passiv unterteilt werden. Aktive Erfassung bedeutet, dass Nachrichten an eine Komponente gesendet werden müssen, um einen bestimmten Wert abzurufen. Daher führt die aktive Erfassung zu einer Beeinträchtigung des zu erfassenden Systems, kann jedoch zu jeder angeforderten Zeitinstanz Werte erfassen. Bei der passiven Erfassung hingegen werden Werte durch passives Lesen des bereits vorhandenen Datenstroms abgerufen. Daher stört es das System nicht, sondern erfasst möglicherweise nur Werte, die zum Zeitpunkt der Erfassung vorhanden sind. Die Erfassung auf der Steuerung ist immer aktiv, da sie über herstellerspezifische Protokolle abfragt. Zusätzlich muss im Steuerungsprogramm vorbereitet werden, auf welche Eigenschaften zugegriffen werden kann. Die Erfassung im Kommunikationsnetz kann je nach Eigenschaft passiv oder aktiv sein. Beispielsweise werden Prozesswerte vom Sensor oder Aktor regelmäßig mit der Steuerung ausgetauscht und können so passiv erfasst werden. Die aktuelle Topologie des Kommunikationsnetzes wird nicht in regelmäßigen Abständen kommuniziert und muss daher von allen Geräten aktiv abgefragt werden. Weitere

320 Vgl. Obermaier, R. (Handbuch Industrie 4.0 und Digitale Transformation), 2019, S. 673.

321 Vgl. Bracht, U./Geckler, D. et al. (Digitale Fabrik), 2018, S. 88f.

322 Vgl. Bracht, U./Geckler, D. et al. (Digitale Fabrik), 2018, S. 92.

Beispiele aktiver und passiver Erfassung finden sich in

Erfassung	Beschreibung	Aktiv/Passiv
Sensor	Messwert des Sensors	Passiv
Aktor	Eingangswert des Aktors	Passiv
Gerät-Parametrisierung	Änderungen an Sensor- oder Aktor-Parametern	Passiv
Verbindungsanfrage	Sensor oder Aktor beigefügt	Passiv
Alarm	Prozess- und kommunikationsbezogene Fehler	Passiv
Scan	Aktueller Status	Aktiv
Status-Benachrichtigung	Sondernachrichten, die Status transportieren	Aktiv/Passiv

Tabelle ***2-1***.[323]

Erfassung	Beschreibung	Aktiv/Passiv
Sensor	Messwert des Sensors	Passiv
Aktor	Eingangswert des Aktors	Passiv
Gerät-Parametrisierung	Änderungen an Sensor- oder Aktor-Parametern	Passiv
Verbindungsanfrage	Sensor oder Aktor beigefügt	Passiv
Alarm	Prozess- und kommunikationsbezogene Fehler	Passiv
Scan	Aktueller Status	Aktiv
Status-Benachrichtigung	Sondernachrichten, die Status transportieren	Aktiv/Passiv

Tabelle 2-1: Beispiele aktiver/passiver Datenerfassung

2.4.3 Optimierung von Simulationsmodellen

Nachdem im vorangegangenen Kapitel die VIBN als Simulationsmodell besprochen wurde, soll an dieser Stelle auf die Optimierung von Simulationsmodellen eingegangen werden. Die Response Surface Methodik (engl. Response Surface Methodology, RSM) ist hierbei ein bekanntes Verfahren, welches zu Optimierungszwecken benutzt wird. Darin wird mithilfe von Versuchsplänen ein Metamodell approximiert und dieses anschließend optimiert.[324]

Unter einem Metamodell ist ein mathematisches Modell zu verstehen, welches als Abstraktion eines Simulationsmodells dient. Es ist in der Lage, Zusammenhänge zwischen Ein- und Ausgängen eines Systems aufzudecken.[325] Sobald ein Metamodell erstellt wurde, können anhand dessen für jeden Eingangswert approximative Ausgangswerte vorhergesagt werden. Somit können Metamodelle als Modelle von Modellen beschrieben werden. Die Metamodellierung ist ein

323 Vgl. Zipper, H./Auris, F. et al. (Keeping the digital twin up-to-date), 2018, S. 1594.

324 Vgl.Myers, R. H. (Response Surface Methodology), 2016, S. 563.

325 Vgl.Santos, I. R./Santos, P. R. (Simulation metamodels), 2007, S. 916.

wichtiges Werkzeug für die Prognose, Interpretation und das bessere Verständnis eines Simulationsmodells.[326]

In Abbildung 2-26 wird bildlich die Konstruktion eines Metamodells dargestellt. Dazu werden zunächst mithilfe eines Versuchsplanes Daten über Systemeingänge und -ausgänge generiert. Anschließend werden aus den Daten funktionale Zusammenhänge abgeleitet. Diese spannen das Metamodell auf.

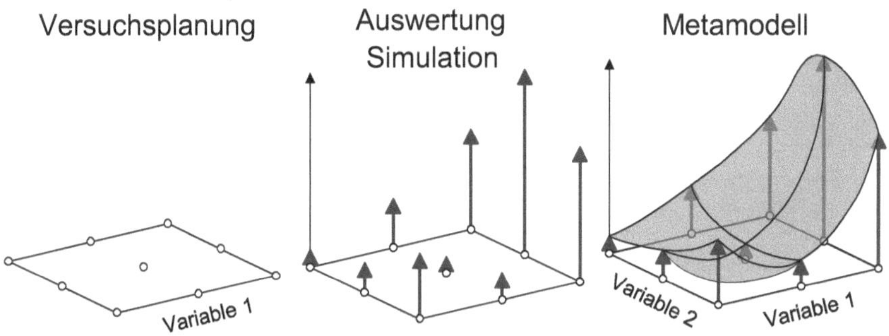

Abbildung 2-26: Konstruktion eines Metamodells

Die Bildung des Metamodells aus den funktionalen Zusammenhängen kann über eine Vielzahl an Methoden vorgenommen werden. Darunter gehören beispielsweise die polynomiale Regression, die Support-Vector-Machine oder die radiale Basisfunktion. Im Rahmen der RSM wird der Fokus auf die polynomiale Regression gelegt.

Bei einer anschließenden Optimierung des Metamodells können die Ergebnisse direkt auf das Simulationsmodell übertragen werden. Da die Laufzeit eines Metamodells in der Regel kürzer ist als die Laufzeit eines Simulationsmodells, erlaubt eine Metamodellierung eine schnellere Antwort und somit eine effizientere Optimierung.[327]

Der angenommene Metamodell-Typ und die Methode zur Versuchsplanung stehen in einem sehr engen Zusammenhang. Mit Blick auf die Optimierung des Metamodells mit der RSM werden im Folgenden zum Einstieg zunächst faktorielle Versuchspläne und anschließend das Central-Composite-Design und das Box-Behnken-Design als beliebte Response-Surface-Designs thematisiert.

Eine faktorielle Planung ermöglicht und vereinfacht die Erzeugung von Versuchsplänen, wenn Interaktionen bzw. Wechselwirkungen zwischen den Eingangsgrößen vermutet werden. Eine faktorielle Planung umfasst die vollfaktoriellen und teilfaktoriellen Versuchspläne.

---

[326] Vgl.Friedman, L. W. (The Simulation Metamodel), 1996, S. 9.

[327] Vgl.Bäck, T./Krause, P. et al. (Automatische Metamodellierung), 2015, S. 65.

Vollfaktorielle Versuchspläne erlauben die Verifizierung aller möglichen Interaktionen zwischen den betrachteten Variablen. Beispielsweise ist der Umfang eines vollfaktoriellen Versuchsplans mit jeweils zwei unterschiedlichen Stufen mit "k" Faktoren gleich 2^k. Damit wächst die Anzahl der Stützstellen exponentiell mit der Zahl der Einflussfaktoren. Dieses exponentielle Wachstum an Stützstellen bedeutet demnach auch einen exponentiellen Anstieg an Einzelexperimenten, um jede Interaktion zwischen den Einflussfaktoren zu erfassen.[328]

Unter der Annahme, dass die Systemantwort hauptsächlich nur durch Haupteffekte und Interaktionen niederer Ordnung beeinflusst wird, ist nur ein Bruchteil der Versuche vom vollfaktoriellen Versuchsplan nötig. Diese werden als teilfaktorielle Versuchspläne bezeichnet und dienen als effiziente Alternative zu den vollfaktoriellen Versuchsplänen.[329]

Es wird zwischen zwei Arten von Response-Surface-Designs unterschieden: Central-Composite-Design und Box-Behnken-Design[330]. Das Central-Composite-Design baut auf einem zweistufigen teilfaktoriellen Versuchsplan („Würfel") auf, welcher um zusätzliche Punkte vom Zentralpunkt ausgehend außerhalb des Würfels („Stern") erweitert wurde. Die Punkte aus dem Stern befinden sich außerhalb des Würfels, weil der Stufenabstand des Sterns den Stufenabstand des Würfels übersteigt. Als Konsequenz dessen wird jede Eingangsgröße auf fünf Stufen getestet.[331] Im Box-Behnken-Design werden die Mittelpunkte der Kanten sowie der Zentralpunkt betrachtet. Es handelt sich um ein dreistufiges Design, welches nie Faktorkombinationen erzeugt, in denen alle Faktoren auf den Extremwert eingestellt sind. Dadurch ist es nicht in der Lage, das Randverhalten des Metamodells genau abzubilden. Wird jedoch das Optimum im mittleren Bereich des Faktorraumes vermutet, fällt die genaue Abbildung des Randverhaltens kaum ins Gewicht.[332]

Im Vergleich unterscheiden sich Box-Behnken-Design und Central-Composite-Design in der Anzahl der benötigten Versuche. Das Box-Behnken-Design benötigt typischerweise eine geringere Anzahl an Versuchsdurchläufen und ist daher kosten- und zeiteffizienter. Jedoch muss dafür die Abbildungsungenauigkeit des Randes in Kauf genommen werden.[333]

Auf Basis der mit einem Versuchsplan erzeugten Stützpunkte kann mithilfe der *polynomialen Regression* ein Metamodell aufgespannt werden. In der polynomialen Regression wird die Beziehung zwischen unabhängigen Variablen "x" als Eingangsgröße und der abhängigen Variable "y" als Ausgangsgröße in Form eines Polynoms n-ter Ordnung approximiert. Die Komplexität der Regression

328 Vgl.Meckesheimer, M. (Metamodel-Based Designs), 2001, S. 22.

329 Vgl.Meckesheimer, M. (Metamodel-Based Designs), 2001, S. 210.

330 Vgl.Gleichmar, R. (Multidisziplinäre Strukturoptimierung), 2004, S. 58ff.

331 Vgl.Siebertz, K./van Bebber, D. et al. (Statistische Versuchsplanung), 2010, S. 38.

332 Vgl.Siebertz, K./van Bebber, D. et al. (Statistische Versuchsplanung), 2010, S. 41.

333 Vgl.Mathews, P. G. (Design of Experiments), 2005, S. 474f.

ist abhängig von der Anzahl "a" an Eingangsgrößen. Durch die Nutzung einer Approximation leitet sich eine wesentliche Eigenschaft der polynomialen Regression ab: Zufällige Störungen "ϵ" sind im Modell vorhanden. Der Zusammenhang zwischen "x" und "y" kann folgendermaßen beschrieben werden:

$$y = f(x_1, x_2, x_3, \dots, x_a) + \epsilon \tag{2-4}$$

Der Zusammenhang zwischen der Zielgröße "y" und den Eingangsgrößen $x_1, x_2, x_3, \dots, x_a$ ist also nicht exakt gegeben, weil er durch zufällige Störungen überlagert wird. Diese Störung kann als zufällige Abweichung interpretiert werden, die nicht durch den Einfluss der Eingangsgrößen erklärt werden kann.[334]

Da die Form der Funktion "f" unbekannt ist, wird diese approximiert. Im Rahmen der RSM reicht zur Modellierung ein Polynom erster oder zweiter Ordnung aus.[335] Es wird angenommen, dass "ϵ" mit dem Erwartungswert null und Varianz σ^2 normalverteilt ist. Aus diesem Grund taucht "ϵ" in den Formeln für die Modelle erster und zweiter Ordnung nicht auf. Dennoch sollte beachtet werden, dass die Ergebnisse einer polynomialen Regression das Resultat einer Schätzung sind und deshalb Abweichungen zu erwarten sind.

Die Anwendung eines Modells erster Ordnung ist angemessen, wenn eine kleine Region des Zulässigkeitsbereiches an einer Stelle betrachtet wird, an der die Funktion "f" eine geringe Verkrümmung aufweist. Durch die Nutzung des Modells erster Ordnung werden die Haupteffekte der einzelnen Faktoren betrachtet, jedoch keine Interaktionen der Faktoren untereinander.[336]

$$\hat{Y}(x) = \beta_0 + \beta_1 x_1 + \beta_2 x_2 + \dots + \beta_a x_a \tag{2-5}$$

$\hat{Y}(x) =$ Regressionsfunktion

$\beta_i =$ Regressionskoeffizient

$x_i =$ Eingangsgröße

Die unbekannten Regressionskoeffizienten können mit der Methode der kleinsten Quadrate ermittelt werden. Hierbei wird die Residuenquadratsumme minimiert. Diese bezeichnet die Quadratsumme der Abweichung zwischen den beobachteten Werten und den durch das Modell vorhergesagten Werten.[337]

In den meisten Fällen reicht das Hinzufügen eines Interaktionsterms in das Modell erster Ordnung nicht aus, um das Verhalten des Metamodells zu beschreiben. Ein Modell zweiter Ordnung wird benötigt, um das quadratische Verhalten des Modells zu modellieren:

[334] Vgl. Fahrmeir, L./Kneib, T. et al. (Regression), 2009, S. 2.

[335] Vgl. Myers, R. H. (Response Surface Methodology), 2016, S. 3.

[336] Vgl. Myers, R. H. (Response Surface Methodology), 2016, S. 3f. .

[337] Vgl. Fahrmeir, L./Kneib, T. et al. (Regression), 2009, S. 90f. .

$$\hat{Y}(x) = \beta_0 + \sum_{i=1}^{a} \beta_i x_i + \sum_{i=1}^{a} \beta_{ii} x_i^2 + \sum_{i} \sum_{i<j} \beta_{ij} x_i x_j \quad (2\text{-}6)$$

$\hat{Y}(x)$ = Regressionsfunktion

β_i= Regressionskoeffizient

x_i = Eingangsgröße

Auch hier werden die unbekannten Koeffizienten mit der Methode der kleinsten Quadrate bestimmt.[338]

Durch die Nutzung eines Versuchsplans mit einem der beiden Response-Surface-Designs und dem Erzeugen eines Metamodells aus den Versuchsdaten mithilfe der polynomialen Regression wird die Grundlage für die Optimierung mit der RSM gebildet.

2.5 Handlungsbedarf aus der Praxis

Die Produktion von elektrischen Traktionsmotoren (s. Kapitel 2.1) wurde vor dem Hintergrund einer skalierbaren (s. Kapitel 2.2) und digitalen Fertigung (s. Kapitel 2.3) beschrieben. Im nachfolgenden Kapitel wird der Handlungsbedarf aus der Praxis beleuchtet. Zunächst wird über eine unabhängige Expertenstudie das Potenzial der Effizienzsteigerung skalierbarer Produktionssysteme quantifiziert (s. Kapitel 2.4.1). Anschließend werden die Herausforderungen aus dem Betrachtungsbereich aufgeführt und die Ursachen für einen Handlungsbedarf untersucht (s. Kapitel 2.4.2.).

2.5.1 Studie zu skalierbaren Produktionssystemen

Die Studie „Skalierbare Produktionssysteme" wurde zur Ermittlung von Potenzialen und Komplexitäten zur effizienten Integration von Ausbaustufen sowie deren einhergehenden Gestaltung von Wiederanläufen durchgeführt. 53 Experten aus der Automobilbranche, dem Maschinen- und Anlagenbau, der Unternehmensberatung sowie Wissenschaftler wurden zum Thema befragt.

Der erste Teil der Studie behandelt die Quantifizierung der Potenziale zur Effizienzsteigerung bei Ausbaustufen. Zunächst wird die Länge der nötigen PU abgefragt, um die Möglichkeit einer Reduzierung anhand eines Beispiels darstellen zu können. Experten schätzen die Dauer der PU beim Ausbau einer Skalierungsstufe (Verdopplung der Produktionskapazität) im Durchschnitt auf ca. 3 Wochen (s. Abbildung 2-27, unten). Die Herstellungskosten einer Lithium-Ionen Batterie werden derzeit auf ca. 200 Euro pro Kilowattstunde (kWh) geschätzt[339],

[338] Vgl. Myers, R. H. (Response Surface Methodology), 2016, S. 6.

[339] Vgl. Kampker, A./Vallée, D. et al. (Elektromobilität), 2018, S. 16.

die Fertigung des Elektromotors wird derzeit mit ca. 8 Euro pro Kilowatt (kW) angenommen[340].

.

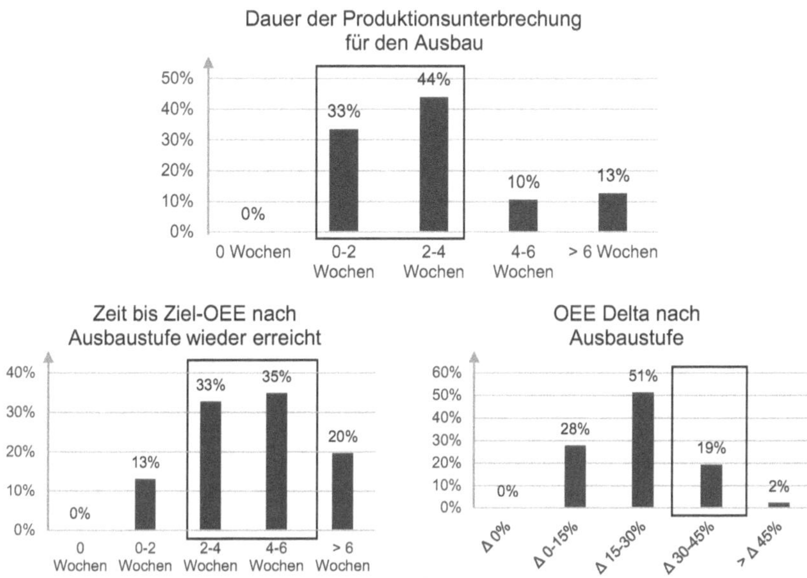

Abbildung 2-27: Studienergebnisse „Skalierbare Produktionssysteme"; Dauer PU (oben); Zeit bis Ziel-OEE erreicht (links); OEE Delta nach dem Ausbau (rechts)[341]

Folgendes praxisnahe Szenario aus den Schätzwerten der zugrundeliegenden Literatur soll die quantitative Relevanz des Betrachtungsbereichs herausstellen. Jeder Tag einer PU bei einem Ausbau von 25 Einheiten /pro Stunde (E/h) auf 50 E/h und einem dreischichtigen Betrieb, würde mit einem Ausfall von 525 Einheiten pro Tag einhergehen (25 E/h x 21 h = 525 E). Das Szenario betrachtet die Produktion der Komponenten für das Modell BMW iX3 mit den technischen Leistungsdaten einer Hochvoltbatterie von 70 kWh und einer Leistung des Traktionsmotors von 200 kW. Es ist davon auszugehen, dass es zu einem Verlust des Deckungsbeitrags von ca. 15.000 € pro Fahrzeug kommt, sobald eine Komponente des elektrischen Antriebsstrangs nicht geliefert bzw. verzögert geliefert werden kann.

340 Vgl. Kampker, A./Vallée, D. et al. (Elektromobilität), 2018, S. 60.

341 Eigene Darstellung

Folgende Verluste ergeben sich nach der Schätzung des Produktionsausfalls durch eine Verlängerung der PU für den Erstausrüster (engl. Original Equipment Manufacturer, OEM)[342]: 525 E x 15.000 €/E = 7.850.000 €.

Es ergibt sich kumuliert ein Verlust von ca. 7,9 Millionen Euro pro Tag, welches die Relevanz der Länge der PU noch einmal hervorhebt.

Ein weiteres Szenario entsteht aus der möglichen Verbesserung der OEE-Performance nach der PU (s. Abbildung 2-27, oben). Die Annahmen bzgl. der Produktionsmenge sowie der anfallenden Kosten werden vom oben beschriebenen Szenario übernommen, um auch hier beispielhaft das Effizienzpotenzial herauszustellen. Es ergibt sich eine wöchentliche Ausbringung von 4725 E/Woche (45 E/h*105 h/Woche). Die Dauer bis zur Erreichung der Ziel-OEE wird im Durchschnitt auf ca. 4 Wochen geschätzt und das Delta (IST vs. SOLL) auf ca. 26%. (s. Abbildung 2-27, rechts). Angenommen. der Ziel-OEE wird eine Woche schneller erreicht. Im Mittel können Verluste in Höhe von 13% OEE-Delta pro Woche reduziert werden. Dies entspricht ca. 614 Einheiten (4725 E/Woche x Woche [Reduzierung] x 0,13 = 614 E), daraus ergibt sich folgendes Potenzial: 614 E x 15.000 €/E = 9.210.000 €.

Wenn man vom oben angenommenen Szenario ausgeht, würde die Verkürzung der Erreichung des Ziel-OEE um eine Woche, ein Potenzial von insgesamt 9,2 Mio. € für einen effizienteren Anlauf des Antriebsstrangs bieten.

Auch zu den Hintergründen der Abweichungen wurden die Experten befragt. Die PU zur Integration von neuen Anlagen sind komplex und es kommt dadurch gegebenenfalls zu zeitlichen Verzögerungen gegenüber der geplanten Länge der Unterbrechung (77% Zustimmung). Um die Ergebnisse dieser Aussagen zu verifizieren als auch deren Ursprung genauer darzulegen, wurden in der Studie weitere, detailliertere Aussagen bezüglich der Komplexität skalierbarer Produktionssysteme infrage gestellt. Eine Zusammenfassung der Kernaussagen zeigt Abbildung 2-28. Dabei wurde zunächst die Hypothese formuliert, dass bestehende Anlagen eines Produktionssystems maßgeblich durch die Integration weiterer Maschinen beeinflusst werden und somit einer erneuten Inbetriebnahme bedürfen. Grund dafür ist nach Aussage von Experten, dass vor allem an Schnittstellen und Verkettungen die Steuerungstechnik sowohl für die neuen Maschinen als auch die bestehenden teilweise neu programmiert werden muss, um daraufhin die Inbetriebnahme durchführen zu können. Weiterhin haben kaum mögliche Vorabnahmen des neuen Maschinenverbundes eine negative Auswirkung auf die Fehlerhäufigkeit. Dadurch verlängert sich die Inbetriebnahmezeit und die OEE-Performance fällt schwächer aus.

[342] Vgl. RWTH Aachen IKA. (Elektromobile Wertschöpfungskette), 2014, S. 101.

Integration Steuerungstechnik

- Inbetriebnahme neuer Maschinen kostet viel Zeit während der PU (ohne VIBN)
- Steuerung muss an Schnittstellen / Verkettungen bestehender Anlagen angepasst werden

Integration Mechanik u. Elektrik

- Vorabnahmen und Testläufe bei Ausbaustufen kaum möglich
- Kollisionen (Mechanik/Elektrik/Struktur) werden erst bei realer Integration entdeckt

Daten/ informationstechnische Schnittstellen

- Dokumentation von Änderungen (Steuerung, CAD, etc.) ist unzureichend
- Ansprechpartner fallen wohl möglich vor Abschluss des Projektes weg

Abbildung 2-28: Kernaussagen aus der Studie und Expertengesprächen

Jeder weitere Anlauf, der zur Volumenskalierung des Produktionssystems durchlaufen wird, inkl. der Inbetriebnahme während der PU, birgt somit enormes Potenzial, effizienter gestaltet werden zu können. Die Auswertung weiterer Expertengespräche ergab, dass herkömmliche Maßnahmen aus dem Anlaufmanagement zwar einen Erstanlauf effizienter gestalten können, aber es maßgeschneiderter Lösungen für Wiederanläufe bedarf, um größtmögliche Potenziale zu heben. Eine Verhinderung des aktiven Eingreifens in die bestehende Produktionslinie führte zu der Annahme, dass virtuelle Methoden ein probates Mittel zur Reduzierung von OEE-Verlusten bzw. der Verkürzung der PU darstellen können (85% Zustimmung).

2.5.2 Herausforderungen im Betrachtungsbereich

Der Ansatz eines skalierbaren Produktionssystems ist in der Praxis noch nicht sehr weit verbreitet. Mit dem stufenweisen Ausbau der Produktionskapazität geht dabei ein großer Unterschied zur konventionellen Auslegung einher.[343] Die Integration neuer Maschinen als auch der Umbau bestehender Anlagen erfordern im Zuge der Ausbaustufen eine unmittelbare PU mit einem anschließenden Wiederanlauf des Systems. Ein erhöhter Zeitdruck durch Produktionsausfälle sowie nicht dokumentierte Änderungen prägen oftmals die Wiederinbetriebnahme in der Praxis.[344]

Gerade in der Elektromobilität ist die Produktionstechnologie noch nicht ausgereift und es wird auch zu inkrementeller Weiterentwicklung zwischen den Ausbaustufen des skalierbaren Produktionssystems kommen[345]. Daraus ergeben sich für die Planung und Umsetzung des Anlaufmanagements Komplexitäten,

[343] Vgl. Kampker, A./Kohnhäuser, M. et al. (Planung skalierbarer Produktionssysteme), 2016, S. 775.

[344] Vgl. Kiefer, J. (Mechatronikorientierte Planung automatisierter Fertigungszellen), 2007, S. 26.

[345] Vgl. Kampker, A./Vallée, D. et al. (Elektromobilität), 2018, S. 56.

welche aufgrund fehlender Referenzen und Erfahrungen erschwert werden. Beispiele hierfür sind der erhöhte Automatisierungsgrad[346] und die Steigerung des Verkettungsgrads, welcher die Störanfälligkeit mit jeder Ausbaustufe vergrößert[347]. Aufgrund der zugrundeliegenden Komplexität des Anlaufs durch die involvierten Unternehmensdisziplinen ist die gemeinsame Zielfindung nicht zu unterschätzen[348]. Hierbei ergibt sich nach Einschätzung von Experten eine Abweichung von der Ist- zur Soll-Hochlaufkurve (s. Abbildung 2-29).

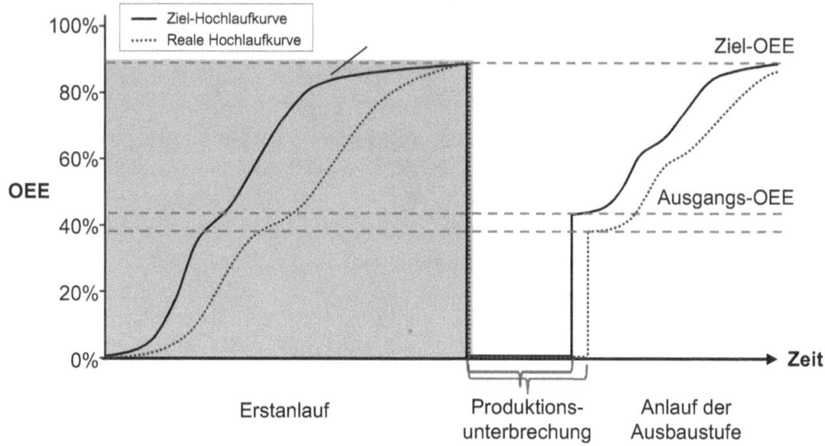

Abbildung 2-29: Ist- vs. Soll-Hochlaufkurve nach Ausbau Skalierungsstufe

Insbesondere eine fehlende Datengrundlage verhindert es hingegen, neue Methoden aus der digitalen Fabrik wie beispielsweise die VIBN oder die permanente Darstellung von realen Daten der Anlagen nutzenstiftend einzusetzen.[349] Es fehlt meist ein definierter und strukturierter Prozess, um an die nötigen Daten und Informationen zu gelangen, sodass persönliche Netzwerke entscheidend sind. Vereinheitlichte Workflows, gezieltes Änderungsmanagement und eine stabile Versionskontrolle sind oftmals nicht gegeben.[350]

Fehlende Informationen über die Weiterentwicklung der Steuerungssoftware durch die Instandhaltung sowie technische Änderungen an Mechanik, Fluidtechnik oder Elektrik erschweren sowohl eine herkömmliche Inbetriebnahme und verhindern eine effiziente VIBN bei der Integration neuer Maschinen. Das Datenmanagement beim OEM ist nicht alleine ausschlaggebend, auch Verluste

[346] Vgl. Frohm, J. (Levels of automation in production systems), 2008, S. 2.
[347] Vgl. Winkler, H. (Wirkbeziehungen im Produktionsanlauf), 2007, S. 21.
[348] Vgl. Schmitt, R. (Anlaufmanagement), 2015, S. 26.
[349] Vgl. Westkämper, E. (Digitale Produktion), 2013, S. 49.
[350] Vgl. Stark, R./Müller, P. et al. (Virtuelle Inbetriebnahme), 2018, S. 35.

durch Kommunikationsprobleme auf semantischer Ebene bei der Datenübergabe an den Anlagenlieferanten[351] zeigen durch den nötigen unternehmensübergreifenden Austausch Schwachstellen auf, weil oft keine einheitlichen Formate verwendet werden.[352] Eine iterative Verbesserung noch während des Anlaufs ist durch fehlende Transparenz somit ein weiteres Potenzial zur Optimierung der OEE-Performance, welches jedoch ohne die nötige Datenverfügbarkeit nicht gehoben werden kann.[353]

In der industriellen Praxis bestehen entscheidende Handlungsfelder zum effizienten Einsatz virtueller Methoden im Anlauf skalierbarer Fertigungssysteme:

Handlungsbedarf aus der Praxis		Anforderungen an die Theorie
Beachtung einer kaum vorhersehbaren Nachfrage durch die Elektrifizierung (s. Kapitel 1)	▶	Einbindung grundsätzlicher Besonderheiten skalierbarer Fertigungssysteme
Berücksichtigung von Weiterentwicklungen der Produktionstechnologien (s. Kapitel 2.1)	▶	Fokus auf elektrische Antriebssysteme und wandlungsfähige Produktionsstrukturen
Differenzierung von Wiederanläufen zum Erstanlauf einer Produktionslinie (s. Kapitel 2.2)	▶	Einbindung von Maßnahmen zur Begegnung operativer Komplexitätstreiber im Wiederanlauf
Berücksichtigung einer operativen und ganzheitlichen Integration der virtuellen Inbetriebnahme (s. Kapitel 2.3)	▶	Einbindung der virtuellen Inbetriebnahme in Planungsprozess skalierbarer Fertigungssysteme
Sicherstellung einer effizienten Maschinenanbindung zur Nutzung von realen Produktionsdaten (s. Kapitel 2.4)	▶	Einbeziehung von Systemen zur Realdatenanbindung und Optimierung von Simulationsmodellen

Abbildung 2-30: Handlungsbedarf aus der Praxis

351 Vgl. VDI-Richtlinie (VDI 4499 Blatt 1 Digitale Fabrik - Grundlagen), 2008, S. 25.

352 Vgl. Runde, C./Cannarozzi, M. (Digitales Engineering), 2016, 13ff.

353 Vgl. Schmitt, R./et al. (Anlaufmanagement im Wandel der Zeit), 2016, S. 1.

2.5.3 Zwischenfazit

In den vorangegangen aufgezeigten Problemen aus der Praxis wurde ein großer Unterschied der skalierbaren zu konventionellen Produktionssystemen identifiziert. Dieser geht unmittelbar mit der Integration neuer Anlagen im Zuge der Ausbaustufen einher. Aufgrund der Betrachtung von Anläufen der Ausbaustufen soll für das zu entwickelnde Modell der Fokus rein auf skalierbaren Produktionssystemen liegen. Daraus ergibt sich zusätzlich eine Differenzierung zum Anlaufmanagement des Erstanlaufs eines Produktionssystems. Aus der zugrundeliegenden Studie sowie Expertengesprächen geht hervor, dass vor allem Anforderungen zur Ausschöpfung der Potenziale durch die Nutzung virtueller Methoden, insbesondere der VIBN und deren Weiterführung in Richtung eines digitalen Zwillings aufgedeckt werden müssen. Zur Erfüllung dieser Anforderungen werden in dieser Forschungsarbeit Methoden zur nutzeneffizienten Integration der VIBN in das Anlaufmanagement von Ausbaustufen skalierbarer Fertigungssysteme entwickelt.

Zusammenfassend bestehen folgende Herausforderungen aus der Praxis: Ein fehlendes Vorgehen zum effizienten Einsatz und ein unzureichendes Datenmanagement machen die Nutzung virtueller Methoden beim Ausbau skalierbarer Fertigungssysteme derart komplex, dass Potenziale bei Wiederanläufen nicht ausgeschöpft werden können. Folglich wird die vorliegende Arbeit in das Spannungsfeld zwischen dem Anlaufmanagement skalierbarer Fertigungssysteme und der Nutzung von Methoden der digitalen Fabrik (insbesondere VIBN) eingeordnet.

3 Grundlagen des Gestaltungsbereichs

Das übergeordnete Ziel dieser Arbeit ist die Entwicklung einer Lösung zur Integration virtueller Methoden in das Anlaufmanagement skalierbarer Fertigungssysteme. Neben dem Handlungsbedarf aus der industriellen Praxis (s. Kapitel 2.4) gilt es die wissenschaftlichen Grundlagen des Gestaltungsbereichs zu analysieren und kritisch zu beleuchten. Eine wesentliche Herausforderung aus der Praxis ist der Umgang mit Komplexitätstreibern während des Anlaufs, weshalb im vorliegenden Kapitel Lösungen aus der Theorie des Anlaufmanagements (s. Kapitel 3.1) untersucht werden. Weitere Anforderungen ergeben sich aus der Besonderheit skalierbarer Fertigungssysteme und dem Einfluss technologischer Weiterentwicklungen durch ein disruptives Umfeld, sodass Ansätze der Wandlungsfähigkeit von Produktionssystemen beleuchtet werden (s. Kapitel 3.2). Das Anlaufmanagement und die Wandlungsfähigkeit weisen in skalierbaren Fertigungssystemen einen engen Zusammenhang auf, weil die kapazitive Skalierbarkeit durch die Wandlungsfähigkeit ermöglicht und durch den mehrfachen Wiederanlauf in die Serienproduktion gebracht wird.

Um wirtschaftliche Einbindung der VIBN in den Anlagenentstehungsprozess zu nutzen, wird der Stand der Technik zur digitalen Fabrik vorgestellt (vgl. Kapitel 3.3). Die Einbeziehung von Systemen zur Datenanbindung von Maschinen und die Optimierung von Simulationsmodellen wird aus der Praxis gefordert, woraufhin Ansätze zur Systemarchitektur der Datenanbindung (s. Kapitel 3.4) erforscht werden. Der Handlungsbedarf aus dem wissenschaftlichen Fortschritt der einzelnen Fachgebiete wird herausgestellt und in Kapitel 3.5 werden die theoretischen Defizite zusammengefasst.

3.1 Bestehende Ansätze im Anlaufmanagement

Das Anlaufmanagement betrachtet die Projektphase vom Abschluss der Produktentwicklung bis zur Serienproduktion, dabei fallen insbesondere die Inbetriebnahme und der Hochlauf in diese Phase (s. Kapitel 2.2.4). Im folgenden Kapitel werden die eingängigsten Ansätze aus dem Anlaufmanagement vorgestellt, welche den höchstmöglichen Erfüllungsgrad zu den Anforderungen hinsichtlich des bestehenden Defizits aus der Praxis aufweisen. Dabei besteht kein Anspruch auf Vollständigkeit.

3.1.1 Risikoorientiertes Anlaufmanagement nach NAGEL

NAGEL bildet die Unsicherheit innerhalb eines Anlaufprozesses in einem integrativen Ansatz ab. Der Ansatz dient zur Unterstützung des Managements im Gesamtprojekt, um mit der Realisierung des geplanten Markteintritts- oder Liefertermins die übergeordneten Ziele des Anlaufs zu erfüllen. Die Erfassung und

Beurteilung von Risiken und Störfaktoren bilden die Grundlage des Modells nach NAGEL. Dabei wird nicht das Vorhandensein von Risiken negativ ausgelegt, sondern deren Nichterkennen und unkontrolliertes Einwirken auf den Anlaufprozess. Daher besteht das Ziel darin, die Vielzahl an einwirkenden Faktoren besser einzuschätzen und Maßnahmen frühzeitig ableiten zu können. Mithilfe des Modells und der Simulation kann das zeitbezogene Risikopotenzial desAnlaufprozesses aufgezeigt werden. Dabei unterstützt das Risikomanagement die Planung mittels der Bereitstellung und Beurteilung von Informationen sowie der Ableitung von geeigneten Maßnahmen (s. Abbildung 3-1).[354]

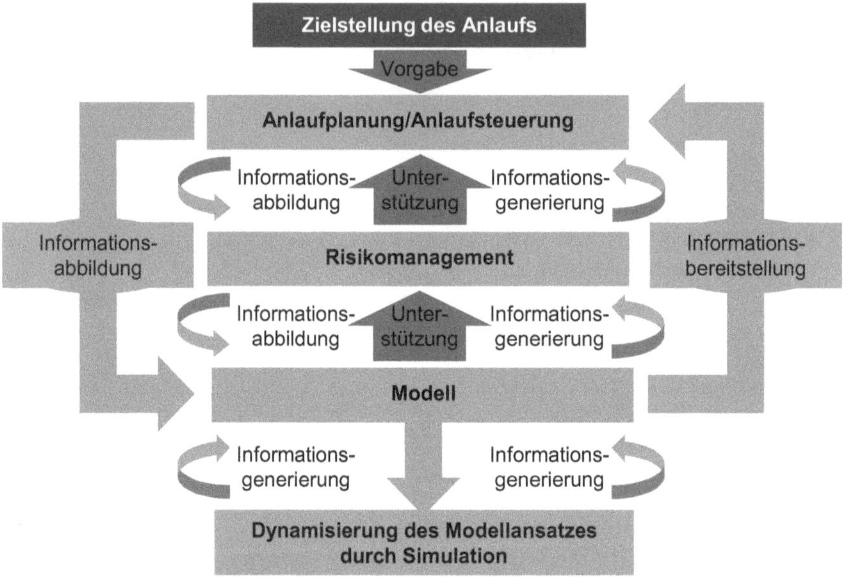

Abbildung 3-1: Risikobezogene Informationsgenerierung im Anlauf[355]

Die Struktur des Anlaufs wird mittels einer simulationsgestützten Planungs- und Steuerungssystematik als Aktivitätenfolge dargestellt. Mithilfe einer Rückkopplungswahrscheinlichkeit kann die Planungsunsicherheit der Aktivitäten identifiziert werden. Zusätzlich ist die Flexibilität und Veränderlichkeit der Aktivitäten zu beurteilen. Die funktionale Bewertung der Aktivitäten und deren Struktur erfolgt auf Basis einer Verbindung zwischen der Netzplantechnik und der Reifegradsystematik. Die Netzplantechnik ermittelt dabei die Vorgangsspezifizierung des Anlaufs, während die Reifegradsystematik die Ergebnisspezifizierung widerspiegelt. Die Verknüpfung der beiden Ansätze dient

[354] Vgl. Nagel, J. (Risikoorientiertes Anlaufmanagement), 2011, S. 178.

[355] Vgl. Nagel, J. (Risikoorientiertes Anlaufmanagement), 2011, S. 260.

sowohl einer methodischen Fundierung der Anlaufplanung als auch einer Unterstützung der Anlaufsteuerung. In der Planung ist dabei eine Strukturierung, Zuordnung und Verbesserung der Aktivitätenfolge durchzuführen. Daraufhin kann in der Steuerungsphase ein Soll-Ist-Abgleich mit den Zielen erfolgen. Anhand dieses Vergleichs können bestehende Abweichungen aufgezeigt und Maßnahmen zur Verbesserung abgeleitet werden. Somit erhöht sich nicht nur der Informationsgehalt, sondern auch das Gesamtverständnis der Zusammenhänge.[356]

3.1.2 Anlaufmanagementprozessmodell nach SCHOLZ-REITER

SCHOLZ-REITER legt ein Anlaufmanagementprozessmodell zur Verbesserung der Serienanläufe von kleinen und mittleren Unternehmen dar. Dies geschieht wie in Abbildung 3-2 dargestellt auf Basis einer strategischen Bewertungsmethode und eines Methodenportfolios.[357]

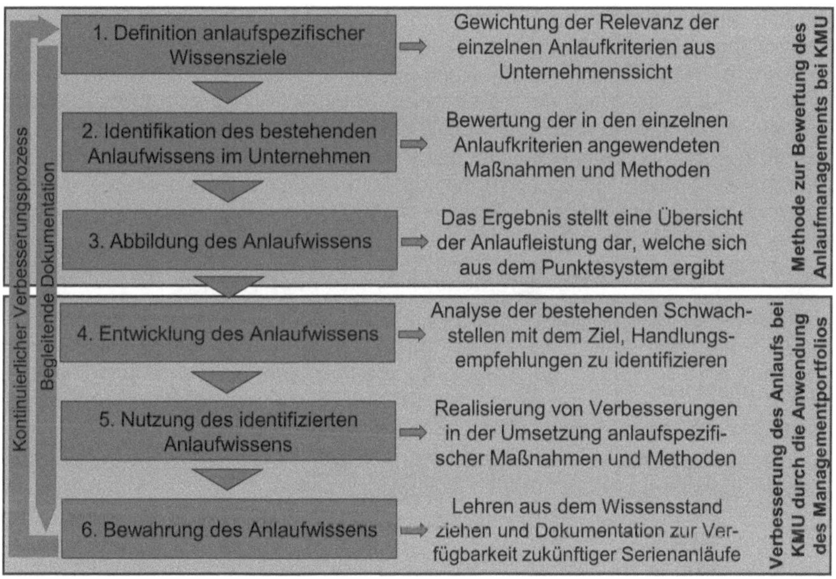

Abbildung 3-2: Prozessschritte der Methode zur Bewertung und Verbesserung des Anlaufmanagements[358]

Um Wissensziele für ein unternehmensspezifisches Anlaufmanagement zu generieren, sind im ersten Schritt des Modells die Anlaufkriterien bezüglich ihrer

[356] Vgl. Nagel, J. (Risikoorientiertes Anlaufmanagement), 2011, S. 261ff.

[357] Vgl. Scholz-Reiter, B./Krohne, F. (Ramp-Up Excellence), 2010, S. 1.

[358] Vgl. Scholz-Reiter, B./Krohne, F. (Ramp-Up Excellence), 2010, S. 46.

Relevanz zu gewichten. Dies geschieht auf Basis eines paarweisen Vergleichs. Im zweiten Schritt wird anhand der Einfluss-, Projektmanagement- und Verfügbarkeitskriterien das bereits bestehende Anlaufwissen des Unternehmens identifiziert. Hierzu ist eine erstmalige Bewertung des Anlaufmanagements vorzunehmen. Mithilfe einer Softwareunterstützung können die erfassten Ergebnisse der Bewertung im dritten Schritt visualisiert werden. Dabei sind für jedes Anlaufkriterium Zielerreichungsgrade auf Grundlage eines Punktesystems zu berechnen, um Verbesserungspotenziale im Anlaufmanagement aufzuzeigen. Dies ermöglicht einen detaillierten Überblick bezüglich der Leistungen in den einzelnen Bereichen des Anlaufmanagements.[359]

Nach der Identifikation des Anlaufwissens anhand einer strategischen Bewertungsmethode in den ersten drei Schritten des Modells erfolgt in den folgenden Schritten vier bis sechs der Ansatz zur Verbesserung des Anlaufmanagements auf Basis eines Methodenportfolios. Im vierten Schritt des Modells sind dazu aus den bestehenden Schwachstellen gezielt Handlungsempfehlungen abzuleiten. Hier kann zudem mit einer Analyse festgestellt werden, ob weitere Anlauftätigkeiten zu ergänzen sind. Die Überführung des Anlaufwissens in eine zielgerichtete Verbesserung des Anlaufmanagements erfolgt im fünften Schritt des Modells. Dies geschieht über die Implementierung der zuvor identifizierten Anlauftätigkeiten. Der finale sechste Schritt des Modells umfasst die Dokumentation der Methode. Somit kann für spätere Serienanläufe, mit der Nutzung von bereits ermittelten Problemen, Meilensteinen und Methodenpaketen, eine präventive Risikoanalyse erfolgen.[360]

3.1.3 Performance-Measurement im Anlauf nach RENNER

RENNER legt ein übergreifendes Performance Management System für den Produktionsanlauf dar. Dieses umfasst neben dem reinen Performance Management eine vorgelagerte Performance Planung sowie eine systematische Nutzung der gewonnenen Erkenntnisse zur Beeinflussung der Performance. Dabei handelt es sich um keine starre Methodik, sondern um einen flexiblen Leitfaden zur Auswahl einer fallspezifisch richtigen Entscheidung.[361]

Mit der Entwicklung eines Leitfadens entsteht ein ablauforientiertes, standardisiertes und situationsgerechtes Vorgehensmodell, welches dem Anwender sukzessive die Teilaufgaben des Performance Managements erläutert. Dies ermöglicht ein projektübergreifendes und kontinuierliches Lernen. Als Objekt des Managements werden für die Performance des Produktionsanlaufs die Dimensionen Effektivität und Effizienz herangezogen. Die zeitliche Anwendung des Modells beschränkt sich auf die Phase des Produktionsanlaufs. Diese beginnt mit der Übergabe eines Prototyps durch die Entwicklung und endet mit einer

359 Vgl. Scholz-Reiter, B./Krohne, F. (Ramp-Up Excellence), 2010, S. 46f.

360 Vgl. Scholz-Reiter, B./Krohne, F. (Ramp-Up Excellence), 2010, S. 48f.

361 Vgl. Renner, T. (Performance-Management), 2012, S. 2f., Teil E

stabilen Produktion von Gutteilen pro Zeitabschnitt. Die Ebenen des Anlaufs mit deren Bezug zum Performance Management sind in der folgenden Abbildung 3-3 dargelegt.[362]

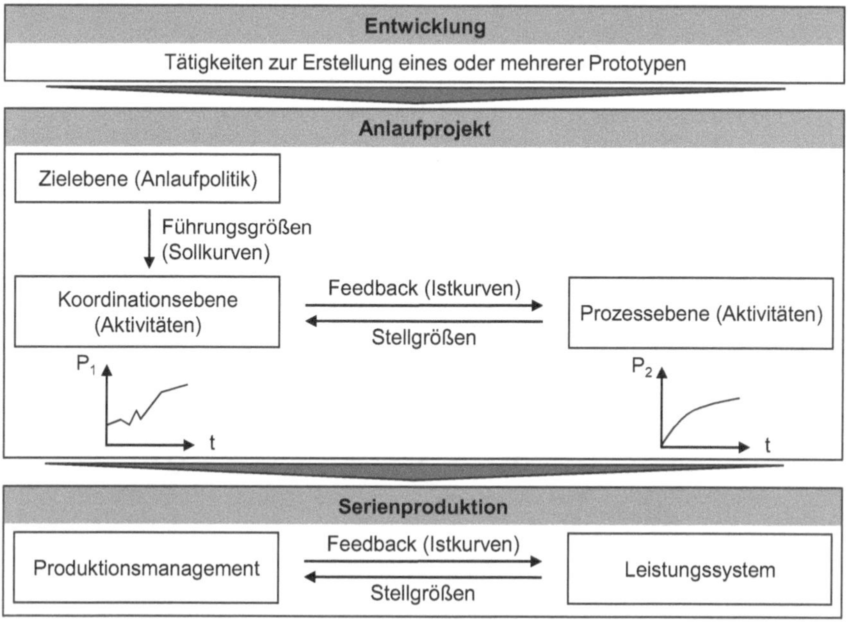

Abbildung 3-3: Ebenen im Anlaufprojekt und Bezug zum Performance Management[363]

Innerhalb der aufgezeigten Ebenen gliedert sich das Performance Management in die drei Phasen der Performance Planung, des Performance Measurements und der Performance Beeinflussung. Dabei sind die Phasen nicht zwangsläufig in der aufgezählten Reihenfolge zu durchlaufen, sondern können zyklisch vermischt werden und ineinandergreifen. Die Elemente der Performance Planung sind durch den Leitfaden weitestgehend vorgegeben. Dabei sind sowohl die Relation der Koordinations- und Prozessebene als auch die Elemente des Produktionssystems festzulegen. Final ist in der Performance Planung eine anlaufbezogene Zielsetzung auszuwählen und zu gewichten. In der Phase des Performance Measurements sind die Performancemaßgrößen zur Abbildung der jeweiligen Zielgrößen festzulegen. Hierbei stehen die Relation zu den Zielen, die Transparenz sowie die einfache Handhabbarkeit im Vordergrund. So wird mithilfe

[362] Vgl. Renner, T. (Performance-Management), 2012, S. 5f., Teil E.
[363] Vgl. Renner, T. (Performance-Management), 2012, S. 7 ,Teil E.

der erhobenen Daten die Zielerreichung erfasst. In der anschließenden Phase einer Performance Beeinflussung sind die Ergebnisse der Zielanalyse den beteiligten Stakeholdern zu übermitteln. Zudem sind defizitäre Ziele mit der Koordinationsfunktion im Produktionsanlauf zu verbessern.[364]

3.1.4 Diskrete Migration als Anlaufstrategie für Montagesysteme nach GARTZEN

Die Methodik der diskreten Migration als Anlaufstrategie für Montagesysteme nach GARTZEN hat das Ziel, den Anlauf zu stabilisieren sowie dadurch effizienter und effektiver zu gestalten. Dabei wird auf die spezifische Komplexität verschiedener Anlaufszenarien eingegangen, um auf diese im Einzelnen eingehen und reagieren zu können. Die evolutionäre Migration der Montage als letzter Schritt der Implementierung eines Produktionssystems bildet den Kern der Vorgehensweise. Schon in der Planungsphase wird die Komplexität des Montagesystems und dessen Anlage zur Instabilität untersucht sowie bewertet, um Maßnahmen ableiten zu können. Weiterhin werden konkrete Schritte aufgezeigt, um die Komplexität während des Anlaufs zu steuern und somit eine höhere Effizienz bis zur Serienproduktion zu erreichen.[365]

3.1.5 Ramp-Up Management in der Automobilindustrie nach TÜCKS

TÜCKS entwickelt eine Methodik zum ganzheitlichen Management von Produktionsanläufen. Dabei wird insbesondere die umfassende Sichtweise in den Vordergrund gestellt, weil vorherige Ansätze nur Teillösungen darstellten. Die Beeinflussung von Abweichungen wird schon in der Planungsphase festgelegt und ein Leitfaden zur Entscheidungsfindung aufgezeigt.[366]

Der modulare Aufbau der Methodik ermöglicht einen gezielten Einsatz in den verschiedenen Planungsphasen des Anlaufs. Das Gesamtmodell basiert auf dem Konzept von Regelkreisen, wobei die einzelnen Module die charakteristischen Elemente eines einfachen Regelkreises darstellen.[367] Das Anlaufmodell bildet die Abläufe und Strukturen der Anlaufphase einer Automobilproduktion ab. Alle relevanten Elemente und Verbindungen im Produktionsanlauf werden generisch beschrieben, um sowohl eine allgemein gültige als auch eine spezifische Anwendbarkeit zu ermöglichen.[368] Das Planungs- und Entscheidungsmodul dient zunächst der Identifikation relevanter Planungsgrößen für den Produktionsanlauf, um eine strukturierte Darstellung der elementaren Wirkzusammenhänge im Anlauf zu befähigen. Im Anschluss werden die Ziele in einem Zielsystem kategorisiert und Lösungsalternativen generiert sowie analysiert. Anhand von Auswahlkriterien und der Klassifizierung von Störungen wird die systematische Entscheidungsfindung

---

[364] Vgl. Renner, T. (Performance-Management), 2012, S. 9ff., Teil E.

[365] Vgl. Gartzen, T. (Diskrete Migration als Anlaufstrategie), 2012, S. 104f.

[366] Vgl. Tücks, G. (Ramp-Up Management), 2010, S. 2f.

[367] Vgl. Tücks, G. (Ramp-Up Management), 2010, S. 106.

[368] Vgl. Tücks, G. (Ramp-Up Management), 2010, S. 109.

vorbereitet.[369] Das Messmodul erfasst die relevanten Betriebsdaten, um diese dem Planungs- und Entscheidungsmodul als auch der digitalen Fabrik gefiltert bereitzustellen[370]. Das Anpassungsmodul optimiert die vorgelagerten Planungsphasen, sodass Erfahrungen aus vergangenen Anlaufprojekten genutzt werden können. Dazu werden Fehlerursachen zunächst aufbereitet und die Planungsaktivitäten an den gewünschten Planungsprozess angepasst.[371]

3.1.6 Aufwandsorientierte Gestaltung des Produktionsanlaufs nach MAUE

Ziel der aufwandsorientierten Gestaltung des Produktionsanlaufs nach MAUE ist die Aufwandsreduzierung während des Übergangs von der Produktentwicklung zur Serienproduktion in der Automobilindustrie. Im Gegensatz zu vorangehenden Untersuchungen, bei welchen die Anlaufzeit sowie die Produkt- und Prozessqualität die Hauptfaktoren waren, liegt der Fokus im Ansatz von MAUE auf den entstehenden Aufwänden im Serienanlauf. MAUE entwickelt Gestaltungsmaßnahmen zur Effizienzsteigerung auf der Aufwandsseite in der Planung des Anlaufs, welche die Möglichkeit bieten, die Kosten während des Anlaufs systematisch anhand der durchzuführenden Aufgaben aufzuschlüsseln.[372]

Dazu werden zunächst Anlaufprojekte auf Basis historischer Anläufe und deren kostenbestimmender Faktoren anhand eines Prozessmodells klassifiziert. Aufbauend werden die sequenziell sowie parallel ablaufenden Anlaufprozesse definiert sowie von Entwicklungs- und Serienproduktionsprozessen abgegrenzt.[373] Im Weiteren wird ein Kostenmodell für den Produktionsanlauf entwickelt, welches die Anlaufkosten strukturiert, um die einflussreichsten Treiber der Aufwände zu analysieren und diese im Nachgang minimieren zu können. Historische Daten vergangener Projekte ermöglichen die Ableitung von Faktoren, welche den größten Einfluss auf den Aufwand im Anlauf haben.[374] Auf der Grundlage weiterer Literaturanalysen werden die generischen Faktoren zur Bestimmung des Aufwands hergeleitet und ein Wirkmodell zur systematischen Untersuchung der Anlaufaufwände anhand von verfügbaren Kosteninformationen entwickelt. Es folgt die Gestaltung gezielter Verbesserungsmaßnahmen zur Reduzierung der aufwandsbestimmenden Faktoren und die Einordnung dieser in den Produktentstehungsprozess. Ein eingeführtes Bewertungsmodell befähigt zur Identifikation der Potenziale hinsichtlich der Anlaufziele (Zeit, Kosten und Qualität) unter Zuhilfenahme von Szenarien.[375]

---

[369] Vgl. Tücks, G. (Ramp-Up Management), 2010, S. 111f.
[370] Vgl. Tücks, G. (Ramp-Up Management), 2010, S. 114.
[371] Vgl. Tücks, G. (Ramp-Up Management), 2010, S. 116f.
[372] Vgl. Maue, A. (Gestaltung des Produktionsanlaufs), 2015, S. 3.
[373] Vgl. Maue, A. (Gestaltung des Produktionsanlaufs), 2015, S. 240.
[374] Vgl. Maue, A. (Gestaltung des Produktionsanlaufs), 2015, S. 148f.
[375] Vgl. Maue, A. (Gestaltung des Produktionsanlaufs), 2015, S. 182.

3.2 Bestehende Ansätze zur Wandlungsfähigkeit

Im vorliegenden Kapitel werden die Ansätze zur Wandlungsfähigkeit vorgestellt, welche den Anforderungen aus der Praxis am zweckdienlichsten entsprechen (s. Kapitel 2.2.1). Der Fokus liegt auf dem Teilaspekt der Skalierbarkeit, um den wissenschaftlichen Rahmen einzugrenzen (s. Kapitel 2.2.3), ohne einen Anspruch auf Vollständigkeit zu erheben.

3.2.1 Konzept eines wandlungsfähigen und modularen Produktionssystems nach RAUCH

RAUCH zeigt ein Konzept zur Gestaltung wandlungsfähiger, modularer und replizierbarer Produktionssysteme. Der Fokus liegt dabei auf geografisch verteilten Produktionsstätten eines Franchise-Produktionssystems. Zur Entwicklung eines ganzheitlichen Konzepts werden nicht nur technische, sondern auch organisatorische und statische Inhalte berücksichtigt. Durch eine modulare und kontrollierte Erweiterbarkeit und Rückbaufähigkeit entsteht eine Wandlungsfähigkeit und Reproduzierbarkeit des Produktionssystems. Die Durchführung des Konzepts basiert auf dem in der folgenden Abbildung 3-4 dargelegten Drei-Ebenen-Modell.[376]

Auf der Gestaltungsebene wird der Rahmen für die Modellierung des Franchisesystems geschaffen. Dieser Rahmen wird mit Gestaltungsfeldern und dazugehörigen Gestaltungsbausteinen festgelegt, welche den Systemplaner bei der Modellierung des Produktionssystems unterstützen. Dabei handelt es sich um Handlungsanweisungen für die korrekte Vorgehensweise zur Gestaltung eines wandlungsfähigen und effizienten Produktionssystems. Die abgeleitete Sequenz bzw. Abfolge der einzelnen Schritte sind dabei entscheidend, um iterative Schleifen zu vermeiden und die Komplexität zu reduzieren. Der Zeithorizont der Gestaltungsebene ist mit über fünf Jahren langfristig ausgelegt, wobei die Felder und Bausteine in regelmäßigen Abständen auf Anpassungen untersucht werden sollten.

Nach der Modellierung des Produktionssystems umfasst die Planungsebene die Vorbereitung, Planung und Umsetzung der Pilotproduktion. Dabei werden sowohl neue Produkte als auch Fertigungstechnologien erprobt. Um die Wandlungsfähigkeit des Produktionssystems und Anpassungen an neue Anforderungen der Umgebung sicherzustellen, finden zwischen den Ebenen Rückkopplungsprozesse statt. Diese stellen über Trigger-Punkte Abweichungen zwischen dem aktuellen Status und der normativen Ebene fest und stellen das System über entsprechende Rückkopplungsschleifen neu ein.

[376] Vgl. Rauch, E. (Modulares Produktionssystem), 2013, S. 33f.

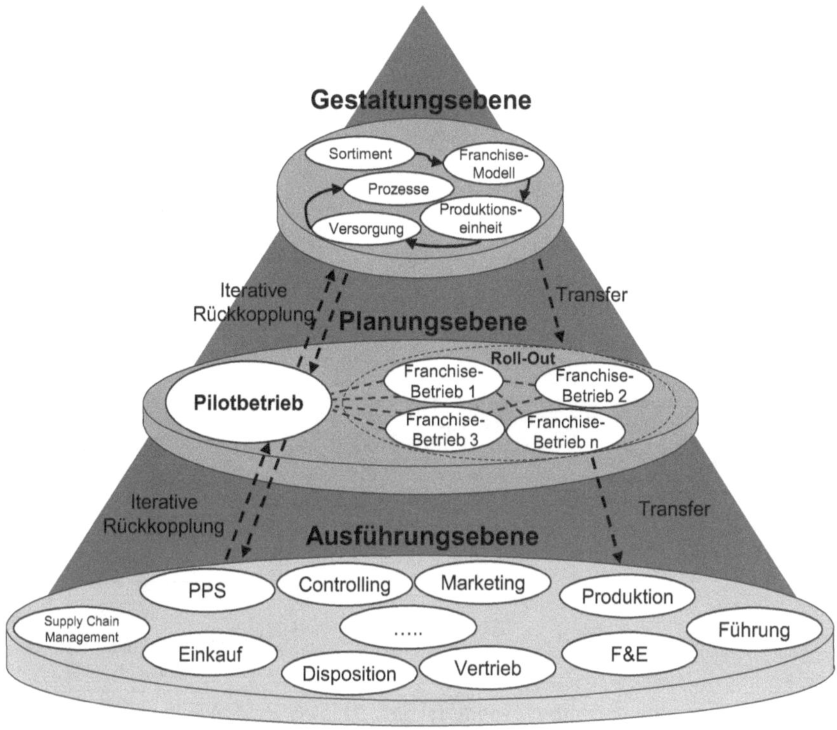

Abbildung 3-4: Drei-Ebenen Modell[377]

Nach einer Konsolidierung mit der Gestaltungs- und Ausführungsebene sowie einer Sicherstellung der Wirtschaftlichkeit des Geschäftsmodells kann, mit einer Multiplikation der Produktionseinheiten, das Modell ausgerollt werden. Der Zeitplan einer strategischen Planungsebene beträgt zwischen drei und fünf Jahren, wobei zusätzlich eine jährliche taktische Detail- und Budgetplanung durchzuführen ist. In der nachfolgenden Ausführungsebene findet die operative Umsetzung der Produktionseinheiten und Aufgaben statt. Dazu muss die Funktionalität aller Prozesse und operativer Themen über Rückkopplungsschleifen des Pilotbetriebs sichergestellt sein. Die Ausführungsebene ist dabei durch das Tagesgeschäft geprägt, wodurch der Zeithorizont unter einem Jahr beträgt.[378]

---

[377] Vgl. Rauch, E. (Modulares Produktionssystem), 2013, S. 144.

[378] Vgl. Rauch, E. (Modulares Produktionssystem), 2013, S. 142ff., 206.

3.2.2 Wandlungsfähige Produktionssysteme nach NYHUIS ET AL.

NYHUIS ET. AL führen eine wissenschaftliche Voruntersuchung zum Thema wandlungsfähiger Produktionssysteme durch. Dabei besteht das Ziel, die Entwicklungen und Methoden der Wandlungsfähigkeit für Unternehmen nutzbar zu machen. Hierbei steht der Know-how Austausch zwischen Industrie und Forschung im Vordergrund, um gezielt einen Transfer des Wissens in den Projekten zu generieren. Der von NYHUIS ET. AL abgeleitete Forschungsbedarf ist in der folgenden Abbildung 3-5 entlang der Wertschöpfungskette dargelegt.[379]

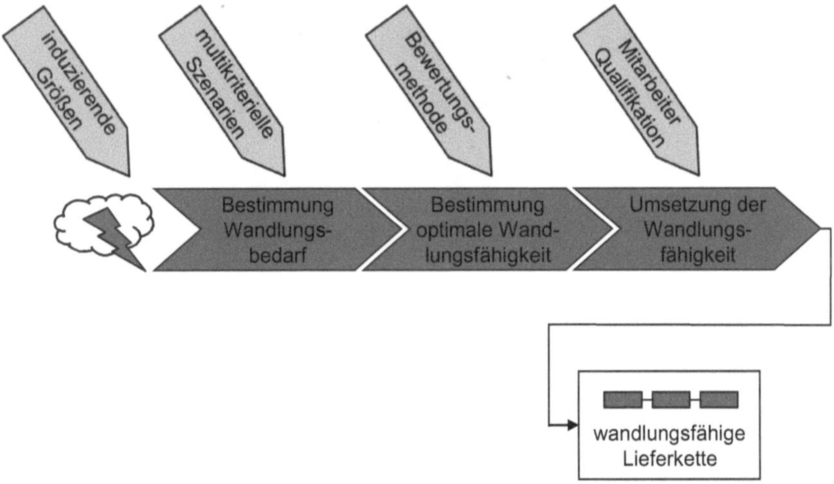

Abbildung 3-5: Forschungsbedarfe im Bereich der Wandlungsfähigkeit in Wertschöpfungsketten[380]

Als Ergebnis der Untersuchung konnten die beiden Themenfelder Schnittstellen und Netzwerke als kritische Punkte identifiziert und beschrieben werden. Diese umfassen die Problematik der Schnittstellen in der Fabrik und die Wandlungsfähigkeit im Netzwerk. Aufgrund der unterschiedlichen Lebenszyklen der involvierten Technologien, Produkte und Prozesse sind die Themenfelder überaus komplex. Dabei müssen mögliche Lösungen sowohl auf der organisatorischen als auch auf der technischen und menschlichen Ebene greifen.[381]

Die Schnittstellen bilden neuralgische Punkte der wandelbaren Produktionssysteme ab. Das Ziel besteht dabei in einer ganzheitlichen Gestaltung. Diese Gestaltung kann in Anbetracht der Herausforderungen von den zunehmenden

[379] Vgl. Nyhuis, P./Reinhart, G. et al. (Wandlungsfähige Produktionssysteme), 2008, S. 145f.

[380] Vgl. Nyhuis, P./Reinhart, G. et al. (Wandlungsfähige Produktionssysteme), 2008, S. 145.

[381] Vgl. Nyhuis, P./Reinhart, G. et al. (Wandlungsfähige Produktionssysteme), 2008, S. 146.

Ansprüchen an das Produkt, die Komplexität der Fabriken und die Leistungsanforderungen der Mitarbeiter nur über eine Standardisierung von Schnittstellen geschaffen werden. Dabei umfasst die Ganzheitlichkeit auch die technischen, organisatorischen und logistischen Schnittstellen. Hierbei müssen zudem Bewertungsverfahren für die Wandlungsfähigkeit geschaffen werden, um ihre mittel- bis langfristige Wirtschaftlichkeit sowie Nachhaltigkeit darstellen zu können. Diese Bewertungsverfahren sind aufgrund der Komplexität mit den gängigen Steuerungsmethoden kaum darstellbar. Daher bedarf es Kennzahlensysteme und Methoden, welche den Nutzen und den Reifegrad von wandlungsfähigen Produktionssystemen bestimmen. Auf dieser Basis kann eine Aussage bezüglich der Wandlungsfähigkeit eines individuellen Produktionssystems und dessen Potenzial erfolgen.[382]

Im zweiten Themenfeld sollen Unternehmen ihren Fokus von den einzelnen Fabriken verstärkt auf die gesamte Wertschöpfungskette richten. Diese hat sich im Zuge der Globalisierung vermehrt zu Netzwerken miteinander in Kooperation stehender Unternehmen entwickelt. So müssen die Wertschöpfungsketten einerseits unternehmensübergreifend integriert werden, um eine wandlungsfähige Produktion zu ermöglichen. Andererseits ist die Analyse, Planung, Bewertung und Gestaltung für alle Glieder der Wertschöpfungskette gleichermaßen durchzuführen. Für die Umsetzung sind Bewertungssysteme zu entwickeln, um Handlungsempfehlungen für das gesamte Wertschöpfungsnetz abzuleiten. Diese müssen sowohl die Komplexität als auch die Dynamik des Netzes abbilden. So sind nicht nur die Wandlungstreiber mit deren zeitlichem Einwirken auf die Wertschöpfungskette zu untersuchen, sondern auch die entstehenden Wechselwirkungen dieser untereinander. Zudem sind weitere Wandlungstreiber zu identifizieren, welche auf die Wertschöpfungskette gesamtheitlich einwirken, jedoch an einzelnen Gliedern nicht nachzuweisen sind.[383]

3.2.3 Wandlungsfähigkeit von Produktionssystemen nach VELKOVA

VELKOVA entwickelt einen Ansatz für Unternehmen zur eigenständigen Identifikation und Bewertung der Wandlungsfähigkeit von Produktionssystemen. Auf dieser Basis sind Maßnahmen für eine ganzheitliche Entwicklung von Produktionssystemen einzuleiten. Die praxisorientierte Methode zur Selbstbewertung ist dabei so konzipiert, dass die einzelnen Schritte ohne externe Unterstützung von Führungskräften und Mitarbeitern ausgeführt werden können.[384]

Die entwickelte Methode lässt sich in fünf Arbeitsschritte unterteilen. Im ersten Schritt sind die internen wie auch externen Einflussgrößen auf das im Voraus gewählte Produktionssystem zu identifizieren. Dies erfolgt mithilfe von Brainstorming- und Mindmappingmethoden. Dabei sind neben der Identifikation von neuen

[382] Vgl. Nyhuis, P./Reinhart, G. et al. (Wandlungsfähige Produktionssysteme), 2008, S. 146f.
[383] Vgl. Nyhuis, P./Reinhart, G. et al. (Wandlungsfähige Produktionssysteme), 2008, S. 148f.
[384] Vgl. Velkova, J. (Selbstbewertung der Wandlungsfähigkeit), 2014, S. 119.

Einflussgrößen auch die Veränderungen der bestehenden Einflüsse sowie deren Einordnung in Kategorien zu überprüfen. Im zweiten Schritt der Methodik erfolgt eine Bewertung der Einflussgrößen. So sind zunächst diejenigen Größen auszusortieren, welche keine Relevanz für den Wandel aufweisen. Die relevanten Einflussgrößen sind anschließend den Wandlungsfaktoren (Wandlungsauslöser, Wandlungstreiber, Wandlungsbefähiger und Wandlungs-hemmnis) zuzuordnen. Dabei sind zusätzlich die bereits bestehenden Zuordnungen zu verifizieren. Der dritte Schritt umfasst die Bewertung der aktuell vorhandenen Wandlungsfähigkeit. Hierfür sind Wandlungsbefähiger und auch -hemmnisse auszuwählen und hinsichtlich ihrer Wirkungsweise zu bewerten. Angrenzend können strategische, strukturelle und kulturelle Wirkungsweisen unterschieden werden. Über die Darstellung der Beziehungen von Reaktionsgeschwindigkeit und Flexibilität erfolgt im vierten Schritt die Bewertung des Modells. Dies geschieht auf Basis eines Reaktionsgeschwindigkeit-Flexibilität-Diagramms, in welchem beide Parameter mit sinkend, unverändert und steigend zu bewerten sind. Im fünften Schritt können einfache wie auch detaillierte Auswertungen auf Grundlage des Diagramms erfolgen. Diese ermöglichen eine anschließende Ableitung von konkreten Maßnahmen zur Optimierung der Wandlungsfähigkeit im Produktionssystem. Das finale sechste Kapitel umfasst einen tabellarischen Praxisleitfaden, welcher als Schritt-für-Schritt Anleitung für die Durchführung der Methode fungiert. Somit können nicht nur die Selbstbewertung der Wandlungsfähigkeit von Produktionssystemen gewährleistet, sondern auch Abweichungen von Planvorgaben aus dem Maßnahmenplan identifiziert werden.[385]

3.2.4 Strategische Leistungsplanung in wandlungsfähigen Produktionsstrukturen nach ALDINGER

ALDINGER entwickelt eine Methode zur strategischen Leistungsplanung in wandlungsfähigen Produktionsstrukturen. Das Ziel besteht dabei in einer Verbesserung der langfristigen Produktionsleistung. Hierbei ist die Methode in der Lage, sowohl die auf eine Produktion einwirkenden Veränderungen aufzunehmen und deren Auswirkungen auf die Produktionsstrukturen aufzuzeigen als auch zu bewerten. Zu den Veränderungen zählen neben der Anzahl und Art der zu produzierenden Produkte auch Technologie-Innovationen, Produktivitätssteigerungen und die Eigenfertigungstiefe. Die Auswirkungen der Veränderungen auf die Produktionsstruktur werden mithilfe einer szenarienbasierten Prognose dargelegt. Um eine ganzheitliche Bewertung zu generieren, erfolgt diese unter Berücksichtigung von Kostenaspekten, strategischem Fit und einer Darstellung der Auswirkungen auf produktionsnahe indirekte Bereiche.[386] Die Durchführung der Methode ist in der folgenden Abbildung 3-6 aufgezeigt.

[385] Vgl. Velkova, J. (Selbstbewertung der Wandlungsfähigkeit), 2014, S. 103.

[386] Vgl. Aldinger, L. A. (Strategische Leistungsplanung), 2009, S. 6.

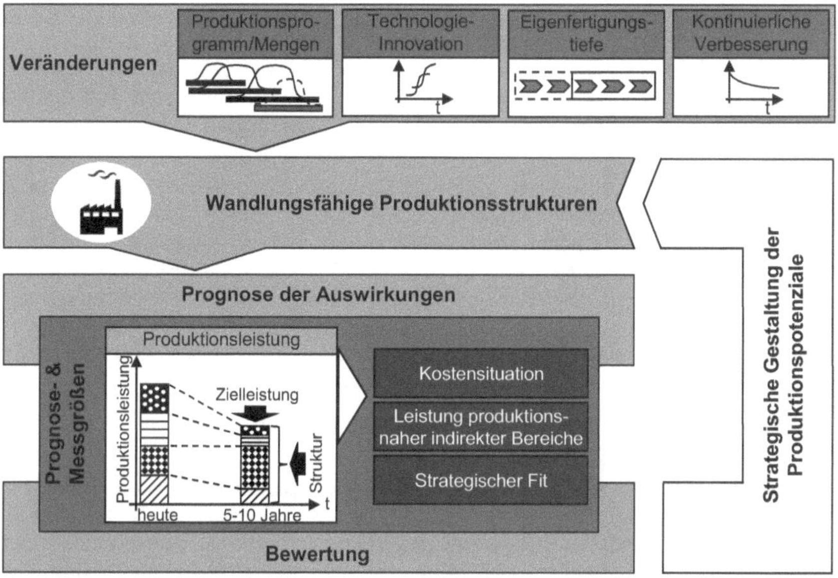

Abbildung 3-6: Strategische Leistungsplanung der Produktion[387]

Die Entwicklung der Methode zur strategischen Leistungsplanung erfolgt auf Basis mehrerer Lösungsbausteine. Diese liegen in den unterschiedlichen Formen eines Partialmodells, Referenzstruktur, Systematik, Verfahren und einem Kernmodell vor. Ein Wirkmodell, welches den Zusammenhang der Lösungsbausteine bildet, stellt den Startpunkt der Methodik dar. Anschließend erfolgt für die spätere Leistungsprognose und Bewertung eine Entwicklung von Partialmodellen für Produkt, Technik, Kosten und produktionsnahe indirekte Bereiche. Als Referenz der Prognose dient die Strukturierung des Produktprogramms anhand eines Referenzprodukts.[388]

Die Systematik zur Abbildung der zukünftigen Veränderungen von Mengen, Produkten, Produktionstechniken und der Eigenfertigungstiefe mittels eines erweiterten Technologiekalenders bildet das Grundgerüst. Dieses ermöglicht eine zeitabhängige Darstellung der leistungsbeeinflussenden Veränderungen. Darauf aufbauend werden im Kernmodell die Veränderungen miteinander verbunden und in einen Zusammenhang mit der Produktionsleistung gebracht. Um daraus eine sinnvolle Prognose zu ermöglichen, wird die Gesamtentwicklung der Produktionsleistung zunächst in Einzelfälle unterteilt. Mit der Leistungsprognose, welche für

---

[387] Vgl. Aldinger, L. A. (Strategische Leistungsplanung), 2009, S. 6.

[388] Vgl. Aldinger, L. A. (Strategische Leistungsplanung), 2009, S. 180.

diskontinuierliche und kontinuierliche Veränderungen separat erfolgt, können daraus Einzelfallprognosen generiert werden. Die Prognose der diskontinuierlichen Veränderungen wird in Abhängigkeit des Innovationsgrads von Produkt und Produktion mittels einer Einflussmatrix und eines Kausaldiagramms umgesetzt. Für die Prognose der kontinuierlichen Veränderungen ist das Konzept der Lern- und Erfahrungskurve vereinfacht übertragen. Damit kann eine Quantifizierung der kontinuierlichen Veränderung erreicht werden.[389]

Aus den Prognosen werden globale Szenarien ausgearbeitet. Diese bilden unterschiedliche Wege der Zukunft ab. Für die abschließende Bewertung der Szenarien werden zunächst die Einzelfallprognosen zu einem Gesamtbild des betrachteten Produktionssystems zusammengefügt. Anschließend wird ein Scoring-Verfahren eingesetzt, welches den Nutzwert der verschiedenen globalen Szenarien in Abhängigkeit der Kriterien Struktur, Kosten, Eigenfertigungstiefe und des strategischen Fits ermittelt. Dies stellt die systematisch abgeleitete Entscheidungsgrundlage dar.[390]

3.2.5 System zur Produktionsplanung rekonfigurierbarer Produktionssysteme nach HEES

HEES entwickelt ein System zur Produktionsplanung für rekonfigurierbare Produktionssysteme. Der dargelegte Ansatz berücksichtigt nicht nur aktuelle Konfigurationen und deren notwendige Rekonfiguration in den verschiedenen Planungsschritten, sondern wird auch befähigt, mit diesen umzugehen. Dies vollzieht HEES mithilfe zweier Teilziele, deren Synthese den inhaltlichen Schwerpunkt der Arbeit darstellt. Zum einen findet die Modellierung und Beschreibung der Eigenschaften von Produktionssystemen wie auch eine Skalierung der Produktionsplanung statt. Zum anderen wird eine Methode zur Produktionsplanung für rekonfigurierbare Produktionssysteme entwickelt.[391]

Um die Eigenschaften der Produktionssysteme darzustellen und im Rahmen der Produktionsplanung anwenden zu können, sind diese zunächst über die verschiedenen Phasen zu modellieren und zu beschreiben. Dabei wird zunächst eine Strukturierung mittels Petri-Netzen vorgenommen. Anschließend wird eine Unterteilung in planerische und technologische Informationen vollzogen. Die einzelnen Produktionsressourcen werden als Konfigurationen in die Planungsdaten integriert, um damit eine anwendungsfallspezifische Zuordnung und Auswahl zu ermöglichen. Mithilfe eines Klassifikationsschemas können die Fähigkeiten einzelner Konfigurationen spezifiziert werden.[392]

Die grundlegenden Eigenschaften rekonfigurierbarer Produktionssysteme sind durch die Möglichkeit zur Anpassung und Skalierbarkeit der Kapazität charak-

---

[389] Vgl. Aldinger, L. A. (Strategische Leistungsplanung), 2009, S. 180f.
[390] Vgl. Aldinger, L. A. (Strategische Leistungsplanung), 2009, S. 181.
[391] Vgl. Hees, A. F. (Rekonfigurierbare Produktionssysteme), 2017, S. 4ff.
[392] Vgl. Hees, A. F. (Rekonfigurierbare Produktionssysteme), 2017, S. 82.

terisiert. Hierzu entwickelt HEES mithilfe von konfigurationsabhängigen Bearbeitungszeiten und systemspezifischen Taktzeiten einen Beschreibungsansatz, um insbesondere die Skalierbarkeit nutzen zu können. Dabei werden die bestehenden Planungsgrundlagen wie Bearbeitungs- und Durchlaufzeiten auf die vorliegende Zielstellung hin untersucht und daraufhin ausgerichtet. Um die Skalierbarkeit der Kapazität in die Produktionsplanung zu integrieren, muss der Skalierungsvorgang beschrieben werden. Hierfür erfolgt eine anforderungsgerechte Darstellung der charakteristischen Eigenschaften.[393] Darauf aufbauend entwickelt HEES eine Methode zur Produktionsplanung, welche in der folgenden Abbildung 3-7 dargestellt ist.

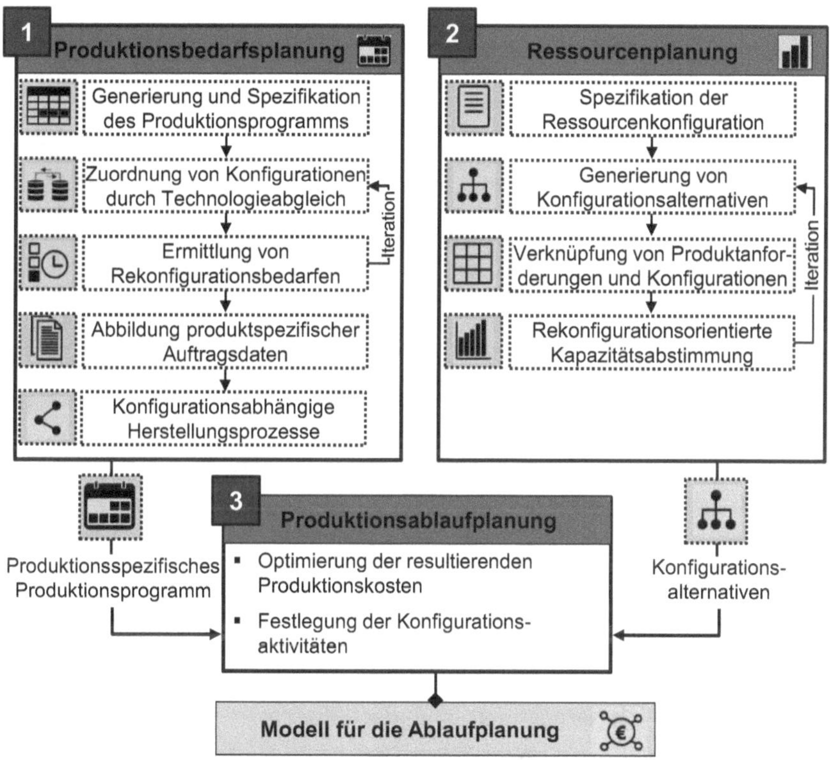

Abbildung 3-7: Produktionsplanung für rekonfigurierbare Produktionssysteme[394]

[393] Vgl. Hees, A. F. (Rekonfigurierbare Produktionssysteme), 2017, S. 82.

[394] Vgl. Hees, A. F. (Rekonfigurierbare Produktionssysteme), 2017, S. 84.

Diese nutzt die Eigenschaften rekonfigurierbarer Produktionssysteme in den Planungsabläufen. Hierbei stehen die absehbare Skalierung der notwendigen Produktionskapazitäten wie auch die Integration der angepassten Funktionalitäten im Fokus. Zusätzlich werden Losgrößen, Termine und Reihenfolgen in Abhängigkeit des Konfigurationsbereichs festgelegt.[395]

Der Ablauf der Methode gliedert sich in die Funktionen Produktionsbedarfs-, Ressourcen- und Produktionsablaufplanung. Das Ziel beruht auf der Identifikation einer kostenminimalen Ressourcenkonfiguration. Dabei nutzen die ersten beiden Funktionen die vorangegangen erläuterten Modellierungs- und Beschreibungsansätze. Bei der Produktionsbedarfsplanung werden die Ressourcenkonfigurationen den einzelnen Arbeitsvorgängen zugeordnet. Findet sich keine passende Konfiguration, wird der Rekonfigurationsbedarf ermittelt und durch Anpassungsmaßnahmen gedeckt. Des Weiteren werden die produktspezifischen Auftragsdaten im Arbeitsplan festgehalten und abschließend die Herstellungsprozesse generiert. In der Ressourcenplanung werden die Konfigurationsalternativen erzeugt. Hierfür werden diese zunächst aus der Produktionsbedarfsplanung spezifiziert und Alternativen dazu ermittelt. Die Ressourcenkonfigurationen werden folglich mit den Produktanforderungen in Verbindung gebracht, um abschließend eine erste Kapazitätsabstimmung durchzuführen. Im Zuge der Produktionsablaufplanung werden eine Optimierung der resultierenden Produktionskosten vorgenommen sowie für den Anwendungsfall spezifische Konfigurationsalternativen zeitlich festgehalten. In Anbetracht der vielen Entscheidungsvariablen wird ein mathematisches Modell herangezogen, welches mit Methoden des Operations-Research die Termine, Losgrößen und Reihenfolge der Aufträge terminiert.[396]

3.3 Bestehende Ansätze der Digitalen Fabrik

Im folgenden Kapitel werden einschlägige Ansätze zur Digitalen Fabrik vorgestellt, weil es sich um das vielversprechendste Lösungsfeld zur Begegnung der Herausforderungen aus der Praxis (s. Kapitel 2.5.2) handelt. Der Fokus liegt auf der Erstellung von Modellen für die VIBN und Ansätzen zum Einsatz der VIBN in der Praxis (s. Kapitel 2.3.3). Es besteht kein Anspruch auf Vollständigkeit bei den ausgewählten Ansätzen.

3.3.1 Mechatronikorientierte Planung automatisierter Fertigungszellen im Bereich Karosserierohbau nach KIEFER

Der Anlauf komplexer Produktionssysteme wird mithilfe des Einsatzes einer digitalen Planungsprozesskette durch höhere Reifegrade von Anlagen effizienter gestaltet. KIEFER entwickelt ein mechatronikorientiertes Planungsvorgehen, welches alle relevanten Informationen aus Produkten, Prozessen und Ressourcen

---

[395] Vgl. Hees, A. F. (Rekonfigurierbare Produktionssysteme), 2017, S. 83.

[396] Vgl. Hees, A. F. (Rekonfigurierbare Produktionssysteme), 2017, S. 83ff.

(PPR) bündelt (s. Abbildung 3-8). Dabei werden die mechanischen, elektrischen, pneumatischen/hydraulischen und steuerungstechnischen Daten gesamthaft berücksichtigt.

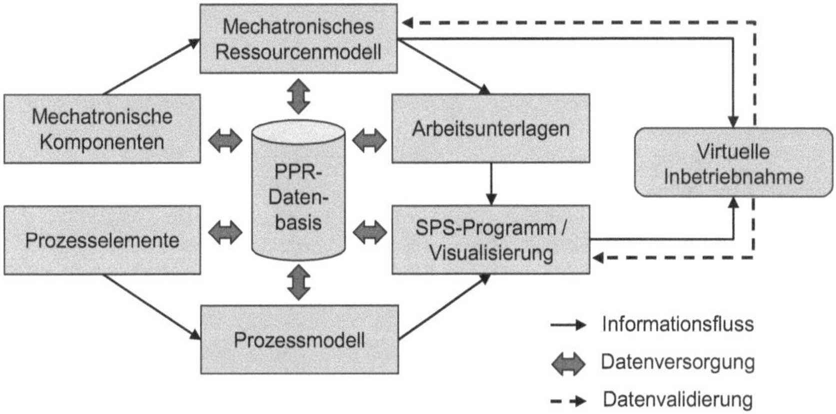

Abbildung 3-8: Mechatronikorientiertes Planungsvorgehen[397]

Die Basis der Planungsmethodik stellen vor allem das mechatronische Ressourcenmodell und das digitale Prozessmodell. Die automatisierte Ableitung von SPS-Programmen für bestimmte Zellen der Fertigung und der standardisierte Austausch von Daten über Bereichsgrenzen hinweg zeigen die Einsparpotenziale im Planungsprozess durch den Einsatz der Modelle. Die frühzeitige Möglichkeit, Software- und Steuerungskomponenten in Form der VIBN zu validieren, reduziert Softwarefehler und prüft das Zusammenspiel von Mechanik, Elektronik und Steuerung noch vor der realen Inbetriebnahme. Sogar Umbau- und Erweiterungsmaßnahmen der Fertigungsanlage können in Szenarien durch die Planungsmethodik initial getestet werden.[398] Der Detaillierungsgrad der Modelle, welcher maßgeblich Aufwand und Nutzen bestimmt, wird im Planungsvorgehen von KIEFER kaum beachtet. Zum einen fehlt eine Betrachtung des Zusammenwirkens von OEM und Anlagenlieferant und die Methodik bedarf weiterer Analysen sowie Modifikationen zur Anwendung in Bereichen außerhalb des Karosserierohbaus.[399]

---

[397] Vgl.Kiefer, J. (Mechatronikorientierte Planung automatisierter Fertigungszellen), 2007, S. 77.

[398] Vgl.Kiefer, J. (Mechatronikorientierte Planung automatisierter Fertigungszellen), 2007, S. 77f.

[399] Vgl.Kiefer, J. (Mechatronikorientierte Planung automatisierter Fertigungszellen), 2007, S. 140f.

3.3.2 Methode und Konzept für den Einsatz eines physikalischen Modells in der Entwicklung von Produktionsanlagen nach SPITZWEG

Das Ziel der Methode nach SPITZWEG ist die Aufwandsreduzierung der Modellerstellung für die VIBN und die gesteigerte Aussagefähigkeit der Modelle durch den Einsatz von Physikmodellen.[400]

SPITZWEG stellt zunächst als Grundlage den Prozess zur Erstellung eines Visualisierungsmodells aus den CAD-Daten der Produktion vor. Die zugrundeliegenden Daten müssen aus den CAD-Systemen übertragen werden. Dementsprechend werden diese in Austauschformate (z.B. STEP) konvertiert und anschließend für die weitere Verarbeitung in einem vierstufigen Prozess zu vereinfachten Modellen reduziert (s. Abbildung 3-9, links). Die Reduktion ist nötig, um ohne Hochleistungsrechner mit den Modellen arbeiten zu können. Die wesentlichen geometrischen Eigenschaften müssen erhalten bleiben, um eine adäquate Simulation zu gewährleisten.[401]

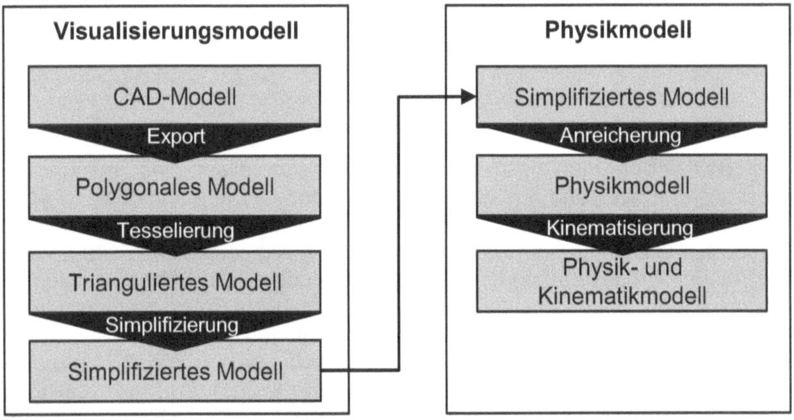

Abbildung 3-9: Verfahren zur Erstellung eines Modells zum Einsatz in einer Simulationsumgebung mit Physikmodellen[402]

Im nächsten Schritt wird das Physikmodell auf Basis des simplifizierten Geometriemodells erstellt (s. Abbildung 3-9, rechts). Die einzelnen Komponenten des Modells werden mit physikalischen Eigenschaften angereichert. Darauffolgend werden die einzelnen Prozessschritte kinematisiert, um den Bewegungsablauf in das Modell zu integrieren. Zum Einsatz kommt das konfigurierte Modell in einer Simulationsumgebung mit Physikmodellen, welche

[400] Vgl.Spitzweg, M. (Physikalisches Modell von Produktionsanlagen), 2009, S. 127.
[401] Vgl.Spitzweg, M. (Physikalisches Modell von Produktionsanlagen), 2009, S. 71f.
[402] Vgl.Spitzweg, M. (Physikalisches Modell von Produktionsanlagen), 2009, S. 72ff.

vor allem eine detaillierte Kollisionsprüfung zulässt.[403] Das Vorgehen ist sehr allgemein gehalten, vor allem erfolgt keine Einbettung in den Planungsprozess und es fehlt ein zeitlicher Bezug.

3.3.3 Modellbildung für die physikbasierte virtuelle Inbetriebnahme materialflussintensiver Produktionsanlagen nach LACOUR

LACOUR legt den Fokus auf die Erweiterung der physikbasierten Simulation durch die Reduzierung der Komplexität der Verhaltensmodelle, um eine Anwendung bei materialflussintensiven Produktionsanlagen zu ermöglichen. Im Detail können verschiedene Fördergüter skalierbar auf den Anlagenmodellen getestet werden und die Peripherie der Simulationsmodelle wird dahingehend optimiert, sodass eine geringere Rechenleistung vonnöten ist.[404]

Das Vorgehen basiert auf der Modifizierung der Modellbildung und Simulation für die VIBN auf Grundlage von Physikmodellen. Softwareumfänge für den Materialfluss mechatronischer Produktionsanlagen werden bei geringerem Aufwand im entwicklungsbegleitenden Einsatz getestet. Steuerungslogik, Verhaltensmodelle und die Anlagensimulation werden in einem neuen Vorgehensmodell verknüpft. Daraus resultieren neue Schnittstellen und Verbindungen zwischen dem Verhaltensmodell und der Simulation, welche den nötigen Informationsaustausch realisieren.[405] Eine universell einsetzbare Entwurfsmetapher, die konvexe Zerlegung dynamischer und statischer Bauteile sowie die Skalierbarkeit der nötigen Kinematik bilden die Basis des Vorgehensmodells[406].

Das Modell ermöglicht die Einbeziehung von Ein- und Ausschleusung sowie die Pufferung von Fördergütern innerhalb der Simulation des Materialflusses. Anlagenteile in unterschiedlichen Detaillierungsstufen (z.B. Pick-and-Place-Stationen) sowie vollständige Anlagen können durch das Modell abgebildet werden. Ziel ist eine Moduldatenbank für den Anlagenlieferanten, welche durch die Modularisierung der Anlagenmodelle entsprechend ihrer Planungsphase realisiert wird.[407]

Eine Anbindung der Maschinen, welche virtuell in Betrieb genommen wurden, wird nicht angestrebt. Die Wiederverwendung der Modelle durch den Aufbau einer Datenbank wird nur angeschnitten und nicht in den Anlagenentstehungsprozess integriert. Demnach fehlen der Bezug zum skalierbaren Fertigungssystem und die Wirtschaftlichkeitsbetrachtung zur VIBN einzelner Projekte.

---

[403] Vgl.Spitzweg, M. (Physikalisches Modell von Produktionsanlagen), 2009, S. 73f.
[404] Vgl.Lacour, F.-F. (Physikbasierte virtuelle Inbetriebnahme), 2012, S. 4f.
[405] Vgl.Lacour, F.-F. (Physikbasierte virtuelle Inbetriebnahme), 2012, S. 64.
[406] Vgl.Lacour, F.-F. (Physikbasierte virtuelle Inbetriebnahme), 2012, S. 101.
[407] Vgl.Lacour, F.-F. (Physikbasierte virtuelle Inbetriebnahme), 2012, S. 136.

3.3.4 Automatisierte Erstellung von Maschinenmodellen für die Hardware-in-the-Loop-Simulation von Montagemaschinen nach KUFNER

Die automatisierte Erstellung von Verhaltensmodellen für die Hardware-in-the-Loop-Simulation von Montagemaschinen bildet den Kern des Ansatzes nach KUFNER[408]. Die Grundlage konstituiert die Anfertigung des Strukturmodells der Maschine. Hierzu werden die relevanten Informationen aus den Engineering Dokumenten der Eingangs-/Ausgangslisten, der Konfiguration des Bussystems (Übertragung von Daten zwischen Netzwerkteilnehmern) und der Geräteliste aus der Elektrokonstruktion herausgefiltert[409]. Zur automatisierten Erstellung des Maschinenmodells wird zunächst die Hierarchie der Struktur standardisiert. Es wird zwischen den Objekten Montagemaschine, Module und Komponenten unterschieden.[410] Im Weiteren wird die Anbindung der Objekte an die Steuerung über Modellierung der Anschlusspunkte dargestellt. Diese bilden die Bündelung von Ein- und Ausgangssignalen zur Verknüpfung der Komponenten. Darüber hinaus wird die richtige Ein- und Ausleitung zu den hierarchisch darüber angeordneten Modulen modelliert.[411] Durch den Abgleich der Engineering Dokumente, der Ein-/Ausgangsliste und der Konfiguration des Bussystems werden Baueinheiten identifiziert, welche nicht rein über das Referenzkennzeichen aus der Ein-/Ausgangsliste hervorgehen. Hierbei wird gewährleistet, dass jedes Bauteil und jede Baueinheit, welche eine Verknüpfung zur Steuerungstechnik haben, im Modell durch ihre Komponente und ein Modul repräsentiert werden. Die Verbindung zur Steuerung kann durch die Dokumentation der Konfiguration des Bussystems automatisiert im Modell abgebildet werden.[412]

Im nächsten Schritt wird das Modell der Struktur der Maschine durch Verhaltensmodelle angereichert. Baueinheiten können nicht automatisiert mit Verhalten belegt werden, weil sie teils komplexe Funktionen ausführen, sodass diese Einheiten aus einer Bibliothek stammen oder manuell erstellt werden. Für Bauteile werden die Verhaltensmodelle automatisiert erstellt, indem zunächst die Komponenten nach „Basisfunktion“ und „Multifunktion“ klassifiziert werden.[413] Die Klasse Basisfunktion bildet hauptsächlich deterministisches Verhalten von Komponenten aus mehreren Bauteilen ab, z.B. eine pneumatische Zylinderbewegung[414]. Multifunktionen müssen einzeln automatisiert werden und die Klasse setzt sich aus allen Komponenten zusammen, welche einen

[408] Vgl. Kufner, A. (Automatisierte Erstellung von Maschinenmodellen), 2012, S. 106.
[409] Vgl. Kufner, A. (Automatisierte Erstellung von Maschinenmodellen), 2012, S. 85.
[410] Vgl. Kufner, A. (Automatisierte Erstellung von Maschinenmodellen), 2012, S. 89.
[411] Vgl. Kufner, A. (Automatisierte Erstellung von Maschinenmodellen), 2012, S. 94.
[412] Vgl. Kufner, A. (Automatisierte Erstellung von Maschinenmodellen), 2012, S. 105.
[413] Vgl. Kufner, A. (Automatisierte Erstellung von Maschinenmodellen), 2012, S. 106.
[414] Vgl. Kufner, A. (Automatisierte Erstellung von Maschinenmodellen), 2012, S. 107.

Wirkzusammenhang einzelner Steuersignale darstellen und nicht in die Basisfunktionen eingeordnet werden[415].

Nach der Klassifizierung werden die Engineering Dokumente auf relevante Informationen für die Verhaltensmodellierung der Komponenten mit Basisfunktion untersucht. Für die Komponenten mit Multifunktion werden aus dem Stromlaufplan der Elektrokonstruktion elektrische Wirkketten identifiziert.[416] Daraufhin kann das Informationsdefizit bezüglich des Materialflusses aufgezeigt werden. Anschließend werden für die Basisfunktionen Verhaltensmodelle automatisiert zur Struktur der Maschine eingeordnet und die Verhaltensmodelle aus den elektrischen Wirkketten für die Multifunktionen erstellt.[417]

Ein Bezug zum skalierbaren Fertigungssystem und ein zeitlicher Projektbezug werden nicht hergestellt. Die Wirtschaftlichkeit der eigesetzten Methodik wird nicht untersucht und eine Realdatenanbindung an die betriebenen Maschinen ist nicht vorgesehen.

3.3.5 Systematik der VIBN von automatisierten Produktionssystemen nach BRÖKELMANN

BRÖKELMANN entwickelt ein Vorgehensmodell zur ganzheitlichen Integration der VIBN in den Anlagenentstehungsprozess (s. Abbildung 3-10). Ziel ist die Reduzierung des Aufwands und die Steigerung des Nutzens durch den Einsatz von Verhaltensmodellen der VIBN.[418]

Durch die frühzeitige Integration der Modellerstellung in den Anlagenentstehungsprozess können diese von der Konzipierung über die Ausarbeitung bis zur Inbetriebnahme genutzt werden. Durch eine Reduzierung des Anpassungsaufwandes oder eine Neumodellierung in späteren Phasen wird der Nutzen der Modelle gesteigert.[419]

---

[415] Vgl. Kufner, A. (Automatisierte Erstellung von Maschinenmodellen), 2012, S. 108.
[416] Vgl. Kufner, A. (Automatisierte Erstellung von Maschinenmodellen), 2012, S. 112.
[417] Vgl. Kufner, A. (Automatisierte Erstellung von Maschinenmodellen), 2012, S. 142.
[418] Vgl. Brökelmann, J. (Systematik der virtuellen Inbetriebnahme), 2015, S. 141.
[419] Vgl. Brökelmann, J. (Systematik der virtuellen Inbetriebnahme), 2015, S. 81.

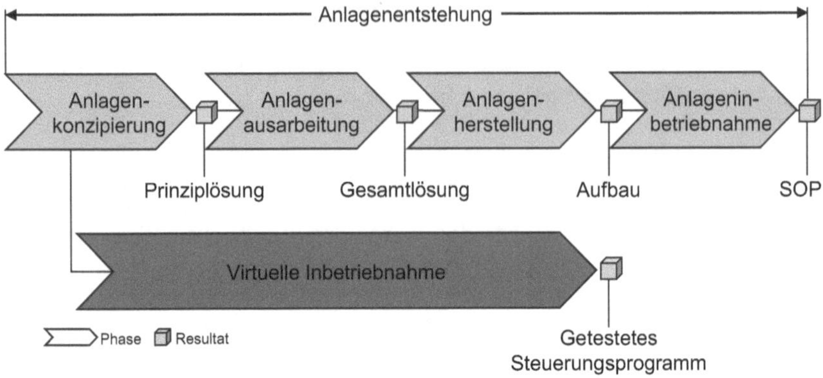

Abbildung 3-10: Einordnung der VIBN in den Anlagenentstehungsprozess[420]

Das Vorgehen beginnt bei der Konzipierung der Anlage, welche sich in die Schritte der Zielbestimmung, Synthese und Analyse unterteilt. Mit Fertigstellung der Prinziplösung beginnt die Anlagenausarbeitung mit den Teilkomponenten der Konkretisierung, der Systemintegration und der Eigenschaftsabsicherung. Parallel verläuft die Produktionssystemkonzeption, mit Abschluss derer die Anlagenherstellung startet. Ebenfalls parallel verläuft die VIBN, sodass nach Abschluss des Aufbaus auch ein getestetes Steuerungsprogramm vorliegt, um für die Anlageninbetriebnahme zur Verfügung zu stehen. Eine frühe Integration der Modellerstellung für die VIBN ermöglicht die gleichzeitige Nutzung in der Produktionssystemplanung und die gezielte Anwendung von Erfahrungswerten zur frühzeitigen Einflussnahme im Aufbau der Modelle. Eine Abgrenzung der Modelle in den unterschiedlichen Phasen ist, dass zur VIBN auch das Fehlverhalten dargestellt werden muss. Eine direkte Integration erweist sich jedoch als effizienter.[421]

Die frühzeitige Modularisierung der Anlage ermöglicht eine zielgerichtete Einteilung der mechatronischen Module, welche sich auch unter den Anforderungen der VIBN als effizienter erweisen. Weiterhin werden auf dieser Basis Modellbibliotheken angelegt, auf die sowohl bei neuen Anlagen als auch Erweiterungen zurückgegriffen werden kann. Ein wichtiger Aspekt ist hierbei die saubere Dokumentation zur Erfahrungssicherung für zukünftige Projekte.[422] Schließlich führt BRÖKELMANN eine Methode zur Aufwandsreduzierung bei der Modellerstellung ein, indem ein Entscheidungsmodell zur Modellierungstiefe für

---

420 Vgl. Brökelmann, J. (Systematik der virtuellen Inbetriebnahme), 2015, S. 82.

421 Vgl. Brökelmann, J. (Systematik der virtuellen Inbetriebnahme), 2015, S. 82.

422 Vgl. Brökelmann, J. (Systematik der virtuellen Inbetriebnahme), 2015, S. 83.

den Anwender bereitgestellt wird[423]. Die Verbindung zur Möglichkeit einer skalierbaren Fertigung und operativer Komplexitätstreiber im Wiederanlauf wird außen vor gelassen. Weiterhin fehlt über die VIBN hinaus die Erörterung einer Option zur Realdatenanbindung und weiteren Optimierung der Simulationsmodelle.

3.3.6 Automatisierte Inbetriebnahme von rekonfigurierbaren Bearbeitungsmaschinen mit serviceorientierten Paradigmen nach ABEL

Das Ziel der automatisierten Inbetriebnahme von Bearbeitungsmaschinen nach ABEL ist die Reduzierung von Produktionsunterbrechungen durch eine effiziente Wiederinbetriebnahme von Maschinen nach der Rekonfiguration. ABEL stellt dafür ein ganzheitliches Konzept zur automatisierten Inbetriebnahme wandlungsfähiger Bearbeitungsmaschinen vor. Der Inbetriebnehmer wird durch die Automatisierung des konventionellen Inbetriebnahmeprozesses entlastet und muss lediglich in Ausnahmefällen eingreifen. Die Automatisierung basiert auf Anpassungen der Modularisierung der Maschinenbestandteile. Die Modularisierung basiert auf den Rückwirkungen der Inbetriebnahme auf die mechatronischen Module. Manuelle Tätigkeiten fallen in der Kooperation zwischen Inbetriebnahme und Inbetriebnahmeautomatisierung nur bei wenigen Modulen an.[424]

Das Vorgehen untergliedert sich in die Teilschritte der Analyse und Systematisierung von Inbetriebnahmetätigkeiten, des methodischen Vorgehens zur automatisierten Inbetriebnahme, des Entwurfs einer Systemarchitektur sowie einer Evaluierung für den Anwendungsfall rekonfigurierbarer Bearbeitungsmaschinen[425]. Der Fokus liegt vor allem auf Änderungen innerhalb von Bearbeitungsmaschinen durch Rekonfiguration, vollständige Produktionslinien werden nicht erörtert[426].

3.3.7 Virtuelle Inbetriebnahme für Industrie 4.0 zukunftssicher beherrschen nach STARK ET AL.

STARK ET AL. entwickeln eine Kopplung zwischen VIBN und interaktiv begehbarem Anlagenlayout durch Smart Hybrid Prototyping. Basierend auf Physik- und Interaktionsmodellen werden Anlagen in einer 3D-Simulation dargestellt. Dem Anwender wird die Möglichkeit gegeben, über verschiedene Interaktionsgeräte mit den virtuellen Prototypen in Kontakt zu treten, um mögliche

---

[423] Vgl. Brökelmann, J. (Systematik der virtuellen Inbetriebnahme), 2015, S. 129f.
[424] Vgl. Abel, M. (Automatisierte Inbetriebnahme), 2017, S. 48.
[425] Vgl. Abel, M. (Automatisierte Inbetriebnahme), 2017, S. 50.
[426] Vgl. Abel, M. (Automatisierte Inbetriebnahme), 2017, S. 132.

Montagevorgänge zu evaluieren. Die Bereitstellung der Informationen für Modelle und Prozesse wird durch das Product-Lifecycle Management ermöglicht.[427]

Der Einsatz der VIBN zusammen mit dem Smart Hybrid Prototyping setzt eine ganzheitliche Umstellung des Entwicklungsprozesses voraus. Betroffen sind vor allem IT-Systeme sowie Daten- und Informationsmodelle. Eine Durchgängigkeit der Parameter (Geometrien, Signale, etc.) bildet die Grundlage zur Implementierung der Methodik. Die Disziplinen der mechanischen, elektrotechnischen und steuerungstechnischen Entwicklung werden verzahnt, um eine interdisziplinäre Anlagengestaltung zur Vorbereitung der VIBN zu ermöglichen.[428] Damit werden eine steuerungstechnische Validierung und eine Überprüfung des Materialflusses sichergestellt. Die mechanischen, elektrischen und pneumatischen Entwürfe werden mit den SPS-Funktionsbausteinen kombiniert, um anschließend durch Verhaltensmodelle gekoppelt zu werden. Die Bündelung dieser Modellierungsdaten wird in Form eines Baukastens abgebildet, um einen universellen Einsatz zu ermöglichen.[429] Der Ansatz ist vor allem bezogen auf die haptische Erlebbarkeit von Montagesituationen, hier ist jedoch fehlender Praxisbezug zur Serienproduktion erkennbar. Es fehlt an einer Einführungsstrategie in den Anlagenentstehungsprozess und an einem Vorgehen zur Operationalisierung, welche auf die jeweiligen Bedürfnisse des OEM angepasst werden müssen[430].

3.3.8 Vorgehen nach VDI 3693

Das Ziel des Vorgehens nach der VDI 3693 ist die Behebung von Fehlern aus der Engineering Phase der automatisierten Anlagen durch die VIBN. Die Norm zeigt eine allgemein anerkannte Begriffsdefinition auf (s. Kapitel 2.3.3) und stellt einen Leitfaden für involvierte Stakeholder (wie z.B. Anlagenplaner, Inbetriebnehmer usw.) dar.[431] Testkonfigurationen (wie z.B. SIL, HIL, s. Kapitel 2.3.3) und Testmethoden werden beschrieben, um dem Anwender eine Übersicht der verschiedenen Implementierungsmöglichkeiten zu geben[432].

Weiterhin wird auf die unterschiedlichen Modellierungsebenen für eine VIBN eingegangen, welche nach der Art des Anwendungsfalls gewählt werden sollten. Ein-/Ausgabe (E/A)-Modelle unterstützen vor allem die Untersuchung von einfachen Signalflüssen auf unterster Ebene der Maschine. Sie können bspw. einzelne Bausteine, Feldbusparameter oder Entwürfe von Taktzeiten überprüfen. Gerätemodelle können z.B. jegliche Testszenarien der E/A-Modelle abbilden und

[427] Vgl. Stark, R./Müller, P. et al. (Virtuelle Inbetriebnahme), 2018, S. 13.

[428] Vgl. Stark, R./Müller, P. et al. (Virtuelle Inbetriebnahme), 2018, S. 43.

[429] Vgl. Stark, R./Müller, P. et al. (Virtuelle Inbetriebnahme), 2018, S. 52ff.

[430] Vgl. Stark, R./Müller, P. et al. (Virtuelle Inbetriebnahme), 2018, S. 119.

[431] Vgl. VDI/VDE (VDI 3693 Blatt 1 Virtuelle Inbetriebnahme), 2016, S. 2.

[432] Vgl. VDI/VDE (VDI 3693 Blatt 1 Virtuelle Inbetriebnahme), 2016, S. 6ff.

die Überwachung der Dauer von Rückmeldungen sowie Abläufen untersuchen[433]. Prozessmodelle beschreiben unter anderem die physikalischen, energie- und informationstechnischen Ströme innerhalb der Anlage. Sie dienen der Optimierung von Steuerungsstrategien. Anwendungsfälle in der Fertigungsindustrie verwenden vorwiegend diskrete Modelle. Einzelne Fertigungsschritte werden in ausgelagerten Simulationen (wie z.B. Finite-Elemente Methode) untersucht und fließen in das Modell zur VIBN lediglich als Ersatzmodell mit definierten Eingängen sowie Ausgängen ein.[434] Die Einbettung der VIBN in einen ganzheitlichen Planungsprozess wird nicht betrachtet. Darüber hinaus fehlt ein Vorgehen zur weiteren Nutzung der Simulationsmodelle durch reale Produktionsdaten.

3.4 Bestehende Ansätze zur Systemarchitektur der Datenanbindung

Im anschließenden Kapitel wird auf den Stand der Forschung zur Realdatenanbindung bei der VIBN eingegangen, um die Anforderung an die Theorie zur Einbindung von Systemen zur Nutzung realer Daten aus der Produktion (s. Kapitel 2.5.2) zu erforschen. Dabei wird untersucht, welche Ansätze in der Literatur existieren, um Daten aus dem Betrieb einer Anlage in ein virtuelles Modell zu integrieren. Im Fokus steht hier zunächst die Ermittlung von Abweichungen zwischen der realen und virtuellen Welt, die in einem nächsten Schritt durch eine Synchronisierung behoben werden können. Ein Anspruch auf Vollständigkeit zu den untersuchten Ansätzen besteht nicht.

3.4.1 Synchronisation der virtuellen Produktion mittels Ankerpunktmethode nach TALKHESTANI, JAZDI ET AL.

TALKHESTANI, JAZDI ET AL. stellen ein Konzept zur Synchronisation eines virtuellen Produktionssystems mit einer realen Fabrik, basierend auf der sogenannten Ankerpunktmethode, auf. Die Vorgehensweise wird experimentell an einem mechatronischen Datenmodell veranschaulicht. Die Ankerpunktmethode ermittelt dabei zunächst Abweichungen der Datenstruktur zwischen dem digitalen Modell und dem realen System, bevor diese untereinander synchronisiert werden können.[435]

Ein Ankerpunkt wird von den Autoren als ein Datensatz einer mechatronischen Komponente in einem der spezifischen Bereiche definiert. Mittels des Ankerpunkts kann systematisch nach dem dazugehörigen Engineering Modell einer mechatronischen Komponente innerhalb eines Bereichs gesucht werden. Das komplette Engineering Modell einer mechatronischen Komponente kann damit durch insgesamt drei Ankerpunkte in den Bereichen Elektrik, Mechanik und Software dargestellt werden. Als konkretes Beispiel für einen Software-Anker wird

433 Vgl. VDI/VDE (VDI 3693 Blatt 1 Virtuelle Inbetriebnahme), 2016, S. 17ff.

434 Vgl. VDI/VDE (VDI 3693 Blatt 1 Virtuelle Inbetriebnahme), 2016, S. 22f.

435 Vgl. Talkhestani, B. A./Jazdi, N. et al. (Virtual production system), 2018, S. 13.

ein neues Signal im SPS-Code des realen Produktionssystems angeführt, was auf einen neuen Sensor im Automatisierungssystem schließen lässt. Mittels einer Datenanalyse können in Folge der Funktionsbaustein und die Hardware Adressierung des Sensors sowie alle Abhängigkeiten mit anderen Komponenten aufgedeckt werden. Durch einen Abgleich der Daten zwischen dem aktuellen SPS-Code des Systems und dem gespeicherten Code während des Engineering Vorgangs zum Referenzzeitpunkt können in einem angebundenen Managementsystem Änderungen ermittelt werden.[436]

Im Anschluss wird eine Konsistenzprüfung der technischen Modelle des mechatronischen Bauteils im Änderungsmanagementsystem durchgeführt. Nach der Validierung kann der gekapselte, digitale Zwilling des Bauteils parallel mit den einzelnen Bereichen Mechanik, Elektrik und Software der virtuellen Welt verbunden werden. Um ein vollständig hinzugefügtes oder gelöschtes mechatronisches Bauteil abzugleichen, müssen analog die anderen Ankerpunkte des Bauteils in den verbleibenden Bereichen erkannt und analysiert werden.[437]

Im Ansatz von TALKHESTANI, JAZDI ET AL. wird eine experimentelle Herangehensweise genutzt, sodass eine Einbettung in den Anlagen-entstehungsprozess nicht berücksichtigt wird. Weiterhin fehlt ein Bezug zur operativen Integration des Vorgehens in einem skalierbaren Fertigungssystem.

3.4.2 Prozessüberwachung zur Identifizierung von Änderungen nach ZIPPER, AURIS ET AL.

Der Ansatz von ZIPPER, AURIS ET AL. befasst sich mit der erforderlichen Architektur, um Daten aus dem Anlagenbetrieb in die Engineering-Modelle zu übertragen. Zur Orientierung dient die VIBN und es wird sich insbesondere auf eine Methode zum Extrahieren von Änderungen am Prozess konzentriert. Diese Änderungen werden im Beitrag durch eine Integration von Prozess- und geometrischen Überwachungsmodellen in die Architektur des digitalen Zwillings ermittelt. Abschließend validieren die Verfasser ihren Ansatz an einem Pneumatik Zylinder.[438]

Unter Verwendung der im Engineering und der VIBN erstellten Simulationen kann das in Abbildung 3-12 dargestellte Überwachungsschema angewandt werden. Dabei wird ein Prozesswert erfasst und in die Simulation eingespeist. Der Prozesswert, der zur Reaktion einer Prozesskomponente gehört, wird ebenfalls aufgenommen. Der Wert der entsprechenden Simulationseinheit wird dann mit dem Prozesswert der Reaktion verglichen, um eine Differenz festzustellen.[439]

---

[436] Vgl. Talkhestani, B. A./Jazdi, N. et al. (Virtual production system), 2018, S. 15.

[437] Vgl. Talkhestani, B. A./Jazdi, N. et al. (Virtual production system), 2018, S. 16f.

[438] Vgl. Zipper, H./Auris, F. et al. (Keeping the digital twin up-to-date), 2018, S. 1592.

[439] Vgl. Zipper, H./Auris, F. et al. (Keeping the digital twin up-to-date), 2018, S. 1594f.

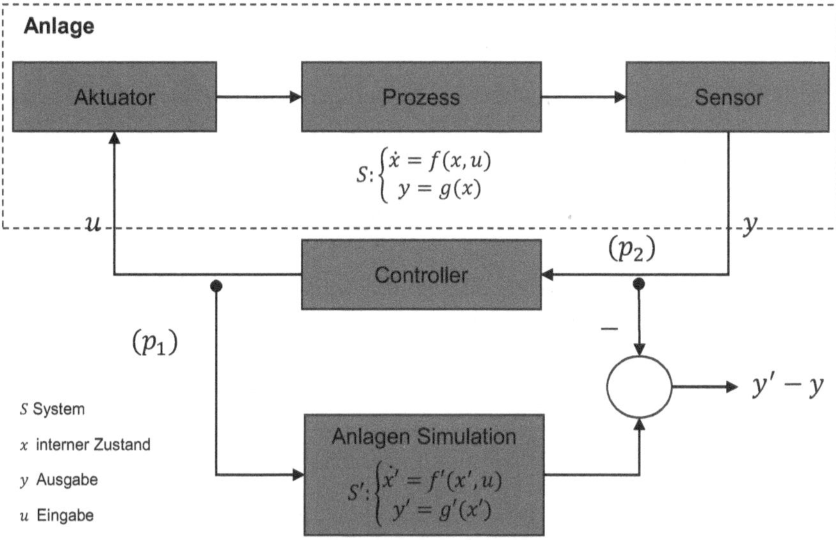

Abbildung 3-11: Abgleich des Prozesswerts[440]

Das Erfassen von Prozesswerten aus dem Kommunikationssystem wird in Teilaufgaben zerlegt. Die Prozessüberwachung wird zur Vorbereitung konfiguriert. Zur Laufzeit müssen die Pakete aus dem industriellen Kommunikationssystem gelesen, das Protokoll analysiert, die Daten gefiltert und kategorisiert werden. Im Weiteren werden die Prozesswerte in die Simulation übertragen und die Simulation und der Prozess synchronisiert.[441]

Je nach Konfiguration der Prozessüberwachung müssen bestimmte Eingangsvariablen der Co-Simulationsmodelle des digitalen Zwillings mit den erfassten Prozesswerten verbunden werden. Zusätzlich zur Konvertierung des Prozesswerts in den richtigen Typ muss die Position des tatsächlichen Werts im Netzwerkpaket konfiguriert werden. Gängige industrielle Kommunikationsprotokolle können mehrere Werte mit einem Paket übertragen. Dabei muss jedes empfangene Paket überprüft werden. Zum Extrahieren der Prozesswerte aus dem Paket werden für jedes empfangene Paket die Quell- und Ziel-Adressen, die Teil eines Ethernet-Pakets sind, mit der Menge der konfigurierten Geräte verglichen. Außerdem wird der Protokolltyp auf Industrial-Ethernet-Standard „PROFINET" überprüft. Anschließend wird die „Real-Time-Clock"-Struktur in den Daten des Ethernet-Pakets analysiert. Basierend auf der Kenntnis seiner Position kann der Prozesswert dann aus dem Paket extrahiert werden. Neben dem Prozesswert wird

[440] Vgl. Zipper, H./Auris, F. et al. (Keeping the digital twin up-to-date), 2018, S. 1595.

[441] Vgl. Zipper, H./Auris, F. et al. (Keeping the digital twin up-to-date), 2018, S. 1595.

auch der Zeitstempel des Pakets entnommen. Die bei der Konfiguration festgelegten Zuordnungsregeln werden verwendet, um den ermittelten Prozesswert aus der protokollspezifischen Bitdarstellung in den vom Co-Simulationsszenario angeforderten Datentyp zu konvertieren. Die Zeitstempel werden verwendet, um die Co-Simulationsschritte mit dem Prozess zu synchronisieren.[442]

Ein Vorgehen zur wirtschaftlichen Einbettung in den operativen Planungsprozess eines skalierbaren Fertigungssystems wird von ZIPPER, AURIS ET AL. nicht betrachtet.

3.4.3 Dezentrale Prozessdatenanbindung durch Assistenzsysteme nach KLOCKE, BASSETT ET AL.

Der Beitrag von KLOCKE, BASSETT ET AL. befasst sich mit der Integration digitaler Prozessdaten in reale Produktionsprozesse. Dies wird laut den Verfassern durch die Klasse der Assistenzsysteme ermöglicht, auf die sich dieses Modell überwiegend bezieht. Darunter werden Systeme verstanden, welche digitale Prozessdaten sammeln und in zusätzliche Potenziale für die Produktion umwandeln. Hierzu wird zunächst auf die technische Systemarchitektur eingegangen, bevor die darauffolgende Datenverarbeitung angesprochen wird.[443]

Eine geeignete Architektur der Assistenzsysteme ermöglicht ein systematisches Lernen aus historischen Prozessdaten. Eine automatisierte Produktion beinhaltet die Verknüpfung diverser Elemente eines Produktionssystems. Diese Elemente werden nach dem heutigen Stand der Technik über die SPS und die numerische Steuerung (engl., numerical control, NC) der Werkzeugmaschine angesteuert. Die Leistung der NC ist aber in der Regel nur für einfache Berechnungen ausgelegt und verfügt darüber hinaus über keine Eingangs- und Ausgangsschnittstellen zum Anschluss analoger und digitaler Signale. In diesem Fall übernimmt die SPS die zentrale Steuerungs- und Rechenfunktion. Diese Zentralisierung führt zu einem Engpass in der SPS, wenn Komplexität und Umfang der verbundenen Elemente zunehmen.[444]

Im Rahmen des Open4Manu-Projekts wird eine Maschinensystemschnittstelle vorgestellt, welche die notwendige Kommunikation mit der NC und der SPS übernimmt. Dabei handelt es sich um einen offenen, rekonfigurierbaren, modularen Systemansatz für die Integration von Sensor- und Aktormodulen in Produktionsprozessen, numerischer sowie speicherprogrammierbarer Steuerungen und intelligenter Systeme. Open4Manu basiert außerdem auf einem dezentralen und damit hoch skalierbaren Ansatz, der die Datenverarbeitung und

---

[442] Vgl. Zipper, H./Auris, F. et al. (Keeping the digital twin up-to-date), 2018, S. 1595f.

[443] Vgl. Klocke, F./Bassett, E. et al. (Assistenzsysteme in der Produktionstechnik), 2017, S. 265.

[444] Vgl. Klocke, F./Bassett, E. et al. (Assistenzsysteme in der Produktionstechnik), 2017, S. 278.

den direkten Datenaustausch zwischen autarken Systemkomponenten ermöglicht.[445]

Eine weitere Neuerung besteht in der Datenverarbeitung mittels eines Technical Data Management (TDM)-Servers (s. Abbildung 3-13). Das Konzept des TDM-Servers sieht ein dreistufiges System vor. Der Data Finder als zentrale Komponente sucht nach technischen Daten. Im „Data Preprocessor" werden diese Daten standardisiert und im „Analysis Server" mittels definierter Analysen mathematisch getestet. Nach Abschluss der Untersuchung generiert der „Analysis Server" einen Bericht oder neue Daten.[446]

Die Verknüpfung zur VIBN als Basis für bestehende Simulationsmodelle von Anlagen sowie der Bezug zum skalierbaren Fertigungssystem werden nicht hergestellt.

Abbildung 3-12: Datenverarbeitung im TDM-Server[447]

3.4.4 Optimierung eines digitalen Zwillings mit Prozessdaten nach ZHANG, LIU ET AL.

ZHANG, LIU ET AL. befassen sich mit einer neuen Umsetzung zur Optimierung eines digitalen Zwillings mittels Prozessdaten der Vorproduktion. Eine konkrete Anwendung findet die Vorgehensweise im Designprozess einer Hohlglasproduktionslinie.[448]

Die Autoren gehen hierbei zunächst auf die neuartige Systemarchitektur ihres digitalen Zwillings zur Realisierung des Vorhabens ein. Wie in Abbildung 3-13 gezeigt, wird die Datensynchronisation zwischen realer Anlage und virtuellem Modell durch eine Mehrkomponentenverknüpfung erreicht.

[445] Vgl. Klocke, F./Bassett, E. et al. (Assistenzsysteme in der Produktionstechnik), 2017, S. 276.
[446] Vgl. Klocke, F./Bassett, E. et al. (Assistenzsysteme in der Produktionstechnik), 2017, S. 280f.
[447] Vgl. Klocke, F./Bassett, E. et al. (Assistenzsysteme in der Produktionstechnik), 2017, S. 281.
[448] Vgl. Zhang, H./Liu, Q. et al. (A Digital Twin), 2017, S. 26901.

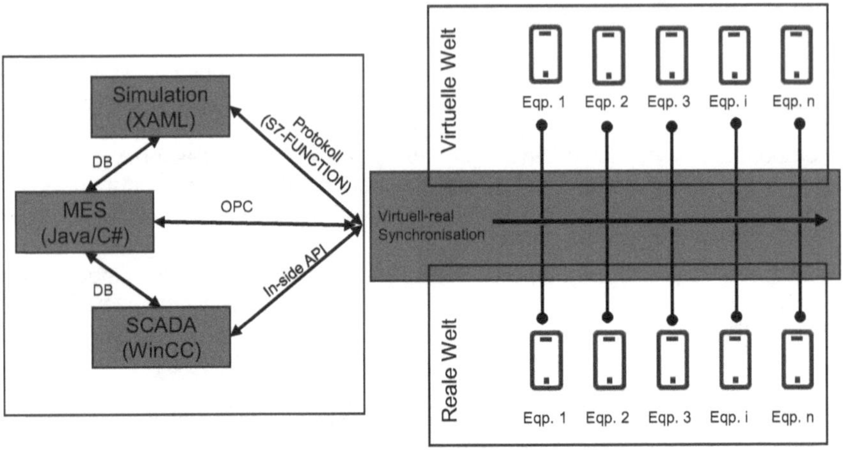

Abbildung 3-13: Mehrkomponenten Synchronisierungslogik[449]

Hierbei handelt es sich um eine Hybridmethode aus einer Objektverknüpfung und einer Einbettung der Prozesssteuerung (OPC) in die Online-Datenbank, industrielle Ethernet Protokolle und Programmierschnittstelle (engl. Application Programming Interface, API). Basierend auf der modularen Kapselung des virtuellen Referenzmodells werden die Ein- und Ausgänge der einzelnen Geräte definiert. Anschließend wird die Synchronisationsverbindung zwischen realer und virtueller Welt durch die Integration der Mehrkomponentenverknüpfung in die SPS realisiert. Im Detail sollten das virtuelle Ausgangssignal und die Schaltvariablen der Simulation mit denen des realen Systems verbunden werden, um die Datenübertragung zwischen virtueller und realer Welt zu realisieren. Mithilfe dieser Systemarchitektur kann der digitale Zwilling auch Daten von einzelnen Geräten verwenden, um Online-Anpassungen vorzunehmen.[450]

Die Anwendung des Modells findet im Kontext der Hohlglasproduktion statt. Bezüge zur skalierbaren Fertigung von elektrischen Antrieben und zur VIBN sind nicht gegeben.

3.4.5 Semantisches Metadatenmodell auf XML-Basis nach NEGRI, FUMAGALLI ET AL.

NEGRI, FUMAGALLI ET AL. stellen ein semantisches Metadatenmodell auf, welches sowohl statische als auch dynamische Betriebsdaten des Produktionssystems aus dem Feld für die Verwendung in einem digitalen Abbild strukturiert und speichert. Das semantische Datenmodell wurde in der Automation Markup

[449] Vgl. Zhang, H./Liu, Q. et al. (A Digital Twin), 2017, S. 26905.

[450] Vgl. Zhang, H./Liu, Q. et al. (A Digital Twin), 2017, S. 26905.

Language (AML) entwickelt, einem Extensible Markup Language (XML) basierten Datenformat. Durch dieses Modell können die Verknüpfungen zwischen Objekten auf flexible Weise geändert werden, um eine kontinuierliche Aktualisierung der Wissensbasis zu ermöglichen und das reale System im Sinne eines digitalen Zwillings widerzuspiegeln. Der Ansatz wird an einem Laboraufbau einer Montagelinie für Mobiltelefone validiert.[451]

Die entwickelte Ontologie besteht analog zu Abbildung 3-14 aus verschiedenen Untermodellen, die Prototypen, Ressourcen, Projekte, Produktrouten und Sicherheitsaspekte darstellen. Dabei wurde die ISO-Norm 14649-10[452] als konzeptionelle Referenz verwendet. Dies stellt laut den Autoren sicher, dass der digitale Zwilling des Produktionssystems kontinuierlich anhand der Informationen aus der realen Anlage aktualisiert und die reale Welt in die digitale Umgebung gespiegelt wird. Das verwendete semantische Metadatenmodell ist somit das zugrundeliegende Unterstützungsschema, nach dem Daten gesammelt, aufbereitet und verwendet werden. Folglich basieren das Design und die Anlagenkonfiguration des digitalen Zwillings auf einem gemeinsamen Verständnis von Objekten, Funktionen und Beziehungen, wie in der Ontologie definiert. Das semantische Datenmodell ist auf einer Plattform gespeichert, die mit dem physischen System über eine Kommunikations-Middleware verbunden ist und die den Informationsaustausch in Echtzeit unterstützt. Das Modell kommuniziert über ein Architektur-Framework, das den Informationsaustausch zwischen verschiedenen herstellerunabhängigen Simulationswerkzeugen ermöglicht.[453]

Der Fokus auf die Montage von Mobiltelefonen zeigt eine starke Abweichung zur Produktion elektrischer Antriebe auf. Trotz der Plattform eines digitalen Zwillings wird die VIBN als Ausgangsbasis nicht betrachtet.

[451] Vgl. Negri, E./Fumagalli, L. et al. (Digital Twin Simulation), 2019, S. 201.
[452] Vgl. Deutsches Institut für Normung , 2004-12,
[453] Vgl. Negri, E./Fumagalli, L. et al. (Digital Twin Simulation), 2019, S. 203.

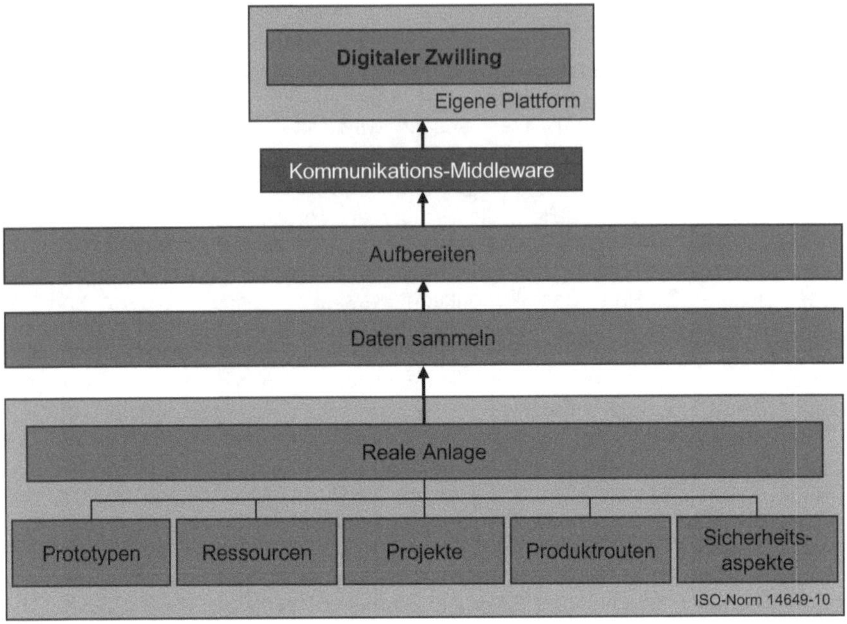

Abbildung 3-14: Semantisches Metadatenmodell[454]

3.4.6 Nächste Generation Digital Twin nach BOSCHERT, HEINRICH ET AL.

BOSCHERT, HEINRICH ET AL. stellen einen digitalen Zwilling mit erweiterter Funktionalität als digitalen Zwilling der nächsten Generation vor. Darunter verstehen die Autoren unter anderem einen digitalen Zwilling, der die reale und digitale Welt durch die Synchronisation gemessener Datenmengen verknüpft. Damit kann dieser nicht nur Fehler erkennen, sondern auch deren Ursache ermitteln. Am Beispiel einer Weichenmaschine wird dieses neuartige Konzept validiert.[455]

Die Autoren realisieren ihren Entwurf analog zu Abbildung 3-15 durch eine Kombination zweier Ansätze. Die Basis des ersten Ansatzes bildet dabei ein Systemmodell, das die Betriebssimulation der Punktmaschine für eine spezifische Konfiguration ermöglicht. In der vorgeschlagenen Konfiguration vergleicht ein Fehlererkennungsmodul die Messdaten eines Live-Systems mit den Ergebnissen der physikbasierten Simulation. Sobald das Fehlererkennungsmodul eine signifikante Abweichung der beiden Modelle erkennt, wird eine Benachrichtigung im Dashboard ausgelöst und mögliche Fehlerursachen analysiert. Dabei wird die

[454] Vgl. Negri, E./Fumagalli, L. et al. (Digital Twin Simulation), 2019, S. 203.
[455] Vgl. Boschert, S./Heinrich, C. et al. (Next Generation Digital Twin), 2018, S. 209.

Verbindung des digitalen Zwillings mit einer physikalischen Instanz über Sensoren hergestellt. Eine Übertragung in Echtzeit ist dabei aufgrund der zwischengeschalteten Cloud nicht möglich.[456]

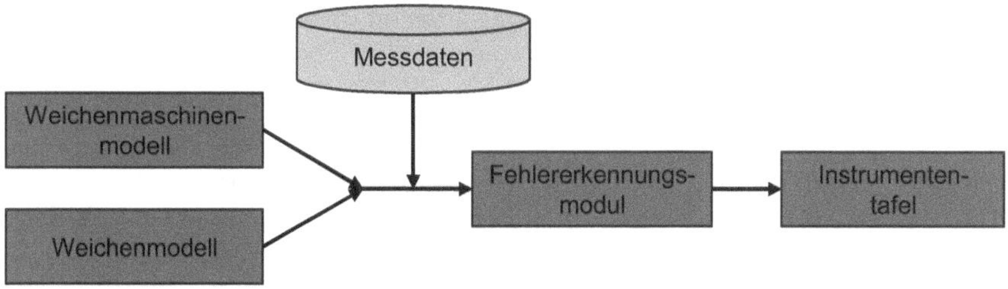

Abbildung 3-15: Architektur eines Assistenzsystems mit digitalem Zwilling[457]

Der zweite Ansatz besteht darin, sich ausschließlich auf Daten zu verlassen und Algorithmen der künstlichen Intelligenz zu verwenden. Falls diese Daten nicht in ausreichender Menge oder Qualität vorhanden sind, helfen Simulationsmodelle dennoch, das System virtuell in verschiedenen Umgebungen oder Fehlerzuständen zu testen und damit die benötigten Daten zu generieren. Im Betrieb können diese Daten nach und nach durch Daten aus dem Feld angereichert werden.[458]

Es handelt sich vorwiegend um eine experimentelle Lösung, die VIBN und die Einbettung in den Anlagenentstehungsprozess werden nicht erwähnt.

3.5 Zusammenfassende Bewertung bestehender Ansätze und weiterer Forschungsbedarf

Auf Grundlage des in Kapitel 2.4 erarbeiteten Handlungsbedarfs aus der Praxis wurde im vorangegangenen Kapitel die Literatur auf einschlägige Werke untersucht, um mögliche theoretische Defizite aufzuzeigen. Zusammenfassend wird im ersten Abschnitt die würdigende Kritik zu den Ansätzen des Anlaufmanagements und der Wandlungsfähigkeit angeführt.

Arbeiten im Forschungsgebiet des Anlaufmanagements sind vorwiegend auf die Untersuchung und Verbesserung von konventionellen Anläufen eines Produktionssystems ausgelegt. Das Augenmerk liegt auf unterschiedlichen Aspekten, bspw. auf einer Minimierung des Risikos zur Einhaltung des Liefer- und Markteintrittstermins[459], der technischen und wirtschaftlichen Verbesserung zur Steigerung der Produktivität sowie Ausbringung in Serienanläufen[460]. Weiterhin

[456] Vgl. Boschert, S./Heinrich, C. et al. (Next Generation Digital Twin), 2018, S. 214f.
[457] Vgl. Boschert, S./Heinrich, C. et al. (Next Generation Digital Twin), 2018, S. 215.
[458] Vgl. Boschert, S./Heinrich, C. et al. (Next Generation Digital Twin), 2018, S. 215.
[459] Vgl. Nagel, J. (Risikoorientiertes Anlaufmanagement), 2011, S. 178.
[460] Vgl. Scholz-Reiter, B./Krohne, F. (Ramp-Up Excellence), 2010, S. 1.

werden zu bestehenden Ansätzen die Bewertungsgrößen der Effektivität und Effizienz einbezogen, um die Auswahl einer fallspezifisch richtigen Entscheidung zur Reduzierung der Unsicherheit zu ermöglichen[461].

Eine große Anzahl von Forschungsarbeiten befasst sich auch mit der Wandlungsfähigkeit von Produktionssystemen. Ein Fokus dieser Arbeiten liegt dabei z.B. auf der Gestaltung geografisch verteilter Produktionsstätten, welche mittels einer modularen und kontrollierten Erweiterbarkeit und Rückbaufähigkeit wandlungsfähig ausgelegt sind.[462] NYHUIS ET AL. führen hingegen eine wissenschaftliche Voruntersuchung zur Nutzung der Wandlungsfähigkeit für Unternehmen durch[463]. VELKOVA baut auf der Verwertung der Wandlungsfähigkeit auf und legt einen Ansatz zur eigenständigen Identifikation und Bewertung der Wandlungsfähigkeit in Unternehmen dar[464]. ALDINGER erweitert diese Ansätze um die strategische Leistungsplanung in den wandlungsfähigen Produktionsstrukturen. Diese soll mit der Aufnahme und Bewertung von Veränderungen zu einer gezielten Verbesserung der langfristigen Produktionsleistung führen. Der Ansatz ist jedoch rein strategischer Natur und daher ist die Ableitung konkreter Maßnahmen kaum möglich.[465]

HEES entwickelt ein System zur Produktionsablaufplanung, welches die vorangegangenen Ansätze um die Restriktionen der Kapazität erweitert. Während die Arbeit die aktuelle Konfiguration und Rekonfiguration bei den Planungsschritten berücksichtigt, findet die gezielte wandlungsfähige Ausrichtung des Produktionssystems jedoch keine Berücksichtigung[466]. MAUE geht vor allem auf die Anlaufaufwände während des Anlaufs ein, allerdings wird kein Bezug zu skalierbaren Produktionssystemen aufgezeigt und nur der Erstanlauf betrachtet[467].

Die geäußerte Kritik zu den Ansätzen im Anlaufmanagement und der Wandlungsfähigkeit im vorherigen Abschnitt sowie die in Kapitel 3.3 und Kapitel 3.4 beschriebenen Ansätze zur VIBN und Datenanbindung werden anschließend anhand einer Bewertungsskala zusammengefasst.

In Abbildung 3-16 werden die dargelegten Forschungsansätze bezüglich der in Kapitel 2.4.2 definierten Kriterien sowie der inhaltlichen Anforderungen an eine Lösung (s. Kapitel 4.2.1) eines Modells zur Beherrschung und Verbesserung der multiplen Anläufe in skalierbaren Produktionssystemen nach deren Erfüllungsgrad bewertet. Ein Kriterium wird als berücksichtigt gezählt, sobald dieses im Ansatz dargestellt, aber keine methodische Umsetzung aufgezeigt wird oder eine Integration in die Methodik möglich ist. Eine Anforderung gilt als erfüllt, sobald

---

[461] Vgl. Renner, T. (Performance-Management), 2012, 2f.

[462] Vgl. Rauch, E. (Modulares Produktionssystem), 2013, 33f.

[463] Vgl. Nyhuis, P./Reinhart, G. et al. (Wandlungsfähige Produktionssysteme), 2008, 145f.

[464] Vgl. Velkova, J. (Selbstbewertung der Wandlungsfähigkeit), 2014, S. 119.

[465] Vgl. Aldinger, L. A. (Strategische Leistungsplanung), 2009, S. 6.

[466] Vgl. Hees, A. F. (Rekonfigurierbare Produktionssysteme), 2017, S. 4-8.

[467] Vgl. Maue, A. (Gestaltung des Produktionsanlaufs), 2015, S. 3f.

diese vollumfänglich durch das zugrundeliegende Modell ausgeführt und methodisch umgesetzt wird; ist dies nur anteilig der Fall, so gilt diese als teilweise erfüllt. Die Untersuchungskriterien werden wie folgt beschrieben:

Die **kontinuierliche Verbesserung der Anläufe** im skalierbaren Produktionssystem wird methodisch eingesetzt. Während und nach jedem Wiederanlauf einer Ausbaustufe werden Rückschlüsse zur Optimierung der laufenden Produktion sowie des Anlaufs weiterer Ausbaustufen oder Umbauten ermöglicht.

Der Fokus des Ansatzes liegt auf **skalierbaren Fertigungssystemen für elektrische Antriebe**. Die Besonderheiten einer skalierbaren Fertigung werden berücksichtigt und es werden mögliche Veränderungen am Produkt und am Prozess präventiv vorbereitet.

Es wird die Komplexität in der **operativen Produktionsplanung von Wiederanläufen** beachtet. Der Ansatz bietet die Gestaltung von operativen Entscheidungshilfen für Planer und weitere Stakeholder in der Produktionsplanung. Durch Orientierung an Meilensteinen des generischen Prozesses wird die Datenverfügbarkeit sichergestellt.

Eine **wirtschaftliche Einbettung der VIBN** in den Anlagenentstehungsprozess ist Ziel der Methodik. Das Zusammenwirken von OEM und Anlagenlieferant wird berücksichtigt. Die Reduzierung der PU und ein effizienter Hochlauf können messbar gemacht werden. Eine Bewertung des Aufwand-/Nutzen-Verhältnisses im Projekt wird als Entscheidungshilfe zur Verfügung gestellt.

Die **Realdatenanbindung und die Optimierung von Simulationsmodellen** sind Teil des Vorgehens. Die Anbindung an Produktionsmaschinen, die Datenaufbereitung, -analyse und -optimierung bei Wiederanläufen wird methodisch sowie unter Beachtung des Prozesses der VIBN beschrieben.

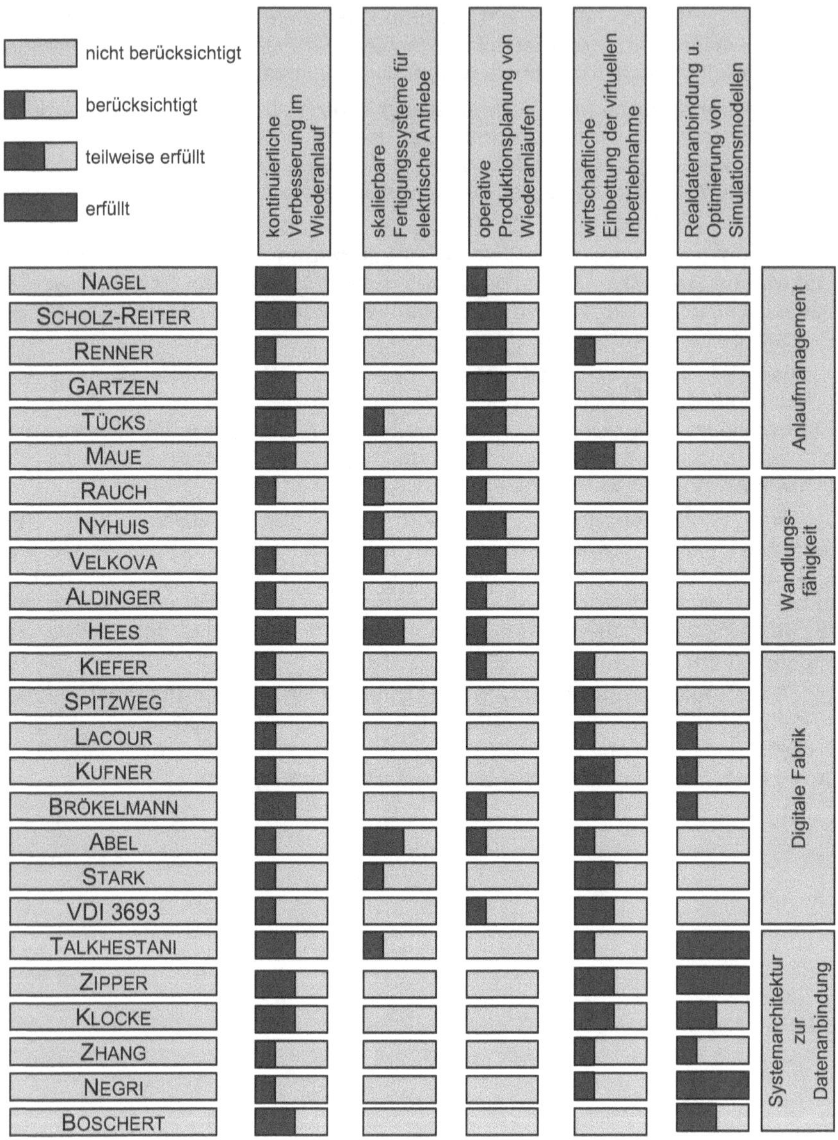

Abbildung 3-16: Bewertung der bestehenden Modelle und Methoden

Die VIBN wird in jüngster Zeit vermehrt in Forschungsansätzen zur Effizienzsteigerung von Anlaufphasen erwähnt[468], dies ist vor allem auf die Verkürzung der kostenintensiven realen Inbetriebnahmephasen in der Industrie zurückzuführen[469]. Zunächst werden jedoch bei der Datenverfügbarkeit Grenzen erreicht, sodass ein einmaliger effizienter Einsatz von VIBN gefährdet ist[470].

Es kommt zwar schon heute zum Serieneinsatz von VIBN, eine Weiterentwicklung der Modelle für anschließende Anläufe zeigt sich bei industrieller Anwendung trotzdem als unzureichend, obwohl gerade bei skalierbaren Produktionssystemen ein großes Potenzial hinsichtlich Zeit- und Kostenersparnis sowie zur Qualitätsverbesserung zu erwarten ist[471]. Kaum vorhandene Vorgaben zur Durchgängigkeit des Datenmanagements, insbesondere bei Änderungen und in der Pflege der Bestandsdaten werfen bei der VIBN im weiteren Ausbau Probleme auf, weil Modelle veraltet oder verändert sind[472]. Somit bedarf es der Entwicklung eines Vorgehens zur Vorgabe eines Rahmens und von Standards über den gesamten Projektzyklus, um die Gültigkeit der Modelle zu jedem signifikanten Zeitpunkt sicherzustellen[473]. Die weitere Verwendung der durch die VIBN erstellten Simulationsmodelle bleibt in zahlreichen Ansätzen unklar. Der Rückfluss von Realdaten aus der Produktion erweist sich als schwierig, ebenso ist die Verarbeitung der Daten noch offen. Eine Integration der modifizierten Daten in Verhaltensmodelle wird bisher nicht untersucht.

In diesem Kapitel wurden gängige und relevante Modelle des Anlaufmanagements (s. Kapitel 3.1), zur Wandlungsfähigkeit skalierbarer Produktionssysteme (s. Kapitel 3.2), zur digitalen Fabrik (s. Kapitel 3.3) und zur Systemarchitektur der Datenanbindung (Kapitel 3.4) untersucht. Diese verdeutlichen, dass einerseits eine Vielzahl an Ansätzen zum Forschungsbereich des Anlaufmanagements als auch der wandlungsfähigen Produktionssysteme existiert. Andererseits liegt kein Ansatz vor, welcher eine Verbindung der Bereiche vornimmt und die Wiederanläufe im Zuge der Ausbaustufen skalierbarer Produktionssysteme untersucht. Insbesondere die Verknüpfung zwischen der wirtschaftlichen Integration der VIBN im Anlaufmanagement, der Besonderheit bei skalierbaren Fertigungssystemen und die fehlenden Vorgehensmodelle zur Schaffung der nötigen Datenanbindung zur Optimierung der Modelle für weitere Inbetriebnahmephasen zeigen das zugrundeliegende Theoriedefizit auf.

468 Vgl. Dahl, M./Bengtsson, K. et al. (Virtual Preparation), 2016, S. 1941.

469 Vgl. Stark, R./Müller, P. et al. (Virtuelle Inbetriebnahme), 2018, S. 12.

470 Vgl. Dombrowski, U./Wullbrandt, J. et al. (Industrie 4.0 in Production), 2018, S. 1016.

471 Vgl. Lechler, T./Fischer, E. et al. (Virtual Commissioning), 2019, S. 1129.

472 Vgl. Bracht, U./Geckler, D. et al. (Digitale Fabrik), 2018, S. 19.

473 Vgl. Bracht, U./Geckler, D. et al. (Digitale Fabrik), 2018, S. 161.

4 Konzeption der Methodik

Im vorliegenden Kapitel werden zunächst die Grundlagen zur Methodik sowie der Modell- und Systemstrukturtheorie eingeführt (s. Kapitel 4.1), um eine theoretische Basis für die weitere Ausarbeitung der vorliegenden Arbeit zu bilden. Im Anschluss werden die inhaltlichen und formalen Anforderungen an die Methodik dargelegt (s. Kapitel 4.2), welchen die zu erarbeitende Methodik gerecht werden muss. Weiterhin wird eine Modellierungssprache eingeführt, um dem Anwender eine bessere Übersicht für den Einsatz der Methodik zu ermöglichen. Das darauffolgende Kapitel 4.3 untersucht die Potenziale der Methodik im Kontext der skalierbaren Fertigung von elektrischen Antrieben, um im Anschluss den Lösungsansatz einzuführen (s. Kapitel 4.4).

4.1 Methodische Grundlagen

Als Ausgangspunkt für den Aufbau der weiteren Arbeit werden in diesem Kapitel die Grundlagen einer Methodik definiert und die Modelltheorie sowie die Systemstrukturtheorie erläutert.

4.1.1 Definition Methodik

NEUHAUSEN definiert eine **Methodik** „als ein System von zusammengehörigen Modellen, Methoden und Hilfsmitteln zur Lösung einer theoretischen und/oder praktischen Aufgabenstellung“.[474] Abbildung 4-1 zeigt den grundsätzlichen Aufbau und das Zusammenspiel der Bestandteile einer Methodik.

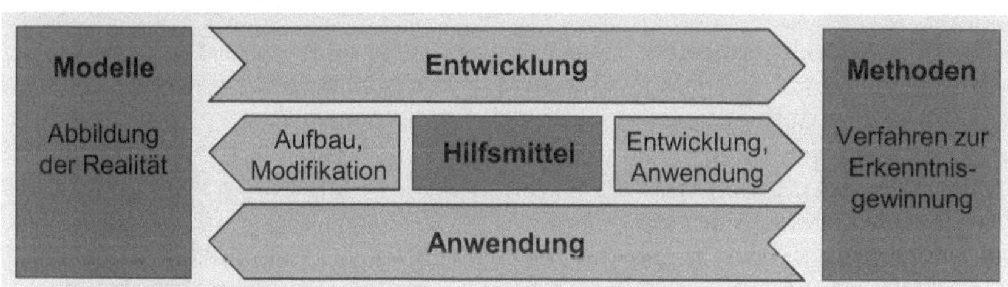

Abbildung 4-1: Bestandteile und Aufbau einer Methodik[475]

Eine Methodik besteht aus Modellen, Methoden und Hilfsmitteln. **Modelle** werden zur Entwicklung von Methoden genutzt und erzeugen Transparenz über einen definierten Anwendungsfall durch eine realitätsnahe Abbildung im Kontext der Anwendung. **Methoden** hingegen sind Verfahren zur Erzeugung von Erkenntnissen.

---

[474] Vgl. Neuhausen, J. (Gestaltung modularer Produktionssysteme), 2001, S. 6.

[475] Vgl. Neuhausen, J. (Gestaltung modularer Produktionssysteme), 2001, S. 7.

Sie finden Anwendung im Aufbau und der Modifikation der Modelle. Zusätzliche Hilfsmittel unterstützen die Bildung der Verbindung zwischen Modellen und Methoden.[476] Weiterhin wird eine Methodik durch eine Aufbau- und Ablaufstruktur spezifiziert. Die Aufbaustruktur definiert die Struktur des abzubildenden Systems und dessen Komponenten. Wohingegen die Ablaufstruktur die zeitliche Abfolge der anzuwendenden Elemente der Systemstruktur darstellt.[477]

4.1.2 Modelltheorie und Systemtechnik

Modelle vereinfachen und abstrahieren die Realität, daher offenbaren sie nur Teilaspekte[478]. Dennoch müssen Modelle in der Lage sein, hinreichende Aussagen über den zu betrachtenden Anwendungsfall zu treffen.[479] Die Hauptmerkmale des allgemeinen Modellbegriffs werden nach STACHOWIAK wie folgt unterteilt:

- **Abbildungsmerkmal:** Modelle beschreiben Abbildungen und Repräsentationen, welche selbst wieder Modelle sein können sowie künstliche oder natürliche Originale darstellen. Abbildungsmerkmale kennzeichnen Modelle, die sich durch die Abbildung eines Originals identifizieren lassen.
- **Verkürzungsmerkmal:** Im Modell werden nur die relevanten Eigenschaften des zu repräsentierenden Originals dargestellt. Das Verkürzungsmerkmal dient demnach zur Erfassung aller nötigen Attribute, die vom Modellersteller und Modellnutzer verlangt werden.
- **Pragmatisches Merkmal:** Der Zweck des Modells steht im Vordergrund, sodass nur bestimmte modellbezogene Objekte, in definierten Zeitintervallen und beschränkt auf determinierte Operationen, dem Original zugeordnet werden.[480]

Weiterhin unterscheidet PATZAK vier verschiedene Modelltypen:

- **Beschreibungsmodell:** Das Modell zeigt ein Abbild vorgefundener Zustände auf und hat ausschließlich beschreibenden Charakter, ohne die Ursachen der dargestellten Zustände aufzudecken.
- **Erklärungsmodell:** Das Modell baut auf den Beschreibungsmodellen auf und bildet die Ursachen sowie deren Wirkzusammenhänge in quantitativer und qualitativer Form ab.
- **Vorhersagemodell:** Das Modell lässt aufbauend auf Erklärungsmodellen Vorhersagen über zukünftige Systemzustände und Systemverhalten zu.

---

[476] Vgl. Bäumers, Y. (Montageablaufplanung), 2016, S. 111f.

[477] Vgl. Patzak, G. (Systemtechnik), 1982, S. 40.

[478] Vgl. Haberfellner, R./Weck, O. L. de et al. (Systems engineering), 2019, S. 12.

[479] Vgl. Wöhe, G./Döring, U. (Einführung in die allgemeine Betriebswirtschaftslehre), 2013, S. 12f.

[480] Vgl. Stachowiak, H. (Allgemeine Modelltheorie), 1973, S. 131ff.

- **Entscheidungsmodell:** Das Modell dient zur Bestimmung von Handlungsalternativen, um Systeme mit dem Ziel einer optimalen Modellstruktur zu gestalten.[481,482]

Um den Anforderungen des jeweiligen Anwendungsfalls gerecht zu werden, sind strukturierte Modelle zu entwickeln, die das reale Problem durch vereinfachte Ableitung möglichst übereinstimmend widerspiegeln.[483] Das Wort **System** steht für Konnektivität und ist eine Anhäufung von Teilen, die in Beziehung zueinanderstehen. Beispiele sind IT-Systeme, Kommunikations-, Transport- oder Planungssysteme[484]. Ein System besteht aus Elementen, die Funktionen und Eigenschaften reflektieren sowie selbst Systeme darstellen können[485].

Die Hauptforderung der **Systemtechnik** ist die Überführung des Realproblems in ein Formalproblem. Hierbei spielt die Modellierung eine wichtige Rolle, indem das Realproblem unter Berücksichtigung des Abbildungs- und Verkürzungsmerkmals vereinfacht und in einem Modell dargestellt wird. Die Lösung des Formalproblems wird oftmals über entsprechende Teilmodelle entwickelt, welche zu einem umfassenden Gesamtmodell zusammengefügt werden.[486]

Die Systemtechnik beinhaltet Methoden, die Systeme so einfach wie möglich modellieren, indem Komplexität reduziert oder sogar vermieden wird[487]. Sie liefert Instrumente zur Lösung komplexer, interdisziplinärer Fragestellungen. Durch sinnvolle Gliederung des Anwendungsfalls bietet die Systemtechnik eine Annäherung an die Lösung des Theorie- und Praxisdefizits der vorliegenden Arbeit.[488] Weiterhin basiert die Systemtechnik auf zwei Kerngedanken: dem Systemdenken und dem Vorgehensmodell. Unter Systemdenken kann eine Denkweise verstanden werden, die es ermöglicht, komplexe Phänomene einfacher zu verstehen und zu gestalten.[489] Das Vorgehensmodell basiert auf vier Grundprinzipien, welche kombiniert Anwendung finden sollten:

- Das Vorgehen wird **vom Groben ins Detail** definiert, um durch die Priorisierung den wesentlichen Aspekten zur Lösungsfindung mehr Aufmerksamkeit zu schenken.

---

481 Vgl. Patzak, G. (Systemtechnik), 1982, S. 313ff.; Bäumers, Y. (Montageablaufplanung), 2016, S. 112.

482 Vgl. Bäumers, Y. (Montageablaufplanung), 2016, S. 112.

483 Vgl. Patzak, G. (Systemtechnik), 1982, S. 315.

484 Vgl. Haberfellner, R./Weck, O. L. de et al. (Systems engineering), 2019, S. 4.

485 Vgl. Bruns, M. (Systemtechnik), 1991, S. 31.

486 Vgl. Heimes, H. H. (Batterieproduktion), 2014, S. 104f.

487 Vgl. Haberfellner, R./Weck, O. L. de et al. (Systems engineering), 2019, S. 11.

488 Vgl. Bruns, M. (Systemtechnik), 1991, S. 1.

489 Vgl. Haberfellner, R./Weck, O. L. de et al. (Systems engineering), 2019, S. 3.

- Die **Variantenbildung** dient der stetigen Verbesserung, zunächst durch die konsequente Suche nach Lösungsmöglichkeiten und der anschließenden Reduzierung auf die wesentlichen Lösungsvarianten.
- Die **Phasengliederung** unterstützt die Strukturierung der Prozesse aus zeitlicher und inhaltlicher Perspektive sowie deren Implementierung im Gesamtsystem.
- Der **Problemlösungsprozess** stellt sicher, dass eine formale prozessorientiere Logik, unabhängig von der Art und Weise des Problems, zur ergebnisorientierten Lösung verfolgt wird.[490]

Aus den vorgestellten Auszügen der Modelltheorie und Systemtechnik erfolgt die Ableitung zur Lösung des Praxis- und Theoriedefizits. Aufbauend auf der Formalisierung des Praxisproblems anhand der Modelltheorie wird eine Methodik zur Integration virtueller Methoden in das Anlaufmanagement skalierbarer Fertigungssysteme entwickelt. Unterstützt durch die Bildung von Teilmodellen nach der strukturierten Generierung von Lösungsalternativen werden diese schließlich zu einem Gesamtmodell zusammengefügt. Den Anforderungen der Modelltheorie und der Systemtechnik anliegend ergeben sich inhaltliche und formale Anforderungen an die Methodik, welche im folgenden Kapitel betrachtet werden.

4.2 Anforderungen an die Methodik

Die Herleitung zugrundeliegender Anforderungen an eine Methodik zur Integration virtueller Methoden in das Anlaufmanagement skalierbarer Fertigungssysteme bildet die Basis einer zielgerichteten Entwicklung von Modulen zur Lösungsfindung (s. Kapitel 4.4).

4.2.1 Inhaltliche Anforderungen

Die inhaltlichen Anforderungen an die Methodik resultieren aus der Zielsetzung der Arbeit (s. Kapitel 1.2), dem Handlungsbedarf aus der Praxis (s. Kapitel 2.5) und der Bewertung bestehender Ansätze sowie dem verbleibenden Forschungsbedarf aus der Theorie (s. Kapitel 3.5).

Die vorangestellte Zielsetzung der Arbeit ist die Entwicklung einer Methodik zur Integration virtueller Methoden in das Anlaufmanagement skalierbarer Fertigungssysteme. Hierbei stehen insbesondere die Reduzierung der PU und die Effizienzsteigerung des Wiederanlaufs im Vordergrund. Zur Quantifizierung wird die Messgröße der OEE herangezogen (s. Kapitel 2.2.4).

Aus der Zielsetzung der Arbeit und dem Handlungsbedarf der Praxis ergeben sich folgende **inhaltliche Anforderungen** an eine Methodik zur Gestaltung des Anlaufmanagements skalierbarer Fertigungssysteme:

---

[490] Vgl. Haberfellner, R./Weck, O. L. de et al. (Systems engineering), 2019, S. 27; Patzak, G. (Systemtechnik), 1982, S. 125f.

- **Kontinuierliche Verbesserung der Anläufe im skalierbaren Produktionssystem:** Während und nach jedem Wiederanlauf einer Ausbaustufe werden Rückschlüsse zur Optimierung der laufenden Produktion sowie des Anlaufs weiterer Ausbaustufen oder Umbauten ermöglicht.
- **Anlauf skalierbarer Fertigungssysteme für elektrische Antriebe:** Die Besonderheiten einer skalierbaren Fertigung sowie mögliche Veränderungen am Produkt und am Prozess durch eine neuartige Produktionstechnologie werden berücksichtigt.
- **Operative Produktionsplanung von Wiederanläufen:** Der Ansatz bietet die Gestaltung von operativen Entscheidungshilfen für Planer und weitere Stakeholder in der Produktionsplanung. Durch Orientierung an Meilensteinen des generischen Prozesses wird die Datenverfügbarkeit sichergestellt und die Komplexität beherrschbar gemacht.
- **Wirtschaftliche Einbettung der VIBN in den Anlagenentstehungsprozess:** Das Zusammenwirken von OEM und Anlagenlieferant wird berücksichtigt. Die Reduzierung der PU und ein effizienter Hochlauf können messbar gemacht werden. Eine Bewertung des Aufwand-/Nutzen-Verhältnisses im Projekt wird als Entscheidungshilfe zur Verfügung gestellt.
- **Realdatenanbindung und Optimierung von Simulationsmodellen:** Die Anbindung an Produktionsmaschinen, die Datenaufbereitung, -analyse sowie -optimierung bei Wiederanläufen wird methodisch und unter Beachtung des Prozesses der VIBN beschrieben.

4.2.2 Formale Anforderungen

Neben den inhaltlichen Anforderungen an ein Modell sind auch formale Kriterien nach der Modell- und Systemtheorie zu beachten, um ein strukturiertes Vorgehen zu gewährleisten. Die drei Merkmale aus der Systemtheorie für ein Modell sind nach STACHOWIAK die Abbildung, die Verkürzung und der Pragmatismus[491].

Den genannten Hauptmerkmalen eines Modells werden die folgenden Anforderungen nach PATZAK zugrunde gelegt[492]:

- **Empirische Richtigkeit:** Eine hohe Kongruenz zwischen der Systemstruktur bzw. -elementen und der Realität gewährleisten, dass die Abbildung durch das Modell eine hinreichend genaue Ähnlichkeit mit der Realität aufweist.
- **Formale Richtigkeit:** Die Nachprüfbarkeit eines Modells wird gewährleistet, indem getätigte Aussagen frei von Widersprüchen sind und reproduziert werden können.

[491] Vgl. Stachowiak, H. (Allgemeine Modelltheorie), 1973, S. 131.

[492] Vgl. Patzak, G. (Systemtechnik), 1982, S. 309; Rudolf, S. (Produktionsgerechte Baukastengestaltung), 2013, S. 93; Kleine Büning, M. (Informationsorientierte Prototypenplanung), 2019, S. 122.

- **Produktivität:** Das Modell sollte zweckbezogen auf die Fragestellung sein, um inhaltlich und formal brauchbare Antworten zu generieren.
- **Handhabbarkeit:** Sie stellt die Anforderung an das Modell, nutzerfreundlich zu sein, indem es begreiflich anwendbar und interpretierbar ist, um eine Praxistauglichkeit zu gewährleisten.
- **Niedriger Aufwand:** Das Aufwand-Nutzen-Verhältnis zwischen Modellerstellung und -nutzung soll in einem adäquaten Verhältnis stehen, um eine optimale Wirksamkeit zu erzielen.

4.2.3 Modellierungssprache

Modellierungssprachen können dem gemeinsamen Verständnis des Modellgegenstandes dienen und beeinflussen die Verwendbarkeit des Modells für unterschiedliche Anwender[493]. Ausgehend von den formalen Anforderungen an die Modellierung muss in der vorliegenden Arbeit darüber hinaus eine Modellierungssprache gewählt werden, um dem Anwender die Handhabbarkeit des Gesamtmodells durch die Aufspaltung in Module verfügbar zu machen. Nach der Abstraktion in die einzelnen Module muss das Gesamtsystem dennoch ohne Verlust kausaler und funktionaler Zusammenhänge dargestellt sein.[494]

Die für diese Arbeit ausgewählte Modellierungssprache der Swimlane-Diagramme wird vorwiegend für die einfache Beschreibung von Tätigkeitsprozessen eingesetzt, aber auch für die Modellierung von Geschäftsprozessen innerhalb von Organisationen verwendet.[495] Die sogenannten Schwimmbahnen (Lanes) dienen für eine bessere Übersicht von Verantwortlichkeiten und Aufgaben in einem zeitlichen Kontext.[496] Durch die Darstellung in Swimlanes ist eine Definition und Zuweisung von Verantwortlichkeiten sehr einfach und es können auch Aktivitäten als Aufgaben für mehrere Rollen vergeben werden. Aufgrund der Schnittstelle des Prozesses der VIBN mit den zugrundeliegenden IT-Voraussetzungen und organisatorischen Grundlagen (s. Kapitel 5.2.1) wurde sich für das Swimlane-Diagramm als Modellierungssprache entschieden. In der Literatur existieren unterschiedliche Ausprägungen und Weiterentwicklungen der Swimlane-Darstellung, weswegen es notwendig ist, dass die in dieser Arbeit verwendete Notationsweise definiert und kurz erläutert wird.

In Tabelle 4-1 ist die verwendete Notationsweise der Swimlane-Diagramme dargestellt. Prozessschritte, die die jeweiligen Aktivitäten eines Prozesses abbilden, werden als Rechtecke dargestellt. Die Symbole wie beispielsweise die Rechtecke werden durch Pfeile miteinander verbunden, die den Kontrollfluss und somit den zeitlichen Ablauf der Prozessschritte wiedergeben. Entstehen aus einem Prozessschritt Entscheidungen, die getroffen werden müssen und aus

[493] Vgl. Fleischmann, A./Oppl, S. et al. (Ganzheitliche Digitalisierung von Prozessen), 2018, S. 71.
[494] Vgl. Heimes, H. H. (Batterieproduktion), 2014, S. 110.
[495] Vgl. Gadatsch, A. (Geschäftsprozesse analysieren und optimieren), 2015, S. 18.
[496] Vgl. Harmon, P. (Business Process Management Suites), 2014, S. 400.

denen zwei unterschiedliche Prozessabfolgen resultieren, werden dazu die Verzweigungen eingesetzt, die als Rauten dargestellt werden. Zudem können die Prozessschritte durch logische Verknüpfungsoperatoren miteinander verbunden werden, sodass parallele oder alternative Prozessschritte dargestellt werden können. Es besteht zudem die Möglichkeit, durch die Darstellung von Dokumenten Input- und Outputfaktoren in den Prozess einzubinden. Dokumente können dabei auch Datenbanken oder Informationsobjekte sein. Eine wichtige Eigenschaft der Swimlane-Diagramme ist die Darstellung von Organisationseinheiten, die durch „Schwimmbahnen" dargestellt werden. Diese stellen Zuständigkeitsbereiche von Akteuren, wie beispielsweise Personen oder Abteilungen, im Prozess dar.

Symbol	Bezeichnung	Bedeutung
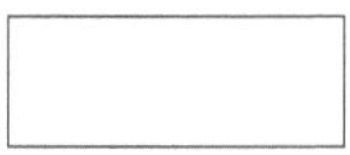	Prozessschritt	Abbildung von Aktivitäten
	Kontrollfluss	Zeitlicher Ablauf der Prozessschritte
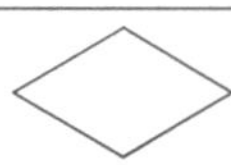	Verzweigung	Verzweigung im Ablauf der Prozesse
	Logischer Operator „exklusives oder"	Logische Verknüpfungsoperatoren für die Prozessschritte
	Logischer Operator „oder"	
	Logischer Operator „und"	
	Dokument	Auflaufbezogenes Dokument, Datenbank, Informationsobjekt
 Akteur 1 Akteur 2 Akteur n	Swimlane	Zuständigkeitsbereiche von Akteuren im Prozess (Personen, Abteilungen, Unternehmen)

Tabelle 4-1: Notationsweise des Swimlane-Diagramms[497]

Zum besseren Verständnis der Abläufe der Gesamtmethodik erfolgt zu Beginn jedes Moduls (s. Kapitel 5) eine übersichtliche Darstellung (s. Abbildung 4-2),

[497] Vgl. Gadatsch, A. (Geschäftsprozess-Management), 2012, S. 78.

welche Eingangs- und Ausgangsgrößen, Zielsetzung, Kernergebnisse sowie Hilfsmittel darstellt. Dabei liefern die Hilfsmittel in Form von Methoden und Modellen Unterstützung innerhalb des Transformationsprozesses. Um das Verständnis und die Handhabbarkeit des Vorgehens für den Anwender zu steigern, müssen die einzelnen Module in weitere Vorgehensschritte unterteilt werden.[498]

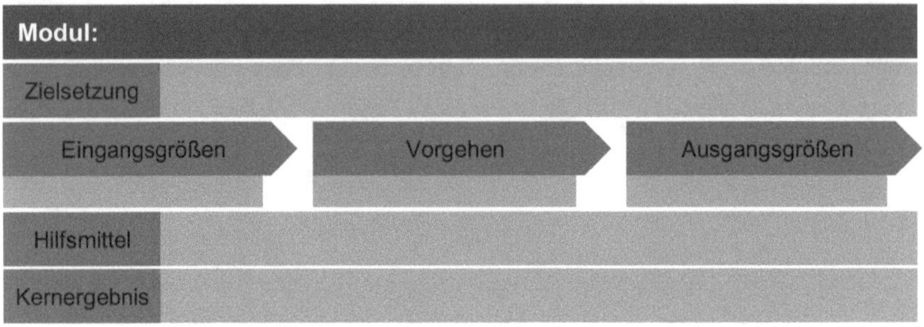

Abbildung 4-2: Modellierungssprache – Module des Vorgehens[499]

4.3 Konzeptentwurf der Gesamtmethodik

Aus der Zielsetzung der Arbeit (s. Kapitel 1.2), dem Handlungsbedarf aus der Praxis (s. Kapitel 2.5), dem bestehenden Forschungsbedarf (s. Kapitel 3.5) und den inhaltlichen sowie formalen Anforderungen an die Methodik (s. Kapitel 4.2) wird im vorliegenden Kapitel ein Konzeptentwurf vorgestellt. Zunächst wird die Aufbaustruktur der Module erläutert (s. Kapitel 4.3.1ff.), um im Anschluss auf die Ablaufstruktur (s. Kapitel 4.3.7) einzugehen. Eine Übersicht des Zusammenhangs der einzelnen Module (s. Kapitel 5) im Stil des V-Modell XT stellt Abbildung 4-3 dar.

[498] Vgl. Heimes, H. H. (Batterieproduktion), 2014, S. 110.
[499] Vgl. Heimes, H. H. (Batterieproduktion), 2014, S. 110.

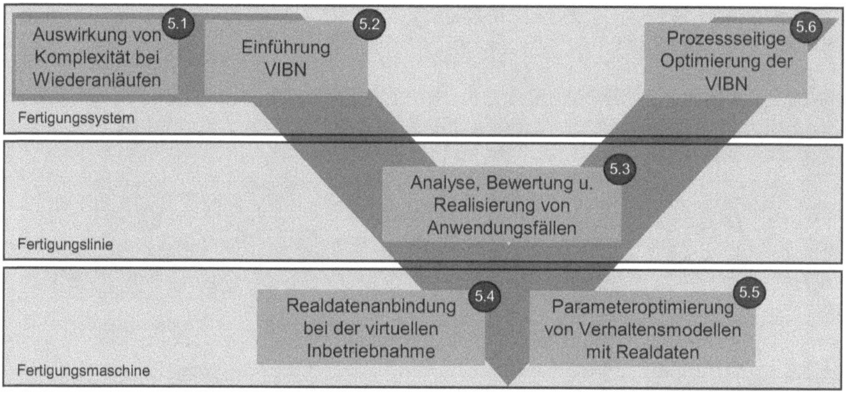

Abbildung 4-3: Lösungsvorgehen zur optimierten Integration virtueller Methoden

Zur Darstellung und Zielsetzung wird für die vorliegende Aufbaustruktur als Grundlage das aus der Softwareentwicklung bekannte V-Modell XT verwendet. Die Zielsetzungen überschneiden sich dabei weitestgehend, wie z.B. die kontinuierliche Qualitätssteigerung oder die Verbesserung der Kommunikation von Stakeholdern im Projekt.[500]

4.3.1 Auswirkung von Komplexität bei Wiederanläufen

Das Vorgehen des Beschreibungsmodells kann in drei aufeinanderfolgende Schritte unterteilt werden. Diese sind in Abbildung 4-4 dargestellt und werden im Folgenden jeweils erläutert.

Zunächst erfolgt im Beschreibungsmodell die Fallunterscheidung nach dem Komplexitätsgrad des Umbaus im skalierbaren Fertigungssystem. Um eine objektive Vergleichbarkeit zu gewährleisten, geschieht dies anhand einer Bewertungsskala. Es wird ein Kriterienkatalog aufgestellt, anhand dessen die Komplexität der Umbauschritte zu evaluieren ist. Damit können die Hochläufe der einzelnen Ausbaustufen differenziert werden.

Im zweiten Schritt des Teilmodells sind die Einflüsse und Störgrößen, welche potenzielle Probleme im Anlauf nach sich ziehen, zu identifizieren. Im Hinblick auf den Betrachtungsbereich der Arbeit ist hierbei eine Fokussierung auf diejenigen Probleme zu treffen, welche im Zuge der Ausbaustufen eines skalierbaren Produktionssystems auftreten. Weiter sind diese identifizierten Probleme in Gruppen zu unterteilen, zu welchem Zeitpunkt sie sich auf den Anlauf auswirken. Nach dem dargelegten Zeitpunkt sind zudem die Auswirkungen der Probleme zu untersuchen. Dabei muss evaluiert werden, ob und inwieweit sich die Probleme auf den Verlauf der Hochlaufkurve und die Zielgröße im Anlauf auswirken.

---

[500] Vgl. Höhn, R./Höppner, S. et al. (Das V-Modell XT), 2008, S. 4.

Im dritten Schritt wird die VIBN eingeführt, um zu identifizieren, an welchen Stellen des Wiederanlaufs bzw. Hochlaufs die Maßnahme im Detail ansetzt. Dabei werden sowohl die Probleme selbst als auch deren zeitliche Einteilung in Gruppen herangezogen, um Teillösungen durch die VIBN zu beschreiben. Abschließend sind die Auswirkungen der Lösungsmaßnahmen auf den Verlauf der Hochlaufkurve und die Zielgröße im Anlauf zu untersuchen.

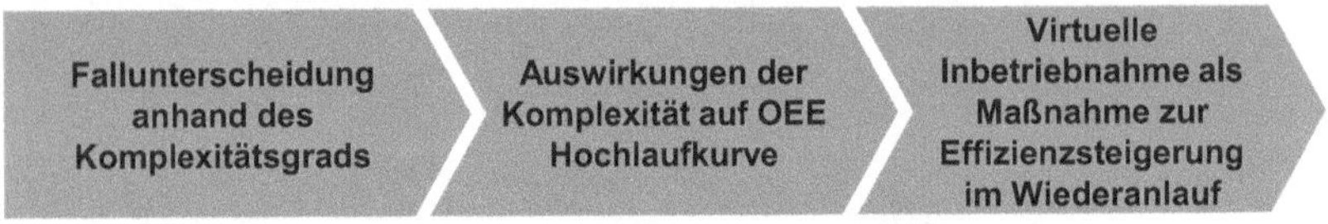

Abbildung 4-4: Übersicht Auswirkung von Komplexität bei Wiederanläufen

4.3.2 Anforderungen an die Architektur der VIBN

Zur Einführung der VIBN in das Anlaufmanagement eines OEMs sind Grundvoraussetzungen zu erfüllen, um eine wirtschaftliche Integration zu befähigen. Dabei sind sowohl Basisanforderungen der IT-Infrastruktur zur Hardware, Software und IT-Anbindung erforderlich als auch organisatorische Voraussetzungen zur Kompetenz sowie dem strukturellen Aufbau der Organisation bzw. des Projektes sicherzustellen.

Die grundlegende Architektur eines Projektes der VIBN zwischen einem OEM, einem Anlagenlieferanten und möglichen Drittparteien (z.B. externe Dienstleister) wird im Detail beschrieben. Die ganzheitliche Einführung von Prozessen zur Durchführung VIBN schließt Stakeholder aus den Bereichen Planung, Produktion, Steuerungstechnik und Experten der VIBN mit ein. Es bestehen mehrere Alternativen zur organisatorischen Integration, welche ausschlaggebend für den nötigen Kompetenzaufbau innerhalb des beauftragenden OEMs ist. Neben dem Basisfundament der Hardware ist vor allem die Software der VIBN ein entscheidender Faktor für die Effizienz, sodass eine detaillierte Untersuchung der Anforderungen im anschließenden Abschnitt des Moduls erfolgt.

Die Einführung der VIBN verändert den chronologischen Ablauf im Produktionsplanungsprozess. Eine Grobplanung wird im abschließenden Modul des Kapitels gestaltet und dient als Orientierung für die nötige Feinplanung der Datenebene. Dazu sind zunächst Meilensteine mit Verantwortlichkeiten und Zeitpunkten festzulegen. Weiterhin gilt es, in einer Spezifikation schon vor Bestellung von Anlagen die Anforderungen an den Lieferanten zu definieren und festzusetzen

4.3.3 Bewertung und Durchführung von Anwendungsfällen

Trotz hoher Kosten- und Zeiteinsparpotenziale sind die Entwicklung eines virtuellen Modells sowie die Inbetriebnahme in der Simulationsumgebung mit hohem Aufwand verbunden. Das Modul identifiziert grundlegende Anforderungen sowie andere Einflussfaktoren auf die VIBN und stellt ein Bewertungsmodell zur

Verfügung, das von Produktionsingenieuren genutzt werden kann, um Projekte mit größtmöglichem Potenzial auszuwählen. Das Bewertungsmodell liefert Informationen über den erwarteten Nutzen und Aufwand eines Projekts zur VIBN, indem es projektspezifische Ausprägungen verschiedener Faktoren abfragt und analysiert. Im Mittelpunkt stehen die Identifizierung von Projekten mit hohem Potenzial und die Unterstützung bei der Entscheidung für oder gegen die VIBN im Rahmen der Erweiterung eines skalierbaren Produktionssystems in der Elektromobilproduktion.

Nachdem die Auswahl für ein Anlaufprojekt mit potenziell höherem Nutzen als Aufwand ausgewählt wurde, muss der chronologische Ablauf einer VIBN im Produktionsplanungsprozess in einer Feinplanung weiter gestaltet werden, um die Wirtschaftlichkeit sicherzustellen. Erhöhte Kosten sowie Verzögerungen innerhalb des Projektes können verhindert werden, indem die Änderungen von Anforderungen an Daten innerhalb des Anlagenentstehungsprozesses frühzeitig festgesetzt werden. Die Implementierung auf der Ebene von Informations- und Datenströmen wird über definierte Meilensteine und benötigte Ressourcen sichergestellt. Auftretende Änderungen werden über definierte Kommunikationswege in das laufende Projekt eingebracht und in die Simulationen übernommen.

4.3.4 Realdatenverarbeitung und Verknüpfung mit dem virtuellen Modell

Mit der Abnahme der VIBN schließt oftmals die Nutzung der simulierten Modelle ab. In diesem Modul wird darüber hinaus ein Vorgehen entwickelt, wie reale Produktionsdaten aus laufenden Anlagen mithilfe einer Schnittstelle zur SPS generiert und aufbereitet werden können, um diese anschließend mit dem Verhalten der Simulation zu vergleichen. Die gewonnenen Erkenntnisse können für jeden weiteren Wiederanlauf einer Ausbaustufe des skalierbaren Fertigungssystems genutzt werden.

Das Modul zur Realdatenanbindung der VIBN skalierbarer Produktionssysteme wird in sechs Schritte gegliedert und startet mit einer Zieldefinition. Die darauffolgenden Schritte sind die Auswahl der Systemvariablen, das Aufzeichnen der Signalverläufe an der realen Anlage, die Aktualisierung des Aufbaus der VIBN, das Aufzeichnen der simulierten Signalverläufe am Modell und der abschließende Abgleich beider Signalkurven aus virtueller und realer Welt mit der Aussprache einer ersten Handlungsempfehlung zur Anpassung der Modellparameter.

4.3.5 Parameteroptimierung von Verhaltensmodellen mit Realdaten

Im Modul der Parameteroptimierung von Verhaltensmodellen wird eine Methodik zur Parametrisierung eines virtuellen Modells mithilfe von Realdaten entwickelt und vorgestellt. Ziel des Vorgehens ist es, anhand von binären SPS-Prozessdaten einer realen Anlage ideale Parameter für das virtuelle Modell der Anlage zu ermitteln, um die reale Taktzeit möglichst genau abzubilden. Die

Methodik soll allgemein gültig sein für Anlagen, bei welchen eine VIBN durchgeführt wurde, mit universellen Komponenten aus der Materialfördertechnik im Umfeld der skalierbaren Elektromobilproduktion. Voraussetzungen für die erfolgreiche Anwendung der Methodik sind das Vorliegen eines aktuellen virtuellen Modells der betrachteten Anlage sowie Aufzeichnungen von binären SPS-Prozessdaten der Anlage im Produktionsbetrieb. Das Vorgehen gliedert sich in die vier Schritte Vorverarbeitung, Merkmalsextraktion, Anpassung des virtuellen Modells und Parametrisierung.

Dabei basiert der Grundgedanke der Methodik auf der simulationsbasierten Optimierung mit dem Ziel, optimale Parameter für das virtuelle Modell durch Erkenntnisgewinne aus Simulationsläufen zu erhalten. Die gewonnenen Erkenntnisse werden in der Optimierung mit Hinblick auf die Zielwerte aus der Merkmalsextraktion zur Ermittlung der idealen Parameter für die Taktzeit genutzt. Das Einsetzen der Parameter in die Simulation ermöglicht eine Validierung der Ergebnisse und die Möglichkeit, den Zyklus der Parametrisierung erneut zu durchlaufen, um die Ergebnisse weiter zu optimieren.

4.3.6 Prozessseitige Optimierung von Folgeanläufen

Die Wiederverwendung der generierten Daten und Informationen für zukünftige Anläufe ist für eine effiziente Implementierung skalierbarer Fertigungssysteme unerlässlich. Die Gestaltung eines einheitlichen Prozesses zur Dokumentation und Auswertung durchgeführter Projekte bildet die Grundlage, um die VIBN als Werkzeug stetig weiterzuentwickeln. Das Vorgehen gliedert sich in die Abschnitte der organisatorischen und der datengetriebenen Dokumentation sowie den Rückfluss der Informationen zur erneuten Wirtschaftlichkeitsbewertung eines Anwendungsfalls (s. Kapitel 5.3).

Die Informationen zur Anpassung der Organisation basieren auf der Auswertung der Zusammenarbeit im durchgeführten Projekt und werden mittels eines systematischen Lessons Learned Vorgehens aufgearbeitet. Verantwortlichkeiten werden dokumentiert und die Zeitplanung wird kritisch beleuchtet. Zur Wiederverwendung und Aktualisierung der bestehenden bzw. optimierten Simulationsmodelle wird ein Vorgehen beschrieben, um eine einheitliche Datengrundlage auch beim Wechsel von Verantwortlichkeiten sicherzustellen.

4.3.7 Ablaufstruktur

Der voliegende Abschnitt beschreibt die Ablaufstruktur der zuvor beschriebenen Bausteine (s. Abbildung 4-5). Der Aufbau der jeweiligen Module orientiert sich an der zusammenfassenden Darstellung aus Kapitel 4.2.3. Die Methodik wird chronologisch durchlaufen und richtet sich nach dem Ablauf des V-Modells XT, ausgehend von der Ebene des Fertigungssystems bis auf die Ebene der Fertigungsstation. Eine Rückkopplung des Informationsflusses exisiert nach der Parameteroptimierung der Modelle bis hin zur Optmierung des methodischen

Vorgehens durch das Durchlaufen der prozessseitigen Optimierung. Innerhalb der Module wird zur Strukturierung die ausgewählte Modellierungssprache der Swimlane-Diagramme angewandt.

Auf der Ebene des Fertigungssystems werden zunächst die Module eins und zwei durchlaufen, welche zur Aufarbeitung des Status quo sowie der strukturierten Vorbereitung des Projektes zur VIBN dienen. Zusammen dienen sie der Vorbereitung und Umsetzung des Einsatzes der VIBN im Projekt.

Das dritte Modul dient auf der zweiten Ebene „der Fertigungslinie" der wirtschaftlichen Überprüfung einzelner Projekte hinsichtlich des Nutzens und des Aufwandes der VIBN. Eine positive Auswertung in Bezug auf den Nutzen veranlasst die Realisierung der Integration der VIBN für das jeweilige Projekt bzw. die geplante Fertigungslinie.

Die Module vier und fünf befinden sich auf der Ebene der Fertigungsmaschine und stellen zunächst die Verknüpfung zwischen den Modellen der VIBN und den realen Daten der Fertigungsmaschine her. Die Analyse dient der Aufdeckung von Abweichungen zwischen den realen und den virtuellen Daten. Im fünften Modul werden die virtuellen Modelle hinsichtlich ihrer Genauigkeit durch eine Optimierung der Parameter angenähert. Die Daten werden mittels einer Datenbank Folgeprojekten zur Verfügung gestellt.

Im sechsten Modul werden prozessseitige Optimierungen vorgenommen, um diese ebenfalls in Folgeprojekte einfließen zu lassen. Dabei dient das Werkzeug von Lessons Learned als Unterstützung und das dritte Modul als prozessseitiger Input. Alle Erkenntnisse haben Einfluss auf den erneuten Durchlauf der Entscheidung über den Einsatz VIBN auf Ebene neuer Fertigungslinien bzw. beim Ausbau weiterer Skalierungsstufen.

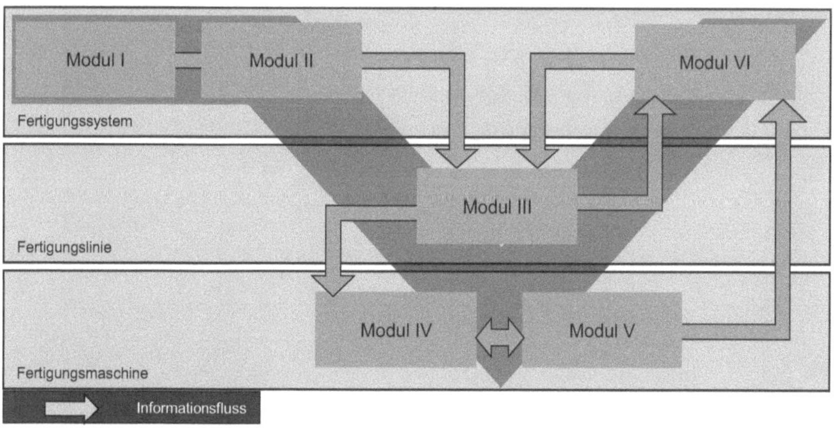

Abbildung 4-5: Ablaufstruktur

5 Detaillierung der Methodik

Zur Beantwortung der Forschungsfragen wird im folgenden Kapitel ein Lösungsansatz zum Vorgehen einer effizienten Integration von virtuellen Methoden in das Anlaufmanagement skalierbarer Fertigungssysteme vorgestellt. Eine Übersicht des Ablaufs der Methodik stellt Abbildung 5-1 dar, die Detailinhalte der Module 5.1-5.6 werden in den jeweiligen Unterkapiteln (s. Kapitel 5.1-5.6) beschrieben.

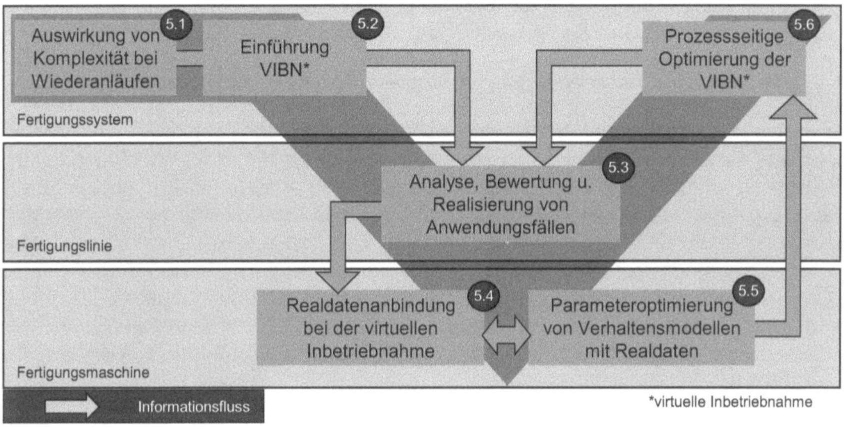

Abbildung 5-1: Lösungsvorgehen zur optimierten Integration virtueller Methoden

5.1 Auswirkung von Komplexität bei Wiederanläufen

Im Modul der Auswirkungen von Komplexität im Anlauf einer Ausbaustufe zur Kapazitätssteigerung und Integration neuer Technologien wird zunächst ein Vorgehen zur Fallunterscheidung von Produktionsintegrationen eingeführt. Die Komplexität von Umbauvorhaben wird eingeordnet (s. Kapitel 5.1.1), aufbauend werden die Treiber nach ihrem zeitlichen Auftreten anhand der OEE-Kurve kategorisiert (s. Kapitel 5.1.2), um darauf basierend passende Maßnahmen durch die VIBN (virtuelle Inbetriebnahme) in den jeweiligen Abschnitten ableiten zu können (s. Kapitel 5.1.3). Eine Übersicht des Kapitels wird in Abbildung 5-2 dargestellt, welche die Eingangs- und Ausgangsgrößen sowie das Vorgehen, die Hilfsmittel, das Kernergebnis und die allgemeine Zielsetzung hervorhebt.

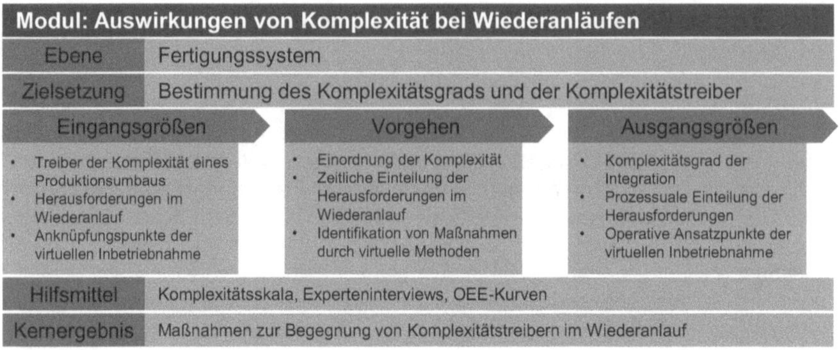

Abbildung 5-2: Auswirkungen von Komplexität bei Wiederanläufen

5.1.1 Fallunterscheidung nach Komplexitätsgrad

Um den Komplexitätsgrad eines Umbaus zu bestimmen, ist eine objektive Vergleichbarkeit mithilfe einer Bewertungsskala zu schaffen. Dazu sind auf Basis von Experteninterviews innerhalb der Produktionstechnik[501] (s. Kapitel 2.5), Komplexitätstreiber identifiziert worden, mit welchen der Komplexitätsgrad einer Ausbaustufe der Produktionslinie im skalierbaren Fertigungssystem bewertet wird. Um eine Praxistauglichkeit und Vergleichbarkeit zu gewährleisten, ist jedem Kriterium beim Umbau eine Ausprägung einfach, mittel oder komplex zuzuweisen. Daraus kann abschließend über alle Kriterien eine gesamthafte Komplexität des Umbaus aufgezeigt werden.

Sechs Treiber zur Identifikation der Komplexität eines Umbaus wurden identifiziert[502]. Diese sind in der Folge dargelegt und anschließend mit ihren Ausprägungen erläutert:

1. Änderungsumfang und Reife des Produkts
2. Komplexität des Prozesses
3. Anzahl der betroffenen Stationen
4. Änderung der Verkettung und des Layouts
5. Eingriff in das IT-System und die Steuerungstechnik
6. Erfahrung mit dem Lieferanten

1. Änderungsumfang und Reife des Produkts

Ein entscheidendes Kriterium für die Komplexität und den Umfang des Produktionsausbaus stellt das zu fertigende Produkt dar. Den einfachsten Fall charakterisiert hierbei eine reine Kapazitätserhöhung mit keiner Änderung der

[501] Produktionsplaner, Anlagenbetreiber, Anlagenlieferanten, Instandhaltung

[502] Vgl.Kampker, A./Kreiskother, K. et al. (Re-Ramp-Up Management), 2019, S. 139.

Produkteigenschaften. Weiter ist bei einer Integration eines neuen Produkts die Bekanntheit dieses zu differenzieren. So sind für ein bereits in Serie befindliches Bauteil sowohl die Fertigungskompetenz, Referenzen als auch Erfahrungen vorhanden. Diese resultieren nicht nur in einer besseren Planbarkeit, sondern auch in einer höheren Verfügbarkeit von Werkzeugen und Ersatzteilen. Konträr dazu ist die Integration eines neuen Produktes bzw. Bauteils der produkttechnisch komplexeste Fall einer Integration.

2. Komplexität des Prozesses

Der zugrundeliegende Bearbeitungsprozess des Produktes ist für den Komplexitätsgrad ausschlaggebend. Zur Unterteilung dieses Kriteriums ist sowohl die Neuheit als auch die Komplexität des Prozesses selbst heranzuziehen. Die Komplexität lässt sich anhand der Anzahl von Prozessparametern bemessen. Die Integration eines einfachen, bereits in Serie befindlichen und daher bekannten Bearbeitungsprozesses stellt sich als unproblematisch dar. Mit der zunehmenden Komplexität des Produktionsprozesses geht eine Komplexität der Integration einher. Unter dem Einfluss der Neuheit bildet ein komplexer, noch nicht in Serie befindlicher Prozess den schwersten Fall einer Integration ab.

3. Anzahl der betroffenen Stationen

Ein weiteres Kriterium zur Identifikation der Komplexität stellt die Anzahl der vom Umbau betroffenen Stationen der Anlage dar. Hierzu kann generell der Umbau vom Neubau einer Anlage unterschieden werden. Dabei sind Handarbeitsplätze und Automatikstationen zu differenzieren, weil mit dem Neu- oder Umbau ersterer ein geringerer Aufwand einhergeht. Um eine Vergleichbarkeit zu anderen Produktionssystemen zu schaffen, ist es sinnvoll die gesamte Produktionslinie in Bandabschnitte zu unterteilen und die Anzahl der neu- oder umgebauten Maschinen auf diese zu beziehen. Der Umbau einer Automatikstation oder einer geringeren Anzahl an Handarbeitsplätzen gestaltet sich als der einfachste Fall eines Produktionsausbaus, während die Komplexität mit der zunehmenden Anzahl an Stationen steigt.

4. Änderung der Verkettung und des Layouts

Das meistgenannte und somit wichtigste Kriterium der Komplexität eines Produktionsausbaus wird von einem Eingriff in die Verkettung des Systems charakterisiert. Dabei muss ein Aufbau mit anschließender Vorabnahme der neuen Stationen innerhalb der PU geschehen. Darüber hinaus wird unmittelbar in die zuvor bereits produzierende Linie eingegriffen und somit auch die bereits laufenden Stationen beeinflusst. Den einfachen Fall des Umbaus stellen Kleinstumfänge dar, welche keine Auswirkungen auf die Produktionslinie und Verkettung haben. Kommt es zu einer Streckenänderung oder auch -erweiterung, beeinflusst dies unmittelbar die laufenden Stationen. In diesem Fall liegt eine mittlere Ausprägung des Kriteriums vor. Der komplexe Fall zeigt sich durch eine vollständig geänderte Verkettung.

5. Eingriff in das IT-System und die Steuerungstechnik

Durch die zunehmende Vernetzung der Produktion ist der Eingriff in die Steuerungs- und IT-Technik elementar. Abhängig von Art und Ausprägung des Eingriffs sind Veränderungen am System vorzunehmen. Der einfache Fall eines Ausbaus erstreckt sich dabei von keinem Eingriff in das System bis zu kleinen Anpassungen durch eine neue Anlagenkomponente oder -variante. Der mittlere Fall ist durch eine Technologieablösung identifiziert. Diese ist durch Industriestandards geprägt. Sollte ein komplett neues Konzept mit Sicherheitsstandards zu erstellen sein, handelt es sich um den komplexen Fall eines Umbaus. Vor allem die Steuerungstechnik ist als Komplexitätstreiber identifiziert worden.

6. Erfahrung mit dem Lieferanten

Zuletzt ist die Beziehung zum Anlagenlieferanten als auch zu dessen Sublieferanten als Kriterium anzuführen. Diese ist für die Einhaltung von Terminen, Gewährleistung der Funktionalität und Erfüllung von Qualitätsstandards unabdingbar. Wenn Referenzen oder Erfahrungen eines bekannten und etablierten Lieferanten vorliegen, ist von einer einfachen Ausprägung des Kriteriums auszugehen. Sollte ein bekannter Anlagenlieferant mit neuen Sublieferanten zusammenarbeiten, kommt eine unbekannte Variable hinzu, weshalb folglich die mittlere Ausprägung des Kriteriums vorliegt. Im komplexen Fall liegt ein gänzlich neuer Anlagenlieferant vor.

Tabelle 5-1 zeigt den abschließenden Überblick der zuvor beschriebenen Komplexitätskriterien.

Kriterien	Einfach	Mittel	Komplex
1. Änderungsumfang am Produkt	Keine Produktänderung	Integration eines Serienteils	Integration eines Neuteils
2. Prozess-komplexität	Einfacher, bekannter Prozess	Komplexe in Serie befindlicher Prozess	Komplexe noch nicht in Serie befindlicher Prozess
3. Anzahl der berührten Stationen	Umbau einer Station	Umbau zweier Stationen	Umbau von mehr als zwei Stationen
4. Änderung der Verkettung	Kleinstumfänge	Streckenänderung	Vollständig neue Verkettung
5. Eingriff in IT-System und Steuerungstechnik	Kein Eingriff	Anlegen neuer Zählpunkte	Integrationen komplett neuer IT-Fachkonzepte
6. Erfahrung mit dem Lieferanten	Bekannter und erfahrener Lieferant	Neue Sublieferanten bei bestehendem Anlagenlieferanten	Neuer Anlagenlieferant

Tabelle 5-1: Komplexitätskriterien und deren Ausprägungen

Um den Komplexitätsgrad des gesamten Produktionsausbaus darlegen zu können, müssen alle Ausprägungen der Kriterien berücksichtigt werden. Dabei wird ein dreigeteiltes Punktesystem herangezogen. Aufgrund des weitreichenden Aufwands, welcher mit einer komplexen Ausprägung einhergeht, sind diese gesondert gewichtet. So ist im Punktesystem eine einfache Ausprägung mit dem Punktewert 0 bewertet, für eine mittlere Ausprägung der Wert 1 hinterlegt und für eine komplexe Ausprägung ein Punktewert von 3 veranschlagt. Daraus ergibt sich die gesamthafte Punkteskala von minimal 0 bis maximal 18 Punkten. Die einzelnen Intervalle für die finale Bewertung sind in der folgenden Abbildung 5-3 aufgezeigt.[503]

Es handelt sich bei maximal zwei mittleren Ausprägungen neben sonstigen einfachen Ausprägungen der Kriterien um eine einfache Integration, da wenige Komplikationen zu erwarten sind. Sobald mindestens die Hälfte der Ausprägungen als mittel eingestuft ist oder sogar eine komplexe Ausprägung vorhanden ist, liegt ein Punktewert von drei oder höher vor. Dieser impliziert den unteren Schwellenwert für eine mittlere Integration, sodass mit einem größeren Aufwand zu rechnen ist. Der untere Schwellenwert einer komplexen Integration beruht primär auf der Anzahl an komplexen Ausprägungen. Wenn die Mehrzahl der Ausprägungen komplex ist oder bei lediglich zwei komplexen Ausprägungen noch weitere Kriterien als mittel eingestuft sind, beträgt der Punktewert 9 oder größer. Ab diesem Wert liegt eine komplexe Integration vor, welche einen deutlichen Mehraufwand impliziert.

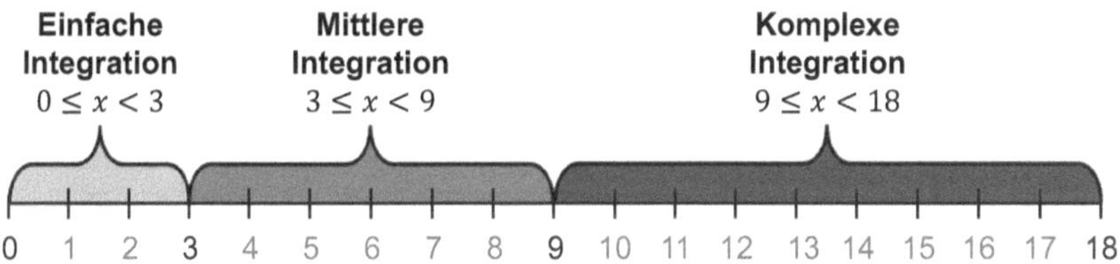

Abbildung 5-3: Punktesystem zur Bewertung des Komplexitätsgrads eines Umbaus

Nach Aussage der Planungsexperten kann aus dem Komplexitätsgrad eine qualitative Unterscheidung der OEE-Anlaufkurve vorgenommen werden. Der einfache Fall einer Integration kann hierbei vernachlässigt werden, da aufgrund der marginalen Änderungen ein verlustfreier Anlauf auf vollem Ausbringungsniveau voraussichtlich erreicht werden kann. Die nachfolgende Abbildung 5-4 zeigt die OEE-Anlaufkurve nach einem mittel-komplexen und komplexen Umbau auf. Dabei liegt der Fokus nicht auf den absoluten Zahlenwerten oder der absoluten Zeitspanne des Anlaufs, sondern hauptsächlich auf dem qualitativen Vergleich der Hochlaufkurven untereinander. Dies wird auf das jeweilige Fertigungssystem

503 Vgl.Kampker, A./Kreiskother, K. et al. (Re-Ramp-Up Management), 2019, S. 139.

angewandt, um eine quantitative Vergleichbarkeit der Komplexitätsgrade zu schaffen.

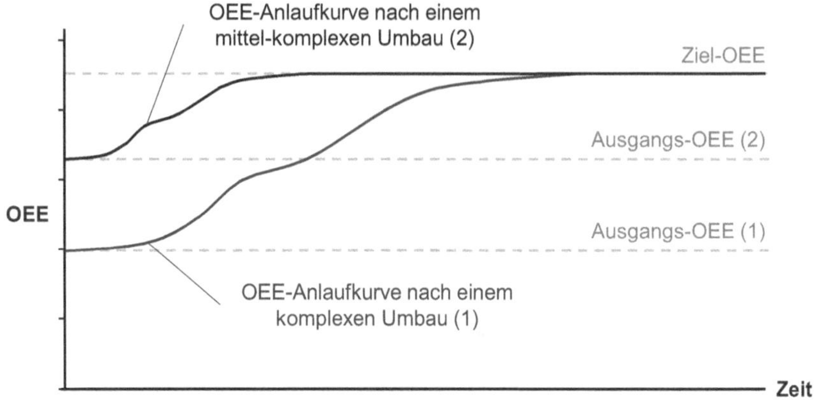

Abbildung 5-4: Qualitativer Verlauf von Anlaufkurven

5.1.2 Zeitliche Einordnung von Komplexitätstreibern

Das Clustern der Komplexitätstreiber bzw. der Herausforderungen im Betrachtungsbereich (s. Kapitel 2.5.2) erfolgt nach dem Zeitpunkt, zu welchem sich diese auf die OEE-Hochlaufkurve der Ausbaustufen auswirken. Dabei sind drei Bereiche der Kurve zu unterscheiden, welche in der folgenden Abbildung 5-5 aufgezeigt sind.[504]

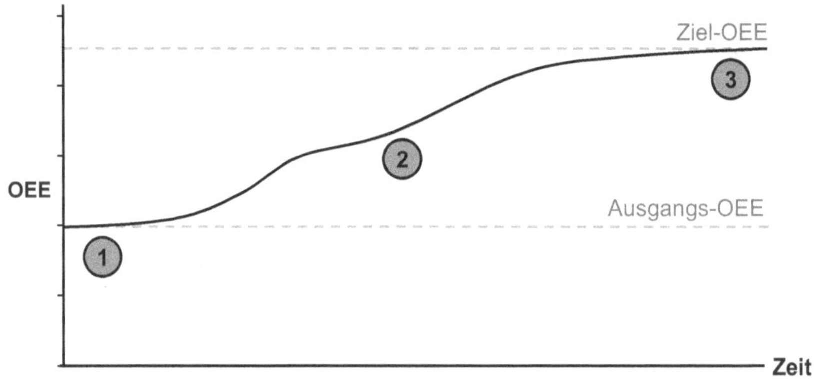

Abbildung 5-5: Darstellung der drei Bereiche in der OEE-Hochlaufkurve

[504] Vgl.Kampker, A./Kreiskother, K. et al. (Re-Ramp-Up Management), 2019, S. 139f.

Der erste Bereich stellt den Ausgangs-OEE dar. Während bei einem Erstanlauf die Gesamtanlageneffektivität im Nullpunkt startet, kann im skalierbaren Produktionssystem nach der PU der Ausbaustufe bei einem erhöhten OEE angelaufen werden. Dieser resultiert aus der bereits zuvor vorhandenen und produzierenden Linie. Demnach sieht der theoretische Idealfall nach einer Verdopplung der Kapazitäten einen zum Ziel-OEE halbierten Ausgangs-OEE vor, da die zuvor ausgelastete Linie 50% des neuen Produktionsvolumens darstellt. Dies ist jedoch in der Realität durch den Wandel von Stationen und Eingriffen in die Verkettung nur schwer zu realisieren. Abzüglich von Reibungsverlusten wird daher eine Ausgangs-OEE nach Wiederanlauf von 40% anvisiert. Der zweite Bereich stellt den Verlauf der OEE-Kurve von deren Ausgangs- zum neuen Zielwert dar. Abgesehen vom Ausgangspunkt verhält sich dieser analog zu einem Hochlauf im konventionellen Produktionssystem oder einem Erstanlauf. Der dritte Bereich stellt den Ziel-OEE dar. Dieser entspricht im Idealfall schlussendlich dem Ziel-OEE Wert vor der Ausbaustufe.

Dem ersten Bereich des Ausgangs-OEE können die folgenden Komplexitätstreiber zugeordnet werden:

- Fehlende Vorabnahme
- Bereitschaft des IT-Systems zur Integration

Die Störgrößen und Probleme, welche aufgrund einer fehlenden Vorabnahme im Voraus nicht eliminiert werden konnten, wirken unmittelbar nach der PU auf den Wiederanlauf des Produktionssystems, wodurch die geplante Gesamtanlageneffektivität zu Beginn (ggf. auch darüber hinaus) nicht erreicht wird. Als weiterer Komplexitätstreiber des Ausgangs-OEE führt eine fehlende Bereitschaft des IT-Systems zu einer eingeschränkten bis nicht vorhandenen Funktionalität der Produktionslinie beim Anlauf. Analog wirken sich kurze als auch verspätete Umbauten mit der daraus resultierenden fehlenden Absicherung des Systems bereits zu Beginn des Anlaufs auf die Gesamtanlageneffektivität aus.

Alle dargelegten Komplexitätstreiber resultieren in einer Nichterfüllung der vorgegebenen Anlageneffektivität nach der PU zur Integration neuer Maschinen. Je nach Ausprägung und Reaktion auf die Störgrößen können sowohl der Fall einer Minderung des Ausgangs-OEE als auch ein Stillstand der Linie und eine damit einhergehende nicht vorhandene Produktivität vorliegen. Diese beiden Ausprägungen sind anhand deren Hochlaufkurven der Gesamtanlageneffektivität qualitativ in der folgenden Abbildung 5-6 aufgezeigt.

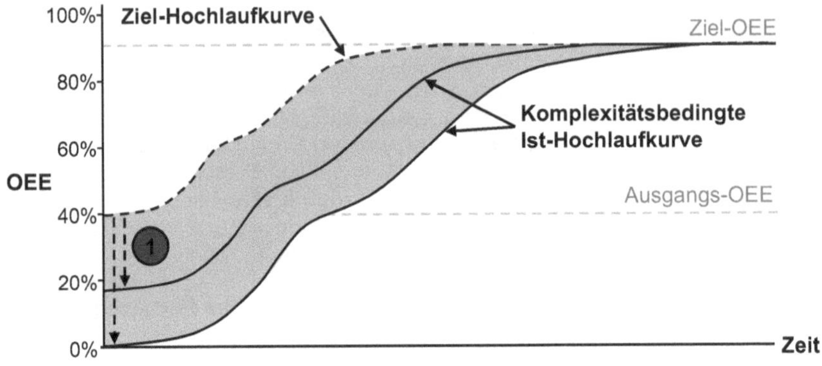

Abbildung 5-6: Hochlaufkurven nach Veränderung des Ausgangs-OEE

Dem zweiten Bereich des OEE-Verlaufs sind die folgenden Komplexitätstreiber zuzuweisen:

- Fehlende Testläufe
- Bedienung neuer Anlagen

Aufgrund des Zeitdrucks einer PU sind Testläufe nicht durchführbar, sodass Probleme im weiteren Hochlauf bei höheren Stückzahlen auftreten können. Demnach können Instabilitäten, die aufgrund fehlender Testläufe nicht identifiziert wurden, zu einer verminderten Prozessfunktionalität als auch zu Abweichungen bei der Qualität von produzierten Bauteilen führen. Diese Verminderung der Gutteile führt zu einer verlangsamten OEE-Hochlaufkurve. Bei einer fehlerhaften oder ineffizienten Bedienung der neuen Anlagen durch die mangelnde Einarbeitung der Mitarbeiter kommt es ebenfalls zu einer reduzierten Steigung der Hochlaufkurve.

Die aufgeführten Komplexitätstreiber des zweiten Bereichs führen zu einem verlangsamten Anstieg der OEE-Hochlaufkurve. Hierbei können anhand des Umfangs der Treiber wiederum differenzierte Ausprägungen festgestellt werden. Diese verzögern mit dem verminderten Anstieg der Hochlaufkurve auch das Erreichen des Ziel-OEE. Die folgende Abbildung 5-7 zeigt zwei Ausprägungen der Anlaufkurve, bei welchen ein verlangsamter Hochlauf aufgrund der Komplexitätstreiber vorherrscht.

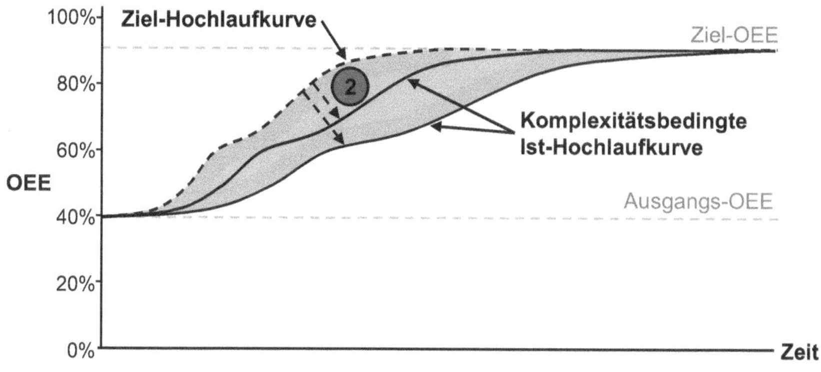

Abbildung 5-7: Hochlaufkurven nach Veränderung des OEE-Hochlaufs

Dem dritten Bereich des Ziel-OEE können die folgenden Komplexitätstreiber zugeordnet werden:

- Softwarekompatibilität der Anlagen
- Zugänglichkeit der Anlage für Verbesserungen

Eine nicht vorhandene Softwarekompatibilität der Anlagen verhindert einen störungsfreien Betrieb. Ohne diesen ist das Erreichen der vorangegangenen OEE nicht möglich. Weiter sind durch fehlende Erweiterungsflächen als auch durch eine dauerhaft zu gewährleistende Zugänglichkeit der Anlage für Anpassungen Restriktionen im Aufbau und der Verkettung zu treffen, wodurch das System an Effektivität einbüßt. Verbesserungen im laufenden Betrieb sind durch die Gefahr größerer Verluste nicht möglich, da jeder Eingriff in die Anlage Produktionsverluste verursacht.

Die Komplexitätstreiber des dritten Bereichs verhinden ein Erreichen des OEE der vorangegangenen Ausbaustufe. Hier können differenzierte Ausprägungen vorliegen, welche zu einer unterschiedlich starken Verminderung des Ziel-OEE führen. In der folgenden Abbildung 5-8 sind zwei Ausprägungen aufgezeigt, welche in einer unterschiedlichen finalen Gesamtanlageneffektivität münden.

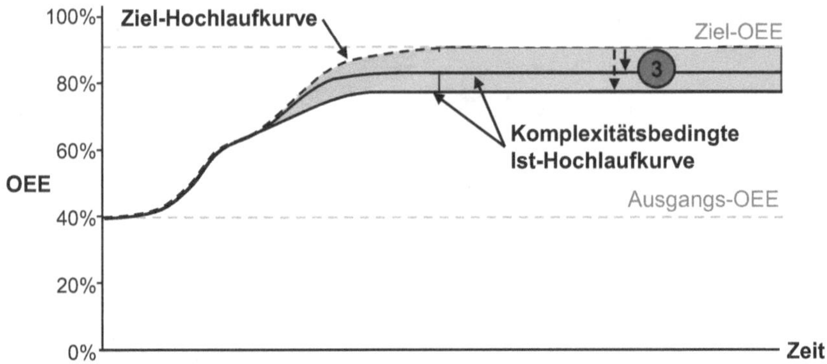

Abbildung 5-8: Hochlaufkurven nach Veränderung des Ziel-OEE

In der Praxis ist mit weiteren unvorhersehbaren Komplikationen zu rechnen. Weiterhin herrschen zwischen den identifizierten Bereichen oftmals Wechselwirkungen vor. Dabei beeinflussen sich die Komplexitätstreiber als auch deren Auswirkungen untereinander. Daher kommt es in der Realität häufig zu Abweichungen aller drei Bereiche, wobei die entstehende Kurve einer Parallelverschiebung zur geplanten Ziel-Hochlaufkurve entspricht. Dies ist in der folgenden Abbildung 5-9 beispielhaft aufgezeigt.

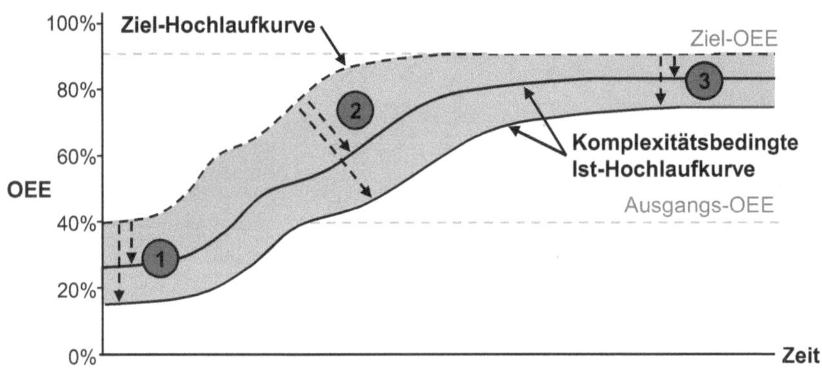

Abbildung 5-9: Hochlaufkurven nach Veränderung aller Bereiche

5.1.3 Virtuelle Inbetriebnahme als Maßnahme zur Problembehebung und Verbesserung des Wiederanlaufs

Auf Grundlage von Expertengesprächen, der durchgeführten Industriestudie (s. Kapitel 2.5) und ausgewerteten Projekten eines deutschen Automobilherstellers kann die Maßnahme der Integration von VIBN den Ausbau eines skalierbaren Fertigungssystems positiv bestärken. Dabei wird unterschieden, wie die verschiedenen Teilaspekte der VIBN unterstützend entgegen der Komplexitätstreiber im Wiederanlauf wirken und welcher Einfluss auf den Verlauf der OEE daraus resultiert (s. Abbildung 5-10).[505]

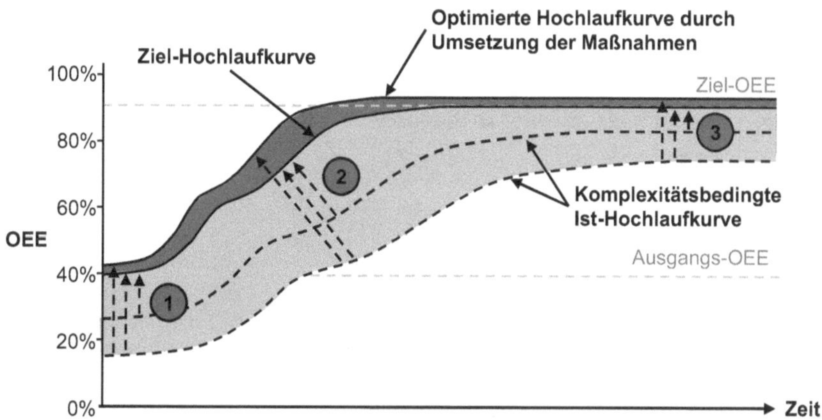

Abbildung 5-10: Optimierung der Hochlaufkurve durch Maßnahmen

Im ersten Bereich der Kurve geht es um den Betriebsstart nach der PU, vor allem die Komplexitätstreiber einer fehlenden Vorabnahme und die mangelnde Bereitschaft des IT-Systems zur Integration wirken sich ab einem mittel-komplexen Ausbau negativ auf den OEE-Wert aus. Hier setzt die VIBN an, indem virtuelle Vorabnahmen möglich gemacht werden und die Kompatibilität des bestehenden IT-Systems mit der Steuerung der neuen Maschinen prophylaktisch überprüft werden kann. Je nach Umsetzung und Umfang (s. Kapitel 5.3) kann der Nutzen gegenüber dem Aufwand der VIBN stark überwiegen. Ein Einsatz lohnt teilweise schon zur Reduzierung der Verluste während der PU und im unmittelbaren Wiederanlauf.

Im zweiten Bereich, dem Hochlauf von der Ausgangs-OEE zur Ziel-OEE, sind fehlende Testläufe und unzureichende Erfahrung der Maschinenbediener ausschlaggebend für einen flacheren Verlauf der Kurve. Hier setzt die VIBN an, indem die Möglichkeit von Schulungen am virtuellen Modell möglich wird, sodass Mitarbeiter bereits vor dem Umbau ausreichende Übungsmöglichkeiten erhalten. Weiterhin können Testläufe mit unterschiedlichsten Ausprägungen gefahren werden, da keine Gefahr für Menschen, Produktionsausfälle oder die Beschädigung von

[505] Vgl.Kampker, A./Kreiskother, K. et al. (Re-Ramp-Up Management), 2019, S. 141.

Bauteilen besteht. Demnach kann die Anlage in der Simulation auch unter Volllast und darüber hinaus getestet werden.

Im dritten Bereich, der Ziel-OEE, haben eine unzureichende Softwarekompatibilität der Maschinen und eine schwierige Zugänglichkeit der Anlage negative Auswirkungen auf das Erreichen der Kammlinie der Produktion. Notwendige Effizienzsteigerungen durch Verbesserungen von Soft- und Hardware sind kaum möglich. Dies wird auch durch eine mangelnde Kenntnis des aktuellen Softwarestandes und die fehlende Möglichkeit zur Verbesserung der Signalabläufe hervorgerufen. An dieser Stelle setzt die VIBN an, indem sowohl die Anlage dauerhaft als Simulation zugänglich ist als auch die Kenntnis über Softwarestände aktuell gehalten wird. Zusätzlich bietet eine Datenanbindung an die reale Maschine die Möglichkeit, Optimierungen in der Simulation zu testen und die Software im laufenden Betrieb zu verbessern bzw. spätestens im Ausbau der nächsten Skalierungsstufe einzusetzen.

Die VIBN ist sowohl aus Expertensicht als auch der Erfahrung aus durchgeführten Pilotprojekten eine Maßnahme zur Reduzierung der Komplexitätstreiber und gleichzeitig Grundlage zur Erweiterung virtueller Werkzeuge zur effizienteren Realisierung von skalierbaren Fertigungssystemen. Die Grundvoraussetzungen zur Einführung in die laufende Produktionsplanung werden im folgenden Kapitel 5.2 aufzeigt.

5.2 Einführung virtueller Inbetriebnahme in die Serienplanung von Fertigungssystemen

Zum Einsatz der VIBN in der Serienplanung von skalierbaren Fertigungssystemen wird die grundlegende Architektur (s. Kapitel 5.2.1) inkl. involvierter Stakeholder, organisatorischer Varianten, nötiger Kompetenzen und Anforderungen an die Software sowie den Lieferanten aufgezeigt. Das Modul schließt mit der Beschreibung der Grobplanung der VIBN im Anlagenentstehungsprozess ab (s. Kapitel 5.2.2). Es werden die wichtigsten Meilensteine und die Anforderungen an den Anlagenlieferanten aufgeführt. Das Vorgehen ist angelehnt an den allgemeinen Planungsprozess von Produktionslinien[506] (s. Kapitel 2.2.4). Eine Übersicht über die Eingangs- und Ausgangsgrößen sowie das Vorgehen wird in Abbildung 5-11 dargestellt. Weiterhin werden die Hilfsmittel, das Kernergebnis und die allgemeine Zielsetzung des Kapitels aufgezeigt.

[506] Vgl. Schuh, G./Stölzle, W. et al. (Grundlagen des Anlaufmanagements), 2008, 2f.

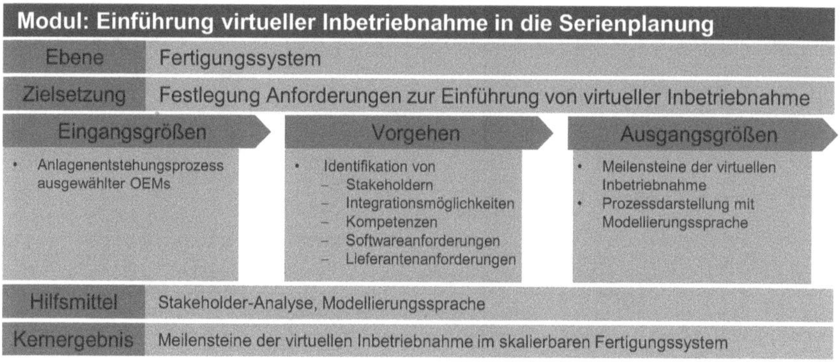

Abbildung 5-11: Einführung VIBN

5.2.1 Architektur zur VIBN

Der folgende Abschnitt beschäftigt sich mit dem architektonischen Aufbau eines Projektes zur VIBN. Dabei wird zunächst betrachtet, welche Personengruppen involviert sind, wie deren Interesse bzw. Einfluss auf das Projekt gemessen werden und welche weiteren organisatorischen Rahmenbedingungen bei der Integration der VIBN in den Ausbau skalierbarer Fertigungssysteme relevant sind. Nach der Betrachtung verschiedener Alternativen wird eine Empfehlung bezüglich der geeigneten Rahmenarchitektur für Projekte der VIBN aufgezeigt. Im Weiteren werden nötige Kompetenzen innerhalb sowie außerhalb des Kunden untersucht und grundlegende Anforderungen an die Software sowie den Anlagenlieferanten zur VIBN dargestellt.

5.2.1.1 Stakeholder

An der Durchführung einer VIBN sind mehrere Interessengruppen (engl. Stakeholder) beteiligt. Dazu zählen sowohl Mitarbeiter beim Kunden der Anlagen wie auch beim Lieferanten mit verschiedenen Leveln an Kompetenz im Bereich der VIBN (s. Folgeabschnitt). Sie übernehmen unterschiedlich ausgeprägte Verantwortung für die Erstellung der virtuellen Modelle sowie die Durchführung und Auswertung der VIBN. Dieses Kapitel soll Aufschluss über die an einem Projekt zur VIBN beteiligten Stakeholder und deren Rolle geben.

In Tabelle 5-2 sind die an einem kennzeichnenden Projekt zur VIBN in der Automobilindustrie beteiligten Stakeholder mit ihren Zielen aufgelistet. Je nach Branche und außerhalb der Produktion von Elektromotoren können einzelne Stakeholder abweichen. Die hier benannten Stakeholder wurden anhand der Kriterien Einfluss und Interesse auf Basis von Expertenbefragungen ausgewählt und bewertet.[507] Die Bewertung wurde auf einer Skala von sehr geringem bis sehr

[507] Vgl. Krips, D. (Stakeholdermanagement), 2017, S. 21.

hohe Einfluss und sehr geringem bis sehr hohem Interesse an der VIBN vorgenommen. Eine sehr geringe Bewertung ist mit einem doppelten Minus gekennzeichnet. Die Skala steigt bis zu einer sehr hohen Bewertung, die durch ein doppeltes Plus dargestellt wird.

	Stakeholder	Ziele	Einfluss	Interesse
1	Anlagenbetreiber	Verantwortung für die abgenommene Produktionsanlage	o	+
2	Konstrukteur	Aufbau der CAD Konstruktion der Produktionsanlage	-	- -
3	Lieferant	Erstellung der funktionsfähigen Produktionsanlage	++	++
4	Netzwerkplaner	Logistikplanung der Produktionsanlage	- -	- -
5	Projektleiter	Aufbau der Produktionskapazitäten	++	-
6	Prozessplaner	Abnahme einer funktionsfähigen Produktionsanlage	++	+
7	Prüfplaner	Planung notwendiger Fertigungstests	- -	- -
8	Planer Struktur- und Einrichtungstechnik	Planung von Einrichtung an der Produktionsanlage wie beispielsweise Licht, etc.	- -	- -
9	Steuerungsplaner	Abnahme einer funktionsfähigen Produktionsanlage	++	++
10	Werkzeugplaner	Planung notwendiger Werkzeuge in der Montage	- -	- -
11	VIBN-Experte	Übergreifende Planung der VIBN im gesamten Fertigungssystem	+	++

Tabelle 5-2: Interesse und Einfluss der Stakeholder eines VIBN-Projektes

In Anlehnung an die aus dem Projektmanagement bekannte Stakeholder-Analyse erfolgt nach dem Ansatz von FREEMAN eine Einordnung der Stakeholder hinsichtlich der Kriterien Einfluss und Interesse[508]. Dies gibt Anhaltspunkte über die Rollen der Personen in einem Projekt zur VIBN und erlaubt Rückschlüsse auf den Umgang mit diesen. Daraus wird abgeleitet, inwiefern die jeweilige Partei in die Projekte miteingebunden werden sollte. Abbildung 5-12 zeigt, dass ein Großteil der Stakeholder ein hohes Interesse an der Durchführung der VIBN hat. Bezüglich

[508] Vgl. Freeman, R. E. (Strategic Management), 2010, S. 91f.

des Einflusses wiederum unterscheiden sich die einzelnen Interessengruppen deutlich.

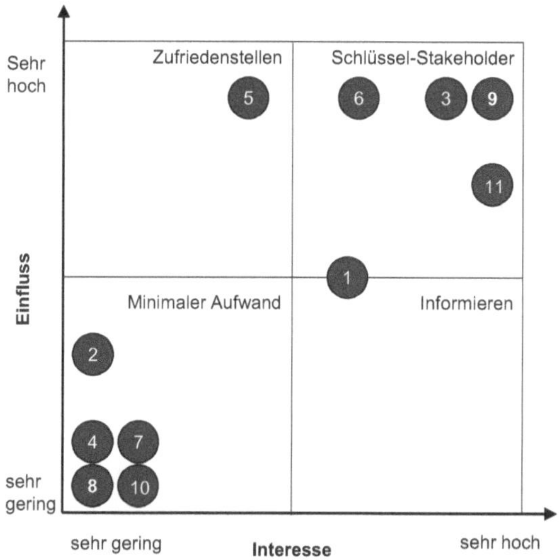

#	Stakeholder
1	Anlagenbetreiber
2	Konstrukteur
3	Lieferant
4	Netzwerkplaner
5	Projektleiter
6	Prozessplaner
7	Prüfplaner
8	Planer Struktur-Einrichtungstechnik
9	Steuerungsplaner
10	Werkzeugplaner
11	VIBN-Experte

Abbildung 5-12: Stakeholder-Analyse[509]

Insbesondere die Rollen von Netzwerkplaner, Prüfplaner, Planer Einrichtungstechnik und Werkzeugplaner haben sowohl sehr geringes Interesse als auch sehr geringen Einfluss auf die VIBN, da sie vor allem Objekte sowie Prozesse um die Fertigungsanlage herum planen und keinen direkten Einfluss auf die Planung der Anlage nehmen. Daher liefern sie weder notwendige Daten noch haben sie einen Mehrwert durch die VIBN, weshalb ihr Interesse als sehr gering beurteilt wird.

Die Rolle des Konstrukteurs erfährt durch die VIBN ebenso keinen Mehrwert, sodass auch sein Interesse sehr gering ist. Allerdings hat er einen Einfluss auf die VIBN, da er die 3D-Modelle und die Funktionsbeschreibungen zur Verfügung stellt, sofern diese nicht vollständig durch den Lieferanten entwickelt werden. Damit hat er modellseitig Einfluss, wohingegen er prozessseitig bis auf die Übergabe der Daten nicht in das Projekt zur VIBN eingebunden ist, wodurch sein Einfluss in Summe gering bleibt und er nur rechtzeitig über die Termine zur Datenübertragung informiert werden muss.

Der Projektleiter hat die Gesamtverantwortung für die Einhaltung der Termine für die Abnahme einer funktionsfähigen Fertigungsanlage in der Produktionshalle

[509] In Anlehnung an Krips, D. (Stakeholdermanagement), 2017, S. 21.

des Kunden. Sein Einfluss ist sehr hoch, da er die Leitung des Projektes übernimmt. Dabei nimmt die VIBN nur einen kleinen Teilumfang von dem Planungsprozess einer neuen Fertigungsanlage ein, demnach ist das Interesse des Projektleiters nicht auf die VIBN fokussiert und daher eher gering. Sie trägt allerdings zur Einhaltung von Terminen der realen Produktionsanlage bei. Somit ist der erfolgreiche Verlauf des Projektes zur VIBN auch im Sinne des Projektleiters.

Der Anlagenbetreiber übernimmt nach Abnahme der realen Produktionsanlage in der Produktionshalle des Kunden die Verantwortung für den gesamten Anlagenbetrieb, die Instandhaltung und aufkommende Umbauten der Anlage. Sein Interesse an der VIBN ist hoch, da er von einem vollständigen virtuellen Abbild der Produktionsanlage profitiert, um beispielsweise Softwaretests oder Schulungen vorzunehmen, ohne die reale Produktionsanlage zu verändern. Der Einfluss des Anlagenbetreibers ist mittel, da er zwar Vorgaben für die Produktionsanlage geben kann, allerdings auf den Prozess der VIBN inkl. Modellerstellung keinen Einfluss nimmt. Der Anlagenbetreiber ist innerhalb des Vorgehensmodells vor allem im letzten Schritt bei der Übergabe des virtuellen Modells relevant. Dennoch bleibt er als Kunde der Planung als Schlüssel-Stakeholder erhalten.

Die weiteren Stakeholder sind ebenfalls direkt am Prozess der VIBN beteiligt und stellen daher Schlüssel-Stakeholder dar. Im Rahmen dieser Arbeit wird die Organisationsform der VIBN betrachtet, bei der der Anlagenhersteller auch der Lieferant der VIBN ist, sodass dieser auch eine Rolle als Schlüssel-Stakeholder einnimmt, da er für die Entwicklung und Produktion der Anlage verantwortlich ist. Weiterhin ist er auch für die Erstellung des virtuellen Modells und die Durchführung der Testszenarien pflichtig, deshalb sind sowohl sein Einfluss als auch sein Interesse an der VIBN hoch, da hierdurch die Softwarequalität erhöht und die Zeit der realen Inbetriebnahme verkürzt werden. Diese Arbeit fokussiert die Seite des Auftraggebers, demnach werden die einzelnen Rollen des Lieferanten, wie bspw. Softwareersteller, Konstrukteur und Projektleiter nicht weiter detailliert. Die Rollen des Kunden stehen innerhalb des Vorgehensmodells ständig in Kontakt mit einem definierten Ansprechpartner des Lieferanten, der bei Bedarf Rollen auf Lieferantenseite zu Kontrollterminen und Absprachen hinzuzieht.

Gegenüber dem Lieferanten stehen auf Kundenseite die Schlüssel-Stakeholder Prozessplaner, Steuerungsplaner und VIBN-Experte, die alle ein hohes oder sehr hohes Interesse an der erfolgreichen Durchführung der VIBN besitzen. Insbesondere der Prozessplaner und der Steuerungsplaner sind für die Funktionsfähigkeit der Fertigungsanlage zu einem definierten Zeitpunkt verantwortlich. Auf der Prozessseite haben beide einen sehr hohen Einfluss auf ein VIBN-Projekt. Das Interesse des Steuerungsplaners ist leicht höher als das des Prozessplaners, weil er mit der Steuerungstechnik der Fertigungsanlagen vertraut und speziell für diese verantwortlich ist. Dennoch muss auch der

Prozessplaner durch sein Wissen über die Abläufe und Funktionalitäten der Anlage als Schlüssel-Stakeholder mit in ein VIBN-Projekt einbezogen werden.

Als abschließender Schlüssel-Stakeholder wird der VIBN-Experte identifiziert. Dieser ist unternehmensinterner Experte auf dem Gebiet der VIBN und besitzt umfassende Kompetenzen. Er steht aufgrund dieser Qualifikationen innerhalb von VIBN-Projekten als Unterstützer und Berater zur Verfügung. Dabei bietet er Unterstützung bei der Bewertung der Durchführbarkeit von VIBN-Projekten, der Schulung von Mitarbeitern und Lieferanten sowie bei Fachfragen, für welche spezifische Kenntnisse notwendig sind. Aufgrund seiner Kompetenz ist sein Einfluss innerhalb eines VIBN-Projektes hoch. Da er das Thema virtuelle Inbetriebnahme unternehmensweit weiterentwickelt, ist sein Interesse ebenfalls sehr hoch.

Entsprechend den Ergebnissen der Stakeholderanalyse sind die Rollen Lieferant, Prozessplaner, Steuerungsplaner und VIBN-Experte als Schlüsselrollen identifiziert worden und werden daher innerhalb der Detailbetrachtung des Vorgehens als Organisationsbereiche der Swimlane-Darstellung (s. Kapitel 4.2.3) verwendet, da diese vier Rollen die Hauptverantwortlichen innerhalb eines VIBN-Projektes darstellen.

5.2.1.2 Organisatorische Integrationsmöglichkeiten

Es bestehen mehrere Möglichkeiten, eine VIBN organisatorisch durchzuführen. Dies hängt damit zusammen, dass sowohl der Auftraggeber als auch der Lieferant der Fertigungsanlagen von der VIBN und damit an einer optimierten realen Inbetriebnahme profitieren, jedoch jeweils unterschiedliches Wissen bzw. Erfahrung vorliegt.

Die Art der Organisation einer VIBN entscheidet über die vom Kunden der Anlage bzw. des Fertigungssystems und dem Lieferanten durchzuführenden Tätigkeiten. Zusätzlich besteht die Möglichkeit, eine externe Partei miteinzubeziehen, die als Dienstleistung einen Teil der VIBN übernimmt. Verschiedene Optionen, die VIBN in die bestehende Unternehmensorganisation zu integrieren, sollen im Folgenden aufgezeigt werden. Die Auswahl erfolgt anhand typischer Projekte im Bereich der skalierbaren Fertigung von Elektromotoren. Grundlage sind Projekterfahrung sowie Expertengespräche an der Schnittstelle zwischen einem OEM und einem Anlagenlieferanten. Dabei besteht weder ein Anspruch auf Vollständigkeit noch sind die einzelnen Kategorien scharf zu trennen. Tabelle 5-3 fasst dabei deren Vor- und Nachteile zusammen. Die Wahl der Organisationsform entscheidet, inwieweit der Aufbau von Kompetenzen aufseiten des Kunden benötigt wird.

Aufbau eigenes VIBN-Kompetenzzentrum	
Vorteile	Nachteile
Unabhängigkeit	Kompetenz muss aufgebaut werden
Wissen bleibt im Unternehmen	Hoher Investitionsbedarf
Umfassende Nutzung der virtuellen Modelle über gesamten Anlagenlebenszyklus	Hoher Aufwand
Erfahrungsaufbau	Hohes Risiko für Probleme am Anfang
Lerneffekte	
Langfristige Reduzierung der Kosten	
Virtuelle Inbetriebnahme durch Lieferant	
Vorteile	Nachteile
VIBN durch Wissensträger der Anlage	Fehlende Erfahrung beim Lieferanten
Direkte Fehleridentifikation und -beseitigung	Wenig Einfluss auf Durchführung/Auswertung
Umfassende Tests und Weiterentwicklung der Steuerungssoftware am Modell	Kommunikation zwischen Lieferant und Kunde entscheidend
	„Modellkompetenz" beim Lieferanten
Modellerstellung durch Dienstleister	
Vorteile	Nachteile
Geringer Aufwand	Wissen geht nach außen
Kein eigener Kompetenzaufbau notwendig	Immer wieder Kosten für Beauftragung
Paralleles Arbeiten zum Anlagenprojekt möglich	„Modellkompetenz" beim Dienstleister
	Keine Lerneffekte
	Abhängigkeit

Tabelle 5-3: Vor- und Nachteile der verschiedenen Integrationsstrategien

Die aufwendigste Variante ist der Aufbau eines eigenen Kompetenzzentrums, welches sich um alle VIBN-Projekte aufseiten des Kunden kümmert. Es ist für die Auswahl der Projekte, die Erstellung der Modelle, die Durchführung der Simulationen, die Auswertung sowie die anschließende Pflege und Weiterverwendung der virtuellen Modelle zuständig. Es handelt sich hierbei um eine langfristige Investition, sodass bei neuen Projekten auf das Erfahrungswissen der Mitarbeiter zurückgegriffen werden kann. Dabei ist jede der zuvor genannten Rollen, wie Experten der VIBN, Anwender und Modellersteller, direkt beim Kunden des Fertigungssystems vertreten. Dies ist zunächst mit einem hohen Aufwand für die Integration der neuen Mitarbeiter, die Beschaffung der notwendigen Ausstattung und die Durchführung notwendiger Schulungen verbunden. Vor allem am Anfang treten Probleme auf, da die Mitarbeiter nicht von Erfahrungen aus früheren Projekten profitieren. Dafür wird mit jedem Projekt zur VIBN ein Erfahrungsschatz aufgebaut, der langfristig im Unternehmen genutzt werden kann. Außerdem ist der OEM nicht auf das Know-how und die Unterstützung anderer Parteien angewiesen, sondern kann mit eigener Kapazität sowie individueller Herangehensweise die Projekte durchführen. Ein weiterer Vorteil ist, dass das Wissen über die Anlagen und Fertigungssysteme im Unternehmen bleibt und nicht nach außen dringt.

Durch die interne Erstellung der Modelle wird sichergestellt, dass diese auch nach erfolgter Inbetriebnahme weiter zur Verfügung stehen. Sie werden langfristig für das Testen von Veränderungen, Optimierungen etc. weiterverwendet (s. Kapitel 5.4 u. Kapitel 5.5). Die Pflege der Modelle und die Sicherstellung der Aktualität sind ebenfalls unkomplizierter, da die Mitarbeiter bereits mit den Modellen vertraut sind. Insbesondere in einem skalierbaren Fertigungssystem kann der interne Aufbau eines Kompetenzzentrums der VIBN zu Effizienzsteigerungen in den Wiederanläufen verhelfen.

Ein deutlich geringerer Aufwand aufseiten des Kunden liegt bei einer Durchführung der VIBN durch den Lieferanten vor. Im Gegensatz zur ersten Integrationsmöglichkeit sind der Modellersteller wie auch der Experte und die tatsächlichen Anwender beim Lieferanten angestellt. Daher befinden sich beim Lieferanten umfassendes Wissen über den Aufbau und die Funktionsweise des Fertigungssystems sowie eine vorhandene Datenbasis für die VIBN. Als Entwickler der Steuerungstechnik und Verantwortlicher für die Funktionsfähigkeit der Anlagen profitiert der Lieferant von der VIBN. Er kennt die kritischen Aspekte der Anlage bzw. Steuerung und kann dementsprechend die Testszenarien gestalten. Erkenntnisse daraus werden direkt für die Fehlerbeseitigung und Optimierung genutzt. Schwierigkeiten bei einer Eingliederung der VIBN beim Lieferanten entstehen, wenn er selbst noch keine Erfahrung mit der Materie hat. Die Bereitschaft kann in diesem Fall gering sein, weil der Nutzen aus der VIBN aufgrund des initialen Aufwands unsicher ist. Weiterhin hat der Kunde bei dieser Variante nur wenig Einblick in den Verlauf des Projektes und kann die saubere Durchführung nicht abschätzen. Das Ausschöpfen von Verbesserungspotenzialen, die zu einer Verkürzung der Inbetriebnahmezeit und einer Verbesserung der Softwarequalität führen, bleibt undurchsichtig. Für eine Weiterverwendung nach erfolgter Inbetriebnahme muss er sich erst durch den Lieferanten einarbeiten lassen. Die Pflege des Modells erfordert mehr Aufwand als bei eigener Modellerstellung durch eine interne Abteilung zur VIBN.

Den kurzfristig geringsten Aufwand bietet die Variante einer Durchführung der VIBN durch einen Dienstleister. Mittlerweile gibt es einige Dienstleister, welche sich auf die Erstellung virtueller Modelle und deren Simulation spezialisiert haben. Die Rolle des Modellerstellers wie auch des Experten liegt dann bei dem jeweiligen Auftragnehmer. Lediglich die Anwendung wird durch Mitarbeiter aufseitendes Kunden durchgeführt, damit die identifizierten Defizite der Steuerung auch direkt behoben werden. Dem Dienstleister werden die Input-Daten von den Lieferanten zur Verfügung gestellt und er generiert daraus das Verhaltensmodell für die VIBN. Dadurch erhält der Dienstleister das gesamte Wissen über das Fertigungssystem. Dies ist gerade bei neuen Technologien als kritisch zu betrachten. Nach Übergabe des Modells an den Kunden besteht zudem auch hier das Problem, dass die Implementierung von Änderungen schwierig ist. Entweder muss der Dienstleister für nötige Anpassungen erneut beauftragt werden oder der Kunde übernimmt diese, was aufgrund fehlender Kompetenz einen hohen Aufwand bedeutet. Bei jedem Auftrag entstehen hohe Kosten. Es werden keine Skaleneffekte wirksam, wie es durch die Lernkurve bei dem Aufbau eines eigenen Kompetenzzentrums der Fall ist. Durch die Nutzung eines Dienstleisters werden kurzfristig Kosten gespart und anfänglicher Aufwand wird vermieden, langfristig können jedoch hohe Ausgaben entstehen.

Für den Einsatz der VIBN beim Ausbau skalierbarer Fertigungssysteme bei elektrischen Antrieben wird empfohlen, teilweise eigene Kompetenzen aufzubauen. Aufgrund des Aufwands und des hohen Investitionsbedarfs soll auf ein eigenes Kompetenzzentrum verzichtet und stattdessen bereits vorhandenes Erfahrungswissen aus anderen Abteilungen genutzt werden. Weiterhin müssen Lieferanten beim Aufbau von Kompetenzen gefördert und unterstützt werden, um die VIBN langfristig dort anzusiedeln. Aufseiten des OEM muss dennoch ein Planer die Themen der VIBN für eine effiziente Durchführung betreuen, z. B. die Anforderungen definieren, die Beauftragung des Lieferanten steuern und das VIBN-Projekt koordinieren. Zusätzlich muss aufseiten der Steuerungsplanung noch mindestens ein Mitarbeiter für die Durchführung der VIBN verantwortlich sein. Ein Steuerungstechniker muss das Durchlaufen der Testszenarien und die Anpassungen der Software begleiten, um auch Rückschlüsse auf den Einsatz der Anlagen zu ziehen. Auch die für die Zukunft wichtige Pflege der Modelle zählt zu seinen Aufgaben. Dies ist wichtig, um das virtuelle Modell auf dem aktuellen Stand zu halten, was Voraussetzung für eine Weiterverwendung des Modells ist (s. Kapitel 5.4). Hierzu wird ein Änderungsmanagement-Prozess implementiert, sodass bei Änderungen an der Anlage eine Anpassung des virtuellen Modells vorgenommen wird.

5.2.1.3 Kompetenzen

Die aufgeführten Stakeholder sind unterschiedlich in die Aufgaben einer VIBN eingebunden und die Beteiligung am Projekt wird verschieden stark gewichtet. Um dieser Varianz gerecht zu werden, müssen unterschiedliche Kompetenzen vorhanden sein oder geschult werden. Dieses Unterkapitel widmet sich den Personengruppen, die aufseiten des Kunden an einer VIBN beteiligt sind und stellt dar, welche Kompetenzen nach der Meinung von Experten aus der Automobilindustrie jeweils aufgebaut werden sollten.

Zwei Kompetenzlevels können bei der Vorbereitung der Mitarbeiter auf Projekte zur VIBN unterschieden werden. Während Level 1 eine grobe Einarbeitung in das Thema VIBN und die zugehörigen relevanten Aspekte ermöglicht, sieht Level 2 einen deutlich detaillierteren Kompetenzaufbau vor (s. Tabelle 5-4).

	Level 1	Level 2
Erfahrungs-stand	- Kein spezifisches Vorwissen notwendig - Erfahrung Planung Produktionssystem - Erfahrung Anlagenentstehungsprozess - Erfahrung Technologie	- Erfahrung Steuerungstechnik - Grundlagen Softwareentwicklung - Programmiererfahrung
Schulungs-bedarf	- Grundwissen über VIBN - Potenziale durch VIBN - Voraussetzungen - Meilensteine - Entscheidungsbasis - Anforderungen Lieferant	- Modellbildung und Simulation - Softwareschulung - Standardisierungsthemen
	Planer Betreiber Konstrukteur	Anwender Software-entwickler Modell-ersteller

Tabelle 5-4: Kompetenzlevel Stakeholder bei einer VIBN

Level 1 richtet sich an Stakeholder, welche ein grobes Verständnis haben sollten, aber kein umfassendes Wissen über die genaue Durchführung einer VIBN benötigen. Sie müssen die verschiedenen Integrationsmöglichkeiten, den generellen Ablauf, die notwendigen Ressourcen und sonstige Voraussetzungen kennen. Außerdem müssen sie die Potenziale bei anstehenden Projekten abschätzen, um eine Entscheidung hinsichtlich der Durchführung bzw. Beauftragung einer VIBN treffen zu können. Des Weiteren müssen wichtige Meilensteine bekannt sein, um die Koordination zu übernehmen und rechtzeitig den benötigten Input der verschiedenen Parteien einzufordern. Vor der Nutzung einer VIBN im Entstehungs- oder Umbauprozess einer Anlage erhalten die beteiligten Personen eine Schulung mit den in Tabelle 5-4 dargestellten Inhalten. Vor allem am Projekt beteiligte Planer, aber auch der spätere Betreiber der Anlage und der Konstrukteur müssen mindestens das erste Qualifizierungslevel abgeschlossen haben. So ist das Wissen vorhanden, um die Potenziale durch die VIBN abschätzen zu können und kritische Aspekte finden Beachtung.

Für die tatsächliche Durchführung der VIBN und Pflege des virtuellen Modells sind wiederum umfassendere Kompetenzen notwendig. Der Steuerungsplaner und auch der Anwender aufseitendes Lieferanten oder des Kunden sollten eine Schulung für das verwendete Tool abgeschlossen haben. Der Softwareentwickler, der beim Lieferanten für die Entwicklung der Steuerungssoftware verantwortlich ist, muss Erfahrungen aus dem Bereich der Steuerungstechnik aufweisen und sich mit den Grundzügen der Softwareentwicklung auskennen. Dies schließt auch Programmierkenntnisse mit ein, um den Aufbau der Steuerungsprogramme nachzuvollziehen und Anpassungen zur Optimierung vorzunehmen. Um für die

VIBN vorbereitet zu sein, müssen die Stakeholder, die sich tiefer mit dem virtuellen Modell und auch der Steuerungssoftware auseinandersetzen, zudem Informationen über die Modellbildung und den genauen Ablauf der Simulation erhalten. Weiterhin müssen die Vorteile der einheitlichen Nutzung geschult werden, wodurch die Etablierung von Standardbausteinen vorangetrieben wird. Dies führt langfristig zu einer deutlichen Verringerung des Aufwands für die VIBN. Der VIBN-Experte wird in der Darstellung nicht berücksichtigt, da seine Kernkompetenz die VIBN selbst ist. Umfassende praktische Erfahrungen, Kenntnisse über die Steuerung automatisierter Anlagen, die Nutzung von Software-Tools und die Simulation der virtuellen Modelle sind vorauszusetzen.

5.2.1.4 Anforderungen an die Software

Eine entscheidende Rolle, um den spezifischen Anforderungen eines Projektes zur VIBN gerecht zu werden, spielt die gewählte Simulationssoftware. Der Markt stellt hier eine Vielzahl an verschiedenen Tools zur Verfügung, die unterschiedliche Anwendungsschwerpunkte haben. Die Software-Anbieter kommen aus verschiedenen Branchen und weisen daher unterschiedliche Kernkompetenzen auf. Zur Einordnung, welches Tool für bestimmte Inbetriebnahme-Projekte die bestmögliche Eignung aufweist, erfolgt in der Validierung der Methodik (s. Kapitel 6) eine kurze Vorstellung einiger ausgewählter Tools. Neben einem Überblick über die Hauptunterschiede soll eine Bewertung bezüglich bestimmter Kriterien resultieren. Der Fokus liegt hier zunächst auf den Vergleichskriterien, um vor der Anwendung die Hauptunterschiede erkennen zu können. Dieses Vorgehen soll vor allem für Stakeholder mit geringer Erfahrung auf dem Gebiet der VIBN einen sinnvollen Überblick ermöglichen.

Zur Bewertung der verfügbaren Software-Tools werden Vergleichskriterien definiert, um einen Überblick über die Unterschiede der Tools zu gewinnen und die Eignung für einen Einsatz bei skalierbaren Produktionssystemen zu ermitteln. Zum Beispiel einer projektspezifischen Auswertung sei auf Kapitel 6.2.2 verwiesen.

Eine wichtige Rolle spielt die Benutzerfreundlichkeit des Tools. Darunter wird verstanden, ob die Software einfach und intuitiv durch den Anwender bedient werden kann und ob sie so gestaltet ist, dass bestimmte Ziele mit möglichst wenig Aufwand erreicht werden können. Komplexe Funktionen behindern beispielsweise den Einsatz und verursachen einen hohen Zeitaufwand für die Modellerstellung und anschließende Anbindung an die Steuerung. Außerdem fließt ein, ob umfassende Programmierkenntnisse benötigt werden oder ob eine Bedienung mittels vorbereiteter Bausteine möglich ist. Separat wird der für die Modellierung notwendige Aufwand betrachtet. Je nach Tool kann der Übertrag der CAD-Dateien und der Funktionsbeschreibung in ein virtuelles Modell komplex und damit aufwendig oder relativ simpel sein. Das hängt mit dem Aufbau der Software zusammen sowie, ob bspw. Visualisierung und Verhaltensmodell getrennt voneinander erstellt werden müssen.[510] Auch die Gestaltung der Schnittstellen zur Steuerung unterscheidet sich von Tool zu Tool und ist mit verschiedenen Arbeitsschritten verbunden. Bei der Abschätzung des Modellierungsaufwands werden keine für die Modellierung erleichternden Zusatzfunktionen wie das Vorhandensein einer Bibliothek berücksichtigt, da ansonsten keine einheitliche Vergleichsgrundlage vorliegt. Ein weiteres Bewertungskriterium ist der entstehende Schulungsaufwand für die Bedienung des jeweiligen Tools. Im Vergleich untereinander ergibt sich, dass der Trainingsbedarf für die Bedienung eines Tools variiert.

5.2.1.5 Befähigung des Lieferanten

Das vorliegende Kapitel zeigt, dass die Einführung der VIBN mit Änderungen am Anlagenentstehungsprozess einhergeht. Dadurch ergeben sich neue Anforderungen an den Lieferanten bezüglich der Fertigstellung von Konstruktionsdaten und Software. Die frühzeitige Entscheidung für den Einsatz der VIBN und die Einplanung der Aufgaben spielt daher eine große Rolle. Die Anforderungen sollten direkt in die Spezifikation für den Lieferanten integriert werden. Welche Anforderungen sich durch die VIBN zusätzlich an den oder die Lieferanten ergeben, wird nachfolgend genauer betrachtet.

Prozessplaner und Steuerungsplaner überprüfen die Kompetenz des Lieferanten zur Durchführung der VIBN. In Abbildung 5-13 sind die Voraussetzungen dargestellt, die ein Lieferant erfüllen muss. Dazu gehören zum einen der Besitz der notwendigen Software und Hardware, um die Modellerstellung und Durchführung der VIBN gewährleisten zu können. Zum anderen benötigen die Lieferanten entsprechendes Expertenwissen und Erfahrung. Erfüllt der Lieferant die geforderten Voraussetzungen nicht, hat dieser die Aufgabe, die notwendige Kompetenz mit Unterstützung des VIBN-Experten seitens des Kunden selbstständig aufzubauen. Dazu berät und unterstützt der VIBN-Experte den Lieferanten in der Beschaffung der notwendigen Software und Hardware. Zudem schult der VIBN-Experte den Lieferanten und unterstützt beim Aufbau der lieferanteninternen Kompetenz zum Thema VIBN. Weiterhin wird der Lieferant befähigt, die Modellbibliothek des Kunden zu nutzen, um Skaleneffekte zur Aufwandsreduzierung zu erzielen. Allerdings muss der Lieferant im Gegenzug Bereitschaft zum Aufbau dieser Kompetenzen und zur anschließenden Durchführung der VIBN zeigen.

---

[510] Vgl. VDI-Richtlinie (VDI 4499 Blatt 2 Digitale Fabrik - Digitaler Fabrikbetrieb), 2011, S. 23.

Lieferantenbefähigung

Voraussetzungen in Bezug auf Expertenwissen und Kompetenzen:
- Notwendiges Expertenwissen zur Erstellung der virtuellen Modelle
- Erfahrung in der Durchführung einer VIBN (Unterstützung in der Vermeidung typischer Fehler)
- Befähigung zur Nutzung der Modellbibliothek
- Befähigung zum Aufbau virtueller Modelle zur Integration in die Modellbibliothek

Abbildung 5-13: Lieferantenbefähigung zur Durchführung der VIBN

5.2.2 Grobplanung der VIBN im Anlagenentstehungsprozess

Zunächst werden wichtige Meilensteine im Abgleich mit dem Anlagenentstehungsprozess aufgezeigt und die wesentlichsten Aspekte zu den jeweiligen Zeitpunkten betrachtet (s. Abbildung 5-14). Im darauffolgenden Abschnitt wird der chronologische Ablauf eines Projektes zur VIBN anhand des Produktionsplanungsprozesses für einen vierstufigen Aufbau eines Fertigungssystems beschrieben (s. Abbildung 5-15). Für die Feinplanung zur Integration der VIBN in den Ausbau eines skalierbaren Fertigungssystems soll auf Kapitel 5.3.3 verwiesen werden.

Aus der Erfahrung vergangener VIBN-Projekte, welche Teil der Forschung waren oder durch Aufzeichnung aus anderen Unternehmensbereichen ist erkennbar, dass die VIBN von Anfang an unter Einbeziehung aller relevanten Stakeholder geplant werden sollte. Nur wenn die Planungsphase rechtzeitig beginnt und entsprechende Termine frühzeitig festgelegt werden, kann das Potenzial voll ausgeschöpft und Kosteneinsparungen realisiert werden. Die groben Meilensteine der Planung und Inbetriebnahme einer Ausbaustufe sind in nachfolgender Abbildung 5-14 dargestellt.

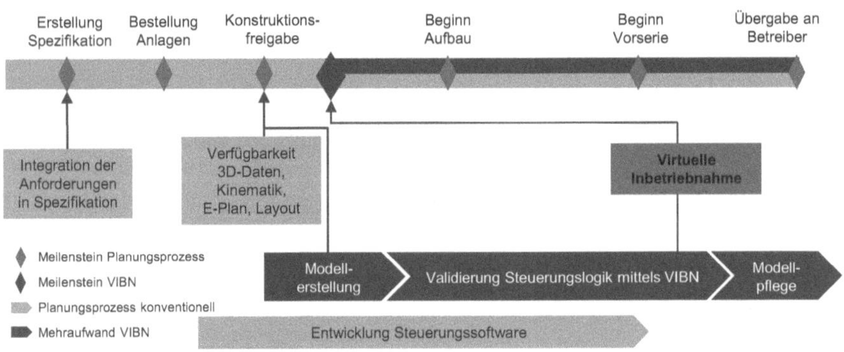

Abbildung 5-14: Meilensteine bei der Integration der VIBN

Bei der zeitlichen Einplanung der VIBN sollte entsprechend einer Rückwärtsterminierung vorgegangen werden. Der Zeitpunkt, zu dem das Produktionssystem oder die Teilelemente betriebsbereit sein müssen, steht meist schon zu Anfang fest. In Abhängigkeit davon lassen sich auch die Inbetriebnahmezeiten festlegen. Da trotz der VIBN die reale Inbetriebnahme nicht entfällt, kann der geplante Beginn als Anhaltspunkt genommen werden. Die VIBN muss bis zum Beginn der realen Inbetriebnahme abgeschlossen sein. Die geplanten Tests der Steuerung am virtuellen Modell sollten durchgeführt und die entsprechenden Korrekturen implementiert worden sein. Nur dann kann von den Vorteilen einer verbesserten Softwarequalität profitiert werden. In Abhängigkeit dieses Termins und der durchzuführenden Testszenarien wird abgeschätzt, wann das virtuelle Modell und die Steuerungssoftware vorhanden sein müssen. Davon kann wiederum abgeleitet werden, wann mit der Softwareentwicklung und Modellierung begonnen werden sollte. Die notwendigen Zeiträume sind dabei vom Projekt abhängig. Sowohl die Größe der Anlage als auch der Detaillierungsgrad des Modells, die verfügbaren Kompetenzen sowie Ressourcen und die Komplexität beeinflussen den erforderlichen Aufwand der Vorbereitung bzw. Durchführung (s. Kapitel 5.3).

Durch unterschiedliche Fertigungssysteme variieren die gesetzten Schwerpunkte einer VIBN. In Abhängigkeit der Technologie, des Automatisierungsgrades, der Prozesse und verwendeten Anlagen unterscheiden sich die Anforderungen an eine VIBN und damit auch die Umsetzung. Beispielsweise sollte die Detailgenauigkeit bei der Erstellung des virtuellen Modells entsprechend den gewünschten Ergebnissen definiert werden. Es können Probleme bei der Performance durch ein Modell mit zu hohem Detaillierungsgrad entstehen, weil eine sehr hohe Rechenleistung erforderlich wird. Sind diese Details für die geforderten Untersuchungen nicht notwendig, kann durch Beschränkung auf eine geringere Genauigkeit eine schnellere Performance des Modells gewährleistet und die VIBN deutlich erleichtert werden.

Zur Integration virtueller Methoden in die bestehenden Planungsprozesse wird zunächst der Ist-Stand für die nötige PU aufgezeigt. Der physische und der virtuelle Ablauf werden dabei voneinander getrennt beschrieben (s. Abbildung 5-15).

Der physische bzw. klassische Ablauf kann durch die generische PU für den Ausbau bzw. Umbau von Fertigungssystemen beschrieben werden und wird in folgende vier Schritte unterteilt: Vorbereitung, Durchführung, Anlauf/Hochlauf und Serienbetrieb. Während der Vorbereitung der PU werden die zu integrierenden Maschinen zunächst beim Anlagenlieferanten aufgebaut und in Betrieb genommen, um diese anschließend nach positiver Vorabnahme durch den Kunden an diesen zu versenden. Die Durchführung der PU startet mit dem Aufbau der Maschinen und mündet in eine Inbetriebnahmephase vor Ort, welche mit der Endabnahme seitens des OEM abschließt.

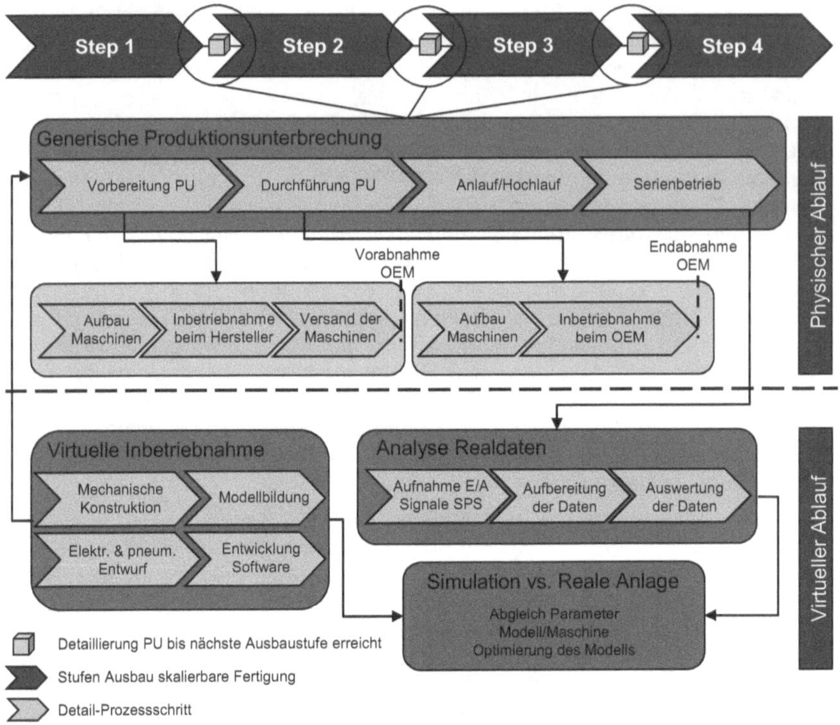

Abbildung 5-15: Grobplanung Integration der VIBN[511]

Der virtuelle Ablauf startet vorgelagert zur Vorbereitung der PU mit der Aufnahme der Konstruktionstätigkeiten. Für die VIBN werden ebenfalls die mechanische, elektrische, hydraulische und pneumatische Konstruktion benötigt. Darauf aufbauend werden die Verhaltensmodelle der jeweiligen Anlage modelliert, welche das Zeitverhalten der realen Maschine widerspiegeln. Ohne die Fertigstellung der Modelle kann die VIBN nicht durchgeführt werden. Parallel werden die ersten Softwarestände der Steuerung entwickelt. Noch vor der Inbetriebnahme beim Anlagenlieferanten werden die Ergebnisse zusammengefasst und Testszenarien der VIBN durchgeführt (s. Kapitel 5.3.3).

Je nach Standortverlagerung der Maschinen vom Anlagenhersteller zum Kunden gibt es eine Versandphase, welche von mehreren Tagen bis zu einigen Wochen dauern kann. Für diese Phase ist die VIBN prädestiniert, da

[511] In Anlehnung an Stark, R./Müller, P. et al. (Virtuelle Inbetriebnahme), 2018, S. 52; Brökelmann, J. (Systematik der virtuellen Inbetriebnahme), 2015, S. 137.

ausschließlich die Möglichkeit besteht, an den virtuellen Modellen weitere Absicherungen der Inbetriebnahme durchzuführen. Dies gilt ebenso für die anschließende Phase des Aufbaus der Maschinen beim Kunden. Nach Abschluss des Aufbaus der realen Anlagen ist eine VIBN nicht mehr effizient, da alle nötigen Schritte nun an der existenten Anlage durchgeführt werden können. Aufgrund dessen muss für jede VIBN genau abgewogen werden, ob ein Einsatz effizient gestaltet werden kann (s. Kapitel 5.3). Dies gilt sowohl für die zeitliche Planung als auch für weitere Kriterien.

Nach Abschluss der VIBN ist die Weiterentwicklung der Modelle durch Realdaten aus der SPS eine weitere große Hürde. Das digitale Abbild findet Verwendung im Abgleich zwischen dem Soll- und Ist-Prozess der einzelnen Anlagen. Während des Serienbetriebs im physischen Ablauf können Daten aus den einzelnen Maschinen generiert werden. Um diese mit den Daten der virtuellen Modelle zu vergleichen, müssen sie zunächst aufbereitet werden (s. Kapitel 5.4). Im Anschluss werden aus den Daten des physischen und des virtuellen Ablaufs die wichtigsten Parameter der Modelle der VIBN identifiziert, um durch Realdaten eine Optimierung der Verhaltensmodelle durchzuführen (s. Kapitel 5.5).

Eine Vorgehensweise zur effizienten Weiterentwicklung durch Lerneffekte und Nutzung des digitalen Abbilds bis zur Planung der nächsten Ausbaustufe des skalierbaren Fertigungssystems wird in Kapitel 5.6 eingeführt.

5.3 Analyse, Bewertung und Realisierung von Anwendungsfällen

Bei der Ersteinführung der VIBN wird es nicht möglich sein, jeden einzelnen Produktionsprozess virtuell in Betrieb zu nehmen, weil der Modellierungsaufwand und damit die Kosten deutlich zu hoch sind. Dementsprechend wird eine Priorisierung der möglichen Anwendungsfälle angestrebt. Auch beim Ausbau skalierbarer Fertigungssysteme werden verschiedene Umfänge um- bzw. aufgebaut. Bei welchen Teilprojekten die virtuelle Inbetriebnahme ein sinnvolles Instrument ist, muss spezifisch entschieden werden. Diese Entscheidung hängt nicht allein von monetären Kriterien ab. Um den Nutzen abschätzen zu können, müssen mehrere Faktoren beachtet, analysiert und beurteilt werden. Ein formalisiertes Verfahren stellt hierbei sicher, dass die Entscheidungen auf einer einheitlichen Grundlage beruhen und nicht intuitiv getroffen werden. Abbildung 5-16 gibt einen Überblick über das Vorgehen sowie die Ausgangsgrößen des vorliegenden Moduls und zeigt die Eingangsgrößen aus den vorangehenden Modulen auf. Ferner werden die Hilfsmittel, das Kernergebnis und die allgemeine Zielsetzung des Kapitels aufgezeigt.

In diesem Kapitel wird ein Bewertungsvorgehen entwickelt, das vor jedem Projekt herangezogen werden kann, um die Wirtschaftlichkeit eines VIBN-Projektes einzuschätzen. Im Folgenden wird auf die Herangehensweise zur Entwicklung des Bewertungsmodells eingegangen, es werden die relevanten

Kriterien identifiziert und abschließend der Aufbau und die Funktionsweise des Vorgehens näher erläutert.

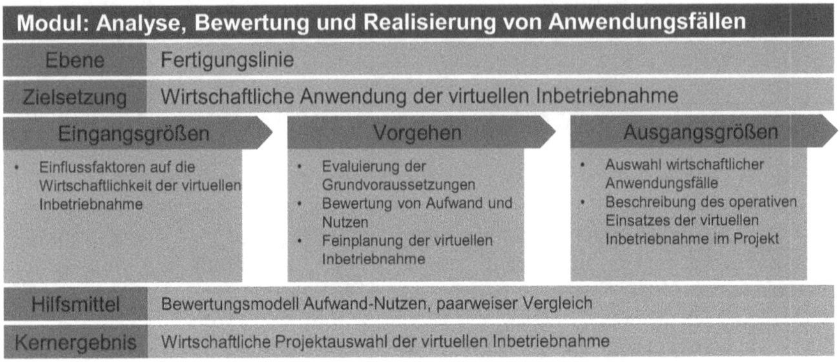

Abbildung 5-16: Bewertung und Durchführung von Anwendungsfällen

5.3.1 Einflussfaktoren auf die Wirtschaftlichkeit einer VIBN

Einflussfaktoren auf die Effizienz der VIBN konnten durch Expertengespräche und retrospektiv aus vergangenen Projekten diverser Produktionsbereiche ermittelt werden. Diese gliedern sich nach Faktoren, die mit der Komplexität der in Betrieb zu nehmende Anlage, der Verfügbarkeit der Daten, dem Projekt-Risiko, dem Software-Tool, dem Lieferanten und weiteren internen Faktoren zusammenhängen. Im Folgenden sind die einzelnen Faktoren aufgelistet und deren Einfluss auf die VIBN beschrieben. Anschließend werden die Kriterien nach Grundvoraussetzungen für die VIBN sowie Aufwand und Nutzen zur Vorbereitung der Bewertung strukturiert. Zum Teil gelten die Kriterien für beide Kategorien und werden nur einfach im Fließtext erklärt. Die Einschätzung erfolgt in Zusammenarbeit mit VIBN-Experten.[512]

Grundvoraussetzungen

Verfügbarkeit VIBN-Software: Die zu verwendende VIBN-Software ist ein entscheidender Faktor zur Durchführbarkeit der VIBN, weil der Großteil der Simulation mit dieser stattfindet (s. Kapitel 5.2.2).

Verfügbarkeit Funktionsbeschreibung: Die Funktionsbeschreibung ermöglicht einen Überblick über die Prozesse und damit die Bewegungsrichtung, Position und Auslösung der Teilelemente.

Verfügbarkeit Hardwarekonfiguration: Es werden Informationen über die SPS, Hardwarekonfiguration inklusive der Stromversorgung benötigt. Ohne diese ist ein Versuchsaufbau nicht möglich.

[512] Vgl. Kampker, A./Wessel, S. et al. (Virtual Commissioning for Production Systems), 2020, S. 110.

Verfügbarkeit leistungsfähige Rechner: Für die Durchführung der virtuellen Inbetriebnahme werden leistungsfähige Rechner benötigt, welche einen problemlosen Ablauf der Simulationen ermöglichen.

3D-CAD-Daten, Layout: Diese Daten sind notwendig, um ein Verhaltensmodell der virtuell in Betrieb zu nehmenden Umfänge zu erstellen. Vor allem bei Materialflusssystemen ist ein Layout wichtig, um die Anordnung zu kennen.

Verfügbarkeit Versuchsaufbau: Der Versuchsaufbau, der die Steuerungshardware widerspiegelt, ist essenziell für die Hardware-in-the-Loop Simulation.

Bereitschaft des Lieferanten: Lieferanten mit geringer Erfahrung in der VIBN haben häufig Bedenken. Um dennoch profitieren zu können, müssen sie allerdings bereit sein, Konstruktionsdaten und Software zur Verfügung zu stellen und auch den Zeitplan der Entwicklung anzupassen.

Verfügbare Ressourcen für die Softwareentwicklung: Bei Anlagenlieferanten hat die Verfügbarkeit von Ressourcen einen entscheidenden Einfluss auf die VIBN, da ggf. durch die Art der Organisationsform die Modellierung und Simulation durch den Lieferanten durchgeführt wird.

Zeitlicher Verlauf zur realen Inbetriebnahme: Nur bei frühzeitig eingeplanten Projekten kann die VIBN ganzheitlich durchgeführt und die Vorteile genutzt werden. Das virtuelle Modell sollte mit gewissem Vorlauf vor Beginn der realen Inbetriebnahme fertiggestellt sein, damit die Validierung rechtzeitig durchgeführt und entsprechende Optimierungen implementiert werden können.

Nachdem die Grundvoraussetzungen zur Durchführung eines VIBN-Projektes definiert sind, werden im Folgenden weitere Kriterien bzgl. des Nutzens und des Aufwandes als Grundlage für die Überprüfung des wirtschaftlichen Einsatzes der VIBN definiert (s. Kapitel 5.3.2).

Bewertungskriterien Nutzen

Aufbau-/Umbauzeit: Bei zeitlich unkritischen Projekten ist der Mehraufwand für die VIBN oft nicht gerechtfertigt, da man an der realen Anlage genug Zeit hat, die notwendigen Tests durchzuführen und die Steuerungstechnik zu überprüfen und anzupassen.

Bedeutung: Wird dem Teilsystem eine hohe Bedeutung innerhalb des Gesamtsystems zugeschrieben, ist der Nutzen der VIBN sehr groß, da durch sie Verzögerungen und Probleme vermieden werden. Die Bedeutung ist hoch, wenn der Deckungsbeitrag der zu fertigenden Produkte hoch ist oder sie zeitnah als Teilkomponente benötigt werden.

Projektwert: Bei Projekten mit einem hohen Investitionswert spielt die rechtzeitige Aufnahme des Serienbetriebs eine große Rolle. Durch Sicherstellung eines reibungslosen Anlaufs hat die VIBN hier ein hohes Potenzial.

Steuerungstechnische Komplexität: Bei komplexen Steuerungselementen und einer hohen Anzahl an Schnittstellen steigen die Komplexität bei der Steuerungsentwicklung und damit das Risiko von Fehlern. Eine hohe steuerungstechnische Komplexität bringt daher einen hohen Nutzen, aber auch einen hohen Aufwand mit sich.

Technologische Komplexität: Die technologische Komplexität wird beschrieben durch die Vielschichtigkeit der betrachteten Fertigungstechnologie. Bspw. sind Anlagen, die eine mechanische Bearbeitung durchführen, einfacher virtuell nachzubilden als komplexe Biegevorgänge oder der Auftrag von Kleber.

Größe der Anlage: Die Größe der Anlage beschreibt die Anzahl der in Betrieb zu nehmenden Komponenten, die betrachtet werden. Je größer die Anlage ist, desto aufwendiger ist die Modellierung.

Anteil Steuerungstechnik: Bei hochautomatisierten Anlagen ist der Anteil der Steuerungstechnik größer als bei Anlagen mit geringem Automatisierungsgrad. Bei ersteren ist der Einsatz von VIBN sinnvoller, da hier ein höheres Fehlerpotenzial besteht, das mithilfe der VIBN verringert werden kann.

Weiterverwendungspotenzial virtuelles Modell: Das virtuelle Modell kann nach erfolgter virtueller und realer Inbetriebnahme für den stufenweisen Ausbau weiterverwendet werden. Sind bereits weitere Änderungen an den betrachteten Anlagen in Planung, kann das Modell für mehrere Projektumfänge genutzt werden, was den Nutzen deutlich erhöht und den Aufwand für die Modellerstellung rechtfertigt. Außerdem kann im skalierbaren Fertigungssystem auch während des realen Betriebs der Test von verschiedenen Szenarien sinnvoll sein.

Erfahrung mit der Technologie: Sind die Lieferanten schon sehr erfahren in der Technologie, die im betrachteten System zum Einsatz kommt, ist das Risiko von Fehlern in der Steuerung gering. Vor allem bei Anlagen, bei denen ein Großteil aus vergangenen Projekten übernommen wird, ist das Verbesserungspotenzial durch eine VIBN und damit auch der Nutzen relativ gering.

Bewertungskriterien Aufwand

Reifegrad der Prozesse: Dieses Kriterium bezieht sich auf den Entwicklungsstand der Prozesse, die im zu betrachtenden Teilsystem ablaufen. Ein geringer Reifegrad erschwert die VIBN, da sie entweder an einem Modell durchgeführt werden muss, das nicht der Realität entspricht oder immer wieder Änderungen am Modell vorgenommen werden müssen.

Kompatible Dateiformate: Die Dateiformate, in denen die Konstruktionsdaten und die Software zur Verfügung gestellt werden, sollten mit der VIBN-Software kompatibel sein. Ansonsten wird ein Mehraufwand zur Anpassung und zum Übertrag verursacht.

Konsistente Daten: Die Daten zu den Anlagen und der Software müssen nachvollziehbar und konsistent sein, sodass auch Maßnahmen zur Optimierung abgeleitet werden können.

Erwarteter Reifegrad der Konstruktionsdaten: Je höher der Entwicklungsstand der Konstruktionsdaten ist, desto genauer können einzelne Prozessabläufe im virtuellen Modell dargestellt werden.

Erwarteter Reifegrad der Steuerungssoftware: Je höher der Entwicklungsstand der Steuerungssoftware ist, desto mehr Funktionen können bereits am virtuellen Modell getestet werden. Da die Software während der VIBN weiterentwickelt und angepasst werden kann, ist der Reifegrad weniger relevant.

Ausstattung: Für die Durchführung der VIBN werden leistungsfähige Rechner sowie ein Versuchsaufbau, der die Steuerungshardware widerspiegelt, benötigt. Müssen diese Bestandteile erst beschafft werden, entsteht Zusatz-aufwand, der den Einsatz der VIBN hemmt. Weiterhin ist die zu verwendende Soft-ware (s. Kapitel 5.2.2) ein entscheidender Faktor.

Verfügbare VIBN-Kompetenz intern: Ein wichtiger Aspekt ist eine gewisse Kompetenz bezüglich des Einsatzes der VIBN. Selbst wenn die Modellierung extern erfolgt, sollten Mitarbeiter bei der Durchführung des Projektes verfügbar sein, die sich mit der Durchführung einer VIBN, dem Zeitaufwand, sinnvollen Testszenarien und der Auswertung auskennen.

Zuverlässigkeit: Das Potenzial ist bei termintreuen und zuverlässigen Lieferanten geringer. Werden allerdings von vornherein Probleme erwartet, kann die VIBN auch ein Instrument sein, um die Transparenz zu erhöhen. Dabei werden Probleme frühzeitig erkannt und die Abstimmung mit dem Lieferaten wird verbessert.

Ressourcenverfügbarkeit intern: Neben einem VIBN-Experten sollten auch Steuerungstechniker und Prozessplaner zur Verfügung stehen, um die Ergebnisse der Tests bewerten und entsprechende Maßnahmen einleiten zu können. Sind die Ressourcen knapp, verzögert sich das Projekt und die Vorteile sind eingeschränkt.

5.3.2 Überprüfung des wirtschaftlichen Einsatzes virtueller Inbetriebnahme

Zunächst wird ein Prozess zur Überprüfung des wirtschaftlichen Einsatzes der VIBN mit den spezifischen Zuständigkeiten eingeführt (s. Abbildung 5-17). Zur wirtschaftlichen Durchführbarkeit eines VIBN-Projektes gehören die Entscheidung über den Einsatz der VIBN sowie die notwendige Mitarbeiter- und Lieferantenkompetenz.

Zunächst überprüfen der Prozess- und der Steuerungsplaner, als Hauptverantwortliche für die Projektumsetzung aufseiten des Kunden, den Projekteinsatz der VIBN. Zur Einschätzung dient eine Bewertungsmethodik nach KAMPKER ET AL., welche im Folgenden detailliert erläutert wird. Als Basis werden die Anforderungen an das Bewertungsmodell definiert. Die erste Stufe des Modells überprüft die Erfüllung der Grundvoraussetzungen und liefert ein Ergebnis bezüglich der grundsätzlichen Durchführbarkeit einer VIBN. Nach einer positiven Prüfung gibt die zweite Stufe Aufschluss über den zu erwartenden Nutzen und

Aufwand durch die VIBN. Die quantitative Messbarkeit wird mittels Durchführung einer Nutzwertanalyse erreicht.[513]

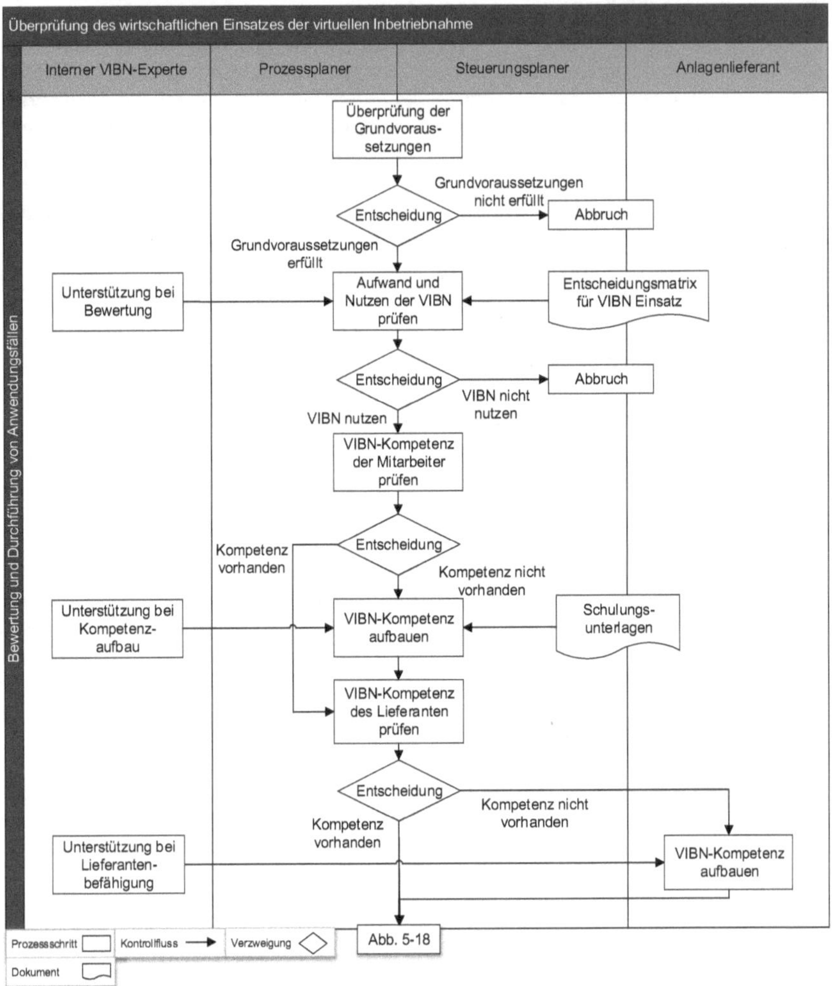

Abbildung 5-17: Überprüfung des wirtschaftlichen Einsatzes von VIBN

Zur Erreichung einer möglichst objektiven Priorisierung wird auf Basis von Literatur und Experten eine Gewichtung der Einflussfaktoren aus Kapitel 5.3.1

[513] Vgl. Kampker, A./Wessel, S. et al. (Virtual Commissioning for Production Systems), 2020, S. 109ff.

nach ihrem unterschiedlich starken Einfluss auf den Nutzen der Methode durchgeführt. Die entstehende Aufwand-Nutzen-Matrix ermöglicht eine Einordnung des Analyseergebnisses in die Entscheidungsempfehlung für den operativen Einsatz der VIBN.

Sofern die Entscheidung gegen eine Durchführung getroffen wird, wird das VIBN-Projekt abgebrochen. Fällt die Entscheidung positiv aus, folgt die Überprüfung der Mitarbeiterkompetenz. Die Hauptverantwortlichen für den Prozess und die Betreuung des Lieferanten müssen über ein Grundverständnis der VIBN sowie des Prozesses mit dessen Meilensteinen verfügen. Der Prozess- und Steuerungsplaner müssen somit ihre eigene Kompetenz im Bereich der VIBN einschätzen.

5.3.2.1 Anforderungen an das Bewertungsmodell

Die hauptsächlichen Dimensionen, die bei der Bewertung eines Projektes bezüglich der Eignung für eine VIBN bedeutsam sind, lauten Aufwand und Nutzen. Um beurteilen zu können, ob der Einsatz von VIBN in einem Projekt wirtschaftlich sinnvoll ist, muss bewertet werden, mit welchem zusätzlichen Aufwand durch die VIBN zu rechnen ist. Dem gegenübergestellt soll eine Einschätzung des zu erwartenden Nutzens erfolgen. Nur wenn davon auszugehen ist, dass durch die Durchführung der VIBN ein höherer Nutzen erzielt werden kann als zu investierender Aufwand entsteht, wird die Vorgehensweise für das betrachtete Projekt empfohlen.

Aufwand und Nutzen eines VIBN-Projektes lassen sich dabei nicht trivial abschätzen. Bei der Betrachtung vergangener Projekte sowie durch Expertengespräche konnte eine große Menge an Kriterien definiert werden (s. Kapitel 5.3.1), welche sich auf den Nutzen und Aufwand einer VIBN auswirken. Um daraus eine Grundlage für die Entscheidung für oder gegen die Nutzung von VIBN ableiten zu können, werden die relevanten Kriterien identifiziert, strukturiert und in einer sogenannten Nutzwertanalyse zusammengeführt.

Diese Planungsmethode dient generell zur systematischen Entscheidungsvorbereitung. Grundlage ist hierbei der subjektive Wertbegriff. Die Analyse des Nutzwertes geht dabei über eine reine Kosten-Nutzen-Analyse hinaus und bestimmt einen relativen, nicht monetär bewertbaren Wert als Basis für die Entscheidung. Der Nutzwert ist dabei als „subjektive[r], durch die Tauglichkeit zur Bedürfnisbefriedigung bestimmte[r] Wert“ definiert.[514]

Auch eine eindeutige Abgrenzbarkeit bei der Auswahl der Kriterien ist unabdingbar. Das heißt, es werden keine Kriterien aufgenommen, die zwar in der Bezeichnung unterschiedlich sind, aber den gleichen Zusammenhang beschreiben. Doppelberücksichtigungen verfälschen das Ergebnis und lassen Raum für Manipulationen. Eine umfassende Nutzenunabhängigkeit lässt sich allerdings nicht realisieren. Es ist unvermeidbar, dass manche der Kriterien in einer

[514] Vgl. Zangemeister, C. (Nutzwertanalyse in der Systemtechnik), 2014, S. 45.

beeinflussenden Beziehung zueinander stehen. Durch die erreichte Überschneidungsfreiheit ist dennoch ein zuverlässiges Ergebnis zu erwarten.[515]

5.3.2.2 Überprüfung der Grundvoraussetzungen

Die Grundvoraussetzungen für den Einsatz der VIBN sind identifiziert worden (s. Kapitel 5.3.1). Sind diese nicht erfüllt, ist die Durchführung einer VIBN schwer möglich bzw. nicht empfehlenswert. Um diesem Umstand gerecht zu werden, wurde ein der Bewertung vorgelagerter Schritt eingeführt, in welchem die Grundvoraussetzungen geprüft werden.[516]

Zu den Grundvoraussetzungen gehört die Verfügbarkeit digitaler Daten, wie 3D-Daten, das Layout des Teilsystems, die Funktionsbeschreibung und die Beschreibung der Hardwarekonfiguration. Ohne diese Daten kann kein virtuelles Modell erstellt werden und die Überprüfung der richtigen Reaktion auf die Steuerungssignale ist nicht möglich. Außerdem muss das notwendige Equipment vorhanden sein. Neben leistungsfähigen Rechnern und einer den Anforderungen entsprechenden Software für die VIBN (s. Kapitel 5.2.2) gehören dazu auch ein echtheitsgetreuer Versuchsaufbau inklusive Human Machine Interface (HMI, engl. für Benutzerschnittstelle). Auch der Lieferant der Anlage muss grundsätzlich bereit sein, die Potenziale der VIBN nutzen zu wollen. Besteht keine Kooperationsbereitschaft, gestaltet sich der Zugang zu den notwendigen Daten derart schwierig, dass ein übermäßiger Aufwand entsteht. Weiterhin muss ein ganzheitlicher Softwareentwicklungsprozess vorhanden sein, damit eine frühzeitige Validierung der Steuerungstechnik überhaupt möglich ist. Entwickelt der Lieferant die Steuerung erst, wenn die realen Anlagen bereits aufgebaut sind, kann kein lohnenswerter Vorteil aus der VIBN generiert werden. Ferner spielt der Planungszeitpunkt eine große Rolle. Nur wenn die Integration der VIBN mit ausreichendem Vorlauf zur realen Inbetriebnahme durchgeführt werden kann, ist ein zufriedenstellender Nutzen zu erwarten. Wird erst während des Aufbaus der realen Anlagen über eine VIBN nachgedacht, überwiegt der zusätzliche Aufwand für die Modellerstellung die Vorteile, da die Tests auch direkt an der realen Anlage durchgeführt werden können.[517]

5.3.2.3 Bewertung von Nutzen und Aufwand

Im zweiten Schritt des Bewertungsmodells werden der zu erwartende Nutzen und Aufwand näher betrachtet. Ein Modell befasst sich mit der Bewertung des Nutzens und enthält damit Faktoren, die einen Einfluss auf den Nutzen des Projektes zur VIBN haben. In der zweiten Analyse sind alle Faktoren enthalten, die sich auf den Aufwand auswirken.

[515] Vgl. Zangemeister, C. (Nutzwertanalyse in der Systemtechnik), 2014, S. 81f.

[516] Vgl. Kampker, A./Wessel, S. et al. (Virtual Commissioning for Production Systems), 2020, S. 110.

[517] Vgl. Kampker, A./Wessel, S. et al. (Virtual Commissioning for Production Systems), 2020, S. 110.

Der Anwender des Modells hat die Spalte „Einschätzung“ mit den projektspezifischen Ausprägungen der Kriterien zu befüllen. In der Spalte „Bewertung“ ist eine Formel hinterlegt, die diese Einschätzung in einen Wert zwischen eins und drei umwandelt. Eins hat eine negative Auswirkung auf den Nutzen und eine positive Auswirkung auf den Aufwand, zwei eine mittlere Auswirkung auf Nutzen und Aufwand. Drei hat eine positive Auswirkung auf den Nutzen und eine negative Auswirkung auf den Aufwand. Diese Bewertung wird anschließend mit einem Gewichtungsfaktor multipliziert, welcher sicherstellt, dass alle Kriterien entsprechend ihrer Bedeutung berücksichtigt werden. Z.B. hat die steuerungstechnische Komplexität der Anlage eine deutlich höhere Auswirkung auf den Aufwand der VIBN als die Größe der Anlage. Die Gewichtungsfaktoren wurden jeweils mittels eines paarweisen Vergleichs ermittelt (s. Tabelle 9-3 bis Tabelle 9-10).[518] Hierzu werden die Kriterien einer Kategorie gegenübergestellt und bewertet. Das jeweils wichtigere Kriterium bekommt zwei Punkte, das weniger wichtige null Punkte. Bei gleicher Relevanz werden beide mit eins bewertet. Durch Summation erhält jedes Kriterium einen Wert, der im Verhältnis zur Gesamtpunktzahl die Gewichtung widerspiegelt. Im Bewertungsmodell werden zur Ermittlung des Aufwand-Nutzen-Verhältnisses zunächst der Nutzen (s. Tabelle 5-5) und der Aufwand (s. Tabelle 9-13) separat berechnet.

[518] Vgl. Brunner, F. J./Wagner, K. W. (Taschenbuch Qualitätsmanagement), 2004, S. 174.

	Bewertungsmodell Überprüfung hinsichtlich Nutzen der virtuellen Inbetriebnahme Komplexität der Anlage				
	Kriterium	**Gewichtung**	**Einschätzung**	**Bewertung**	**Ergebnis**
Risiko	Aufbau-/ Umbauzeit	40%	gering	3	1,2
	Bedeutung (Einfluss auf Stückzahl)	40%	hoch	3	1,2
	Projektwert	20%	mittel	2	0,4
	Summe	**50%**			**2,8**
Komplexität der Anlage	Steuerungstechnische Komplexität (versch. Schnittstellen/ Systeme)	30%	gering	1	0,3
	Technologische Komplexität	30%	hoch	3	0,9
	Anteil Steuerungstechnik	25%	hoch	3	0,8
	Größe der Anlage	15%	mittel	2	0,3
	Summe	**25%**			**2,25**
Interne Faktoren	Weiterverwendungspotential des virtuellen Modells	100%	hoch	3	3
	Summe	**20%**			**3**
Lieferant	Erfahrung mit der Technologie	100%	gering	3	3
	Summe	**5%**			**3**
Gesamtbewertung Nutzen					**2,71**

Tabelle 5-5: Beispielhafte Darstellung Gesamtbewertung Nutzen

Die Ergebnisse werden in eine Entscheidungsmatrix übertragen (s. Kapitel 6.2.3, Abbildung 6-4), wobei die y-Achse den Nutzen und die x-Achse den Aufwand aufzeigt.[519] Entsprechend den höchsten zu vergebenden Werten geht die Achsenbeschriftung von eins bis drei, wobei die erste Hälfte des Bereichs als „geringe" Ausprägung und die zweite Hälfte als „hoch" eingeordnet wird. Diese Aufteilung ermöglicht die Gliederung der Matrix in vier Felder. Das Ergebnis der Bewertung wird in die Matrix eingetragen und je nach Feld kann eine Empfehlung abgegeben werden. In Projekten, bei denen ein geringer Aufwand und hoher Nutzen erwartet wird, sollte die VIBN durchgeführt werden. Im gegenteiligen Fall wird von der VIBN abgeraten. Schwieriger ist die Entscheidung bei Projekten mit geringem Aufwand und geringem Nutzen oder hohem Aufwand und gleichzeitig hohem Nutzen. In diesen Fällen muss eine detailliertere Analyse des Projektes erfolgen. Dabei wird ein VIBN-Experte miteinbezogen, der bereits praktische Erfahrungen mit der VIBN sammeln konnte und die Projektspezifikationen genau bewerten kann.

Nach einer positiven Entscheidung für die VIBN ist es gerade bei skalierbaren Fertigungssystemen wichtig, alle relevanten Meilensteine zu berücksichtigen (s. Kapitel 5.2.2). Im anschließenden Abschnitt wird die Feinplanung einer VIBN

[519] Vgl. Kampker, A./Wessel, S. et al. (Virtual Commissioning for Production Systems), 2020, S. 111.

beschrieben, um den Verantwortlichen die Möglichkeit zu bieten, von Anfang bis Ende des Projektes eine möglichst wirtschaftliche Integration durchzuführen.

5.3.3 Realisierung der VIBN (Feinplanung)

An die Überprüfung der Wirtschaftlichkeit schließt die Realisierungsphase an. Innerhalb der Realisierungsphase wird der Kontakt mit dem Lieferanten konkretisiert und dieser erstellt das virtuelle Modell, um anschließend die VIBN durchzuführen. Abgeschlossen wird die Realisierungsphase mit der Übergabe des virtuellen Modells und der Abnahme der VIBN. Zunächst beginnt die Realisierungsphase mit der Vorbereitung des VIBN-Projektes, welches in Abbildung 5-18 dargesellt ist und im Folgenden näher erläutert wird.

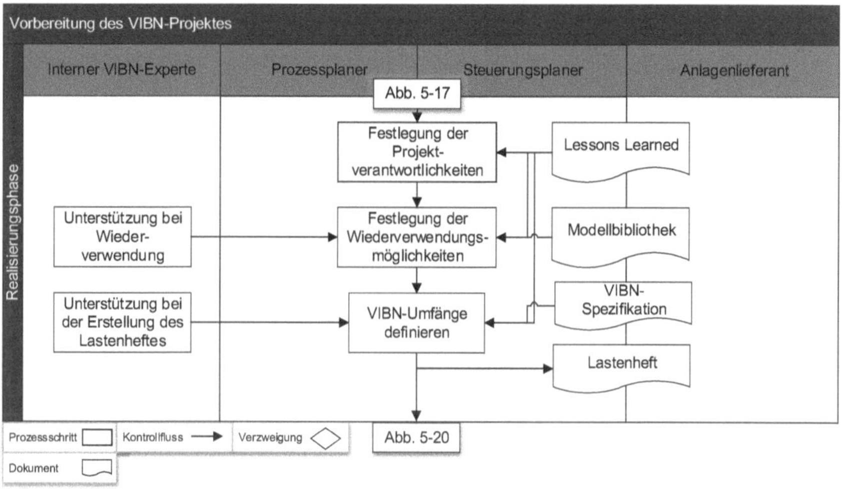

Abbildung 5-18: Vorbereitung des VIBN-Projektes

Prozess- und Steuerungsplaner legen als Projektteam die Zuständigkeiten innerhalb des VIBN-Projektes fest. Die Erkenntnisse der Lessons Learned anderer Projekte und der vorherigen Ausbaustufen des skalierbaren Fertigungssystems zeigen dabei prozessseitige Verbesserungspotenziale, wie nicht betrachtete Aufgaben auf, die einer Zuordnung bedürfen. Nach der Festlegung der Projektverantwortlichkeiten definieren der Prozess- und der Steuerungsplaner die Wiederverwendungsmöglichkeiten auf Basis der Modellbibliothek. Der Steuerungsplaner bringt dabei sein steuerungstechnisches Fachwissen ein und der Prozessplaner unterstützt durch seine prozesstechnische Kompetenz. Da für diesen Schritt allerdings Expertise notwendig ist, unterstützt der VIBN-Experte dabei, denn er ist für den Aufbau der Modellbibliothek verantwortlich und verfügt über ausreichende Kenntnisse des Inhalts der Bibliothek. Insbesondere in den weiteren Ausbaustufen kann durch die Wiederverwendung der virtuellen Modelle aus den vorherigen Ausbaustufen hoher Modellierungsaufwand eingespart werden, da die Fertigungsanlagen in den Ausbaustufen häufig dupliziert werden oder den bestehenden Anlagen sehr ähnlich sind. Auf Basis der Wiederverwendungsmöglichkeiten können die Umfänge der VIBN durch den Prozess- und Steuerungsplaner definiert werden. Als Unterstützung dient die VIBN-Spezifikation, die als Sammelwerk aller notwendigen Informationen zu einem VIBN-Projekt gilt. Die Inhalte der VIBN-Spezifikation sind in Abbildung 5-19 aufgelistet.

Inhalte der VIBN-Spezifikation
• Anwendungsbereich der VIBN und Ansprechpartner • Einführung in die VIBN und Begriffsdefinition • Definition der unterschiedlichen Modellierungstiefen • Aufbau und Inhalt der VIBN-Umgebung (Hardware, Software, Modellierungsweise) • Dokumentation zur Nutzung der Modellbibliothek • Lieferumfänge der VIBN • Phasen und Meilensteine des VIBN-Prozesses

Abbildung 5-19: Inhalte der Spezifikation für die virtuelle Inbetriebnahme

Sofern weitere Unklarheiten bestehen, kann die Beratung durch den VIBN-Experten genutzt werden, der die VIBN-Spezifikation initial erstellt hat und kontinuierlich aktualisiert. Auch für die Schritte der Festlegung der Wiederverwendungsmöglichkeiten und die Definition der Umfänge dienen die bestehenden Lessons Learned als Input für prozessseitige Verbesserungen und Lerneffekte. Als Ergebnis der Definition der Projektumfänge zur VIBN entsteht das Lastenheft, welches die vom Kunden definierten Anforderungen gegenüber dem Lieferanten spezifiziert. Die Erstellung des Lastenhefts schließt den Vorbereitungsschritt ab.

Der zweite Schritt der Realisierungsphase ist die Feinplanung der VIBN, welcher in Abbildung 5-20 im Detail dargestellt ist. Die Feinplanung beginnt mit der Definition der Testfälle durch den Prozessplaner und den Steuerungsplaner. Bereits während der Projektierung des VIBN-Projektes müssen Testfälle für die Überprüfung des virtuellen Modells festgelegt werden. Bei diesen Testfällen ist nicht nur der vorgesehene Ablauf zu berücksichtigen, sondern insbesondere auch das Verhalten des virtuellen Modells in Fehlerfällen. Die Testfälle werden in einer Excel-Vorlage (s. Tabelle 9-15) definiert und ergeben die Testspezifikation. Die erstellten Testspezifikationen sind im Kick-Off-Termin mit dem Lieferanten abzustimmen. Nachdem die Testfälle der VIBN definiert sind, erfolgt als nächstes die Erstellung des Projektterminplans durch den Prozessplaner und den Steuerungsplaner. Der Projektterminplan bezieht sich nur auf die Realisierungsphase, in der das virtuelle Modell erstellt und die VIBN durchgeführt wird, da diese Hauptaktivitäten durch einen Terminplan in Abstimmung mit dem Lieferanten gesteuert werden müssen.

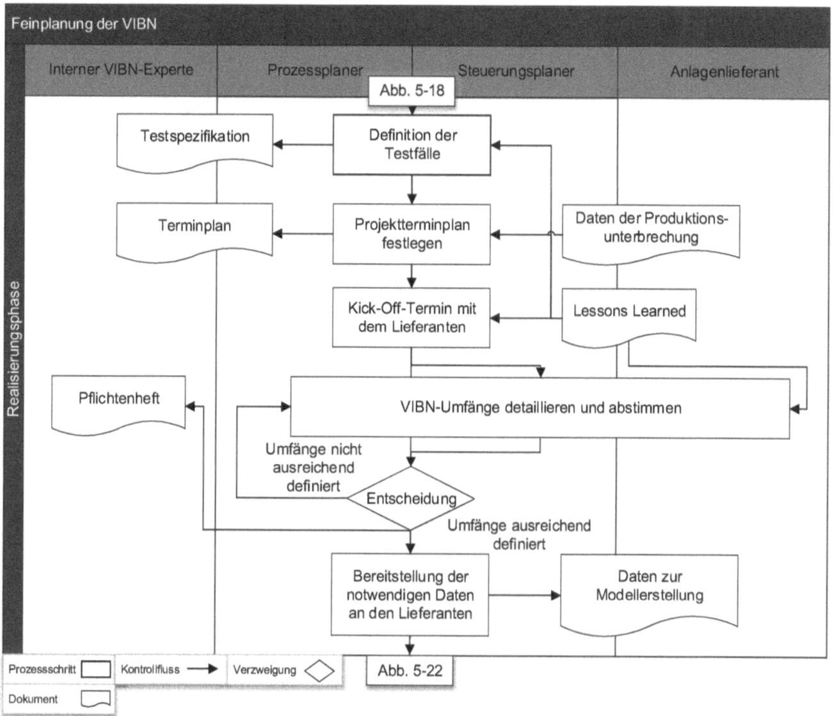

Abbildung 5-20: Feinplanung der VIBN

In Tabelle 5-6 sind die wesentlichen Meilensteine sowie die Verantwortlichkeit der entsprechenden Tätigkeit dargestellt. Wie in Kapitel 5.2.2. erwähnt, werden die Termine der Meilensteine des VIBN-Projektes anhand der PU rückwärtsterminiert, da diese vor dem Start des Projektes festgelegt werden müssen. Die exakte Terminierung wird in Absprache mit dem Lieferanten getroffen, da die benötigte Zeit der VIBN von der Komplexität der Produktionsanlage und dem Umfang der zu simulierenden Teile abhängt und aufgrund dessen keine allgemeingültige Aussage getroffen werden kann.

Meilenstein	Tätigkeit	Verantwortung
Meilenstein 1	Beauftragung des Lieferanten	Auftraggeber
Meilenstein 2	Kick-Off-Termin mit dem Lieferanten	Auftraggeber; Lieferant
Meilenstein 3	Übergabe der notwendigen Daten zur Modellerstellung und Durchführung der VIBN an den Lieferanten	Auftraggeber
Meilenstein 4	Wöchentlicher Regeltermin zur Kontrolle des Fortschritts der Modellerstellung	Auftraggeber; Lieferant
Meilenstein 5	Vorabnahme des virtuellen Modells	Lieferant
Meilenstein 6	Wöchentlicher Regeltermin zur Kontrolle des Fortschritts der Durchführung der VIBN	Auftraggeber; Lieferant
Meilenstein 7	Abnahme der VIBN	Auftraggeber; Lieferant
Meilenstein 8	Rückführung der Änderungen während der realen Inbetriebnahme	Lieferant

Tabelle 5-6: Operative Meilensteine eines VIBN-Projektes

Nach der Beauftragung des Lieferanten, welcher den Start des Terminplans festlegt, ist der zweite Meilenstein der Kick-Off-Termin mit dem Lieferanten. Verantwortlich für den Termin sind sowohl Kunde als auch Lieferant. Die Meilensteine orientieren sich an den nachfolgenden Schritten des Vorgehens während der Realisierungsphase. Zusätzliche Meilensteine werden durch wöchentliche Regeltermine zur Überprüfung des Fortschritts, der Steuerung des Projektes und der Kontrolle des Lieferanten in den Terminplan integriert. Innerhalb des Kick-Off-Termins werden die Testspezifikationen, die Wiederverwendungsmöglichkeiten und der Projektterminplan mit dem Lieferanten abgestimmt. Im Anschluss werden die VIBN-Umfänge, die bereits vorab durch den Steuerungs- und den Prozessplaner definiert wurden, im Detail mit dem Lieferanten abgestimmt. Sobald die Umfänge aus Sicht der Planer ausreichend im Pflichtenheft dokumentiert wurden, werden im letzten Schritt der Feinplanung die notwendigen Daten zur Modellerstellung und zur Durchführung der VIBN dem Lieferanten bereitgestellt. Die notwendigen Daten sind in Abbildung 5-21 dargestellt.

Für die VIBN werden drei Elemente benötigt. Dazu gehört ein virtuelles Modell der in Betrieb zu nehmenden Umfänge, welches das Verhalten des realen Fertigungssystems abbildet. Zudem werden die reale Steuerungssoftware und eine zugehörige Hardware benötigt. Die Hardware kann dabei entweder die real in der Anlage zu verwendende oder ein dem ähnlicher Versuchsaufbau sein. Die Anbindung der Steuerung an das virtuelle Modell erfolgt über einen sogenannten Solver, der je nach Anforderung an die Simulation echtzeitfähig sein muss. Da der

Lieferant zusätzlich auch für die Entwicklung und Herstellung der realen Produktionsanlagen verantwortlich ist, besitzt dieser oftmals bereits alle notwendigen Daten zur VIBN. Entsprechend sind nur die Daten an den Lieferanten zu übergeben, die durch den Auftraggeber erstellt wurden. Der Umfang dieser Daten hängt dabei maßgeblich vom Umfang des gesamten Projekts zur Entwicklung und Herstellung der realen Produktionsanlagen ab.

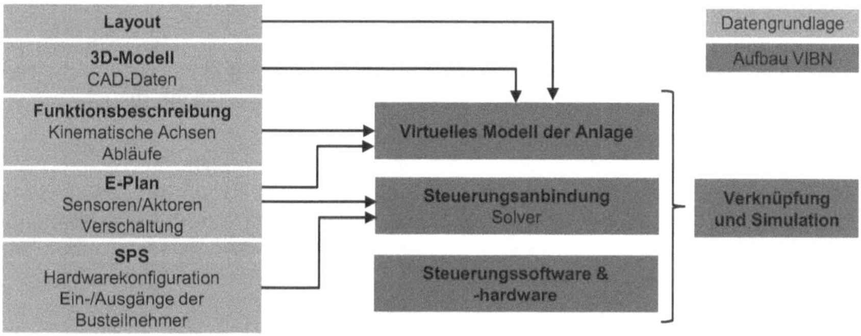

Abbildung 5-21: Datenbasis für die VIBN

Die Verfügbarkeit der Daten ist in der Realität oftmals ein kritischer Aspekt. Die Steuerungssoftware, die für die reibungslose Funktion der Anlage essenziell ist, verursacht Probleme bei der VIBN, wenn sie nicht rechtzeitig zur Verfügung steht. Sie muss noch vor der realen Inbetriebnahme in einem ausreichenden Reifegrad vorhanden sein, um die Testszenarien rechtzeitig durchführen und entsprechende Optimierungsmaßnahmen implementieren zu können. Die Software kann direkt für die VIBN genutzt werden und muss nicht angepasst werden.

Anders ist es beim virtuellen Modell, welches gesondert für die VIBN erstellt wird. Es basiert auf den Daten über das in Betrieb zu nehmende Teilsystem. Notwendig für die Erstellung sind neben den CAD-Daten der Konstruktionsabteilung auch eine Funktionsbeschreibung und das Layout. Die 3D-Daten geben Aufschluss über die Einzelbestandteile des Systems und sind zudem für die Visualisierung notwendig. Die Visualisierung wird nicht zwingend für die Durchführung der VIBN benötigt, wird aber meist aus Gründen der Veranschaulichung und besseren Vorstellbarkeit miterstellt. Zusätzlich zu den Konstruktionsdaten ist eine Funktionsbeschreibung erforderlich, die Aufschluss über die Funktion der Einzelkomponenten und die ablaufenden Prozesse gibt. Auf deren Basis werden die im CAD-Modell starren Komponenten entsprechend ihrem realen Verhalten kinematisiert. Für die Erstellung des Verhaltensmodells ist zusätzlich eine Übersicht der Sensoren und Aktoren notwendig. Diese Informationen sind zusammen mit der entsprechenden Verschaltung im Schaltplan- und Stromlaufplan (E-Plan) enthalten, welcher auch für die Erstellung der Schnittstelle zur realen Steuerung verantwortlich ist. Die Signale müssen entsprechend mit den Ein- und Ausgängen verknüpft und die Kommunikation mit der SPS sichergestellt werden. Dazu werden Informationen über die SPS und die Hardwarekonfiguration inklusive der Stromversorgung benötigt. Da die Steuerungsbausteine meist von einer dritten Partei und nicht vom Anlagenlieferanten selbst stammen, kommt der rechtzeitigen Kommunikation eine hohe Bedeutung zu. Vor allem, wenn es sich um bisher unbekannte Bausteine handelt.

Der Lieferant übernimmt die Hauptverantwortung für die Modellierung des virtuellen Modells, sobald ihm alle Daten zur Verfügung stehen. Dieser Abschnitt ist in Abbildung 5-22 unter Verwendung der Swimlane-Darstellung visualisiert.

Als Ausgangsbasis dienen dem Lieferanten die vom Kunden oder einer lieferanteninternen Entwicklungsabteilung bereitgestellten Daten zur Modellerstellung. Im Vorgehen dieser Methodik für skalierbare Fertigungssysteme besitzt der Lieferant zudem Zugriff auf die Modellbibliothek des Auftraggebers, die durch den Ausbau des Fertigungssystems in Ausbaustufen stetig über den Ausbaufortschritt wächst. Durch einen größeren Umfang der Modellbibliothek und insbesondere durch die Wiederverwendung ähnlicher virtueller Modelle aus bereits abgeschlossenen Ausbaustufen verringert sich der Aufwand der Modellerstellung deutlich. Weiterhin hat der Lieferant Zugriff auf das durch den VIBN-Experten des Kunden optimierte virtuelle Modell, wodurch der Lieferant bei der Modellierung eine höhere Abbildungsgenauigkeit der realen Fertigungsanlage erreichen kann. Diese führt in der nachfolgenden Durchführung der VIBN zur realitätsnäheren Interaktion des virtuellen Modells mit der Steuerung, wodurch die Qualität des Steuerungscodes verbessert werden kann. Die Parameteroptimierung des virtuellen Modells wird in Kapitel 5.5 detailliert erläutert.

Der Prozess- und der Steuerungsplaner überprüfen in regelmäßigen Kontrollterminen, basierend auf dem abgestimmten Terminplan, den Fortschritt des Lieferanten bei der Modellerstellung. Die Modellierung ist abgeschlossen, sobald das virtuelle Modell vollständig modelliert und funktionsfähig ist. Der Prozess- und der Steuerungsplaner führen eine Vorabnahme des virtuellen Modells durch. Änderungen am virtuellen Modell werden nun nur noch in Ausnahmesituationen vorgenommen. Das virtuelle Modell wird im letzten Schritt der Erstellung an den Anlagenbetreiber übergeben, der es vor der realen Inbetriebnahme für Schulungszwecke nutzen kann.

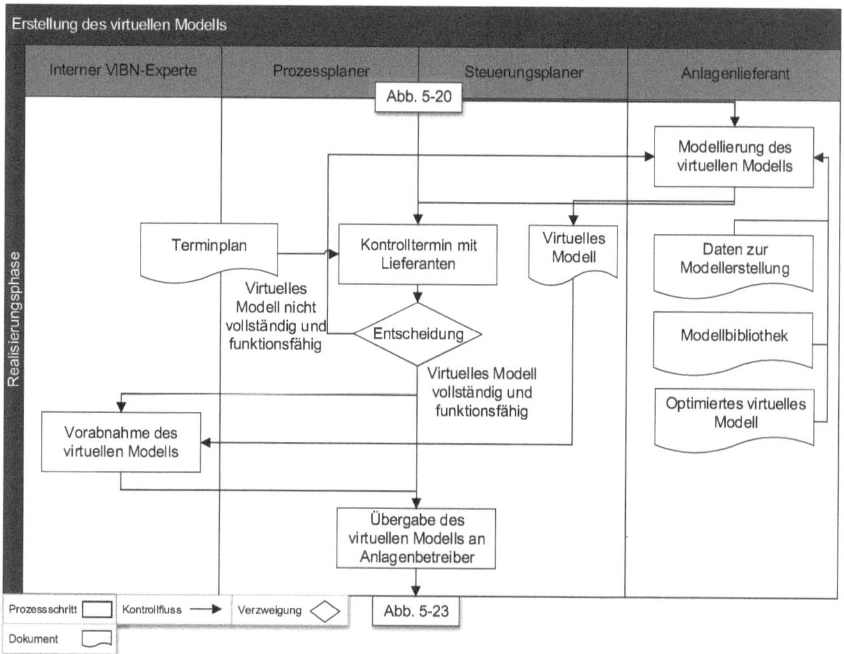

Abbildung 5-22: Erstellung des virtuellen Modells

Der nächste Schritt der Realisierungsphase ist die Durchführung der VIBN, für die der Lieferant ebenfalls die Hauptverantwortung trägt. Dieser Schritt ist in Abbildung 5-23 dargestellt und dem Schritt der Erstellung des virtuellen Modells im Ablauf sehr ähnlich.

Zunächst führt der Anlagenlieferant, basierend auf den in den Testspezifikationen definierten Testfällen, die VIBN durch und validiert sowie optimiert dadurch den Steuerungscode. In regelmäßigen Abständen arrangieren der Prozess- und Steuerungsplaner, wie bereits bei der Erstellung des virtuellen Modells, Kontrolltermine mit dem Lieferanten zur Überprüfung des Fortschritts. Sobald als Ergebnis eines Kontrolltermins die vollständige Durchführung der VIBN vorliegt, findet eine Vorabnahme durch den Prozess- und Steuerungsplaner statt.

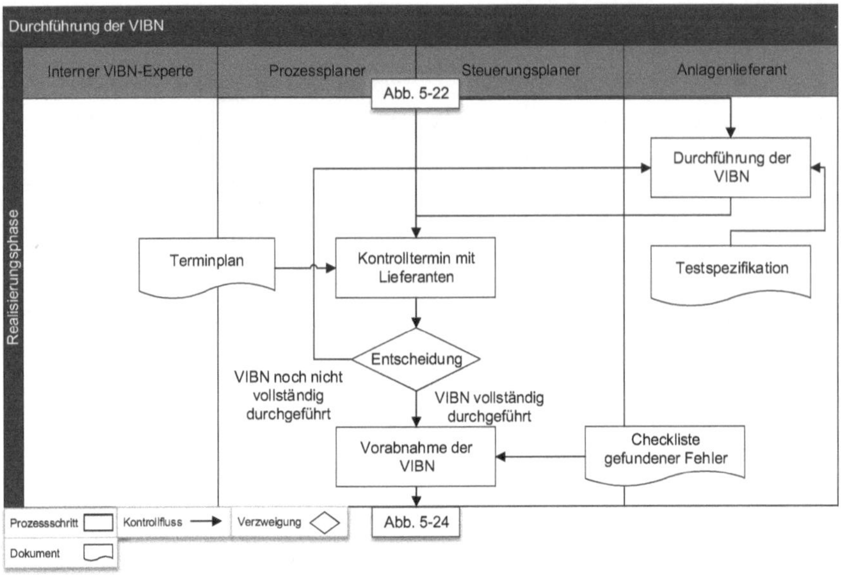

Abbildung 5-23: Durchführung der VIBN

Um die Anforderung der Strukturierung des Vorgehensmodells vollständig zu erfüllen, werden die Kontrolltermine mit dem Lieferanten durch die Meilensteintrendanalyse (MTA) strukturiert und verfolgt. Die MTA ist eine Methodik des Projektmanagements, die dem Berichtswesen innerhalb eines Projektablaufes dient. Dazu wird zu jedem Meilensteintermin beurteilt, ob der Zeitpunkt des Meilensteins eingehalten wurde oder dieser verschoben wurde. Dadurch ergibt sich eine Kombination aus dem Rückblick auf den bisherigen Projektablauf und der Prognose über den zukünftigen Projektablauf.[520] Zur Anwendung der MTA wurde ein Tool entwickelt, welches auf Visual Basic for Applications (VBA) basiert. Eine Darstellung sowie der entwickelte Code des Tools befinden sich im Anhang Abbildung 9-3. Das Tool besteht aus einer Tabelle, in der die Meilensteine des VIBN-Projektes eingetragen werden und drei verschiedenen Funktionen, die jeweils durch einen Button aktiviert werden können. Anstelle des „Beispielprojekt VIBN" wird der Name des Projektes zur eindeutigen Zuordnung eingetragen. Außerdem wird unter dem Feld „Heute" das aktuelle Datum eingetragen, auf dessen Basis die Termine durch das Tool in die Tabelle eingetragen werden. Durch den Klick auf „Plandaten" generiert das Tool auf Grundlage des aktuellen Datums und der Anzahl der Meilensteine einen vorgegebenen Terminplan. Dieser kann manuell angepasst werden, sofern Änderungen in Absprache mit dem

[520] Vgl. Kuster, J./Bachmann, C. et al. (Handbuch Projektmanagement), 2019, S. 207f.

Lieferanten vereinbart wurden. Das Tool wird durch den Prozess- und den Steuerungsplaner initial bei der Beauftragung des Lieferanten ausgefüllt. In der Spalte „Planung" werden dabei die Termine der Meilensteine eingetragen. Dabei können beliebig viele Kontrolltermine eingeführt werden, die durch das Tool in einem wöchentlichen Rhythmus geplant werden. Zudem werden durch den Klick auf „Plandaten" Berichtstermine eingetragen, die definieren, wann ein neuer Bericht in dem Tool eingetragen werden muss. Die Spalte unter dem aktuellen Datum definiert die Anzahl der Tage bis zur Erreichung des Meilensteins. Zudem wird die Anzahl farblich dargestellt. Sobald noch 10 oder weniger Tage bis zur Erreichung des Meilensteins vorliegen, färbt sich das entsprechende Feld gelb, um den Meilenstein hervorzuheben. Sobald der Meilenstein erreicht wird, wird das Feld orange gefärbt. Falls der Meilenstein bereits verstrichen, aber noch nicht in der Spalte rechts daneben als erledigt markiert ist, wird das Feld mit der dann negativen Anzahl an Tagen bis zum Meilenstein rot gefärbt. Dadurch wird den Planern signalisiert, dass der Meilenstein laut Planung bereits erreicht sein müsste. Die Spalte „100%?" dient zur Markierung des Meilensteins als erledigt, sobald dieser erfolgreich erreicht wurde.

Sobald die Plandaten eingetragen sind und der erste Berichtszeitpunkt erreicht wird, kann der Button „Bericht" genutzt werden, um die geplanten Daten in die nächste Spalte zu übernehmen. Falls Verzögerungen der Meilensteine bereits absehbar sind, müssen diese manuell in der Spalte des Berichtszeitpunktes angepasst werden. Sobald Meilensteine erreicht und abgehakt sind, müssen diese entsprechend als abgeschlossen markiert werden, damit sie nicht in die nächste Berichtsspalte übernommen werden. Um den Projektverlauf übersichtlicher darzustellen und einen Verzug von Meilensteinen besser zu erkennen, werden die Daten der MTA in einem Diagramm visualisiert.

Durch die Visualisierung sind Abweichungen von der Planung und offene Meilensteine einfach erkennbar. Sofern keine Abweichung der Plandaten vorliegt, ist die Linie des Meilensteins stets eine horizontale Linie und verläuft bis zur Erreichung der Winkelhalbierenden, die durch das Dreieck dargestellt wird. Wird der Termin für einen Meilenstein verschoben, verschiebt sich auch die sogenannte Trendlinie der MTA im Diagramm nach oben. Durch die MTA lässt sich die Erreichung der Meilensteine und die Einhaltung des Terminplans effizienter steuern, wodurch ein besseres Projektergebnis erreicht wird. Der dritte Button des Tools zur MTA löscht alle bisherigen Einträge und ermöglicht den erneuten Beginn der Planung. Die Pflege des Tools liegt in der Verantwortung des Prozess- und des Steuerungsplaners.

Den Abschluss der Realisierungsphase bildet die Abnahme der VIBN, die das VIBN-Projekt grundsätzlich beendet und die Verantwortung für das virtuelle Modell an den Kunden überträgt. Der Abnahmeprozess der VIBN ist in Abbildung 5-24 in Swimlane-Darstellung abgebildet.

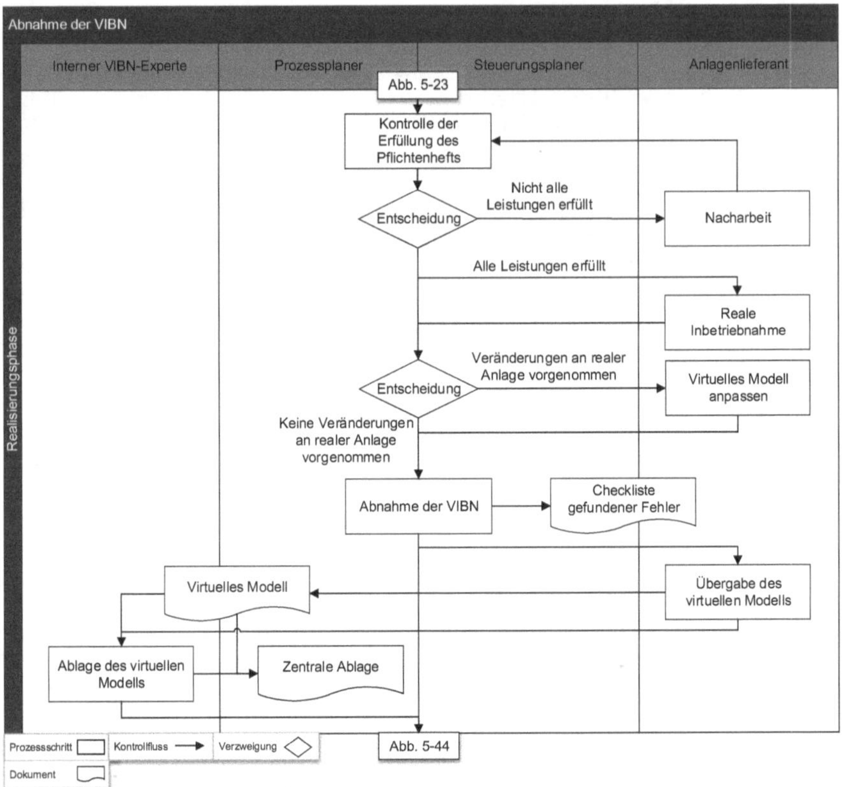

Abbildung 5-24: Abnahme der VIBN

Die Abnahme der VIBN beginnt mit der Kontrolle der Erfüllung des Pflichtenhefts durch den Prozess- und den Steuerungsplaner. Ziel ist die Überprüfung der Erfüllung aller definierten Anforderungen durch den Lieferanten. Sind Anforderungen nicht oder nur teilweise erfüllt, muss der Lieferant Nacharbeit leisten, bis diese Anforderungen vollständig erfüllt sind. Erst dann nehmen Prozess- und Steuerungsplaner die finale Abnahme der VIBN vor. Bei der Abnahme übergibt der Lieferant dem Auftraggeber eine Checkliste über die durch die VIBN identifizierten Fehler. Die finale Abnahme kann allerdings erst nach der realen Inbetriebnahme stattfinden, denn der Lieferant muss Änderungen, die bei der realen Inbetriebnahme an der Produktionsanlage auftreten, in das virtuelle Modell einpflegen. Nur sofern das virtuelle Modell der realen Produktionsanlage entspricht, wird dieses final abgenommen. Der Lieferant übergibt anschließend das virtuelle Modell an die Planer, wodurch die Verantwortung für das Modell von dem Lieferanten auf den Kunden übertragen wird. Die Planer übergeben das virtuelle Modell an den internen VIBN-Experten, der anschließend für die Ablage des virtuellen Modells auf internen Speichermedien verantwortlich ist. Mit der internen Ablage des virtuellen Modells endet die Realisierungsphase.

5.4 Realdatenanbindung bei der VIBN

Im folgenden Kapitel wird der Modellentwurf zur Realdatenanbindung bei der VIBN detailliert ausgeführt. Eine Übersicht des Moduls gibt Abbildung 5-25, welche die Eingangs- und Ausgangsgrößen sowie das Vorgehen darstellt. Ziel ist die Erweiterung der VIBN durch eine Anbindung an reale Fertigungsmaschinen.

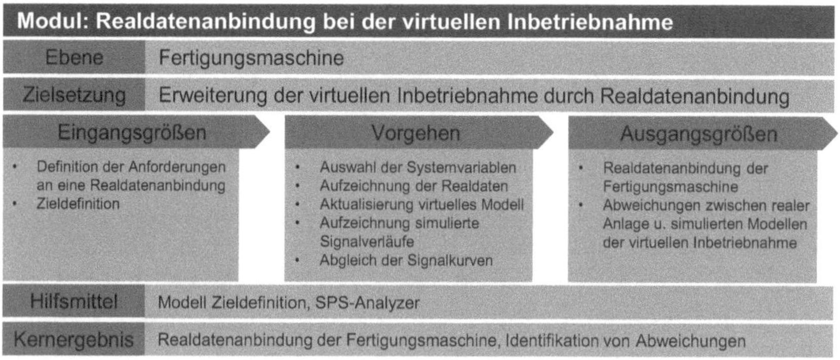

Abbildung 5-25: Realdatenanbindung bei der VIBN

Zunächst werden in Kapitel 5.4.1 die Verantwortlichkeiten im Projekt definiert und die grundsätzliche Methode vorgestellt. Anschließend werden dazu alle sechs Schritte des Moduls chronologisch durchlaufen (s. Kapitel 5.4.2 bis 5.4.7). Im ersten Schritt findet die Zieldefinition statt. Daraufhin werden im zweiten Schritt die Systemvariablen ausgewählt, bevor diese im dritten Schritt aufgezeichnet werden können. Der vierte Schritt widmet sich der Aktualisierung der VIBN-Soft- und Hardware, der fünfte dem Aufzeichnen der Signalverläufe des virtuellen Modells und der sechste dem Abgleich der Signalkurven. In jedem der Schritte wird dabei zusätzlich auf die verantwortlichen Personen beim OEM eingegangen. Grundsätzlich wird im Folgenden wegen der Anforderung nach universeller Anwendbarkeit ein allgemeingültiges Vorgehensmodell definiert, was den teils geringeren Detaillierungsgrad der einzelnen Unterkapitel bedingt. Für eine detailliertere Ausführung und einen konkreten Anwendungsfall sei auf die Validierung (s. Kapitel 6.2) verwiesen.

5.4.1 Verantwortlichkeiten bei der Realdatenverarbeitung

In diesem Kapitel soll auf die Rollen eingegangen werden, die für das beschriebene Vorgehen zur Realdatenanbindung verantwortlich sind. Die

Ausarbeitung erfolgt am Beispiel eines OEMs und bezieht sich auf dessen spezifische Unternehmenshierarchie und Organisationsstruktur. Bei den für das Vorgehen im Modul verantwortlichen Personen handelt es sich konkret um den Produktionsplaner, den Betreiber, den Instandhalter, den Steuerungsplaner, den Lieferanten und den VIBN-Experten.

Abbildung 5-26 zeigt die Zuordnung der Stakeholder zu den einzelnen Prozessschritten des Moduls auf. Für die konkreten Aufgaben der Verantwortlichen in den jeweiligen Prozessschritten sei auf die folgenden Kapitel 5.4.2-5.4.7 verwiesen.

Prozessschritt	Verantwortliche
1. Zieldefinition (s. Kapitel 5.4.2)	Produktionsplaner, Steuerungsplaner, VIBN-Experte, Betreiber/Instandhalter
2. Auswahl der Systemvariablen (s. Kapitel 5.4.3)	Produktionsplaner, Steuerungsplaner
3. Aufzeichnung der realen Signalverläufe (s. Kapitel 5.4.4)	Produktionsplaner, Steuerungsplaner, Betreiber/Instandhalter
4. Aktualisierung des VIBN-Aufbaus (s. Kapitel 5.4.5)	Produktionsplaner, VIBN-Experte
5. Aufzeichnung der simulierten Signalverläufe (s. Kapitel 5.4.6)	Produktionsplaner, VIBN-Experte
6. Abgleich der Signalkurven (s. Kapitel 5.4.7)	Produktionsplaner

Abbildung 5-26: Verantwortlichkeiten im Modul der Realdatenanbindung

Auch in der nächsten Ausbaustufe eines skalierbaren Fertigungssystems sind die involvierten Stakeholder und deren Verantwortlichkeiten analog. Der Produktionsplaner ist damit nicht nur der Initiator der VIBN, sondern auch des Moduls zur Realdatenanbindung im Rahmen eines skalierbaren Fertigungssystems, da dieser die Verantwortung für die Inbetriebnahme und damit einen rechtzeitigen Produktionsstart trägt.

5.4.2 Zieldefinition

Das übergeordnete Ziel des hier dargestellten Prozesses besteht in der Verbesserung des Simulationsmodells einer VIBN durch die Anbindung von Realdaten und bedarf keiner weiteren Definition. Die genaue Vorgehensweise hierfür ist allerdings von der Art der gewünschten Verbesserung abhängig, weshalb zu Beginn des Moduls in einem ersten Schritt zwei Aspekte definiert werden müssen. Die hier dargelegte Vorgehensweise legt diese Aspekte, analog zu Abbildung 5-27, als Art und Umfang des Projekts fest. Nach Beendigung dieses Prozessschritts können alle anderen Tätigkeiten hierauf ausgelegt werden.

Deshalb wird an dieser Stelle darauf hingewiesen, dass dieser Schritt für den weiteren Verlauf des Verbesserungsprozesses essenziell ist und gleichzeitig ein gewisses Verständnis der kommenden Prozessschritte erfordert. Auf allgemeine Projektspezifikationen, wie einen Zeitplan oder die Budgetplanung, soll in diesem Abschnitt nicht eingegangen werden.

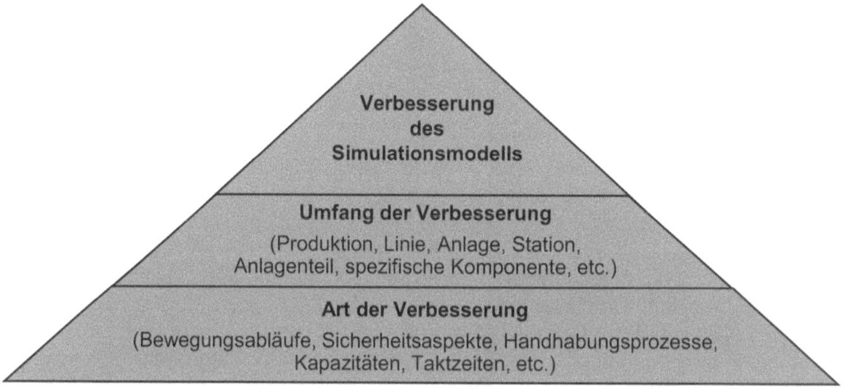

Abbildung 5-27: Komponenten der Zieldefinition

Wie bereits in den Grundlagen aufgeführt, dient eine VIBN der Entwicklung und Validierung des Steuerungscodes (Kapitel 2.3.3). Dieser bestimmt Bewegungsabläufe, Sicherheitsaspekte, Handhabungsprozesse oder Kapazitäten und Taktzeiten einer Anlage. Alle Prozesschritte können von einer Angleichung des Simulationsmodells an die Wirklichkeit durch die Anbindung von Realdaten profitieren. Im hier vorgestellten Modul soll immer nur einer dieser Aspekte als Art des Projektes ausgewählt werden, um in dieser Kategorie eine maximale Verbesserung zu erzielen. Dabei sind Wechselwirkungen zwischen den einzelnen Aspekten nicht auszuschließen. Wird zu Beginn nicht unverkennbar eine Optimierung ausgewählt, kann die kommende Modellstruktur nicht eindeutig ausgelegt werden, was zu einer Minimierung der einzelnen Outputs führt.

Auf der nächsten Ebene muss auf den Umfang der Verbesserung eingegangen werden. Der Umfang bezieht sich auf das entsprechende Anwendungsgebiet und soll das Projekt damit örtlich begrenzen. Dabei kann zwischen einem Fertigungssystem, einer Fertigungslinie, einer Fertigungsmaschine, einzelnen Anlagenteilen und spezifischen Komponenten unterschieden werden. Eine einzelne Station, wie z. B. eine Drehmaschine, kann weiter in verschiedene Funktionseinheiten wie bspw. die einzelnen Abläufe, die Zuführung oder die Materialfördertechnik unterteilt werden. Diese einzelnen Funktionseinheiten bestehen weiterhin aus Komponenten, wie Zylindern zur Bewegung einzelner Bauteile, welche die niedrigste Gliederungsebene darstellen. Dabei ist anzumerken, dass bei der Wahl des Umfangs zwei Gesichtspunkte berücksichtigt werden sollten. Ist der gewählte Umfang zu weit gefasst, kann leicht der Überblick über die kleinsten Gliederungselemente verloren gehen. Davon ausgehend, dass pro Station rund 20 Zylinder verbaut sind und in einer Linie 15 Stationen stehen, summiert sich die Anzahl der Zylinderkomponenten auf 300 Stück, die individuell überprüft werden müssen. Die Vorgehensweise bei der Abarbeitung verläuft somit kumulativ von der niedrigsten bis zur höchsten ausgewählten Gliederungsebene. Ist der gewählte Umfang jedoch zu klein, sind die gefundenen Abweichungen vermutlich zu gering, um einen merklichen Nutzen zu erzielen und den hohen Aufwand zu kompensieren.

5.4.3 Auswahl der Systemvariablen

Der zweite Schritt des Moduls befasst sich mit der Auswahl der Systemvariablen. Unter Systemvariablen werden die Variablen eines Steuerungssystems verstanden, die genutzt werden, um eine Fertigungsanlage anwendungsgemäß zu betreiben. Diese sind in der Regel in einer Variablentabelle im Steuerungsprojekt hinterlegt und geben Aufschluss darüber, mithilfe welcher Signale bzw. Variablen die Steuerung mit der Maschine kommuniziert und umgekehrt. Die Bezeichnung dieser Variablen erfolgt eindeutig anhand einer Nomenklatur und weist jeder Variable einem bestimmten Ein- oder Ausgang zu. Ohne tiefgreifende Kenntnisse des Steuerungsprojekts ist es aufwendig, diese Variablen allein anhand der Bezeichnung zuzuordnen, weshalb diese in der Regel vom Steuerungsplaner mit einem entsprechenden Kommentar versehen werden (s. Tabelle 5-7).

Adresse	Datentyp	Port	Kommentar
++FT008+TL002-KK70.05	Bool	Q1801.1	Vereinzeler MM06 TL007
++FT008+TL002-BG1	Bool	I2050.4	Abfrage Werkzeugträger
++FT008+TL002-BG2	Bool	I2050.5	Plasma-Greifer Auf
++FT008+TL002-BG9	Bool	I2050.6	Abfrage Werkzeugträger
++FT008+TL002-BG3	Bool	I2050.7	Abfrage Werkzeugträger
++ST390+TL003-BG2	Bool	I4038.5	Entnahmeposition
++ST370+FC001.FG001	Bool	I2201.6	Heber TH002 in Aufgabeposition
++ST370+FC001.FG002	Bool	Q2150.2	Heber TH002 auf
++ST370+FC001.FG003	Bool	Q2150.3	Schwenkantrieb Y-Achse 180 Grad
++ST370+FC001.FG004	Bool	Q2151.2	Klemmen Festlager

Tabelle 5-7: Beispielhafte Variablentabelle zur Signalauswahl

Dieser hilft, die Variablen den einzelnen Prozessschritten zuzuordnen, sodass auch andere Anwender darauf zugreifen können, ohne den Entwickler des Steuerungsprojekts kontaktieren zu müssen. Die beispielhaften Variablen in Tabelle 5-7 entstammen dem Steuerungsprojekt der Materialförderanlage aus der Validierung in Kapitel 6.

Die Auswahl der entsprechenden Systemvariablen erfolgt in Hinsicht auf die in Kapitel 5.4.2 festgelegten Ziele der Realdatenanbindung und deren Anwendungsumfang. Außerdem sollte sich die Auswahl lediglich auf Steuerungseingänge beschränken, da diese Zustände darstellen und damit besser als Steuerungsausgänge, die Befehle verkörpern, vergleichbar sind. Beispielhaft wird ein Heber über das Ausgangssignal „Heber TH002 auf" nach oben gelenkt und damit zu einer Aktion veranlasst. Ist der Heber oben angekommen, löst dieser einen induktiven Sensor aus, der das Eingangssignal „Heber TH002 in Aufgabeposition oben" an die Steuerung sendet. Das Eingangssignal stellt damit das Ende der Aufwärtsbewegung dar.

Den ersten Anhaltspunkt für die Auswahl der Variablen bildet der Betrachtungsumfang. Stellt eine komplette Station den Fokus der Betrachtung dar, können die Systemvariablen auf die der Steuerung für die Station begrenzt und diese als Auswahl selektiert werden. Dazu muss die Variablentabelle des entsprechenden Steuergeräts z. B. mittels des „TIA Portals" eingesehen und die Adresse der Signale, wie beispielsweise „++FT008+TL002-BG2", händisch in einer separaten Liste festgehalten werden.

Oft ist eine Steuerung auch für mehrere Stationen zuständig, wenn sie sich auf einer höheren Hierarchieebene im Steuerungssystem befindet (s. Kapitel 2.4 1). Sollte dies der Fall sein und nur eine dieser Stationen den Anwendungsfall betreffen, müssen die Signale mittels ihrer Adresse sortiert und notiert werden. In obigem Beispiel beschreibt der Beginn der Adresse „++FT008" die Station „FT008". Reicht eine Selektion nach der Stationsbezeichnung nicht aus, da alle zutreffenden Variablen in Summe noch zu zahlreich sind oder lediglich eine Komponente der Station den Betrachtungsgegenstand darstellt, kann mittels der Kommentarzeile aussortiert werden, was nicht mit dem Betrachtungsgegenstand interagiert. Liegt der Fokus bspw. auf einem Förderband, sind alle Variablen, die einen in der Station verbauten Greifer betreffen, irrelevant.

Grundsätzlich können einzelne Signale über Erfolg oder Scheitern der Modellverbesserung entscheiden. Demnach werden so viele Signale wie möglich ausgewählt, um Signale mit ungewissen Funktionen nicht von Beginn an auszuschließen. Gleichzeitig hat eine Steuerung mit Verweis auf Kapitel 2.4.1 eine feste Rechenleistung, die bei einer zu großen Auswahl an Systemvariablen bei einer aktiven Datenerhebung (s. Kapitel 2.4.2) überschritten werden könnte, was wiederum zu einem Abfall oder Stoppen der Steuerung führt. Wann die Rechenleistung überschritten wird, ist dabei schwer abzusehen und variiert nach verwendeter Steuerung und zu steuerndem Prozess, der definiert, wieviel Prozent der Rechenleistung im Zeitverlauf benötigt wird.

Die Verantwortung bei der Auswahl der Variablen trägt der Produktionsplaner und wird von ihm als Koordinator des gesamten Verbesserungsprojekts angestoßen. Die Selektion erfordert allerdings ein tiefgreifendes Verständnis der Anlage, des ablaufenden Produktionsprozesses und des dahinterstehenden Steuerungsprojekts und sollte daher unter Zuhilfenahme des Steuerungsplaners durchgeführt werden. Zudem sind einige Signale trotz der Kommentarzeile nicht eindeutig zuzuordnen. Das Signal „++ST370+FC001.FG004“ mit der Kommentarzeile „Klemmen Festlager“ definiert beispielsweise die Funktion des Signals, nicht aber, welches Festlager bei Mehrfachnennung genau gemeint ist und wo sich dieses in der Anlage befindet.

5.4.4 Aufzeichnung der realen Signalverläufe

Im dritten Schritt werden die Werteverläufe der in Kapitel 5.4.3 ausgewählten Systemvariablen aufgezeichnet. Unter einem Werteverlauf wird dabei konkret der Wert eines Signals im Zeitverlauf verstanden, welcher bei den meisten Signalen binär, also entweder „0“ oder „1“, ist. Neben diesen Signalen mit Booleschem Wert (engl. Boolean)-Datentyp existieren auch andere Datentypen. Das hier beschriebene Vorgehen konzentriert sich auf den am häufigsten vorkommenden Fall der binären Signale. Vor der Aufzeichnung von Werten muss zunächst eine Maschinenanbindung eingerichtet werden. Unter einer Maschinenanbindung wird in diesem Kontext die direkte Verbindung eines PCs mit einer Maschinensteuerung verstanden (s. Kapitel 2.4). Grundsätzlich kann bei der individuellen Maschinenanbindung zwischen einer ferngesteuerten und einer lokalen Variante vor Ort unterschieden werden. Eine lokale Anbindung ist dabei generell zu bevorzugen, da möglicherweise aufkommende Probleme direkt vor Ort gelöst werden können und sich die lokale Anbindung, bspw. via Ethernet, durch eine stabilere Verbindung auszeichnet. Erfolgt die Anbindung jedoch aus größerer Entfernung ferngesteuert, verläuft die Verbindung zwangsläufig über mehrere zwischengeschaltete Netzteilnehmer, wie z. B. Server, deren eigene Rechenleistung ebenso berücksichtigt werden muss und welche die Datenübertragung negativ beeinflussen können.

Der Vorgang der Maschinenanbindung bedarf einiger Vorbereitung und stellt gleichzeitig den Schritt mit dem größten Risiko innerhalb des beschriebenen Vorgehensmodells dar. Die Ursache liegt in der direkten Kopplung mit einer laufenden Arbeitsstation, deren Stopp oder Störung in kurzer Zeit zu hohen Kosten führen kann. Eine Entschärfung der Situation durch eine Anbindung während einer PU oder einer nichtausgelasteten Produktionsphase ist meist nicht möglich, da die Anlage betrieben werden muss, um verwertbare Daten generieren zu können.

Sobald eine Maschinenanbindung eingerichtet ist, können Werteverläufe aufgezeichnet werden. Wie diese Aufzeichnung durchgeführt wird, bleibt dem Anwender überlassen und ist von den jeweiligen Gegebenheiten abhängig. Es existieren hierzu jedoch eigens dafür entwickelte Anwendungen, die den Vorgang deutlich einfacher gestalten. Beispielhaft für eine solche Anwendung ist der *SPS-Analyzer*, eine lizenzpflichtige Software zur Analyse der speicher-programmierbaren Steuerung, die mit wenigen Schritten an den jeweiligen Anwendungsfall angepasst werden kann und die Daten im Anschluss als CSV (Comma-Separated Values)-Datei abspeichert, welche in Folge bearbeitet werden kann. Die Software muss sich dafür auf dem direkt mit der Maschine gekoppelten Gerät befinden. Unabhängig von der angeführten Software müssen bei einer Aufzeichnung mehrere Parameter festgelegt werden. Dazu gehören neben der bereits getroffenen Variablenauswahl die Abtastrate, die Dauer der Aufzeichnung und damit verbunden der Start- und Endpunkt sowie die Anzahl der Wiederholungen.

Die Abtastrate beschreibt die Anzahl der Werte, die pro Zeiteinheit aufgenommen werden und wird für jeden Aufzeichnungsvorgang festgelegt. Je höher die Abtastrate, desto mehr Daten werden aufgezeichnet, was sich positiv auf die Genauigkeit der Analyse auswirkt. Die Auswahl der Abtastrate ist allerdings analog zur Auswahl der Systemvariablen unter Berücksichtigung der Rechenleistung der Steuerung zu treffen. Diese verhält sich wie in Kapitel 5.4.3 und kann durch eine zu hohe Abtastrate negativ beeinflusst werden.

Weiterhin wird über den Startzeitpunkt sowie die Dauer der Aufnahmen entschieden. Als Orientierung dienen die in Kapitel 5.4.2 festgelegten Rahmenbedingungen und die dazugehörigen Systemvariablen (s. Kapitel 5.4.3), die für einen bestimmten Ablauf stellvertretend sind. Diese gilt es zeitlich komplett aufzuzeichnen, ohne mittig zu beginnen oder einen Schritt zu überspringen, um repräsentative und aussagekräftige Daten zu erhalten. Dabei orientieren sich Start und Ende stets an einem Referenzpunkt, wie dem für eine bestimmte Aktion stellvertretenden Wechsel eines Signalwertes von „0“ auf „1“, mit dem der definierte Zyklus beginnt oder endet. Um die Vollständigkeit eines kompletten Zyklus zu gewährleisten, werden ausreichend Vor- und Nachlauf vorgehalten. Ein beispielhafter Datensatz aus den Rohdaten (s. Kapitel 6) findet sich in Tabelle 5-8.

Ist eine vollständige Aufzeichnung beendet, kann diese unter den identischen Einstellungen beliebig oft wiederholt werden, um die Größe der Datenbasis zu erhöhen. So werden möglichst viele Produktionseinflüsse eingefangen, aus denen in Folge ein Mittelwert gebildet wird, um die Realität bei einer Angleichung möglichst präzise anzunähern. So variieren nicht nur äußere Einflüsse, wie die Vibration durch benachbarte Anlagen oder Lichtverhältnisse, sondern auch innere Einflüsse, wie die Beschaffenheit der zu bearbeitenden Teile.

	Uhrzeit	++TL001-BG04:4	++TL001-BG01:4
Aufzeichnungsstart	14:03:36.80	0	0
Überschuss	...		
Vorlauf	14:03:36.90	0	0
	14:03:37.00	0	0
Zyklusstart/Referenzpunkt	14:03:37.10	0	1
Zyklus	14:03:37.20	0	1
	...		
	14:03:37.30	0	1
Zyklusende/Referenzpunkt	14:03:37.40	1	0
Nachlauf	14:03:37.50	1	0
	14:03:37.60	1	0
Überschuss	...		
Aufzeichnungsende	14:03:37.70	1	0

Tabelle 5-8: Beispielhafter Datensatz binärer Signale

An der Datenbasis können in Folge erste Bearbeitungsschritte zur Aufbereitung und Visualisierung der Daten für den Abgleich in Schritt sechs (s. Kapitel 5.4.7) vorgenommen werden. Dazu gehört zunächst das Löschen unbrauchbarer Signale, welche andere Signale doppeln oder mangelnde Aussagekraft besitzen, um den Aufwand der Auswertung zu reduzieren. Von den verbleibenden Daten können alle entfernt werden, die sich wie der Überschuss in Tabelle 5-8 nicht innerhalb des definierten Zyklus und dessen Vor- oder Nachlauf befinden. Handelt es sich um einen Datensatz, der aus mehreren Zyklen besteht, aus denen ein Mittelwert gebildet werden soll, müssen die Daten nach Zyklen zerteilt werden. Die Referenzpunkte zeigen an, wo ggf. mit Vor- und Nachlauf geschnitten werden muss. Gleichzeitig bildet der Referenzpunkt zum Start jedes Zyklus den neuen zeitlichen Nullpunkt des freigestellten Ablaufs. Nach der gerade beschriebenen Aufbereitung ergibt sich aus obigem Datensatz der folgende Referenzpunkt in Tabelle 5-9.

Als nächstes kann aus allen relevanten Zyklen ein repräsentativer Mittelwert gebildet werden. Da dieses Vorgehen stark von den jeweiligen Datensätzen abhängt, soll für ein Beispiel auf Kapitel 6.2 verwiesen werden. Je nach Belieben kann der gemittelte Signalverlauf in Folge noch visualisiert werden, um den genauen Ablauf zu verdeutlichen.

	Zeitpunkt	++TL001-BG04:4	++TL001-BG01:4
Vorlauf		0	0
		0	0
Zyklusstart/ Referenzpunkt	0	0	1
Zyklus	1	0	1
	…		
	10	0	1
Zyklusende /Referenzpunkt	11	1	0
Nachlauf		1	0
		1	0

***Tabelle 5-9:* Beispielhafter Datensatz binärer Signale nach der Aufbereitung**

Weiterhin muss zwischen den Verantwortlichen der Maschinenanbindung und denen der Signalaufzeichnung unterschieden werden. Für die Maschinenanbindung sind neben dem koordinierenden Produktionsplaner der Steuerungsplaner und der Betreiber sowie der Instandhalter verantwortlich. Aufgrund der bereits mehrfach angeführten Brisanz der Maschinenanbindung sollte diese bevorzugt von einem Fachmann, wie dem Steuerungsplaner, durchgeführt werden. Dies setzt dessen lokale Verfügbarkeit voraus. Der Steuerungsplaner muss sich außerdem zusammen mit dem Produktionsplaner frühzeitig mit Betreiber und Instandhalter der Anlage absprechen, um einen geeigneten Zeitpunkt für die Anbindung und das Aufzeichnen der Signalverläufe auszuwählen. Sollte die Anlage aufgrund einer Störung während der Anbindung stoppen, werden Betreiber und Instandhalter dafür zur Verantwortung gezogen. Es zeichnet sich damit ein Interessenkonflikt ab, der die Terminfindung negativ beeinflusst.

Die Verantwortlichkeiten beim Aufzeichnen der Signalverläufe an der realen Anlage verhalten sich ähnlich zu den Verantwortlichkeiten bei der Maschinenanbindung. Der Koordinator ist der Produktionsplaner, der Steuerungsplaner stellt den ausführenden Experten dar und Betreiber bzw. Instandhalter sind die Hauptverantwortlichen für die Anlage sowie deren Produktion. Da sich das Aufzeichnen der Signalverläufe chronologisch direkt an die Maschinenanbindung anschließt, muss hierfür kein gesonderter Termin vereinbart werden. Der Interessenkonflikt zwischen den Maschinenverantwortlichen und den ausführenden Parteien besteht aber nach wie vor.

5.4.5 Aktualisierung des VIBN-Aufbaus

Im vierten Schritt wird mit der Bearbeitung des virtuellen Modells begonnen. Konkret wird dabei der ursprünglich zur VIBN genutzte Simulationsaufbau auf Änderungen überprüft und, falls notwendig, aktualisiert, um nachträgliche Anpassungen an einer Anlage im Modell nachzupflegen. Abweichungen zwischen Modell und Realität können dabei ähnlich der Ankerpunktmethode von TALKHESTANI ET AL. ermittelt werden.[521] Die Aktualisierung des VIBN-Aufbaus umfasst neben dem Simulationsmodell der Anlage auch die entsprechend angekoppelte Hardware, welche bereits in Kapitel 2.3.3 ausführlich behandelt wurde. Grundsätzlich ist der dabei entstehende Aufwand umso geringer, je weniger Zeit seit der initialen VIBN vergangen ist. Die Vorgehensweise zur Aktualisierung ist in Abbildung 5-28 skizziert.

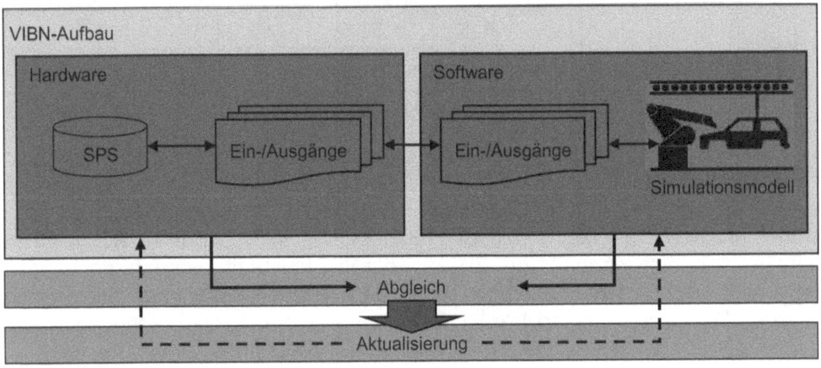

Abbildung 5-28: Aktualisierung des Aufbaus zur VIBN

Zunächst muss das ursprüngliche Simulationsmodell gestartet und ohne Fehlermeldung betrieben werden können. *ISG Virtuos* (s. Kapitel 6.2.4) stellt bspw. eine gängige Software zur Modellerstellung dar und soll hier stellvertretend anhand des ersten Schrittes vorgestellt werden. In *ISG Virtuos* wird ein Simulationsmodell in den beiden Softwareversionen *ISG Virtuos M* und *ISG Virtuos V* bearbeitet und gespeichert. Letztere dient der Visualisierung und besteht aus den CAD-Daten der zu simulierenden Anlage. Zusätzlich können Materialflusselemente hinzugefügt und kinematische Achsen ergänzt sowie die Position und Orientierung der einzelnen Elemente festgelegt werden. Die zugehörige *ISG Virtuos M*-Datei enthält die Modellfunktionen in Form von Regelungs- und Steuerungstechnik-Komponenten, die sich auf die Elemente der *ISG Virtuos V*-Datei beziehen, wo sich deren Funktionen veranschaulichen lassen. Dazu werden die beiden Dateiversionen miteinander über einen Server verknüpft,

[521] Vgl. Talkhestani, B. A./Jazdi, N. et al. (Virtual production system), 2018, S. 13.

um ein voll funktionsfähiges Modell zu erhalten. Zu Beginn müssen in *ISG Virtuos* zunächst beide Modellbausteine geöffnet, hochgefahren und verknüpft werden. Gelingt diese Maßnahme, kann der aktuelle Stand der realen Anlage mit dem des Simulationsmodells abgeglichen werden. Eine Orientierung bietet dabei das Steuerungsprojekt der Anlage, welches herstellerabhängig, z. B. mittels des „TIA"-Portals, eingesehen werden kann. Werden Abweichungen gefunden, können diese im Modell eingearbeitet werden. Für einen konkreten Anwendungsfall sei auf Kapitel 6.2 verwiesen.

Die Hardware muss daraufhin geprüft und, falls notwendig, aktualisiert werden, indem das virtuelle Modell erneut mit den jeweiligen Ein- und Ausgängen bzw. Adressen der Hardware verbunden wird. Sollten Änderungen im Modell übersehen worden sein, werden diese spätestens beim Betrieb des Simulationsmodells durch den realen Steuerungscode sichtbar, sodass das Modell am Ende des vierten Schritts vollständig aktualisiert ist.

Die für die Modellaktualisierung verantwortlichen Personen sind in diesem Schritt der Produktionsplaner als Initiator und Leiter des Projekts der Realdatenanbindung sowie der VIBN-Experte, der sowohl für die Aktualisierung des Simulationsmodells als auch für die Überarbeitung der angebundenen Hardware zuständig ist. Für den Fall, dass die VIBN ursprünglich beim Anlagenlieferanten durchgeführt wurde und das entsprechende Simulationsmodell nach Projektende auch bei diesem verblieb, muss die Aktualisierung entweder vom Anlagenlieferanten durchgeführt oder das Modell an den Kunden übergeben werden. In Hinblick auf die folgenden Schritte fünf (s. Kapitel 5.4.6) und sechs (s. Kapitel 5.4.7) wäre eine Übergabe aller benötigten Materialien von Vorteil, da sich ansonsten nochmals intensiv mit dem Lieferanten in Verbindung gesetzt werden muss und womöglich zusätzliche Kosten entstehen könnten. Ebenso spricht ein mehrstufiger, skalierbarer Fertigungsaufbau für diese Vorgehensweise durch die teils mehrfache Abarbeitung des Moduls nach jeder Ausbaustufe. Eine eigenständige Bearbeitung würde zwar Kapazität in Anspruch nehmen, die gewonnene Flexibilität und der dabei entstehende Erfahrungsaufbau wiegen diesen Mehraufwand aber auf. Hinzu kommt die hohe Verknüpfung der einzelnen Schritte untereinander, weshalb ein Wechsel der Zuständigkeiten vom Kunden zum Lieferanten oder umgekehrt innerhalb des Vorgehensmodells zu Inkonsistenzen und Kommunikationsschwierigkeiten führt. Eine geteilte Bearbeitung zwischen Kunde und Lieferant ist daher zu vermeiden. Letztendlich können die ersten drei Schritte an der realen Anlage nur intern beim Kunden durchgeführt werden, was eine vollständige Auslagerung des Prozesses ausschließt.

5.4.6 Aufzeichnung der simulierten Signalverläufe

Die Aufzeichnung der Signalverläufe in der virtuellen Welt läuft größtenteils wie in der Realität ab. Bevor die simulierten Signale mitgeschrieben werden können, muss für eine möglichst lokale Maschinenanbindung gesorgt werden. Sollte keine physische Steuerung vorliegen und es sich um eine VIBN auf Grundlage von SiL handeln, muss eine vergleichbare Alternative gewählt werden, welche die Daten nicht verfälscht. Sind die Einschränkungen durch SiL von vornherein bekannt, muss bereits im dritten Schritt (s. Kapitel 5.4.4) darauf Rücksicht genommen und Einstellungen gewählt werden, die im fünften Schritt auch nachgestellt werden können. Die Anbindung in der virtuellen Welt ist im Gegensatz zum dritten Schritt mit keinem Risiko verbunden und problemlos zu jeder beliebigen Zeit ohne nennenswerten Vorlauf durchführbar.

Zur Aufzeichnung sind Systemvariablen, Abtastrate, Startzeitpunkt und Dauer der Aufzeichnung exakt identisch zur Vorgehensweise bei der realen Anlage zu wählen, um eine Vergleichbarkeit der Daten im sechsten Schritt (s. Kapitel 5.4.7) zu gewährleisten. Selbst wenn durch eine größere Abtastrate die Genauigkeit der Daten verbessert werden würde und ein Überschreiten der Steuerungsleistung im Simulationsmodell keine Kosten verursacht, müssen auch hier alle Parameter mit denen aus dem dritten Schritt (s. Kapitel 5.4.4) übereinstimmen. Mit dem aufgenommenen Datensatz kann zur Aufbereitung und Visualisierung wie in Kapitel 5.4.4 verfahren werden. Auf eine Mittelwertbildung kann jedoch verzichtet werden, da eine Wiederholung der Aufzeichnung aufgrund des deterministischen Modellverhaltens keinen Mehrwert erzeugt.

Die Anbindung in der virtuellen Welt ist mit keinem Risiko verbunden und muss nicht abgestimmt werden. Der Produktionsplaner veranlasst die Anbindung, die in Folge vom VIBN-Experten durchgeführt wird. Für den Fall, dass das virtuelle Modell der Anlage beim Lieferanten lokalisiert ist, muss der Zugriff des VIBN-Experten entweder ferngesteuert oder durch einen Fachmann des Lieferanten durchgeführt werden. Beim Aufzeichnen der Signalverläufe in der virtuellen Welt verhalten sich die Verantwortlichkeiten größtenteils wie die des dritten Schritts.

5.4.7 Abgleich der Signalkurven

Der letzte Schritt im hier beschriebenen Vorgehensmodell besteht im Abgleich der in Kapitel 5.4.4 und 5.4.6 aufgezeichneten Datensätze. Dabei werden alle vorherigen Ergebnisse zusammengetragen, um daraus einen konkreten Mehrwert in Form einer Angleichungsempfehlung für entsprechende Modellparameter abzuleiten. Das Ziel des sechsten Schrittes besteht damit nicht nur darin herauszufinden, ob Abweichungen zwischen den realen und simulierten Signalen existieren, sondern auch, klar zu benennen, wo diese Abweichungen auftreten und wie groß diese ausfallen. Die Angleichung der Simulation mithilfe dieser Empfehlung wird im Vorgehensmodell nicht behandelt.

Für den Abgleich müssen die beiden Signalverläufe der realen und virtuellen Welt an einem gemeinsamen Referenzpunkt übereinandergelegt werden, um eine Vergleichbarkeit der beiden Datensätze zu gewährleisten. Diesen Punkt stellt dabei der zeitliche Nullpunkt beider Zyklen dar. Im Folgenden wird dieses Vorgehen in Abbildung 5-29 visualisiert.

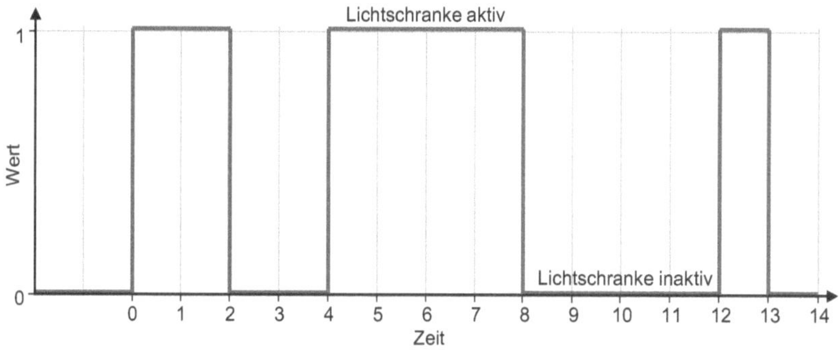

Abbildung 5-29: Beispielhafter Verlauf eines realen Signals

Im beispielhaften realen Signalverlauf (Abbildung 5-29) stellt die zum Zeitpunkt „0" aufsteigende Signalflanke des über zwei Zeiteinheiten andauernden Ausschlags den Referenzpunkt zum Start des Zyklus dar. Der Signalverlauf vor diesem Referenzpunkt visualisiert den Vorlauf. Eine aufsteigende Flanke entsteht durch einen Wechsel des Werts von „0" auf „1" und eine abfallende durch einen Wertewechsel von „1" auf „0". Das Ende des Zyklus wird durch den Referenzpunkt der abfallenden Flanke des letzten Ausschlags zum Zeitpunkt „13" markiert. Der weitere Signalverlauf bildet den Nachlauf. Geht man beispielhaft davon aus, dass das abgebildete Signal eine Lichtschranke darstellt, die bei Berührung aktiviert wird (Signalwert = „1") und ansonsten inaktiv bleibt (Signalwert = „0"), würde der erste Ausschlag zum Zeitpunkt „0" in Abbildung 5-29 eine für zwei Zeiteinheiten andauernde Berührung bedeuten. Im Verlauf der Aufzeichnungen wird die Lichtschranke nun dreimal mit unterschiedlichem zeitlichem Abstand und unterschiedlicher Dauer aktiviert, bis der Zyklus bei der letzten abfallenden Signalflanke zum Zeitpunkt „13" endet. Abbildung 5-30 zeigt den zugehörigen simulierten Signalverlauf mit variierenden Ausschlägen.

Der gemeinsame Referenzpunkt für den Abgleich befindet sich, wie bei obigem Verlauf, am Zeitpunkt „0". Der Referenzpunkt für das Ende des Ablaufs liegt hingegen bei Zeitpunkt „10", zu welchem die abfallende Flanke das Ende der letzten Lichtschrankenaktivierung signalisiert.

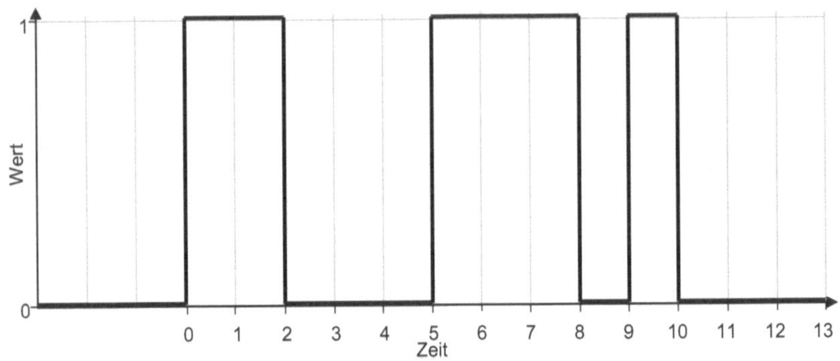

Abbildung 5-30: Beispielhafter Verlauf eines virtuellen Signals

Werden die beiden Abläufe nun, wie in Abbildung 5-31 dargestellt, übereinandergelegt, sind alle Voraussetzungen für einen Abgleich erfüllt. So können die Dauer des Gesamtverlaufs betrachtet und einzelne Ausschläge untereinander verglichen werden. Die genauen Abweichungen zwischen den beiden Verläufen können entweder an der Grafik abgelesen oder errechnet werden. Für ein konkretes Beispiel sei auf Kapitel 6.2.4 verwiesen. Mit den gewonnenen Erkenntnissen kann in Folge eine Angleichungsempfehlung der entsprechenden Modellparameter ausgesprochen werden.

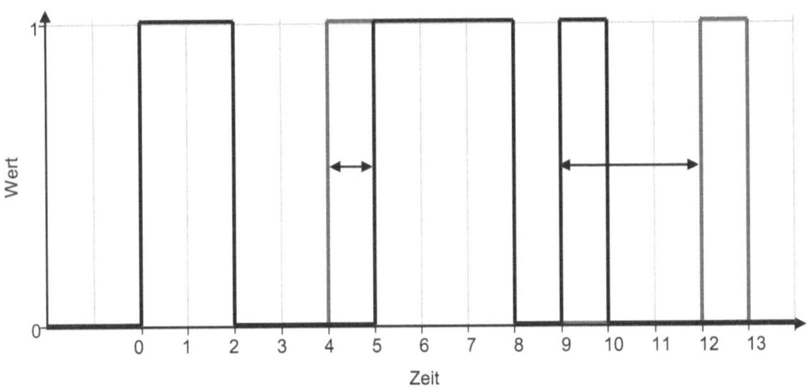

Abbildung 5-31: Beispielhafter Abgleich von realem und virtuellem Signalverlauf

Die Verantwortlichkeiten im sechsten Schritt liegen beim Produktionsplaner. Dieser ist nicht mehr auf Experten angewiesen, da die Datenanalyse und

Verarbeitung keine besonderen Fachkenntnisse erfordert und eine fehlerhafte Ausführung kein akutes Risiko darstellt. Sobald die ersten Auswertungen beendet sind, kann der Produktionsplaner diese von dem VIBN-Experten bzw. dem Lieferanten auf der virtuellen und dem Steuerungsplaner auf der realen Seite überprüfen lassen, bevor mit Auswertungsergebnissen weiter verfahren wird. Die weitere Verarbeitung der generierten Daten erfolgt im folgenden Kapitel 5.5.

5.5 Parameteroptimierung von Verhaltensmodellen mit Realdaten

In diesem Kapitel wird aufbauend auf dem vorangegangenen Modul (s. Kapitel 5.4) ein methodisches Vorgehen zur Parametrisierung eines virtuellen Modells mithilfe von Realdaten entwickelt und im Detail vorgestellt (s. Abbildung 5-32). Ziel des Vorgehens ist es, anhand von binären SPS-Prozessdaten aus einer realen Anlage ideale Parameter für das virtuelle Modell der Anlage zu ermitteln, um die reale Taktzeit möglichst genau abzubilden. Diese Methodik soll für Fertigungsmaschinen gültig sein, bei welchen eine VIBN mit universellen Komponenten aus der Materialfördertechnik im Umfeld der skalierbaren Elektromobilproduktion bereits durchgeführt wurde. Voraussetzungen für die erfolgreiche Anwendung sind das Vorliegen eines aktuellen virtuellen Modells der betrachteten Anlage und der Aufzeichnungen von binären SPS-Prozessdaten der Anlage im Produktionsbetrieb (s. Kapitel 5.3 u. 5.4).

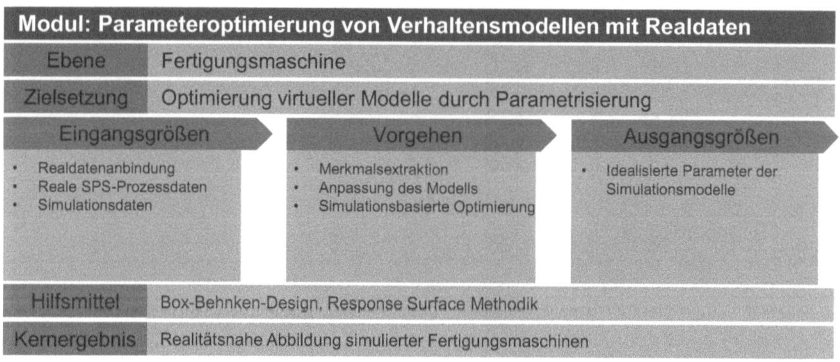

Abbildung 5-32: Parameteroptimierung von Verhaltensmodellen mit Realdaten

Auf Basis der Erkenntnisse aus den vorherigen Kapiteln zum Signalaufbau und der Optimierung von Simulationen wird die Methodik in die vier Schritte „Vorverarbeitung“, „Merkmalsextraktion“, „Anpassung des virtuellen Modells“ und „Parametrisierung“ unterteilt (s. Abbildung 5-33).

Dabei basiert die Grundidee des Moduls auf der simulationsbasierten Optimierung. Das Ziel ist es, optimale Parameter für das virtuelle Modell durch

Erkenntnisgewinne aus Simulationsläufen zu erhalten. Zunächst werden die Prozessdaten aus der realen Anlage im Rahmen einer Vorverarbeitung bereinigt und zu Datenpunkten reduziert. Im nächsten Schritt werden relevante Merkmale aus den Datenpunkten extrahiert. Diese Merkmale dienen zum einen als Zielwert für die Optimierung und zum anderen zur Identifikation von Idealisierungen im virtuellen Modell. Im Rahmen der Anpassung des virtuellen Modells werden die Idealisierungen aus dem bereits vorhandenen, initialen Simulationsmodell entfernt. Im letzten Schritt, der Parametrisierung, werden mithilfe von Versuchsplänen auf dem angepassten Simulationsmodell verschiedene Parameterkombinationen iterativ simuliert. Die ausgewerteten Ergebnisse der Simulationsläufe dienen der Erstellung eines Metamodells, um eine vereinfachte Optimierung zu ermöglichen. Gemeinsam mit den Zielwerten aus der Merkmalsextraktion wird anschließend das Metamodell optimiert. Dies liefert insgesamt die idealen Parameter für die Taktzeit. Mit dem Einsetzen der idealen Parameter in die Simulation können die Ergebnisse validiert werden.

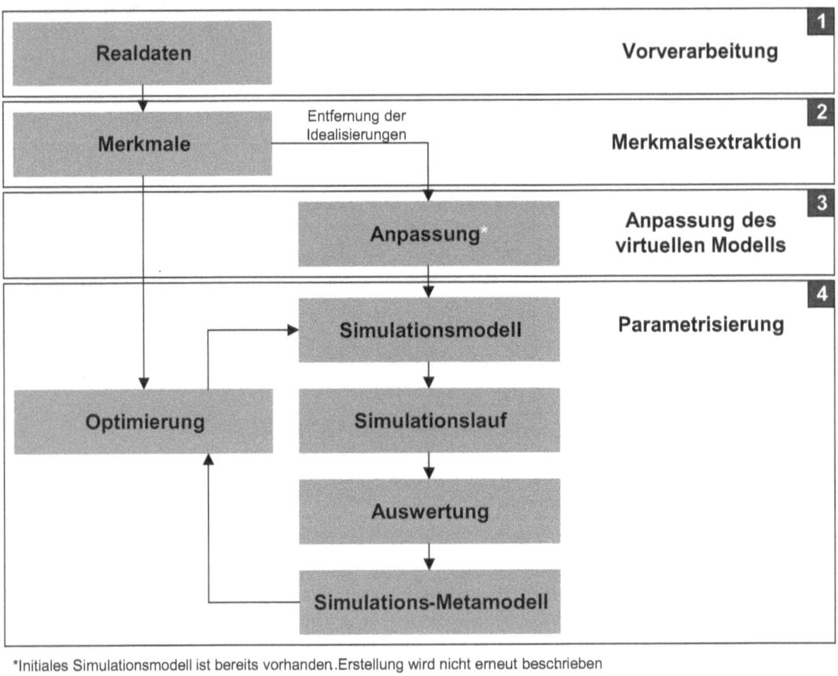

Abbildung 5-33: Aufbau des Moduls zur Parametrisierung[522]

[522] Vgl. Gläßer, J. F. (Ereignisorientierte Simulation), 2012, S. 59.

5.5.1 Vorverarbeitung

Im ersten Schritt, der Vorverarbeitung, werden die Prozessdaten aus der SPS der Fertigungsanlage aufbereitet. Da die SPS die Steuerung der gesamten Anlage verantwortet, liefert der aufgezeichnete Datensatz Signaldaten aller Maschinenkomponenten über mehrere Maschinenzyklen. Eine direkte Analyse des gesamten Datensatzes ist zwar möglich, bedeutet jedoch aufgrund einer Vielzahl an irrelevanten Daten einen hohen Rechenaufwand. Durch eine Vorverarbeitung der Daten kann die Analyse wesentlich effizienter gestaltet werden. Dieser Schritt der Vorverarbeitung umfasst die Filterung der relevanten Signale aus dem Gesamtdatensatz und die anschließende Datenreduktion dieser.

5.5.1.1 Signalfilterung

Der Rohdatensatz der realen Anlage enthält zu Beginn eine hohe Anzahl an unterschiedlichen Signalen. Diese Signale stellen die Aufzeichnung aller Vorgänge der einzelnen Maschinenkomponenten der Anlage dar. Beispielhafte Maschinenkomponenten sind Greifer, Portale oder Zylinder. Zunächst muss die Anzahl der Signale verringert werden, um die Komplexität zu reduzieren. Für die Betrachtung der Materialfördertechnik in der skalierbaren Elektromobilproduktion wird der Fokus auf die Signale von drei universellen Komponenten gelegt. Diese sind Zylinder, Lichtschranken und Förderbänder. Mithilfe der Signalbezeichnungen können diese Signale herausgefiltert werden. Ein weiterer Filter zur Komplexitätsreduktion wird durch die reine Betrachtung von binären Signalen gesetzt. Binäre Signale entsprechen dem Datentyp Boolean und können den Wert „0“ oder „1“ annehmen (s. Kapitel 5.4.4). Da binäre Signale den größten Anteil der Signale in Rohdatensätzen ausmachen, wird in der beschriebenen Methodik der Fokus auf diese gelegt.

5.5.1.2 Aufteilung in Maschinenzyklen

Der Rohdatensatz wird meist über mehrere Wiederholungen eines gleichen Produktionsprozesses einer Maschine aufgezeichnet, daher besteht der Datensatz aus mehreren Maschinenzyklen. Dieser wird nun in einzelne Maschinenzyklen aufgeteilt. Das Aufteilen lässt sich anhand eines Referenzsignals durchführen. Bei einem Referenzsignal handelt es sich um eines der aufgezeichneten Signale, welches Informationen über den Beginn jedes Maschinenzyklus enthält. Das Signal sollte so einfach wie möglich zu verfolgen sein, zum Beispiel mit einem Punkt pro Zyklus. Dazu sollte ausgewählt werden, ob eine steigende oder fallende Flanke den Beginn eines Zyklus definiert. Abbildung 5-34 stellt ein Beispiel des Referenzsignals im Verhältnis zu den Signalen A und B dar. Die steigende Flanke des Referenzsignals weist den Beginn eines Zyklus aus. Dabei ist zu beachten, dass es keine Flanke gibt, die genau dem Ende des Zyklus entspricht. Ein Zyklus ist erst beendet, wenn der nächste Zyklus beginnt.

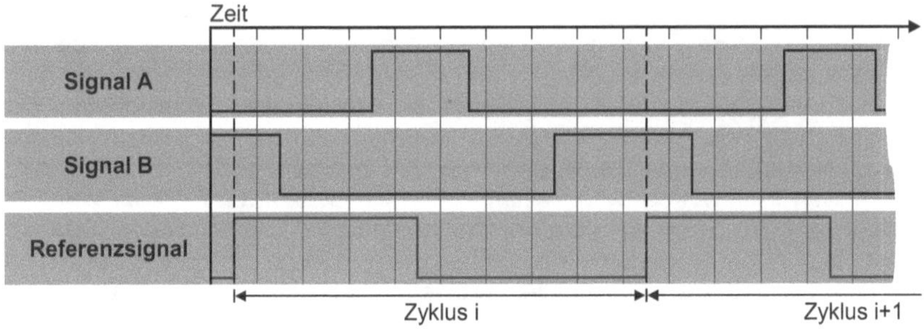

Abbildung 5-34: Referenzsignal zur Aufteilung in Zyklen

5.5.1.3 Definition des Idealzyklus

Aus den entstehenden Maschinenzyklen wird nun ein Idealzyklus ausgewählt, welcher alle Maschinenzyklen repräsentiert. Dafür werden die Gesamttaktzeiten aller Maschinenzyklen betrachtet und der Median der Taktzeiten gebildet. Bei einer großen Zyklusanzahl reduziert der übergeordnete Vergleich von Gesamttaktzeiten den Aufwand gegenüber dem detaillierten Vergleich einzelner Signalflanken. Der Median der Gesamttaktzeiten wird hier gewählt, da Fertigungsanlagen oft von Störungen betroffen sind, welche zu Ausreißern in der Taktzeit führen können. Durch die Nutzung des Medians ist der Einfluss dieser Ausreißer geringer als beim Mittelwert. Anhand des entstehenden Taktzeit-Medians wird der Maschinenzyklus ausgewählt, dessen Taktzeit sich am nächsten am Median befindet. Dabei spielt die Abweichung nach oben oder unten eine untergeordnete Rolle. Dieser Maschinenzyklus wird für die weitere Bearbeitung als Idealzyklus betitelt und als Referenzzyklus für die spätere Parametrisierung des virtuellen Modells verwendet.

5.5.1.4 Datenreduktion auf Flankenzeitpunkte

Aufgrund der reinen Betrachtung von binären Signaldaten besteht der Idealzyklus nur aus Signalen mit den Werten „0“ und „1“. Während eines Idealzyklus wechseln binäre Signale meistens nur ein- bis zweimal ihre Zustände zwischen „0“ und „1“. Den Rest der Zeit verbleibt das Signal konstant auf einem der beiden Zustände. Für diese Arbeit sind nur die exakten Zeitpunkte, an denen der Übergang zwischen zwei Zuständen stattfindet, relevant. Diese werden im Folgenden als „Flankenzeitpunkt“ (FZP) benannt. Mit einem Filter, welcher nur nach FZP selektiert, lässt sich der Idealzyklus stark reduzieren, sodass dieser nur noch aus FZP besteht. Diese FZP enthalten drei Informationen: Die Bezeichnung des zugehörigen Signals sowie den Zeitpunkt und die Art des Zustandswechsels, welcher eine steigende oder eine fallende Flanke beschreibt. Abbildung 5-35 verdeutlicht die FZP.

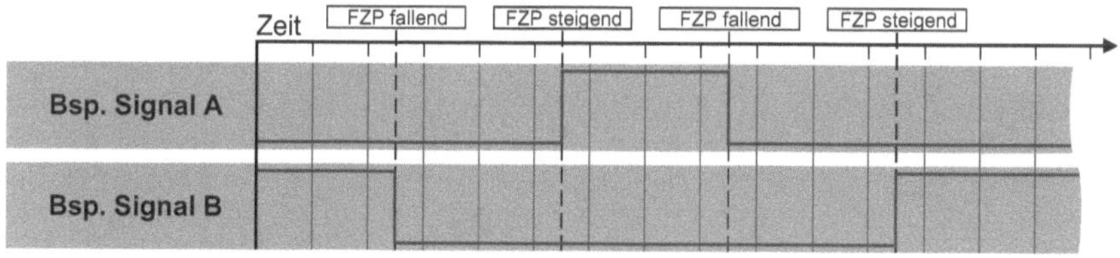

Abbildung 5-35: Ermittlung der Flankenzeitpunkte

5.5.2 Merkmalsextraktion

Im Rahmen der Vorverarbeitung wurden die Realdaten einer Anlage auf FZP reduziert. Die Zusammenhänge zwischen den FZP werden in diesem Schritt analysiert, um die drei Merkmale „reale Verfahrzeit“, „reale Verzögerungszeit“ und „realer Auslösezeitpunkt“ zu erzeugen. Anhand dieser drei Merkmale soll das virtuelle Modell am Ende parametrisiert werden.

Um ein besseres Verständnis für die drei Merkmale aufzubauen, wird im Folgenden am Beispiel eines pneumatischen Zylinders erläutert, wie die Merkmale gemeinsam in der Lage sind, das zeitliche Verhalten einer Maschinenkomponente zu charakterisieren. SPS-Signale unterteilen sich in Eingangs- und Ausgangssignale. Eingangssignale liefern Informationen über den derzeitigen Zustand der Maschinenkomponente durch Sensorwerte an die SPS, während mit Ausgangssignalen Anweisungen von der SPS an die Aktoren übermittelt werden. Der in Abbildung 5-36 zu sehende Zylinder besitzt zwei binäre Eingangssignale und ein binäres Ausgangssignal. Eingangssignal „auf“ liefert einen Wert von 1 (Hochpegel), wenn der Zylinder sich in der komplett ausgefahrenen Position befindet, und einen Wert von 0 (Niedrigpegel), wenn der Zylinder sich nicht in der komplett ausgefahrenen Position befindet. Analog dazu verhält sich das Eingangssignal „zu“, mit dem Unterschied, dass Werte über den komplett eingefahrenen Zustand übermittelt werden. Das Ausgangssignal übermittelt die Anweisung der SPS, den Zylinder auszufahren. Ausgangssignale aus einer SPS zeichnen sich im Rahmen der Taktzeitbetrachtung durch ein Impulsverhalten aus. Das bedeutet, dass nur der Zeitpunkt der Anweisung, also der steigenden Flanke des Ausgangssignals, relevant ist. Die Länge des Signals und der Zeitpunkt der fallenden Flanke sind irrelevant, da nur der Zeitpunkt der Anweisungserteilung für die Aktoren von Bedeutung ist.

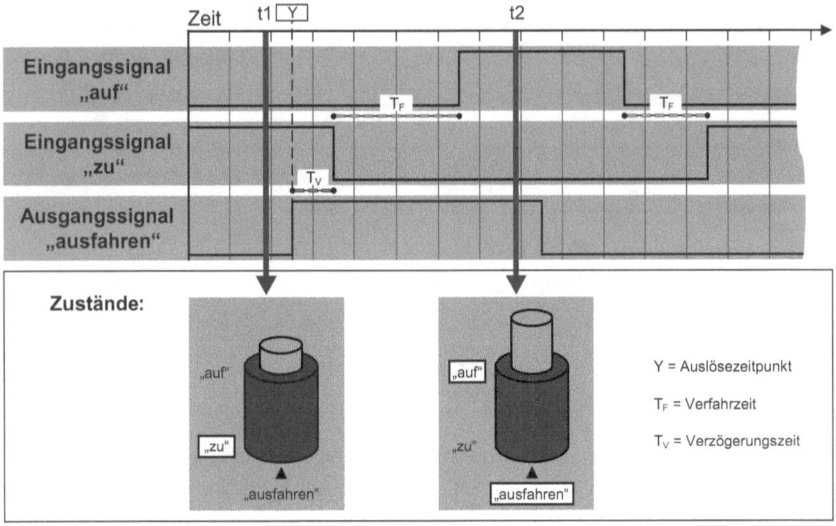

Abbildung 5-36: Signalaufbau eines Zylinders

Mit dem Impulsverhalten von Ausgangssignalen und der Definition des Verhaltens der Eingangssignale können damit die Merkmale erklärt werden. Der Zylinder befindet sich zu Beginn im eingefahrenen Zustand. Dementsprechend befindet sich Eingangssignal „zu“ im Hochpegel und die anderen beiden Signale im Niedrigpegel. Im Auslösezeitpunkt erteilt die SPS die Anweisung über das Ausgangssignal, den Zylinder auszufahren. Sobald die Anweisung erteilt wurde, kommt es zu einer geringen Verzögerung, bis der Zylinder beginnt, die Aktion auszuführen. Diese Zeitdifferenz, bis das Eingangssignal „zu“ vom Hochpegel auf den Niedrigpegel fällt, wird hier Verzögerungszeit genannt. Mit dem Zeitpunkt der fallenden Flanke von Eingangssignal „zu“ beginnt der Verfahrvorgang des Zylinders. Dieser endet, sobald der Zylinder seine ausgefahrene Position erreicht hat, gekennzeichnet durch die steigende Flanke von Eingangssignal „auf“. Die Dauer des Verfahrvorgangs wird Verfahrzeit genannt. Wenn der Zylinder zu einem späteren Zeitpunkt wieder einfährt, tritt die Verfahrzeit erneut wieder auf.

Mithilfe des Auslösezeitpunktes, der Verzögerungszeit und der Verfahrzeit ist es somit möglich, das Verhalten einer Maschinenkomponente zeitlich zu beschreiben. Die genaue Vorgehensweise zur Extrahierung der Merkmale wird im nächsten Unterkapitel erläutert. Da die Merkmale sich auf die Analyse der Realdaten beziehen, werden die Merkmale in „Realer Auslösezeitpunkt“, „Reale Verzögerungszeit“ und „Reale Verfahrzeit“ umbenannt, um eine Verwechslung mit der Analyse der späteren Simulationsdaten zu vermeiden.

Bevor mit der Merkmalsextraktion aus den Signalen von Maschinenkomponenten begonnen werden kann, ist es zunächst notwendig, Signalgruppierungen der einzelnen Maschinenkomponenten aus den unsortierten Signalen der Realdaten zu bilden. Hierbei werden Eingangssignale zu den zugehörigen Ausgangssignalen zugeordnet. Die Zuordnung wird anhand der Signalbezeichnungen manuell vorgenommen und setzt Kenntnisse über die Funktionsweise der Maschinenkomponenten voraus. Nach der Gruppierung sollte jedem Ausgangssignal mindestens ein Eingangssignal zugeordnet sein.

5.5.2.1 Reale Verfahrzeit

Das erste direkt messbare Merkmal aus den Realdaten ist die „reale Verfahrzeit" von Zylindern. Die Verfahrzeit lässt sich grundsätzlich unterteilen in die Einfahr- und die Ausfahrzeit, welche für jeden Zylinder jeweils unterschiedliche Werte besitzen können. Definieren lässt sich die Verfahrzeit als die Zeitdauer eines Zustandswechsels zwischen den beiden Zylinderzuständen „auf" und „zu".

In den Realdaten lässt sich die Verfahrzeit in der Signalgruppierung eines Zylinders beobachten. Die beiden Zustände „auf" und „zu" werden durch jeweils ein Eingangssignal widergespiegelt. Diese Signale sind durch den Verfahrvorgang miteinander gekoppelt. Beispielhaft ist dies in Abbildung 5-37 dargestellt. Darin ist der Aus- und Einfahrvorgang eines Zylinders im Rahmen der Signalgruppierung dargestellt. Sobald das Eingangssignal „zu" eine fallende Signalflanke aufweist, wird damit begonnen, die Ausfahrzeit zu messen. Die Ausfahrzeit endet, sobald der Zylinder seine Endposition erreicht hat. Dies wird durch die steigende Flanke im Eingangssignal „auf" dargestellt. Als Differenz zwischen dem steigenden FZP des Eingangssignals „auf" und dem fallenden FZP des Eingangssignals „zu" ergibt sich damit die Ausfahrzeit. Entgegengesetzt lässt sich analog die Einfahrzeit berechnen. Sowohl der Ausfahrvorgang als auch der Einfahrvorgang beginnen mit einer fallenden Flanke in einem Eingangssignal und enden mit einer steigenden Flanke im anderen Eingangssignal.

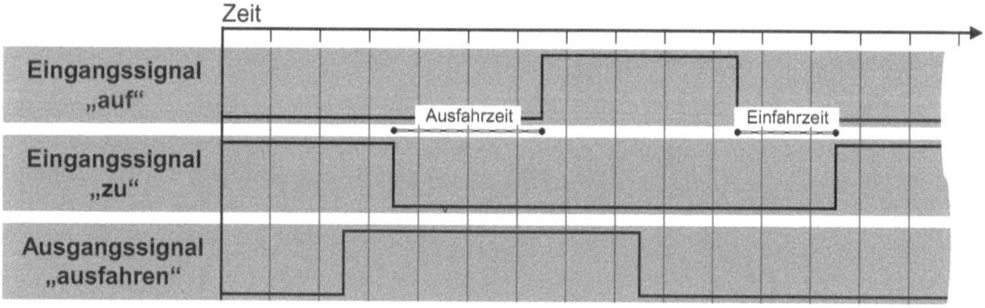

Abbildung 5-37: Ermittlung von Verfahrzeiten

Allgemein kann daraus geschlossen werden, dass sich die Verfahrzeit aus der Differenz zweier entgegengesetzter Flanken der beiden Eingangssignale eines

Zylinders berechnen lässt. Mit folgenden Formeln können die Ausfahrzeit und Einfahrzeit allgemein für jeden Zylinder berechnet werden:

$$\begin{aligned} \text{Ausfahrzeit } &= \text{\textbackslash"auf\textbackslash" steigender FZP - \textbackslash"zu\textbackslash" fallender FZP} \\ \text{Einfahrzeit } &= \text{\textbackslash"zu\textbackslash" steigender FZP - \textbackslash"auf\textbackslash" fallender FZP} \end{aligned} \tag{5-1}$$

5.5.2.2 Reale Verzögerungszeit

Die reale Verzögerungszeit betrachtet die Dauer zwischen einem Ausgangssignal und dem darauffolgenden Eingangssignal aus den Realdaten. Als Beispiel ist wieder ein Zylinder aufführbar, dessen Signale aufgezeichnet werden. Nachdem die SPS die Anweisung „Zylinder ausfahren“ als Ausgangssignal erteilt hat, kommt es zu einer Verzögerung, bis die SPS das Eingangssignal einer fallenden Flanke im Eingangssignal „auf“ registriert. Dieser Zustandswechsel bedeutet, dass die Anweisung „ausfahren“ ausgeführt wurde und der Zylinder sich nicht mehr im eingefahrenen Zustand befindet. Die Dauer zwischen der Anweisung aus der SPS und tatsächlicher gemessener Ausführung wird als Verzögerungszeit bezeichnet. Abbildung 5-38 bildet die Verzögerungszeit eines Zylinderausfahrvorgangs ab. Die Verzögerungszeit wird unter anderem durch die Verarbeitungszeit der SPS und einen Zeitversatz durch den Aktivierungsbereich des Positionssensors des Zylinders bedingt. Darauf wird in Kapitel 5.5.4, der „Parametrisierung“, tiefer eingegangen.

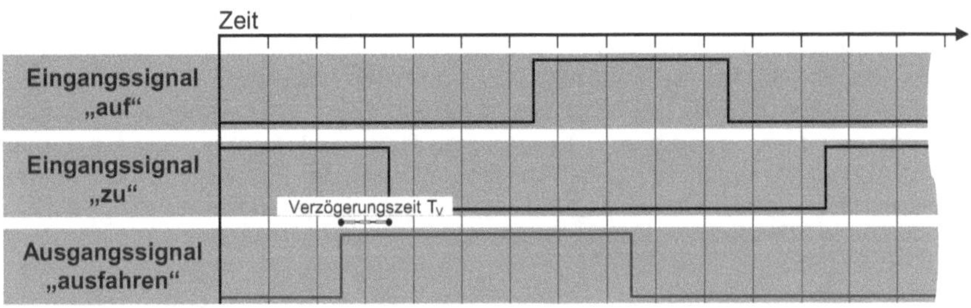

Abbildung 5-38: Ermittlung der Verzögerungszeit

Im Allgemeinen wird für die Ermittlung der Verzögerungszeit eine Signalgruppierung betrachtet. In der Gruppierung ist die Beziehung zwischen zwei Signalen relevant, einem Ausgangssignal und dem zugehörigen Eingangssignal in der Signalgruppierung. Zuerst wird der FZP des Ausgangssignals gewählt. Im Anschluss werden bei mehreren Eingangssignalen das zugehörige Eingangssignal und dessen FZP für die Differenzberechnung ausgewählt.

Durch das Impulsverhalten von Ausgangssignalen fällt die Wahl des FZP des Ausgangssignals auf eine steigende Flanke. Die Wahl des zugehörigen Eingangssignals bei mehreren zugeordneten Eingangssignalen fällt auf das Signal mit dem zeitlich nächsten FZP mit einer fallenden Signalflanke. Grund dafür ist, dass die zeitliche Differenz zwischen der Anweisung aus der SPS und dem Beginn des Verfahrvorgangs berechnet wird. Wie bereits erläutert, beginnt der Verfahrvorgang mit einer fallenden Flanke im Eingangssignal. Berechnen lässt sich die Verzögerungszeit in einer Signalgruppierung mit folgender Formel:

$$T_V = \text{Ausgangssignal steigender FZP} - \text{Eingangssignal fallender FZP} \qquad (5\text{-}2)$$

$$T_V = \text{Verzögerungszeit}$$

Die Verzögerungszeit taucht immer zwischen der Anweisung einer SPS und der dazugehörigen Reaktion des Aktors auf. Im Rahmen eines Zylinders bedeutet das somit, dass die Verzögerungszeit sowohl im Ausfahrvorgang als auch im Einfahrvorgang vorkommt.

5.5.2.3 Realer Auslösezeitpunkt

Als Auslösezeitpunkte werden die FZP bezeichnet, die für die Parametrisierung der Förderbandgeschwindigkeit relevant sind. Ein Auslösezeitpunkt beschreibt einen FZP aus der Datenreduktion der Vorverarbeitung, der eine Aktion auslöst. Dazu gehören alle steigenden FZP der Ausgangssignale und alle FZP der Lichtschranken. Diese Auslösezeitpunkte bilden die Restriktionen für die Parametrisierung der Förderbandgeschwindigkeit. Durch die Betrachtung der Auslösezeitpunkte fallen die FZP mit fallenden Flanken der Ausgangssignale und alle FZP der Eingangssignale von Zylindern raus. Abbildung 5-39 stellt die FZP aus den Signaldaten dar, die als Auslösezeitpunkte gelten.

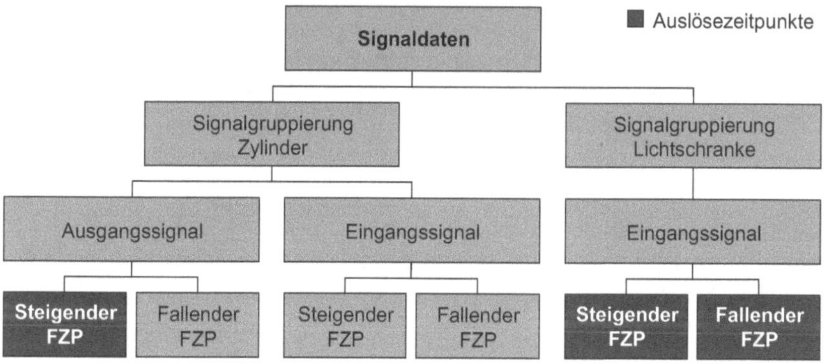

Abbildung 5-39: Bestimmung von Auslösezeitpunkten

Das Herausfiltern der fallenden FZP aus den Ausgangssignalen entspricht dem besprochenen Impulsverhalten von Ausgangssignalen. Wie in der Realität ist nur der Zeitpunkt der Anweisung aus der SPS relevant. Dieser Zeitpunkt wird durch die steigende Flanke des Ausgangssignals abgebildet. Die Dauer der Anweisung spielt hier keine Rolle.

Die FZP der Eingangssignale von Zylindern entfallen als Kandidaten für Auslösezeitpunkte, da diese bereits durch die Erzeugung der Verfahrzeit und der

Verzögerungszeit indirekt festgelegt wurden. Durch die Betrachtung von Auslösezeitpunkten anstatt aller FZP wird die Anzahl der Restriktionen für die anstehende Optimierung deutlich reduziert, wodurch eine höhere Abbildungsgenauigkeit der Parametrisierung erreicht werden kann. Ein Auslösezeitpunkt enthält Informationen über das zugehörige Signal, den Signaltyp, sowie den FZP.

5.5.3 Anpassung des virtuellen Modells

Im dritten Schritt der Parameteroptimierung von Verhaltensmodellen wird das bestehende virtuelle Modell angepasst, um eine Parametrisierung zu ermöglichen. Es werden im virtuellen Modell Idealisierungen getroffen, die die Realität nicht exakt widerspiegeln. Diese sind verknüpft mit der Verfahr- und Verzögerungszeit aus der Merkmalsextraktion. Eine Anpassung des Modellverhaltens bezüglich dieser beiden Idealisierungen ist daher notwendig, um das Modell zu parametrisieren.

Die erste Idealisierung des virtuellen Modells, welches für die anstehende Parametrisierung korrigiert werden muss, liegt in der Annahme, dass die Ein- und Ausfahrzeit von Zylindern gleich ist. So sind virtuelle Zylinderbausteine in einer VIBN-Software nur für den Parameter der Verfahrzeit ausgelegt, welcher sowohl die Einfahrzeit als auch die Ausfahrzeit parametrisiert. In einer realen Produktionsanlage sind diese Zeiten jedoch unterschiedlich. Um diese Idealisierung zu umgehen, ist es notwendig, in der VIBN-Software für jeden Zylinder einen Relaisbaustein einzubauen, welcher je nach Ein- oder Ausfahrvorgang zwischen zwei unterschiedlichen Verfahrzeiten schalten kann. Damit können in der Parametrisierung der Verfahrzeit zwei Parameter pro Zylinder optimiert werden.

Eine zweite Idealisierung liegt darin, dass das virtuelle Modell keine Verzögerungszeit zwischen Ausgangs- und Eingangssignalen aufweist. Während in der Realität eine Verarbeitungszeit der SPS und ein zeitlicher Versatz eine Rolle spielen, handelt die simulierte Steuerung im virtuellen Modell ohne Verzögerungszeit. Um dies zu korrigieren, ist das Erzeugen einer künstlichen Verzögerung durch den Einbau eines Verzögerungsbausteins nach jedem Ausgangssignal im virtuellen Modell nötig. Die Höhe der Verzögerungszeit wird in der Parametrisierung bestimmt.

5.5.4 Parametrisierung

Der letzte Schritt des Moduls besteht in der Parametrisierung des virtuellen Modells mithilfe der Merkmale aus der Merkmalsextraktion der Realdaten, welche als Zielwerte dienen. Die Parametrisierung beruht auf einer simulationsbasierten Optimierung. Es werden Testparameter im angepassten virtuellen Modell eingestellt und damit der definierte Idealzyklus simuliert. Die Simulationsdaten werden aufgezeichnet und anschließend ausgewertet. Mit den gewonnenen Erkenntnissen können die taktzeitrelevanten Parameter optimiert werden. Zuerst werden die Verfahrparameter, darauf aufbauend die Verzögerungsparameter und zum Schluss die Förderbandparameter optimiert.

Die Aufzeichnung der Daten aus jedem Simulationslauf wird in der Simulationsumgebung vorgenommen. Dazu werden die gleichen Signale aufgezeichnet, die bei der Signalfilterung der Realdaten in Kapitel 5.5.1.1 herausgefiltert werden. Diese werden auch in derselben Reihenfolge angeordnet und mit einer Aufzeichnungsrate erfasst, die der der Realdatenfilterung entspricht. Somit wird eine Vergleichsbasis geschaffen, um die Aufzeichnung des simulierten Idealzyklus mit der des Realzyklus vergleichen zu können.

5.5.4.1 Verfahrparameter

Unter den Verfahrparametern sind die Parameter für die Einfahr- und Ausfahrzeit von Zylindern zu verstehen. Basierend auf dem Merkmal der „Reale[n] Verfahrzeit" aus Kapitel 5.5.2.1 können die Verfahrparameter ermittelt werden. Die Ermittlung der einzelnen Verfahrparameter für das virtuelle Modell wird jedoch durch eine Verfälschung in der Messung des tatsächlichen Verfahrvorgangs in der Realität beeinflusst.

Die Verfälschung der zeitlichen Messbarkeit eines Verfahrvorgangs von Zylindern entsteht in der Realität durch Sensoren zur Zustandsmessung. Die Zustände „auf" und „zu" eines Zylinders werden mithilfe von Sensoren gemessen, welche sich an den Enden des Verfahrweges befinden. Das Problem der Verfahrzeitbestimmung aus der Differenz der FZP beider Zustandssignale liegt darin, dass der steigende FZP des Eingangssignals „zu" bereits eintritt, kurz bevor der Zylinder komplett ausgefahren ist. Das liegt daran, dass der Sensor einen Aktivierungsbereich besitzt. Solange der Zylinder eine bestimmte Entfernung vom Sensor noch nicht erreicht hat, wird der Sensor nicht deaktiviert. Dieser einseitige zeitliche Versatz taucht bei beiden Sensoren am Anfang und Ende des Zylinders, somit insgesamt zweimal, im Verfahrvorgang auf. Durch den Aktivierungsbereich kommt es zu einer kürzeren gemessenen Verfahrzeit (s. Abbildung 5-40). Das erzeugte Merkmal der Verfahrzeiten von Zylindern aus Kapitel 5.5.2.1 beinhaltet bereits einen zweiseitigen zeitlichen Versatz.

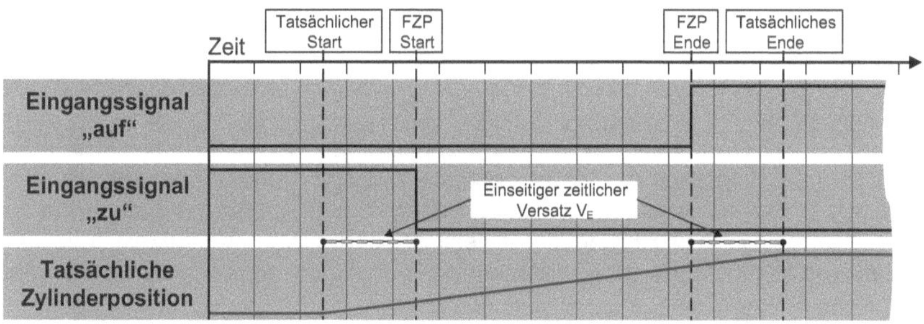

Abbildung 5-40: Ermittlung des zeitlichen Versatzes

Im virtuellen Modell wird diese Problematik im Zylinderverhalten dadurch berücksichtigt, dass das Zustandssignal bereits eine Flanke aufweist, kurz bevor der Zylinder komplett ausgefahren ist. Trotz der Berücksichtigung des zeitlichen Versatzes im Zylinderverhalten selbst arbeitet die Parametrisierung des Zylinders noch idealistisch ohne den zeitlichen Versatz. Damit liegt die Aufgabe der Parametrisierung darin, den Zusammenhang zwischen dem einzustellenden Parameter und der realen Verfahrzeit aus der Merkmalsextraktion zu ermitteln.

Dazu werden zwei virtuelle Datensätze je Zylindertyp aufgezeichnet, bei denen der Parameter für einen Verfahrvorgang variiert wird. Es sind nur zwei Aufzeichnungen nötig, da sich der virtuelle Zylinder immer linear und deterministisch verhält. Somit liefern alle Simulationsergebnisse mit denselben Parametern gleiche Ergebnisse und der lineare Zusammenhang zwischen den beiden Punkten kann mit einer linearen Geradengleichung bestimmt werden.

Bei der Parametereinstellung für die beiden Simulationsvorgänge ist zu beachten, dass bei der Variation der Parameter der Abstand voneinander größer ist als die Aufzeichnungsrate, um einen Quantisierungsfehler zu vermeiden. Zudem reicht es aus, nur den Ein- oder Ausfahrvorgang zu testen, da sich beide Vorgänge gleich verhalten. Die entstehenden virtuellen Datensätze besitzen die gleiche Struktur wie die Realdaten. Somit lässt sich das Vorgehen aus Kapitel 5.5.2.1 anwenden und die resultierende Verfahrzeit des betrachteten Zylinders aus den virtuellen Daten ermitteln. Durch das deterministische Verhalten des Simulationsmodells reicht hier eine allgemeine Geradengleichung, um den Zusammenhang zwischen dem Verfahrparameter und der Verfahrzeit zu bilden:

$$P_F = s \cdot T_F + c \tag{5-3}$$

P_F = Verfahrparameter $\qquad$ c = Konstante

T_F = Verfahrzeit $\qquad$ s = Steigung

Mithilfe dieses Zusammenhanges lassen sich alle Verfahrparameter aus den virtuellen Daten mit zeitlichem Versatz des betrachteten Zylindertyps bestimmen. Dieses Vorgehen sollte für jeden unterschiedlichen Zylindertypen wiederholt werden. Mit den berechneten Parametern aus diesem Zusammenhang können alle idealen Einfahr- und Ausfahrzeiten der Zylinder in das virtuelle Modell eingesetzt werden.

Wird von dem erhaltenen Verfahrparameter das Merkmal „reale Verfahrzeit" subtrahiert, so entsteht damit der gesamte zeitliche Versatz über den Verfahrvorgang. Dieser ist zweiseitig, da ein zeitlicher Versatz am Start und am Ende des Vorgangs entsteht. Die Hälfte des zweiseitigen zeitlichen Versatzes ergibt den einseitigen zeitlichen Versatz, welcher jeweils am Start und am Ende des Verfahrvorgangs entsteht.

$$V_Z = | P_F - T_{FR} | \tag{5-4}$$

$$V_E = \frac{V_Z}{2} \tag{5-5}$$

V_Z = Zweiseitiger zeitlicher Versatz

P_F = Verfahrparameter

T_{FR} = Reale Verfahrzeit

V_E = Einseitiger zeitlicher Versatz

Um anhand des Merkmals „reale Verfahrzeit“ den Verfahrparameter zu ermitteln, muss somit eine Korrektur um den zweiseitigen zeitlichen Versatz vorgenommen werden. Dies liefert einen idealen Parameter für das virtuelle Modell.

5.5.4.2 Verzögerungsparameter

Der Verzögerungsparameter spiegelt die Verzögerungszeit zwischen der Anweisung aus der SPS in Form des Ausgangssignals und dem gemessenen Zustandswechsel im Eingangssignal wider. Die Ermittlung dieses Parameters basiert auf dem Merkmal „reale Verzögerungszeit“ aus Kapitel 5.5.2.2. Nach der Parametrisierung wird der Verzögerungsparameter in den Verzögerungsbaustein eingesetzt, welcher in Kapitel 5.5.3.2 dem virtuellen Modell hinzugefügt wurde.

Das Merkmal „reale Verzögerungszeit“ wurde in einem realen Zylinder definiert als die Differenz zwischen dem FZP eines Ausgangssignals und dem FZP eines Eingangssignals. Im Gegensatz dazu definiert sich die Verzögerung im virtuellen Modell als die zeitliche Differenz zwischen dem FZP eines Ausgangssignals und dem tatsächlichen Beginn der Verfahrbewegung des Zylinders. Das hat den Hintergrund, dass die Verzögerungszeit aufgrund einer Idealisierung im virtuellen Modell nicht existiert und daher in der VIBN-Software die Problematik des zeitlichen Versatzes nur für die Verfahrzeit berücksichtigt worden ist, nicht für die Verzögerung. Somit spielt die Problematik des zeitlichen Versatzes aus dem Verfahrparameter auch hier wieder eine Rolle. Die Berücksichtigung des zeitlichen Versatzes in der vorherigen Parametrisierung der Verfahrzeit beeinflusst die Parametrisierung der Verzögerung. In Abbildung 5-41 lässt sich feststellen, dass die Differenz zwischen den Werten aus der Merkmalsextraktion und den Parametern aus der Parametrisierung durch den zeitlichen Versatz bedingt wird.

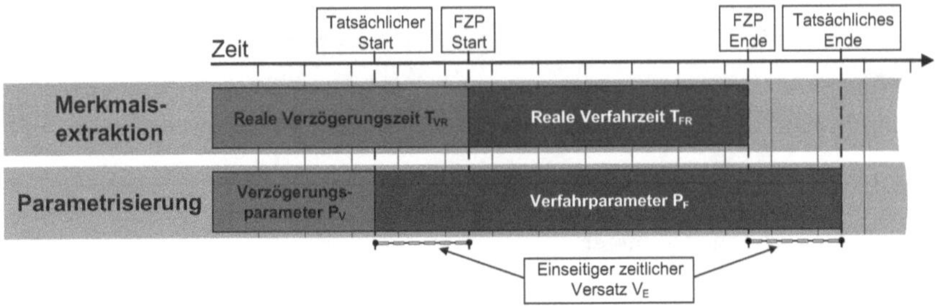

Abbildung 5-41: Differenz zwischen Merkmalsextraktion und Parametrisierung

Die „Reale Verzögerungszeit“ setzt sich aus der Verarbeitungszeit durch die SPS und den zeitlichen Versatz im Zylinder zusammen. Jedoch wurde die Komponente des einseitigen zeitlichen Versatzes bereits in der Parametrisierung der Verfahrzeit betrachtet und wird hier deshalb vom Merkmal „Reale Verzögerungszeit“ abgezogen, um den idealen Verzögerungsparameter zu erhalten:

$$P_V = T_{VR} - V_E \qquad (5\text{-}6)$$

P_V = Verzögerungsparameter

T_{VR} = Reale Verzögerungszeit

V_E = Einseitiger zeitlicher Versatz

Die Berechnung des einseitigen zeitlichen Versatzes wurde bereits in Kapitel 5.5.2.1 erläutert. Auf diese Weise werden alle Verzögerungsparameter bestimmt und anschließend jeweils in die neuen Verzögerungsblöcke im virtuellen Modell aus Kapitel 5.5.3.2 eingesetzt.

5.5.4.3 Förderbandparameter

Der dritte und letzte Parameter ist für die Einstellung der Förderbandgeschwindigkeit verantwortlich. Die Ermittlung der Förderbandparameter geht einher mit einer höheren Komplexität im Gegensatz zu den Verfahr- und Verzögerungsparametern, da die Förderbandgeschwindigkeit mehrere Faktoren beeinflusst. Oft befinden sich auf einer Förderbandstrecke mehrere Zylinder und Lichtschranken. Abhängig von der Geschwindigkeit des Förderbandes werden die Sensoren der Zylinder und Lichtschranken früher oder später ausgelöst. Daher liegt das Ziel darin, die Parametrisierung der Förderbandgeschwindigkeit so einzustellen, dass alle davon abhängigen Sensoren der Zylinder und Lichtschranken im virtuellen Modell zur selben Zeit ausgelöst werden wie im realen Idealzyklus. Die Datenpunkte, welche den Zeitpunkt der Auslösung aus dem realen Idealzyklus widerspiegeln, sind die realen Auslösezeitpunkte aus dem

Abschnitt der Merkmalsextraktion (s. Kapitel 5.5.2). Eine Annäherung der Auslösezeitpunkte des virtuellen Zyklus an die realen Auslösezeitpunkte ermöglicht damit die Ermittlung der Förderbandparameter.

Abbildung 5-42 bildet einen Überblick über das Vorgehen zur Parametrisierung der Förderbandparameter ab. Wie bereits im Grundlagenteil erläutert, wird hierfür zuerst ein Metamodell gebildet, um die Optimierung zu vereinfachen. Dafür wird zunächst ein Versuchsplan mit Parameterkombinationen nach dem Box-Behnken-Design aufgestellt. Im Anschluss werden anhand des Versuchsplans Simulationen zur Datengenerierung durchlaufen und für jeden Simulationslauf die virtuellen Auslösezeitpunkte ermittelt. Basierend auf den Eingangsparametern mit den zugehörigen Ausgangswerten in Form von Auslösezeitpunkten kann daraufhin ein Simulations-Metamodell nach RSM aufgespannt werden. Die Optimierung des Metamodells zur Annäherung des Zielwertes, der realen Auslösezeitpunkte, erfolgt mit der CDM. Das Resultat der Optimierung mittels der CDM sind die idealen Parameter. Diese werden zuletzt zur Validierung der Optimierung in das Simulationsmodell eingesetzt. Im Folgenden wird das Vorgehen ausführlich beschrieben.

Die Metamodellierung zur Abstrahierung des Optimierungsproblems beginnt mit der Versuchsplanung. Hierbei werden systematisch Stützpunkte des Systems mit möglichst wenigen Experimenten ermittelt. Für die Art des Versuchsplanes wird das Box-Behnken-Design aus den Response-Surface-Designs ausgewählt, da dieses in der Lage ist, Zweifaktorwechselwirkungen darzustellen und typischerweise eine geringere Anzahl an Versuchsdurchläufen gegenüber dem Central-Composite-Design benötigt. Die bereits erwähnte Abbildungsungenauigkeit des Randes wird dafür in Kauf genommen. Das Box-Behnken-Design ist ein Versuchsplan dritter Ordnung und kann je nach Anzahl der Faktoren hochskaliert werden. Die Anzahl der Faktoren entspricht der Anzahl an Förderbändern, die gemeinsam parametrisiert werden sollen.

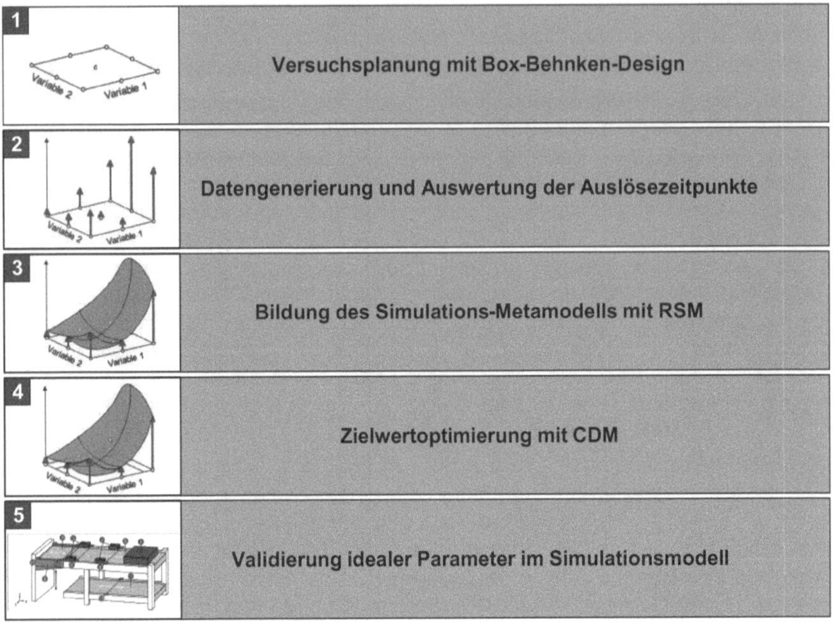

Abbildung 5-42: Vorgehen zur Parametrisierung der Förderbandparameter

Zur Erstellung des Versuchsplans müssen die Extremwerte des Parameterbereiches für jedes Förderband ermittelt werden. Das geschieht durch manuelles Einsetzen von Parametern für jedes Förderband, bis ein Maximal- und Minimalwert ermittelt werden, bei denen die virtuelle Anlage noch funktionsfähig ist. Mit den Extremwerten jedes Förderbandparameters wird nun ein Versuchsplan nach Box-Behnken-Design aufgestellt. Je nach Anzahl der Förderbänder wird damit eine nach Versuchsplan vordefinierte Anzahl *n* an unterschiedlichen Parameterkombinationen erstellt, für die jeweils ein Maschinenzyklus im virtuellen Modell durchlaufen werden soll. Mit jedem Simulationslauf *n* wird ein neuer virtueller Datensatz aufgezeichnet.

Aus jedem aufgezeichneten Datensatz werden nun mit demselben Vorgehen wie in Kapitel 5.5.2.3 aus der Merkmalsextraktion die Auslösezeitpunkte aus den virtuellen Datensätzen herausgefiltert. Für jeden der *n* Datensätze werden dadurch *m* Auslösezeitpunkte extrahiert. Die *m* Auslösezeitpunkte aus dem virtuellen Modell entsprechen der Anzahl der Auslösezeitpunkte aus dem realen Idealzyklus. Insgesamt werden dadurch *n x m* Auslösezeitpunkte erzeugt. Die entstandenen virtuellen Auslösezeitpunkte werden anschließend neben die Parameterkombinationen in den Versuchsplan eingetragen, damit in den nächsten Schritten die Beziehung der Parameter zu den entstandenen Auslösezeitpunkten ermittelt werden kann. Tabelle 5-10 stellt einen allgemeinen Versuchsplan für die Ermittlung der Auslösezeitpunkte dar.

Simulations Nr.	Parameter-kombinationen			Virtuelle Auslösezeitpunkte		
	x_1	...	x_k	Y_1	...	Y_m
1						
...						
n						

Tabelle 5-10: Allgemeiner Versuchsplan

Der ausgefüllte Versuchsplan bildet alle Eingangswerte in Form der Parameterkombinationen gegenüber den Ausgangswerten, also den virtuellen Auslösezeitpunkten, ab. Auf dieser Grundlage kann das Metamodell gebildet werden. Dazu wird im Rahmen der RSM mithilfe der polynomialen Regression die Beziehung zwischen den Parametern und den Auslösezeitpunkten ermittelt. Die polynomiale Regression stellt für jeden virtuellen Auslösezeitpunkt *m* eine Regressionsfunktion nach einem quadratischen Modell auf. Aufgabe der Regression ist es, einen Zusammenhang zwischen den virtuellen Auslösezeit-punkten und den Parametereinstellungen mathematisch anzunähern. Formel (5-7) zeigt das quadratische Modell beispielhaft für zwei Parameter. Durch dieses Modell werden auch die Interaktionen der Parameter untereinander erfasst.

$$\hat{Y}(x) = \beta_0 + \beta_1 x_1 + \beta_2 x_2 + \beta_{11} x_1^2 + \beta_{22} x_2^2 + \beta_{12} x_1 x_2 \quad (5\text{-}7)$$

$\hat{Y}(x) = \text{Regressionsfunktion}$

$\beta_i = \text{Regressionskoeffizienten}$

$x_i = \text{Parameter}$

Die entstehenden Regressionen bilden das Metamodell. Dieses Metamodell ist nun in der Lage, über die begrenzte Anzahl an Stützpunkten hinaus für jede Parameterkombination im Parameterbereich die resultierenden virtuellen Auslösezeitpunkte vorherzusagen. Die Optimierung des erstellten Simulations-Metamodells besitzt das Ziel, die idealen Förderbandparameter zu finden, bei denen die virtuellen Auslösezeitpunkte den realen Auslösezeitpunkten möglichst entsprechen. Dieses Ziel bedeutet für die Optimierung keine typische Maximierungs- oder Minimierungsproblematik, sondern das Treffen eines vorgegebenen Zielwertes. Hinzu kommt die Vielzahl an Auslösezeitpunkten, die aus jeder Parameterkombination resultieren. Somit handelt es sich um ein multivariates Optimierungsproblem zum Treffen von Zielwerten.

Eine Optimierung mithilfe der CDM ermöglicht eine Erfüllung dieses Ziels. Die CDM erlaubt es hierbei, für jede Regression eine Desirability-Funktion zu bilden, welche einen vorgegebenen Zielwert treffen soll. Aus allen resultierenden Desirability-Funktionen kann anschließend die Composite-Desirability gebildet werden. Dieses ist eine einzige zu maximierende Zielvariable zur Vereinfachung des multivariaten Optimierungsproblems. Dafür wird zunächst für jeden Auslösezeitpunkt aus der Regressionsfunktion unter Hinzunahme des spätesten Auslösezeitpunktes U_i und des frühesten Auslösezeitpunktes L_i aus dem Versuchsplan eine Desirability-Funktion d_i gebildet.

$$U_i = \max(\hat{Y}_i) \tag{5-8}$$

$$L_i = \min(\hat{Y}_i) \tag{5-9}$$

Mit der Regressionsfunktion aus dem Metamodell im Rahmen der RSM, den Auslösezeitpunkten U_i und L_i, und dem realen Auslösezeitpunkt Y_{Ri} aus der Merkmalsextraktion lässt sich die Desirability-Funktion für jeden virtuellen Auslösezeitpunkt bilden. Insgesamt entstehen damit m Funktionen, die jeweils ihr Maximum erreichen, wenn der Zielwert Y_{Ri} getroffen wird.

$$d_i(\hat{Y}_i) = \begin{cases} 0 & \text{, wenn } \hat{Y}_i(x) < L_i \\ \left(\dfrac{\hat{Y}_i(x) - L_i}{Y_{Ri} - L_i}\right) & \text{, wenn } L_i \leq \hat{Y}_i(x) \leq Y_{Ri} \\ \left(\dfrac{\hat{Y}_i(x) - U_i}{Y_{Ri} - U_i}\right) & \text{, wenn } Y_{Ri} \leq \hat{Y}_i(x) \leq U_i \\ 0 & \text{, wenn } \hat{Y}_i(x) > U_i \end{cases} \tag{5-10}$$

d_i = Desirability-Funktion

$\hat{Y}_i(x)$ = Regressionsfunktion

Aus allen entstandenen Desirability-Funktionen wird mithilfe des geometrischen Mittelwertes die Composite-Desirability gebildet.

$$D = \frac{d_1(\hat{Y}_i)\, d_2(\hat{Y}_2) \ldots d_n(\hat{Y}_n)}{n} \tag{5-11}$$

D = Composite-Desirability

d_i = Desirability-Funktion

n = Anzahl Simulationsläufe

Die Maximierung der Composite-Desirability wird durch die Parameterkombination erreicht, die sich am besten den realen Auslösezeitpunkten annähert. Auf diese Weise lässt sich die ideale Parameterkombination für die Fließbänder ermitteln. Durch das Einsetzen der Parameter in das virtuelle Modell können das Metamodell und die ermittelten Parameter validiert werden. Damit ist der Schritt der Parametrisierung beendet und das Modul zur Parametrisierung eines virtuellen Modells mithilfe von Realdaten abgeschlossen.

5.6 Prozessseitige Optimierung der VIBN

Nach der Realdatenanbindung und Optimierung der Verhaltensmodelle wird ein Vorgehen definiert, welches kommende Wiederanläufe in skalierbaren Fertigungssystemen prozessseitig optimiert. Abbildung 5-43 gibt einen Überblick über die Zielsetzung, die Input- und Outputfaktoren sowie das Vorgehen des Kapitels. Weiterhin werden die Hilfsmittel und das Kernergebnis dargestellt.

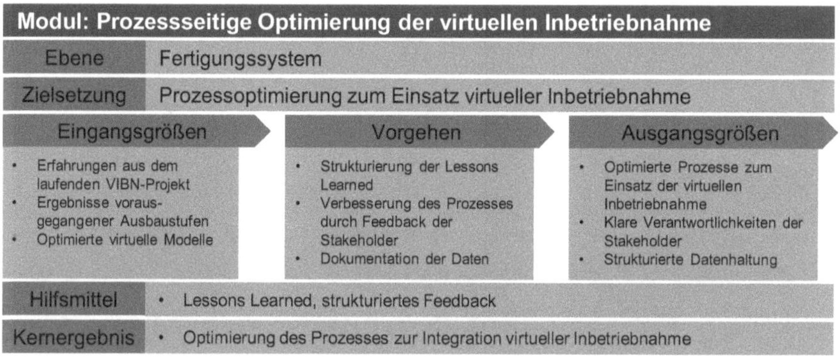

Abbildung 5-43: Prozessseitige Optimierung der VIBN

Mit dem Abschluss des VIBN-Projektes besitzen die Prozessbeteiligten eine Vielzahl neuer Erfahrungen. Um einen kontinuierlichen Verbesserungsprozess umzusetzen, eignet sich das Konzept der Lessons Learned, welches durch alle Prozessbeteiligten durchgeführt werden muss. Dabei wird das Projekt durch alle Stakeholder rückblickend bewertet und Verbesserungspotenziale identifiziert.[523] Das Konzept der Lessons Learned dient der prozessseitigen Optimierung und wird innerhalb des Projektabschlusses der Ausbaustufe durchgeführt. In Abbildung 5-44 ist der Schritt des Projektabschlusses, welcher den Beginn der Optimierungsphase darstellt, durch die Swimlane-Darstellung in seinem Ablauf visualisiert.

[523] Vgl. Gessler, M. (Kompetenzbasiertes Projektmanagement), 2016, S. 586f.

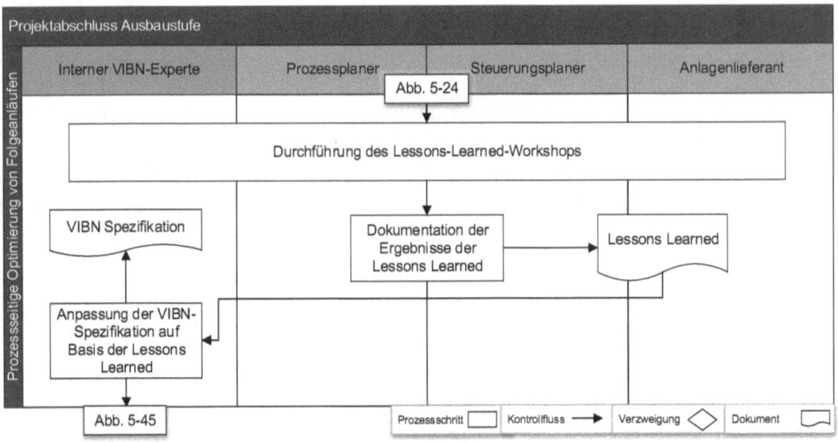

Abbildung 5-44: Projektabschluss Ausbaustufe

Zunächst führen VIBN-Experte, Prozessplaner, Steuerungsplaner und Anlagenlieferant gemeinsam einen Lessons-Learned-Workshop durch. Als Unterstützung dient die Vorlage der Lessons Learned in Tabelle 9-16. Zunächst werden in den Workshops Situationen identifiziert, die organisatorische, technische oder zeitliche Schwierigkeiten innerhalb des VIBN-Projekts ausgelöst haben. Es werden in einem weiteren Schritt die Fehlerursache und der Prozessschritt, bei welchem Belastungen auftraten, innerhalb des Vorgehens analysiert. Weiterhin werden die verantwortlichen Rollen und beteiligten Dokumente identifiziert. Diese Informationen helfen anschließend bei der Definition von Verbesserungsvorschlägen, die als Lessons Learned eingetragen werden. Ein optionales Kommentarfeld bietet die Möglichkeit, weitere Anmerkungen und Tipps einzutragen.

Zusätzlich zu der in Tabelle 9-16 befindlichen Lessons-Learned-Vorlage werden der Terminplan, die MTA, die Testspezifikation, das Lastenheft und das Pflichtenheft in einer projektspezifischen Ablage dokumentiert, sodass diese als weitere Erkenntnisse der Lessons Learned in den nachfolgenden Ausbaustufen als Input dienen. Dadurch kann auf den bestehenden Unterlagen aufgebaut und Verbesserungen können vorgenommen werden, welche die Stakeholder in nachfolgenden Projekten nutzen.

Während der Befüllung der Lessons-Learned-Vorlage ist darauf zu achten, dass ein Austausch unter allen Projektbeteiligten stattfindet, um alle Erfahrungen und Eindrücke zu kumulieren. Die Ablage der Lessons Learned zusammen mit den anderen oben beschriebenen Unterlagen muss an einem zentralen Speicherort erfolgen, um die Erkenntnisse für alle zugänglich zu machen. Die Dokumentation dieser Lessons Learned durch den Prozess- und den

Steuerungsplaner verhilft dazu, die gewonnenen Verbesserungspotenziale im VIBN-Projekt der nächsten Ausbaustufe umzusetzen. Damit dienen sie als Input für die Planung und Realisierung der nächsten Ausbaustufen des skalierbaren Fertigungssystems. Die Prozesse innerhalb des VIBN-Projektes werden durch die identifizierten Verbesserungsmöglichkeiten effizienter gestaltet und aus bisherigen Fehlern sowie Schwächen wird ein Lerneffekt erzeugt.

Nach der Dokumentation der Erkenntnisse der Lessons Learned passt der VIBN-Experte die VIBN-Spezifikation auf Basis der Verbesserungsmöglichkeiten an. Die VIBN-Spezifikation dient als zentrales Dokument zur Grobplanung der VIBN und die Ergebnisse fließen in den Planungsprozess der nachfolgenden Ausbaustufe ein. Falls keine VIBN-Spezifikation existiert, muss diese durch den VIBN-Experten initial erstellt werden, da er die Kompetenz und Erfahrung besitzt, um Rahmenbedingungen an den bestehenden Prozess anzupassen sowie Standards zu definieren.

Am Ende der Optimierungsphase liegen für die prozessseitige Optimierung der nächsten Ausbaustufe Lessons Learned vor, die den Projektablauf aller Prozessbeteiligten verbessern können. Weiterhin steht ein optimiertes virtuelles Modell zur Verfügung, welches eine höhere Abbildungsgenauigkeit der realen Anlage erreicht, wodurch in der nächsten Ausbaustufe ein großer Fortschritt der Qualität des Steuerungscodes zu erwarten ist. Zur weiteren Nutzung bedarf es zudem eines standardisierten Ablaufs zur Ablage des virtuellen Modells und Übergabe an den Anlagenbetreiber (s. Abbildung 5-45).

Nachdem der VIBN-Experte die Optimierung der Parameter des virtuellen Modells abgeschlossen hat (s. Kapitel 5.5), legt dieser das optimierte Modell zunächst auf einem internen Speicher zur standardisierten Datenaufbewahrung ab. Anschließend prüft er, welche Komponenten des virtuellen Modells zur Wiederverwendung geeignet sind und speichert diese in der Modellbibliothek ab, um eine Integration in die Modellerstellung in der nächsten Ausbaustufe des skalierbaren Fertigungssystems zu ermöglichen. Dadurch wächst die Modellbibliothek und der Aufwand zur Modellerstellung wird reduziert, weil mehrere Modelle zur Wiederverwendung zur Verfügung stehen und nicht neu modelliert werden müssen.

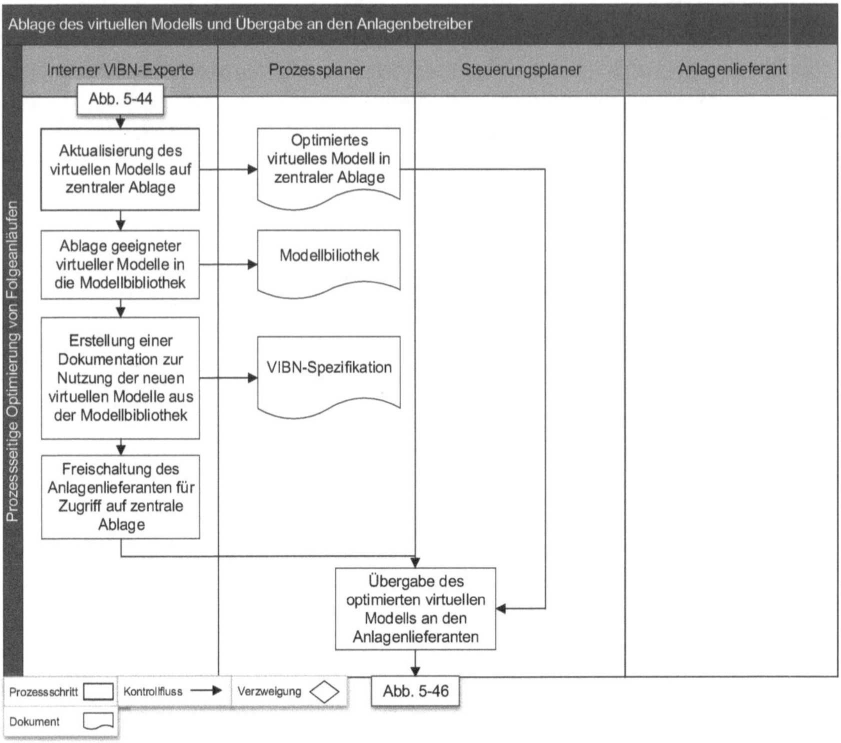

Abbildung 5-45: Ablage des virtuellen Modells und Übergabe an Anlagenbetreiber

Um die erneute Verwendung bestehender virtueller Modelle zu vereinfachen, aktualisiert der VIBN-Experte nach der Ablage die Dokumentation zur Nutzung der Modellbibliothek in der VIBN-Spezifikation. Die Dokumentation beschreibt die konfigurierbaren Parameter der Komponenten des virtuellen Modells und den grundlegenden Aufbau. Dadurch kann der Nutzer der Modellbibliothek die Modellierungsweise besser nachvollziehen und die Komponenten einfacher in das zu erstellende virtuelle Modell einbinden, woraufhin die Wiederverwendung der Komponenten sowie die Nutzung der Modellbibliothek insgesamt vereinfacht werden. Nachdem das optimierte Modell intern gesichert ist, wird dieses durch den VIBN-Experten dem Prozess- und dem Steuerungsplaner bereitgestellt. Diese leiten das optimierte Modell an den Lieferanten weiter, sodass dieser die Informationen in der nächsten Ausbaustufe als Ausgangsbasis nutzen kann, um eine schnellere Erstellung der virtuellen Modelle vorzunehmen und deren Abbildungsgenauigkeit zu erhöhen. Demzufolge kann auch die Qualität der Steuerungssoftware verbessert werden, da diese an einem realitätsgetreueren

Abbild der Produktionsanlage getestet wird. Abschließend übergeben der Prozess- und der Steuerungsplaner das optimierte virtuelle Modell dem Anlagenbetreiber, wodurch die Verantwortung für das Modell an den Anlagenbetreiber übertragen und das VIBN-Projekt beendet wird.

Da die Verantwortung für das virtuelle Modell nach der Übergabe beim Anlagenbetreiber liegt, wird dieser für den letzten Schritt des Vorgehens anstelle des Anlagenlieferanten in die Swimlane-Darstellung übernommen. Abbildung 5-46 stellt den Ablauf des letzten Schrittes „Anlagenbetrieb und Anpassung des virtuellen Modells" dar. Mit Zugriff auf die zentrale Ablage und somit auf ein aktuelles virtuelles Modell der realen Anlage beginnt der Anlagenbetreiber mit der Nutzung des virtuellen Modells. Es existieren zwei unterschiedliche Optionen der Nutzung, die dem Betreiber durch das virtuelle Abbild der realen Produktionsanlagen zur Verfügung stehen. Die erste Option ist die Schulung von neuen Mitarbeitern. Sowohl die Mitarbeiter in der Produktion, welche die Anlagen bedienen, als auch die Instandhalter können durch das virtuelle Modell bereits vor realer Inbetriebnahme geschult werden, wodurch sie direkt einsatzfähig sind. Durch den Versuchsaufbau mit realer HMI können die Mitarbeiter die Bedienung anhand der realen Bedienoberfläche der Produktionsanlage erlernen. Zudem können auch Gefahrensituationen und Fehlerfälle gezielt simuliert werden, um die Mitarbeiter auf diese Situationen sowie das reale Verhalten der Anlage, welches durch das virtuelle Modell visualisiert wird, vorzubereiten.

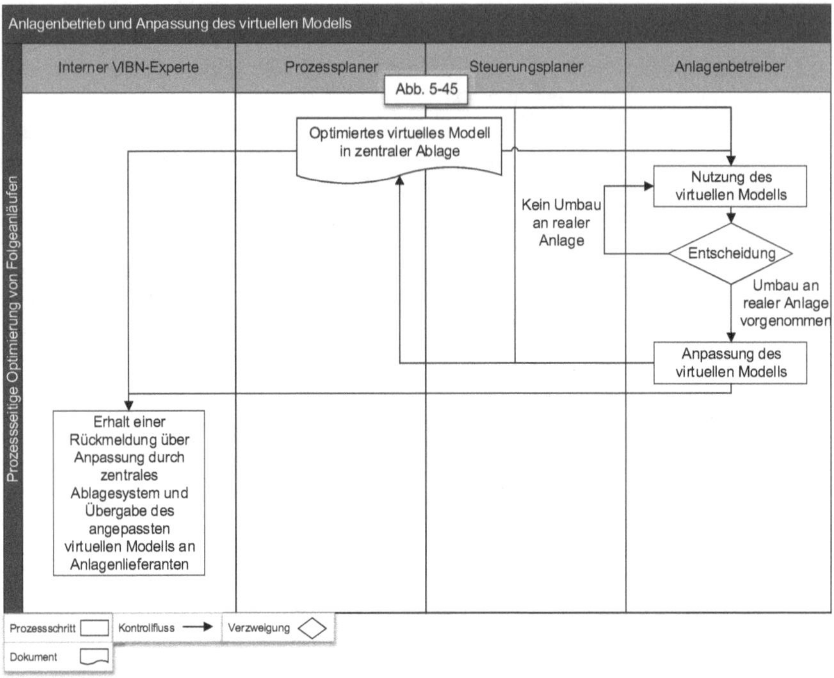

Abbildung 5-46: Anlagenbetrieb und Anpassung des virtuellen Modells

Die zweite Nutzungsoption besteht in der Absicherung von Änderungen an der realen Fertigungsanlage. Bei skalierbaren Fertigungssystemen treten durch den stufenweisen Ausbau stetig Änderungen an der Anlage auf, die durch das virtuelle Modell im Voraus abgesichert und getestet werden können. Dabei kann es sich entweder um eine weitere Ausbaustufe handeln oder um Anpassungen von Prozessen bzw. umfangreiche Änderungen an der Fertigungsanlage. Sofern während der Nutzung Änderungen an der realen Anlage vorgenommen werden, müssen diese durch den Anlagenbetreiber am virtuellen Modell angepasst werden, sodass weiterhin ein realitätsnahes Abbild der Fertigungsanlage in virtueller Form existiert. Falls durch den Anlagenbetreiber eine Änderung am virtuellen Modell vorgenommen wird, erhält der VIBN-Experte eine entsprechende Rückmeldung durch das zentrale Ablagesystem. Anschließend meldet der VIBN-Experte die Änderungen an den Anlagenlieferant, sodass dieser die aktuellste Version des virtuellen Modells besitzt, da dieses als Grundlage der Modellerstellung für weitere Ausbaustufen dient.

Der Anlagenbetrieb mit Anpassung des virtuellen Modells schließt das Vorgehensmodell ab. Aufgrund der Wiederverwendung der virtuellen Modelle in den nachfolgenden Ausbaustufen ist die Aktualität der Modelle essenziell, um Skaleneffekte bei der erneuten VIBN zu generieren. Im Anschluss an das Vorgehensmodell wird geprüft, ob eine weitere Ausbaustufe des skalierbaren Fertigungssystems integriert wird. Sofern dies der Fall ist, beginnt der Ablauf des Vorgehensmodells erneut (s. Kapitel 4.3.7).

Beim Ausbau startet das Vorgehen, außer bei der ersten Ausbaustufe, erst mit der Realisierungsphase (s. Kapitel. 5.3.3). Dies ist der Fall, da der wirtschaftliche Einsatz der VIBN nicht nochmals überprüft werden muss, weil sich Nutzen, Mitarbeiter- und Lieferantenkompetenz nicht ausschlaggebend verändern. Lediglich der Aufwand der VIBN verringert sich, da der Prozess sowie insbesondere die Modellerstellung durch das beschriebene Vorgehen und das höhere Wiederverwendungspotenzial des virtuellen Modells effizienter werden.

Abschließend stellt das vorgestellte Vorgehensmodell eine Möglichkeit dar, um die VIBN in den Planungsprozess von skalierbaren Fertigungssystemen durch prozessseitige und modellseitige Optimierung effizienter zu integrieren und entstehende Skaleneffekte zu nutzen, um den Aufwand eines VIBN-Projektes zu reduzieren. Zudem gibt das Modell eine Struktur des Projektablaufes wieder und dient dem Kunden einer VIBN als Orientierung, wodurch sowohl der Projektverlauf als auch der Anlauf des skalierbaren Fertigungssystems verbessert werden. Diese Effizienzsteigerung ermöglicht es, den Einstieg in die Elekromobilproduktion zu unterstützen, da insbesondere dort der Einsatz von skalierbaren Fertigungssystemen, aufgrund der Nachfrageschwankungen, Vorteile bietet.

6 Validierung

Gemäß dem Forschungsvorgehen nach ULRICH schließt sich die Untersuchung mit der Validierung der Erkenntnisse im Anwendungskontext an. Ziel des Kapitels ist die Übertragung und Anwendung der generierten Methodik in der Praxis, um den praktischen Herausforderungen aus dem zweiten Kapitel zu begegnen.[524]
Dazu wurde ein Beispiel aus dem Anwendungskontext der skalierbaren Fertigung elektrischer Antriebssysteme ausgewählt. Zunächst wird die Auswahl des Fallbeispiels beschrieben (Kapitel 6.1) und im Anschluss die Anwendung vorgestellt (Kapitel 6.2). Abschließend erfolgt eine kritische Reflexion über die Erfüllung der inhaltlichen und formalen Kriterien an die entwickelte Methodik (Kapitel 6.3).

6.1 Auswahl des Fallbeispiels

Die Auswahl des Fallbeispiels sollte anhand des Ziels der Validierung zum Bestehen der Funktionsweise der Methodik erfolgen. Vorab wird eine Großserienproduktion[525] der Fertigung von Elementen des elektrischen Antriebs von Personenkraftwagen ausgewählt. Die Grundlagen des Betrachtungsbereichs beschreiben die Arten von Elektromoren sowie insbesondere deren Herstellungsprozess (s. Kapitel 2.1). Im Fallbeispiel der Elektromotorenfertigung werden sämtliche inhaltliche sowie formale Anforderungen an die Methodik geprüft. Als Lieferant der Produktionslinie und somit auch als Lieferant der VIBN wurde ein führender Maschinen- und Anlagenbauer ausgewählt. Dieser Maschinen- und Anlagenbauer ist ein weltweit agierender Automobilzulieferer und für die Entwicklung und Herstellung von Produktionsanlagen und Werkzeugmaschinen verantwortlich. Dementsprechend werden Untersuchungen an der Schnittstelle von Kunde und Lieferant durchgeführt und tiefere Einblicke in den Prozess erlangt.

6.2 Fallbeispiel: Fertigungssystem elektrischer Antrieb (Elektromotor)

Das Fallbeispiel beschreibt die Anwendung der Methodik bei einem Automobilhersteller, welcher das elektrische Antriebssystem selbst in Deutschland entwickelt und produziert. Inbesondere die elektrische Maschine (Elektromotor) wird lokal in eigenen Produktionswerken gefertigt und mit einer Stückzahl von etwa 100.000 Einheiten pro Jahr geplant. Zum Zeitpunkt der Validierung befinden sich bereits einige Umfänge in Serienproduktion und die technologische Entwicklung der aktuellen Generation der Antriebskomponente Elektromotor ist weitestgehend

[524] Vgl. Ulrich, H. (Betriebswirtschaftslehre), 1981, S. 19f.
[525] Das ausgewählte Unternehmen produziert mehr als 100.000 Elektromotoren/Jahr.

abgeschlossen. Durch die skalierbare Fertigung sind technische Innovationen und nötige Produktanpassungen noch während der Ausbaustufen umsetzbar. Das vorliegende Fallbeispiel behandelt ein Fertigungssystem, welches durch vier Ausbaustufen gekennzeichnet ist. Jeder Ausbau dient einer Verdopplung der möglichen Fertigungsmenge. Die Untersuchung der Methodik erfolgt entlang des vorgestellten Vorgehens nach dem Konzeptentwurf der Gesamtmethodik (s. Kapitel 4.4).

6.2.1 Auswirkungen von Komplexität

Um den Komplexitätsgrad eines Ausbaus bestimmen zu können, wurde die in Kapitel 5.1.1 dargelegte Bewertungsskala herangezogen. Hierbei sind sechs Komplexitätstreiber identifiziert worden, mit welchen der Komplexitätsgrad einer Ausbaustufe der Produktionslinie im skalierbaren Produktionssystem zu bewerten ist. Diese werden anhand der Ausprägungen „einfach", „mittel" und „komplex" klassifiziert. Anhand des hier betrachteten Ausbaus der Produktionslinie kann für jedes Komplexitätskriterium eine Ausprägung festgelegt werden. Diese Ausprägungen sind in der folgenden Tabelle 6-1 hellgrau markiert.

Kriterien	Einfach	Mittel	Komplex
Änderungsumfang am Produkt	Keine Produktänderung	Integration eines Serienteils	Integration eines Neuteils
Prozesskomplexität	Einfacher, bekannter Prozess	Komplexer, in Serie befindlicher Prozess	Komplexer, noch nicht in Serie befindlicher Prozess
Anzahl der betroffenen Stationen	Umbau einer Station	Umbau zweier Stationen	Umbau von mehr als zwei Stationen
Änderung der Verkettung	Kleinstumfänge	Streckenänderung	Vollständig neue Verkettung
Eingriff in das IT-System und die Steuerungstechnik	Kein Eingriff	Anlegen neuer Zählpunkte	Integration komplett neuer IT-Fachkonzepte
Erfahrung mit dem Lieferanten	Bekannter, etablierter und erfahrener Lieferant	Neue Sublieferanten bei bestehendem Generalunternehmer	Neuer Generalunternehmer

Tabelle 6-1: Komplexitätskriterien mit den markierten Ausprägungen des Umbaus der betrachteten Fertigungslinie

Im Umbau der betrachteten Fertigungslinie werden nicht nur die Kapazitäten erhöht, sondern auch neue Varianten des Motors integriert, weshalb der Änderungsumfang des Produkts mit der Integration eines Neuteils der komplexesten Ausprägung entspricht. Mit den neuen Varianten geht ein neuer

Fertigungsprozess einher. Das Kriterium wird demnach auch als komplexeste Ausprägung eingeordnet. Weiterhin handelt es sich um mehr als zwei umgebaute Stationen, was einem komplexen Umbau entspricht. Mit dem Austausch, Umbau und Neuaufbau geht jedoch keine vollständig neue Verkettung einher. Der Hauptstrang der Produktionslinie wird beibehalten und kontinuierlich angepasst, daher liegen lediglich Streckenänderungen vor. Zudem werden das bestehende IT-System und die Steuerungstechnik aufrechterhalten. Dabei sind jedoch für die Integration der Maschinen neue Zählpunkte anzulegen, weshalb eine mittlere Ausprägung bezüglich des IT-Systems und der Steuerungstechnik angeführt wird. Sowohl die neuen Maschinen als auch die Umbauten der bestehenden Stationen werden vom bereits bekannten, etablierten und erfahrenen Lieferanten der bisherigen Anlagen durchgeführt, weswegen diese Ausprägung als einfach angenommen wird.

Zur Darlegung eines Komplexitätsgrads des gesamten Produktionsausbaus sind alle Ausprägungen der Kriterien zu berücksichtigen. Hierzu findet das in Kapitel 5.1.1 dargelegte Punktesystem Anwendung. Aus den hier vorliegenden Ausprägungen ergibt sich ein Punktewert von 11 für den Umbau der betrachteten Produktionslinie. Dieser ist in der folgenden Abbildung 6-1 in die Bewertungsskala einbettetet.

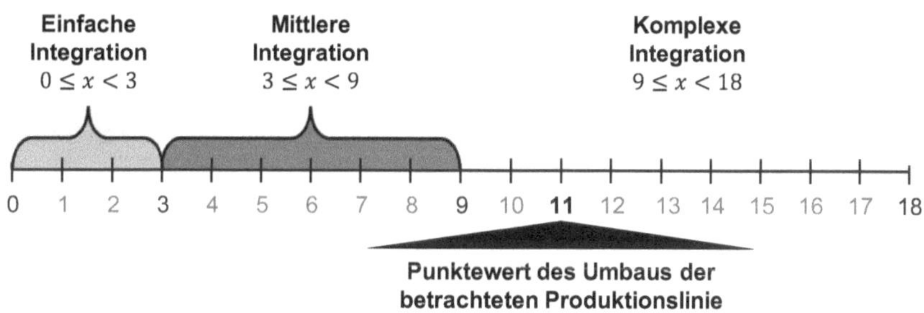

Abbildung 6-1: Bewertung des Komplexitätsgrads des Ausbaus der betrachteten Fertigungslinie anhand der Intervalle des Punktesystems

Aus der aufgezeigten Skala lässt sich somit entnehmen, dass ein Umbau des betrachteten Produktionssystems mit einer hohen Komplexität einhergeht. Analog zum Vorgehen in Kapitel 5.1.1 kann hieraus eine qualitative Unterscheidung der OEE-Kurve erfolgen. Diese ist in der folgenden Abbildung 6-2 neben der Anlaufkurve eines mittelkomplexen Umbaus hervorgehoben und bildet den Ausgangspunkt des Bewertungsmodells.

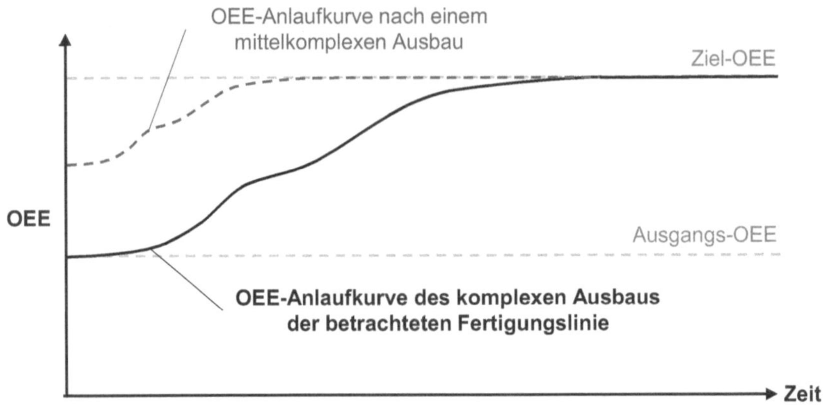

Abbildung 6-2: Qualitativer Verlauf der Anlaufkurve des komplexen Ausbaus neben der Anlaufkurve eines mittelkomplexen Ausbaus des Fertigungssystems

Die Zuordnung der Komplexitätstreiber zu den Bereichen der Hochlaufkurve: Ausgangs-OEE, OEE-Verlauf und dem Ziel-OEE wird analog zu Kapitel 5.1.2 durchgeführt. Dabei gilt es die Auswirkungen auf die OEE anhand der Referenzproduktionslinie zu bestimmen und grafisch darzustellen.

Die fehlende Vorabnahme birgt das hohe Risiko eines nur eingeschränkt möglichen Anlaufs, wodurch die geplante OEE zum Ausgangszeitpunkt nicht erreicht werden kann. Analog ist trotz nicht vorhandener Integrationsbereitschaft des IT-Systems die Anbindung der neuen Anlagen sicherzustellen. Dies resultiert in einem temporären Stillstand einzelner Maschinen, welche nicht korrekt angesteuert werden. Die dargelegten Komplexitätstreiber des ersten Bereichs führen zu einer Nichterfüllung der vorgegebenen Anlageneffektivität nach der PU.

Neben den Komplexitätstreibern des ersten Bereichs wirken sich auch die Treiber des zweiten Bereichs auf die OEE-Hochlaufkurve aus. Sowohl eine teilweise mangelhafte Prozessfunktionalität als auch die Produktion fehlerhafter und qualitativ ungenügender Bauteile aufgrund der fehlenden Testläufe zeigt eine Abschwächung der Hochlaufkurve. Bedienungsfehler der Anlage durch unterschiedliche und neu hinzukommende Tätigkeiten bei gering kalkulierten Taktzeiten pro Arbeitsschritt lösen zeitweise Maschinenstillstände aus. Aufgrund der daraus folgenden Produktionsausfälle liegt eine verminderte OEE über den Verlauf der Hochlaufkurve vor. Die aufgeführten Komplexitätstreiber des zweiten Bereichs führen zu einem verlangsamten Anstieg der OEE-Hochlaufkurve. Diese ist in der folgenden Abbildung 6-3 über die Auswirkungen des ersten und zweiten Bereichs grafisch dargestellt. Die Ziel-OEE wird im vorliegenden Projekt erreicht und der dritte Bereich der Kurve hatte somit keine negativen Auswirkungen auf die OEE.

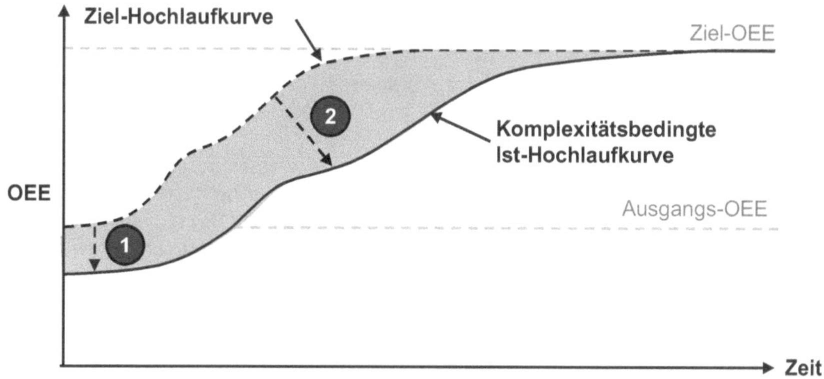

Abbildung 6-3: Hochlaufkurven nach komplexitätsbedingter Veränderung der Ausgangs-OEE und des OEE-Hochlaufs

6.2.2 Einführung der VIBN

Im vorliegenden Abschnitt wird die VIBN in den Ausbau des skalierbaren Fertigungssystems eingeführt, um den im Kapitel 6.2.1 aufgeführten Komplexitätstreibern entgegenzuwirken. Zunächst wird die gesamte Architektur mit den Stakeholdern, der Organisation, den vorhanden Kompetenzen und den Anforderungen an die Software untersucht und optimiert.

Die Stakeholderanalyse aus Kapitel 5.2.1 zeigt die Schlüsselrollen des VIBN-Projektes auf: Lieferant, Prozessplaner, Steuerungsplaner und VIBN-Experte. Im vorliegenden Projekt wird jene Organisationsform, bei welcher der Lieferant die VIBN durchführt, gewählt.

Die nötigen Kompetenzen innerhalb der Organisation des Kunden werden aufgezeigt und im Prozess der Bewertung von VIBN-Projekten (s. Kapitel 5.3.1) untersucht. Basierend darauf werden, in Orientierung an den in Kapitel 5.2.1. aufgeführten Qualifizierungslevels, nötige Schulungen identifiziert und absolviert.

Softwareauswahl

Der Auswahl der Software kommt eine wichtige Rolle zu, weil projekt- und organisationsübergreifend der Datenaustausch reibungslos funktionieren muss. Für die Untersuchung werden die Tools *ISG virtuos, Fe.screen-sim, WinMOD, NX Mechatronics Concept Designer* und *industrialPhysics* ausgewählt. Sie erfüllen die grundlegenden Anforderungen wie die Integration von 3D-Daten, die Möglichkeit zur Modellierung der Produktionsanlagen und die Anbindung an Steuerungstechnik und können alle als Stand-alone-Lösung genutzt werden. *ISG virtuos* sowie *WinMOD* werden im untersuchten Unternehmen selbst schon eingesetzt, sodass praktische Erfahrungen vorliegen. *Fe.screen-sim* sowie *NX Mechatronics Concept Designer* werden teilweise vom involvierten Anlagenlieferanten eingesetzt. *Machineering* ist ein relativ neuer Anbieter am Markt, welcher mit *industrialPhysics* ein Tool entwickelt hat, das umfassende Funktionalitäten verspricht.

Zum Vergleich der verschiedenen Software Tools wurden die konsolidierten Experten zu ihren Erfahrungen befragt. Die detaillierten Ergebnisse zu den identifizierten Vor- und Nachteilen der einzelnen Tools sind im Anhang zusammengefasst (s. Anhang, Tabelle 9-2: Ergebnisse der Umfrage zur Software). Es wird ein paarweiser Vergleich durchgeführt, um die Bewertungskriterien zu gewichten. Bezüglich jedes Kriteriums wurden je zwei Software-Tools gegenübergestellt und jedes im direkten Vergleich als besser (+), gleich (0) oder schlechter (-) als das jeweils andere Tool bewertet. Durch Aufsummieren der positiven und negativen Bewertungen bekommt man eine sehr positive (++), positive (+), neutrale (0), negative (-) oder sehr negative (--) Ausprägung der Kriterien. Tabelle 9-11 im Anhang zeigt das Ergebnis der Betrachtung für die ausgewählten Software-Tools und die entsprechenden Kriterien.

Eine Bewertung des Tools *industrialPhysics* wird nicht weiter vorgenommen, weil wichtige Funktionen nicht erfüllt werden. Im Vergleich hebt sich keines der Tools positiv hervor. Aufgrund starker Variation bei den Vor- und Nachteilen der unterschiedlichen Tools je nach Anwendung sollte bei der Nutzung in den drei Hauptanwendungsbereichen unterschieden werden. Diese sind „Robotik“, „Werkzeugmaschinen“ und „Fördertechnik“, welche sich hinsichtlich der Anforderungen voneinander unterscheiden und damit auch die Nutzung verschiedener Tools erfordern.

Für die Validierung der hier zu untersuchenden Methodik wird die Software *ISG-virtuos* verwendet. *ISG-virtuos* ist eine Software zur Modellerstellung und Durchführung der VIBN. Die Software teilt sich in die zwei Programme „ISG-virtuosV“ und „ISG-virtuosM“ auf. „ISG-virtuosV“ wird zur Visualisierung der Produktionsanlage anhand von CAD-Daten eingesetzt. Zudem können Materialflusselemente, die Kinematik sowie Position und Orientierung der Anlagenelemente hinzugefügt werden. In „ISG-virtuosM“ wird anschließend die Modellierung der Funktionsweise der Produktionsanlage durch regelungs- und steuerungstechnische Komponenten vorgenommen, die mit den Elementen aus „ISG-virtuosV“ verknüpft werden. Die Kommunikation beider Programme wird durch einen Server sichergestellt, sodass ein voll funktionsfähiges virtuelles Modell entsteht.

Im vorliegenden Beispielprojekt liegt die Verantwortung der Durchführung des Projektes zur VIBN mit den größten Anteilen beim Lieferanten, sodass dieser sowohl für die Datenerstellung als auch für Modellerstellung und die Durchführung der Testszenarien verantwortlich ist. Somit muss lediglich der chronologische

Ablauf vom Produktionsplaner des Kunden beauftragt und die Einhaltung des Terminplans sichergestellt werden.

Grobplanung

Im nächsten Schritt des Vorgehens wird die Grobplanung der VIBN durchgeführt. Grundlage ist der in Kapitel 5.2.1 aufgezeigte Anlagenentstehungsprozess unter Einbindung der VIBN. Dabei wurden im vorliegenden VIBN-Projekt die Anforderungen an den Anlagenlieferanten in der Spezifikation vor der Bestellung der Ausbaustufen festgehalten. Die Verfügbarkeit der 3D-Daten, der Kinematik, des E-Plans und des Layouts werden sichergestellt, sodass die Modellerstellung rechtzeitig beginnen kann. Parallel verläuft die Entwicklung der Steuerungssoftware beim Anlagenlieferanten. Regelmäßige Prüfungen des Entwicklungsfortschritts der Software und der Modelle durch den Anlagenkunden sichern die Termintreue im vorliegenden VIBN-Projekt. Beim Anlagenlieferanten intern wird der äußere Druck genutzt, um den Fokus der Softwareerstellung zu priorisieren. Weitere Details der Validierung werden in den folgenden Abschnitten aufgeführt.

Input für die Grobplanung liefern die Lessons Learned aus der prozessualen Optimierung zur Gestaltung erneuter Wiederanläufe (s. Kapitel 5.6), um auch auf oberster Prozessebene eine kontinuierliche Verbesserung zu erzeugen.

6.2.3 Bewertung und Realisierung der VIBN

Nachfolgend soll die beispielhafte Analyse des durchgeführten VIBN-Projektes vorgestellt werden, um das Vorgehen bei der Bewertung deutlich zu machen. Das erwähnte Projekt wurde auch dafür genutzt, das Modell zu verifizieren. Da es bereits abgeschlossen ist, konnte das Ergebnis der Bewertung mit dem realen Potenzial der VIBN verglichen und erkannt werden, dass das Modell eine realistische Einschätzung ermöglicht.

Im ersten Schritt der Bewertung findet die Überprüfung des wirtschaftlichen Einsatzes der VIBN statt. Dazu werden zunächst die zwingenden Grundvoraussetzungen für den Einsatz der VIBN aus Kapitel 5.3.2.2 überprüft. In Tabelle 9-12 (s. Anhang) sind die Ergebnisse der Überprüfung der Grundvoraussetzungen dargestellt und es ist erkennbar, dass diese für das Projekt des Fallbeispiels alle erfüllt werden. Anschließend wird das Projekt des Fallbeispiels anhand der Kriterien für Aufwand und Nutzen bewertet. Die Bewertung der Kriterien ist in Tabelle 9-13 dargestellt und das Ergebnis der Bewertung ist in Tabelle 9-14 erkennbar (s. Anhang). Die Aufwand-Nutzen-Matrix in Abbildung 6-4 zeigt das zusammengefasste Ergebnis.

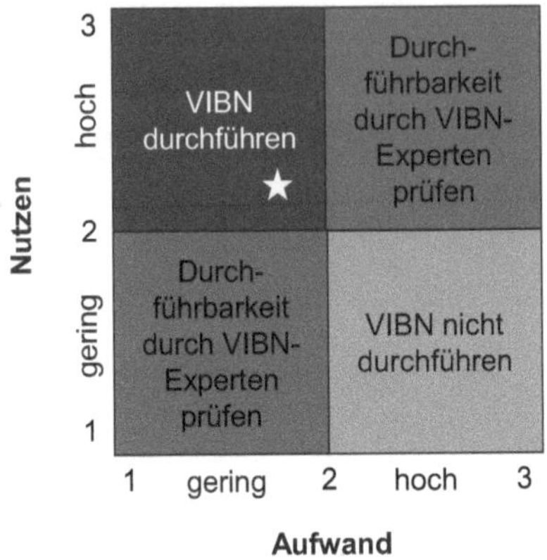

Abbildung 6-4: Bewertung des Fallbeispiels anhand der Aufwand-Nutzen-Matrix

Anhand der Bewertung des Projektes in Bezug auf Aufwand und Nutzen ist aus der Matrix ersichtlich, dass eine Durchführung der VIBN für das Projekt des Fallbeispiels empfohlen wird, da der Aufwand mit der Bewertung 1,50 gering und der Nutzen mit einer Bewertung von 2,39 als hoch eingestuft wird. Im nächsten Teilschritt der Überprüfung des wirtschaftlichen Einsatzes der VIBN wird die VIBN-Kompetenz der intern beteiligten Mitarbeiter des Kunden überprüft. Der Prozess- und der Steuerungsplaner haben bereits VIBN-Projekte durchgeführt, wodurch diese bereits die notwendigen Mitarbeiter-Kompetenzen besitzen. Zudem erhalten sie in diesem Projekt Unterstützung durch einen internen VIBN-Experten. Aufgrund der vorliegenden Mitarbeiterkompetenz muss keine weitere Befähigung durch Schulungen stattfinden. Für den Fall, dass die Mitarbeiter nicht die notwendige Kompetenz besitzen, muss der Auftraggeber durch Schulungen die Kompetenz der Mitarbeiter im Bereich der VIBN aufbauen (s. Kapitel 5.2.1), sodass er das VIBN-Projekt mit Erfolg durchführen kann.

Neben der Kompetenz der internen Mitarbeiter zur Durchführung eines VIBN-Projektes muss auch der Lieferant die notwendigen VIBN-Kompetenzen besitzen. Daher wird im nächsten Teilschritt die VIBN-Kompetenz des Lieferanten überprüft. Zur Überprüfung dient eine Checkliste, die in Abbildung 6-5 dargestellt ist und auf den Voraussetzungen, die der Lieferant erfüllen muss und die in Abbildung 5-13 dargestellt sind, aufbaut.

Checkliste der Lieferantenbefähigung		
Voraussetzungen in Bezug auf Expertenwissen und Kompetenzen	Notwendiges Expertenwissen zur Erstellung der virtuellen Modelle	
	Erfahrung mit der Durchführung einer VIBN	
	Befähigung zur Nutzung der Modellbibliothek	
	Befähigung zum Aufbau der virtuellen Modelle zur Integration in die Modellbibliothek	

Abbildung 6-5: Auswertung der Lieferantenfähigkeit anhand der Checkliste

Die Abarbeitung der Checkliste ergibt, dass der für das VIBN-Projekt des Fallbeispiels ausgewählte Lieferant alle notwendigen Voraussetzungen in Bezug auf Hardware, Software und Expertenwissen erfüllt und nicht weiter durch den VIBN-Experten befähigt werden muss. Entsprechend den Bewertungen des ersten Schritts des Vorgehensmodells eignet sich das Projekt zur wirtschaftlichen Durchführung einer VIBN.

Vorbereitung

Prozess- und Steuerungsplaner führen die Vorbereitung der Realisierung der VIBN unter Berücksichtigung der vorgeschlagenen Verbesserungsmöglichkeiten aus den Lessons Learned durch, sodass bereits erkannte Probleme nicht wiederholt auftreten. In diesem Fallbeispiel wird bereits vor dem Projektbeginn ein Lessons-Learned-Workshop durchgeführt, dessen Ergebnisse in die Entwicklung des vorgestellten Vorgehens eingeflossen sind. Ein weiterer Lessons-Learned-Workshop wird im Anschluss an das Projekt durchgeführt. Die Ergebnisse der beiden Workshops werden in Kapitel 6.2.6 näher erläutert.

Zur Vorbereitung der Realisierung der VIBN klären der Prozessplaner und der Steuerungsplaner als Projektverantwortliche zunächst, welche Zuständigkeiten zu verteilen sind und teilen diese anschließend untereinander auf. Abhängig von Kompetenz und Erfahrung werden dabei alle Schritte teilweise oder vollständig aufgeteilt, sodass eindeutige Zuständigkeiten entstehen. Bspw. bereitet der Steuerungsplaner trotz der Zuständigkeit beider Planer die Festlegung der Wiederverwendungsmöglichkeiten vor und stimmt diese abschließend mit dem Prozessplaner ab. Aufgaben wie die Definition der VIBN-Umfänge werden bspw. in gemeinsamen Abstimmungen ausgearbeitet, weil die Expertise beider Planer dafür notwendig ist.

Nach der Festlegung der Projektverantwortlichkeiten werden im nächsten Teilschritt die Wiederverwendungsmöglichkeiten determiniert. Da es sich in dem VIBN-Projekt des Fallbeispiels um die erste Ausbaustufe mit einer VIBN handelt, existiert noch keine Möglichkeit, auf bestehende virtuelle Modelle der vorherigen Ausbaustufe zurückzugreifen. Zudem befindet sich die Modellbibliothek zum

Zeitpunkt der Validierung erst im Aufbau, weswegen die Wiederverwendungsmöglichkeiten erst in den nächsten Ausbaustufen zum Tragen kommen. Die Wiederverwendungsmöglichkeiten werden in einer Liste durch den VIBN-Experten, den Steuerungsplaner und den Prozessplaner dokumentiert und im nachfolgenden Schritt im Lastenheft festgehalten, um den Lieferanten die Verwendung der bestehenden Modelle vorzuschreiben.

Als letzter Teilschritt der Vorbereitung der VIBN werden die Umfänge durch den Prozessplaner und den Steuerungsplaner definiert und im Lastenheft als Anforderungen an den Lieferanten festgehalten. Als Grundlagen für die Erstellung des Lastenheftes dienen die Informationen in der internen VIBN-Spezifikation, die durch interne VIBN-Experten erstellt wurde. Die verwendete VIBN-Spezifikation des Anlangenkunden ist für alle VIBN-Projekte im Technologiebereich E-Antrieb gültig. In der VIBN-Spezifikation sind interne Ansprechpartner definiert. Weiterhin werden der Einsatzrahmen und die Einsatztiefe der VIBN festgelegt. Außerdem wird die Software *ISG-virtuos* zur Durchführung der VIBN vorgeschrieben und der Hardwareaufbau zur Überprüfung der Steuerungssoftware in der VIBN-Spezifikation festgelegt sowie im Lastenheft dokumentiert. Abschließend werden die Lieferumfänge für Lieferanten und die in der Grobplanung festgelegten Meilensteine der VIBN terminiert (s. Kapitel 6.2.2). Auf Basis dieser Informationen sowie der eigenen Erfahrung und aktuellen Aufgaben der Planer im Bereich Ablaufplanung und Planung der Steuerungstechnik wird das Lastenheft erstellt. Nach der Erstellung des Lastenhefts endet die Vorbereitung der Realisierung.

Feinplanung

Der zweite Schritt der Realisierungsphase startet mit der Feinplanung der VIBN. Zunächst werden dabei durch den Prozessplaner und den Steuerungsplaner die Testfälle in der in Tabelle 9-15 abgebildeten Vorlage festgehalten. Die Testfälle dienen dem Lieferanten als Vorgabe, welche Vorgänge am virtuellen Modell getestet werden müssen. Dabei werden zusätzlich zu den normalen „Hand-" und „Automatikfunktionen“ auch nicht-reguläre Maschinenzustände und die Sicherheitstechnik berücksichtigt. In diesem Fallbeispiel werden die in Abbildung 6-6 dargestellten Testfälle vorgegeben. Die Testfälle werden grob gehalten, da noch keine genaue Kenntnis über die zu definierenden Umfänge besteht und diese sich im Verlauf des Projektes noch verändern können.

Inhalte der Testspezifikation des Fallbeispiels
• Datenhandling • Hand- / Automatikbetrieb • Sicherheitsfunktionen • Diverse Modi (Gap-Mode, Ghost-Mode, Leerfahren etc.) • Schnittstellen zu benachbarten Anlagen und zur IT

Abbildung 6-6: Inhalte der Testspezifikation des Fallbeispiels

Als nächster Schritt der Feinplanung der VIBN wird der Terminplan basierend auf den in Abbildung 5-14 definierten Meilensteinen erstellt. Dieser ist für das durchzuführende VIBN-Projekt in Abbildung 6-7 dargestellt und wird auf Basis der Termine der PU zur realen Inbetriebnahme geplant, sodass die virtuelle vor der realen Inbetriebnahme abgeschlossen ist.

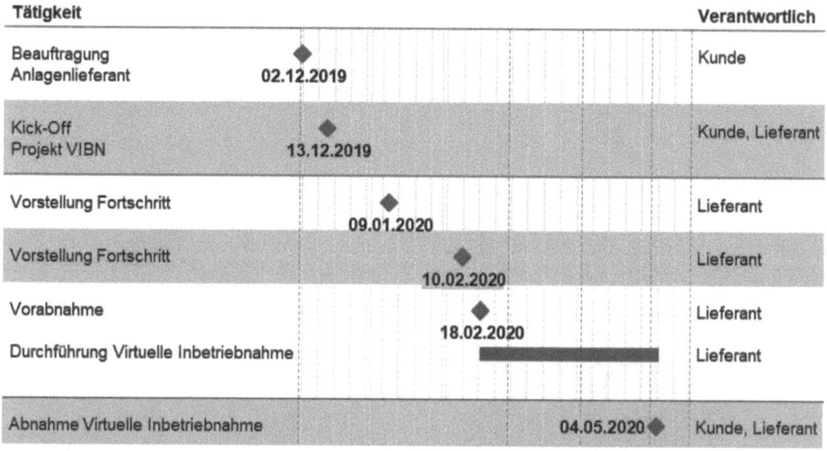

Abbildung 6-7: Terminplan des VIBN-Projektes mit dem Lieferanten

Wie dem Terminplan zu entnehmen ist, findet anschließend der Kick-Off-Termin zwischen dem Auftraggeber und dem Lieferanten statt. In diesem werden die Testspezifikationen und der Terminplan selbst abgestimmt. Im nächsten Schritt erfolgt die Abstimmung der bereits vorab definierten Umfänge mit dem Lieferanten. Das Pflichtenheft des VIBN-Projektes definiert hierbei die durch den Lieferanten zu erfüllenden Umfänge und Anforderungen des Auftraggebers. Die Feinplanung der VIBN endet mit der Übergabe zur Modellierung und Überführung der notwendigen Daten an den Lieferanten. Innerhalb des Projektes wurden die notwendigen Daten zu großen Teilen durch den Lieferanten selbst erstellt, wodurch kaum Datenaustausch stattgefunden hat. Aus diesem Grund wurde auch kein Meilenstein für die Datenübertragung in den Terminplan eingepflegt. Lediglich Ansprechpartner für interne Fragen wurden dem Lieferanten durch den Prozessplaner zur Verfügung gestellt.

Modellierung

Der nächste Schritt des Vorgehens besteht in der Modellierung des virtuellen Modells. Die Modellierung nimmt etwa sieben Wochen in Anspruch. Während der Modellierung werden zwei Kontrolltermine mit dem Lieferanten vereinbart, in denen dieser den aktuellen Fortschritt vorstellt. In Abbildung 6-8 ist beispielhaft das virtuelle Modell der Förderanlage für den Stator des Automobilherstellers dargestellt. Der Lieferant zeigt am virtuellen Modell die Funktionen und Abläufe der Produktionsanlage. Der Prozess- und der Steuerungsplaner merken anhand dessen entsprechende Änderungen am virtuellen Modell an und die Visualisierung ermöglicht bessere Aussagen über die Gründlichkeit der Abläufe.

Abbildung 6-8: Virtuelles Modell der Förderanlage

Nachdem keine weiteren Anpassungen des virtuellen Modells an den Lieferanten gestellt werden, findet die Vorabnahme des virtuellen Modells statt. Dabei werden die Vollständigkeit des virtuellen Modells, die Einhaltung der Konstruktionsrichtlinien des Auftraggebers sowie die Fähigkeiten des virtuellen Modells wie Zykluszeit, Detaillierung und Simulationsfunktionen überprüft. Die Vorabnahme wird durch den Prozess- und den Steuerungsplaner mit Unterstützung eines internen VIBN-Experten durchgeführt, da eine detaillierte Inspektion des virtuellen Modells notwendig ist. Anschließend wird das virtuelle Modell an den Auftraggeber übergeben.

Durchführung der VIBN

An die Modellierung des virtuellen Modells schließt im nächsten Schritt die Durchführung der VIBN an. Die Durchführung findet durch den Lieferanten statt, der dazu die reale Steuerung mit dem virtuellen Modell koppelt. Der Aufbau der bereits in Kapitel 2.3.3 beschriebenen Hardware-in-the-Loop ist in Abbildung 6-9 dargestellt. Der im Pflichtenheft und somit in der VIBN-Spezifikation festgehaltene Testaufbau wird dadurch beim Lieferanten realisiert. Bei der erstmaligen Kopplung der Steuerung mit dem virtuellen Modell werden zunächst generelle Fehler an dem virtuellen Modell und an der Steuerung behoben.

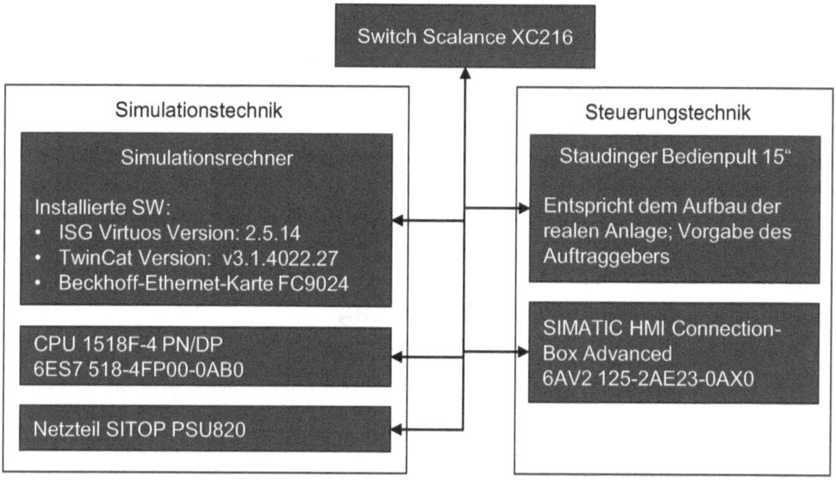

Abbildung 6-9: Aufbau der Hardware-in-the-Loop des Lieferanten

Während der Durchführung der VIBN testet der Lieferant die reale Steuerung am virtuellen Modell, um Fehler im Steuerungscode der Anlage zu identifizieren. Dabei werden die in den Testspezifikationen definierten Testfälle systematisch nacheinander getestet und identifizierte Fehler in einer Checkliste festgehalten. Die Tests werden so lange wiederholt, bis alle Funktionen geprüft und bei Bedarf korrigiert sind. Die Checkliste für dieses Projekt ist im Anhang dargestellt (s. Abbildung 9-1) und dient im nächsten Teilschritt, der Vorabnahme der VIBN, zur Überprüfung identifizierter Fehler. Zudem wird durch diese Checkliste kontrolliert, ob der Lieferant alle in der Testspezifikation geforderten Testfälle durchlaufen hat. Zusätzlich bietet die Checkliste die Möglichkeit, den Nutzen der VIBN aufzuzeigen, indem die Menge der identifizierten Fehler betrachtet wird. Nachdem alle Testfälle abgesichert sind, ist die Durchführung der VIBN abgeschlossen.

Anschließend folgt die Abnahme der VIBN. Der Prozessplaner und der Steuerungsplaner prüfen die Erfüllung des Pflichtenhefts. In diesem Projekt ist keine Nacharbeit notwendig, wodurch die VIBN erfolgreich abgenommen wird. Der Lieferant übergibt in diesem Schritt das virtuelle Modell an den Prozessplaner und den Steuerungsplaner, die dieses wiederum an den internen VIBN-Experten zur Datenablage weiterleiten. Die Übergabe des virtuellen Modells erfolgt erst nach der realen Inbetriebnahme der Produktionsanlage, da Änderungen während der realen Inbetriebnahme im virtuellen Modell angepasst werden müssen. In diesem Projekt sind keine Änderungen während der realen Inbetriebnahme aufgetreten. Bei der Abnahme wird zudem auch die Checkliste der identifizierten Fehler an den Auftraggeber übergeben.

In Abbildung 9-2 sind die Ergebnisse der MTA abgebildet, da sowohl die Vorabnahme des virtuellen Modells als auch die Abnahme der VIBN leicht verspätet stattgefunden haben. Die Verzögerung der Übergabe der Daten beinhaltet in diesem Projekt die Übergabe von Kontaktinformationen für Ansprechpartner des Auftraggebers.

Den letzten Meilenstein des VIBN-Projektes stellt der Termin für den Lessons-Learned-Workshop dar, welcher in der Optimierungsphase (s. Kapitel 6.2.6) näher erläutert wird. Grundsätzlich dient die MTA auch während der Durchführung des Lessons-Learned-Workshops als Unterstützung, um den zeitlichen Ablauf des Projektes zu reflektieren.

6.2.4 Realdatenanbindung nach der VIBN

Zieldefinition

Für den Validierungsschritt der Realdatenanbindung werden universell einsetzbare Komponenten der MFT aus dem Umfeld der skalierbaren Elektromotorenproduktion ausgewählt, die ursprünglich virtuell in Betrieb genommen wurden und nun mittels des Vorgehensmodells anhand von Realdaten auf deren Realitätsnähe hin überprüft werden. Das Fallbeispiel bezieht sich für die Realdatenanbindung und die Parameteroptimierung auf eine Einzelstation. Alle Analysen erfolgen in Hinblick auf die Taktzeit.

Zu Validierungszwecken wird die Taktzeit des virtuellen Modells mit der Realität verglichen, um Parameter für dessen Anpassung zu errechnen. Der Umfang des Projekts bezieht sich dabei auf die MFT. Diese Fördertechnik beinhaltet insgesamt drei Förderbänder, einen Heber, einen Stopper und einen Vereinzeler sowie auch Lichtschranken. Konkret wird unter der Taktzeit die Dauer des in Tabelle 6-2 dargestellten Förderzyklus verstanden, der sich aus 15 Schritten zusammensetzt.

Die Ausgangssituation bilden drei Kisten, die sich auf dem Heber in oberer Position bei geschlossenem Stopper und Vereinzeler befinden. Der Beladungszustand der Kisten sowie ein Zwischenschritt zur Zentrierung zwischen dem ersten und zweiten Ablaufschritt sowie zehnten und elften Ablaufschritt wird vernachlässigt. Zum Startpunkt des Zyklus fährt der mit der ersten Kiste beladene Heber in die untere Position und erreicht diese im ersten Ablaufschritt. Daraufhin verlässt die erste Kiste im zweiten und dritten Schritt den Heber über das Förderband. Sobald die erste Kiste auf dem Rückführband eine definierte Strecke zurückgelegt hat, fährt der Heber im vierten Schritt erneut in die obere Position, bis er diese im fünften Schritt erreicht hat. Dann öffnet sich im sechsten Schritt der Stopper und erreicht im siebten Schritt den offenen Zustand. Die zweite Kiste fährt nun vollständig auf den Heber. Dabei löst sie im achten Schritt zunächst dessen vordere Lichtschranke aus, verlässt die Lichtschranke des Stoppers im neunten Schritt und betritt letztendlich die hintere Lichtschranke des Hebers im zehnten Schritt. Im elften Schritt öffnet sich der Vereinzeler, um die dritte Kiste freizugeben. Kurze Zeit darauf erreicht er seine geöffnete Position im zwölften Schritt. Die dritte

Kiste kann in Folge bis zum Stopper gefördert werden, der sich bei deren Ankunft in Schritt „14“ wieder schließt. Ausgelöst wird dieser Mechanismus zeitgleich durch das Betreten der Lichtschranke im Stopper in Schritt „13“. Wenn der Stopper seinen geschlossenen Zustand erreicht hat, endet der zu analysierende Zyklus mit Schritt „15“. Im Endzustand ist der Heber mit der zweiten Kiste auf seiner oberen Position, der Stopper mit der dritten Kiste geschlossen und der Vereinzeler geöffnet.

Ablaufschritt	Aktion
-	Ausgangssituation
0 (Start)	Heber fährt mit erster Kiste nach unten
1	Heber kommt mit erster Kiste unten an
2	Erste Kiste verlässt hintere Lichtschranke des Hebers
3	Erste Kiste verlässt vordere Lichtschranke des Hebers
4	Heber fährt ohne Beladung nach oben
5	Heber kommt ohne Beladung oben an
6	Stopper mit zweiter Kiste öffnet sich
7	Stopper mit zweiter Kiste ist offen
8	Zweite Kiste betritt vordere Lichtschranke des Hebers
9	Zweite Kiste verlässt Lichtschranke des Stoppers
10	Zweite Kiste betritt hintere Lichtschranke des Hebers
11	Vereinzeler mit dritter Kiste öffnet sich
12	Vereinzeler mit dritter Kiste ist offen
13	Dritte Kiste betritt Lichtschranke des Stoppers
14	Stopper mit dritter Kiste schließt sich
15 (Ende)	Stopper mit dritter Kiste ist geschlossen

Tabelle 6-2: Ablauf des Förderzyklus

Auswahl der Systemvariablen

Die Systemvariablen werden im hier besprochenen Validierungsfall aus dem Steuerungsprojekt der verbauten „Simatic S7-1518F“-Steuerung mittels des „TIA“-Portals eingesehen und entnommen. Insgesamt wird die Auswahl zunächst auf 139 Stück begrenzt, die Aufschluss über den Materialfluss in der Gesamtanlage geben. Davon beziehen sich 66 Systemvariablen alleinig auf die gewählte Einzelstation und stehen damit in direktem Bezug zu dem ausgewählten Ablauf (s.o.). Zu Analysezwecken werden 14 Eingangssignale (s. Tabelle 6-3) ausgewählt, die den Förderzyklus vollumfänglich beschreiben.

Die Maschinenanbindung zur Aufzeichnung der Signalverläufe erfolgt nach direkter Absprache mit den Verantwortlichen über einen Ethernet-Anschluss der verbauten „Simatic S7-1518F“-Steuerung von *Siemens*. Zum Aufzeichnen der Steuerungsdaten wird der „SPS-Analyzer“ der Firma *Autem* verwendet. Dieser muss zunächst für den Anwendungsfall eingerichtet werden. Dazu wird ein neues Modul angelegt und die entsprechende „Transmission Control Protocol“-/„Internet Protocol“-Adresse der Steuerung eingegeben, um die vorselektierten Systemvariablen aus dem vorherigen Abschnitt auswählen und die Abtastrate festlegen zu können.

Adresse	Beschreibung
++ST390+TH002-MM01-BG10:4	Heber oben
++ST390+TH002-MM01-BG11:4	Heber unten
++ST390+TL001-MM01.01-BG10:4	Stopper links auf
++ST390+TL001-MM01.01-BG11:4	Stopper links zu
++ST390+TL001-MM01.02-BG10:4	Stopper rechts auf
++ST390+TL001-MM01.02-BG11:4	Stopper rechts zu
++ST390+TL001-MM02.01-BG10:4	Vereinzeler links auf
++ST390+TL001-MM02.01-BG11:4	Vereinzeler links zu
++ST390+TL001-MM02.02-BG10:4	Vereinzeler rechts auf
++ST390+TL001-MM02.02-BG11:4	Vereinzeler rechts zu
++ST390+TL001-BG01:2	Bauteil im Vereinzeler
++ST390+TL001-BG02:2	Bauteil im Stopper
++ST390+TH002-TA01-X21.1:1	Lichtschranke Heber vorne
++ST390+TH002-TA01-X22.1:1	Lichtschranke Heber hinten

Tabelle 6-3: Auswahl der Systemvariablen

Nach diesem Vorlauf werden für 63 Minuten und 11,6 Sekunden alle ausgewählten Signale mit einer Abtastrate von einer zehntel Sekunde aufgezeichnet, was zu einem Datensatz mit 37.916 Werten pro Signal führt. In Summe beinhaltet die Aufzeichnung damit bei 14 Signalen 530.824 Werte, was die Rechenkapazität der Steuerung nicht übersteigt. Konkret werden neben einem binären Wert, einer absoluten Zeit und der Signalbezeichnung die Relativzeit und das Datum in der aufgezeichneten „CSV“-Datei gespeichert. Der Speicherplatz der Datei beläuft sich auf rund 1250 Kilobyte (KB). Innerhalb der aufgezeichneten Zeit wird der zu analysierende Zyklus aus Kapitel 5.4.4 dreimal durchlaufen. Im Verlauf dieser Validierung wird immer auf eine Nachkommastelle gerundet, was einer Genauigkeit auf die zehntel Sekunde gleichkommt. Dies bedingt sich aus der Abtastrate von einer zehntel Sekunde und den Grenzen der Einstellbarkeit eines realen mechanischen Systems.

Aufzeichnung der realen Signalverläufe

In der aufgezeichneten Datenbasis werden zunächst mehrere Signale aussortiert. Konkret zeigt das Signal „Bauteil im Vereinzeler" permanent den Wert „1", obwohl dieser zeitweise leer ist. Hinzu kommen die Signale „Stopper links auf", „Vereinzeler links auf", „Stopper links zu" und „Vereinzeler links zu", welche identisch zu ihren rechten Pendants sind und deshalb aussortiert werden, um eine Dopplung zu vermeiden.

Anschließend wird der gesamte Datensatz in drei Zyklen unterteilt. Den Referenzpunkt für das obere Ende des Datenschnitts stellt, wie oben definiert, der Wechsel des Signals „Heber oben" vom Wert „1" auf den Wert „0" dar. Der Wechsel des Signals „Stopper zu" vom Wert „0" auf den Wert „1" bildet den Referenzpunkt für das untere Ende des Datenschnitts und signalisiert den Abschluss des definierten Zyklus. Um die beiden Wertewechsel besser verdeutlichen zu können, werden zusätzlich 16 Werte vor und 15 Werte nach den besagten Referenzpunkten mitgeschnitten. Im Anschluss kann die Dauer jedes Werteabschnitts der einzelnen Signale in allen drei Zyklen abgelesen und daraus pro Werteabschnitt ein Mittelwert gebildet werden. Die Werte befinden sich in Tabelle 9-17, Tabelle 9-18 und Tabelle 9-19 im Anhang.

Aktualisierung des Modells zur VIBN

Zentraler Bestandteil der Modellaktualisierung ist das virtuelle Modell der untersuchten Anlage des Fallbeispiels, welches nun auf Aktualität hin untersucht werden soll. Auf einen Hardware-Aufbau wird im Rahmen der Validierung aus Kapazitätsgründen verzichtet und die Steuerung des Simulationsmodells durch einen eigens dafür in *ISG-Virtuos* erstellten Zustandsautomaten abgewickelt. Dieser steuert bei Aktivierung einen kompletten Zyklus ein. Zunächst werden sowohl in der *ISG-Virtuos V-* als auch in der *ISG-Virtuos M*-Datei alle Komponenten entfernt, die sich nicht direkt auf die MFT der Station 390 beziehen, um den Modellumfang auf die relevanten Bestandteile zu beschränken. Nach dem Entfernen aller ungenutzten Komponenten in beiden Dateivarianten verbleibt lediglich die MFT der Station 390 mit einigen angrenzenden Komponenten.

Im Modell müssen nun alle fehlerhaften Komponenten in der *ISG-Virtuos M*-Datei überarbeitet und mittels der Geometriedaten neu eingestellt werden. Dabei handelt es sich überwiegend um Motor- und Zylinderbausteine. Beim Austausch der Bausteine müssen die daran angeschlossenen Verknüpfungen angepasst werden. Da fehlerhafte Geometriedaten nichts an der Modellfunktionalität und damit den Signalwerten ändern, werden nur die funktionalen Materialflusselemente analog angepasst.

Aufzeichnung der simulierten Signalverläufe

Es wird die *ISG-Virtuos*-interne „Record"-Funktion genutzt, ein Funktionsbaustein, der wie ein Bedienfeld in *ISG-Virtuos M* hinzugefügt werden kann und ausgewählte Signale über einen begrenzten Zeitraum aufzeichnet. Die Signalauswahl ist in Tabelle 6-4 dargelegt. Mithilfe von 14 Signalen wird versucht, die ursprüngliche Auswahl nachzubilden. Jedes dieser simulierten Signale wird mit dem Signalwert und einer Relativzeit in einer „CSV"-Datei gespeichert. Die Abtastrate beträgt dabei standardmäßig 1000 Werte pro Sekunde, kann aber auf zehn Werte pro Sekunde reduziert werden, um die Einstellungen aus dem oberen Abschnitt zu replizieren. Insgesamt werden über eine Zeitspanne von 19,9 Sekunden 199 Werte pro Signal aufgezeichnet, was dem Durchlauf eines kompletten Zyklus inklusive 1,6 Sekunden Vor- und 0,8 Sekunden Nachlauf gleichkommt. Die Simulation wird durch die geringe Auswahl an Signalen nicht beeinträchtigt.

Reale Signale	Simulierte Signale
Stopper links auf	Stopper links auf_sim
Stopper links zu	Stopper links zu_sim
Stopper rechts auf	Stopper rechts auf_sim
Stopper rechts zu	Stopper rechts zu_sim
Vereinzeler links auf	Vereinzeler links auf_sim
Vereinzeler links zu	Vereinzeler links zu_sim
Vereinzeler rechts auf	Vereinzeler rechts auf_sim
Vereinzeler rechts zu	Vereinzeler rechts zu_sim
Heber oben	Heber oben_sim
Heber unten	Heber unten_sim
Bauteil im Vereinzeler	Bauteil im Vereinzeler_sim
Bauteil im Stopper	Bauteil im Stopper_sim
Lichtschranke Heber vorne	Lichtschranke Heber vorne_sim
Lichtschranke Heber hinten	Lichtschranke Heber hinten_sim

Tabelle 6-4: Selektierte simulierte Steuerungseingänge zur MFT der ST „390"

Danach wird der Datensatz analog zu den realen Signalen bearbeitet. Dazu werden die Signale „Bauteil im Vereinzeler_sim", „Stopper links auf_sim", „Vereinzeler links auf_sim", „Stopper links zu_sim" und „Vereinzeler links zu_sim" aussortiert und der Vor- und Nachlauf entfernt. Zur Markierung des Zyklus werden die gleichen Referenzpunkte wie bei den realen Signalen gewählt.

Der Wechsel des Signals „Heber oben_sim“ vom Wert „1“ auf den Wert „0“ stellt den Beginn und der Wechsel des Signals „Stopper zu_sim“ vom Wert „0“ auf den Wert „1“ das Ende des definierten Zyklus dar. Die reine Dauer des simulierten Zyklus beläuft sich nach Abzug von Vor- und Nachlauf auf 17,5 Sekunden. Die konkreten Periodendauern der einzelnen Signale sind in Tabelle 9-29 im Anhang nachzulesen.

Abgleich der Signalkurven

Den Aufbau betreffend steht zuerst ein Abgleich des Gesamtverlaufs im Fokus der Betrachtung, bevor beispielhaft auf die konkrete Ermittlung eines Anpassungswerts für die Ein- und Ausfahrzeit eines Zylinders eingegangen wird. Die Basis des Abgleichs bildet immer die Realität.

Der Abgleich des Gesamtverlaufs erfolgt in mehreren Schritten. Zunächst werden die beiden Wertetabellen Tabelle 9-20 und Tabelle 9-32, wie in Tabelle 9-30 bzw.Tabelle 9-31 im Anhang abgebildet, fusioniert und pro Schritt die beiden Dimensionen „Real“ oder „Virtuell“ hinzugefügt. Mithilfe dieses kombinierten Ablaufs kann dann die Zeitdifferenz pro Ablaufschritt ermittelt werden. Konkret wird dabei immer die Zeit des realen Schrittes mit der des simulierten Schrittes im Zyklus abgeglichen und die Differenz berechnet. Um aussagekräftige Ergebnisse zu erhalten, müssen die Abweichungen nach dem Abgleich noch angepasst werden. Der Grund hierfür ist die Vernachlässigung des Zentriervorgangs, welche sich noch in den Daten wiederfindet. Wird der Zentriervorgang im Folgenden nicht herausgerechnet, verfälscht sich der Abgleich. Da sich ablaufbedingt nur die Zentrierung zwischen dem ersten und zweiten Schritt auf die Zykluszeit auswirkt, werden die ermittelten Abweichungen ab dem zweiten Schritt um die Dauer dieses Vorgangs, von 0,9 Sekunden zuzüglich 0,6 Sekunden Toleranz pro Abweichung, verkürzt.

Das Modell spart, verglichen mit dem realen Wert, pro Schritt 4,1 Sekunden, was der mittleren Abweichung entspricht. Dieser Wert entspricht einer durchschnittlichen Abweichung von 18% der gesamten Zyklusdauer pro Schritt. Die Kennwerte befinden sich in Tabelle 6-5. Wie in der Darstellung zu sehen, steigt die absolute Abweichung mit jedem Ablaufschritt, da sich jede vorkommende Verzögerung auf alle folgenden Schritte auswirkt, und summiert sich am Ende auf einen Wert von 60,9 Sekunden. Dies entspricht 263% der kompletten Zyklusdauer von 24,7 Sekunden und somit, abzüglich der Zentrierungsdauer von 1,5 Sekunden, fast der dreifachen Zykluszeit.

Absolute Abweichung in [s]					
Schritt	Mit Zentrierung	Ohne Zentrierung	Schritt	Mit Zentrierung	Ohne Zentrierung
1	0,4	0,4	9	6,7	5,2
2	3,4	1,9	10	6,3	4,8
3	3,8	2,3	11	6,4	4,9
4	4,2	2,7	12	6	4,5
5	5,6	4,1	13	7,7	6,2
6	5,6	4,1	14	7,6	6,1
7	5,1	3,6	15	7,2	5,7
8	5,9	4,4			
Summe der Abweichungen absolut					**60,9**
Summe der Abweichungen anteilig an Zyklusdauer					**263%**

Tabelle 6-5: Wertetabelle zu den Modellabweichungen pro Ablaufschritt

Um herauszufinden, welcher Ablaufschritt besonders große Auswirkungen auf die Differenz zwischen den beiden Datensätzen hat, wird in einer weiterführenden Auswertung die Variation der Abweichungen von Schritt zu Schritt mittels eines Deltas berechnet. Die zugehörigen Werte finden sich in Tabelle 6-6.

Schritt	Delta der Abweichung [s]	Schritt	Delta der Abweichung [s]
0 auf 1	0,4	8 auf 9	0,8
1 auf 2	1,5	9 auf 10	-0,4
2 auf 3	0,4	10 auf 11	0,1
3 auf 4	0,4	11 auf 12	-0,4
4 auf 5	1,4	12 auf 13	1,7
5 auf 6	0	13 auf 14	-0,1
6 auf 7	-0,5	14 auf 15	-0,4
7 auf 8	0,8		
Durchschnittliches Abweichungsdelta absolut			**0,4**
Durchschnittliches Abweichungsdelta Spannweite			**2,2**
Durchschnittliches Abweichungsdelta anteilig an Zyklusdauer			**2%**

Tabelle 6-6: Differenz der Abweichungen im Schrittverlauf

Mit Blick auf die obige Darstellung fällt auf, dass die Unterschiede der Abweichungen zwischen den Stufen stark variieren und von -0,5 bis 1,7 Sekunden reichen, wobei das durchschnittliche Delta laut Tabelle 15 bei 0,4 Sekunden liegt. Dieser Durchschnitt entspricht 2% der Gesamtdauer.

Zusammenfassend zeigen die Auswertungen eine Annäherung der benötigten Zykluszeit des Modells an die Realität von rund 75 Prozent. Dieser Wert errechnet sich aus der Gesamtdauer der Simulation von 17,5 Sekunden dividiert durch die insgesamt 23,2 Sekunden, die der reine Zyklus in der Realität benötigt. Jede individuelle Abweichung kann dabei zwei Ursachen haben, wenn Gewissheit besteht, dass keine Störungen des Ablaufs während der Aufzeichnung stattgefunden haben.

Zunächst ist ein falsch gesetzter Parameter im Simulationsmodell denkbar, da dieses nicht regulär über eine reale Steuerung betrieben wurde. So wird im Vorgehensmodell davon ausgegangen, dass zur Signalaufzeichnung sowohl in der Realität als auch im Modell die identischen Parameter durch den jeweiligen

Einsatz einer realen Steuerung mit dem identischen Code verwendet werden. In der Validierung des Vorgehensmodells wurde jedoch auf eine reale Steuerung verzichtet. Gleichzeitig sorgen zahlreiche Umwelteinflüsse dafür, dass die Realität weiter vom deterministischen Modell abweicht und dieses für den gleichen Ablauf weniger Zeit benötigt, selbst wenn in beiden Welten die gleichen Parameter gesetzt werden.

Konkret lassen sich die zeitlichen Differenzen immer auf Parameter der Kategorie „Strecke" oder „Geschwindigkeit" zurückführen, da sich die Zeit aus der Division dieser beiden errechnet. Davon ausgehend, dass das Modell die richtigen Komponentenlängen sowie die Lage und damit die Entfernung der einzelnen Funktionsteile enthält, kann sich auf die Kategorie der Geschwindigkeit beschränkt werden. Im kompletten Simulationsmodell stehen daher die Geschwindigkeitsparameter der Zylinderbewegung in Heber, Stopper und Vereinzeler und die Förderbandgeschwindigkeit auf oberem, unterem und Heber-Band zur Angleichung zur Auswahl. Außerdem denkbar wäre eine Justierung der Parameter von Vor- und Nachlaufzeit bestimmter Signale und Aktionen, die sicherheitshalber eingehalten werden, bevor der nächste Ablaufschritt stattfindet.

Anhand des größten Ausschlags (s. Tabelle 6-7) sollte eine Optimierung über die Zylinderparameter des Hebers erfolgen, auf welche im Folgenden exemplarisch eingegangen werden soll.

<table>
<tr><th></th><th colspan="2">Dauer real [s]</th><th colspan="2">Dauer virtuell [s]</th></tr>
<tr><th></th><th>Heber nicht oben</th><th>Heber unten</th><th>Heber nicht oben</th><th>Heber unten</th></tr>
<tr><td>Ausschlag 1</td><td>16,1</td><td>11,4</td><td rowspan="4">9,6</td><td rowspan="4">6,7</td></tr>
<tr><td>Ausschlag 2</td><td>13,4</td><td>8,7</td></tr>
<tr><td>Ausschlag 3</td><td>16,0</td><td>11,4</td></tr>
<tr><td>Mittelwert</td><td>15,2</td><td>10,5</td></tr>
<tr><td>Differenz</td><td colspan="2">4,7</td><td colspan="2">2,9</td></tr>
<tr><td>Bewegung</td><td colspan="2">2,4</td><td colspan="2">1,5</td></tr>
<tr><td>Abweichung</td><td colspan="4">0,9</td></tr>
</table>

Tabelle 6-7: Kennwerte der Signalausschläge des Hebers

Für den im Heber verbauten Zylinder wird eine reale Ein- oder Ausfahrdauer von 2,4 Sekunden ermittelt, wobei dieser für den identischen Vorgang auf Basis der simulierten Signalverläufe 1,5 Sekunden benötigt. Der virtuelle Zylinder bewegt sich damit um eine Differenz von 0,9 Sekunden schneller, was einen Großteil der oben gefundenen Abweichung erklärt. Damit ist die Dauer der simulierten Ein- und Ausfahrbewegung des Zylinders umgehend auf den gemittelten Wert von 2,4 Sekunden anzupassen, um das Modell der Realität weiter anzunähern. Für baugleiche Zylinder kann die ermittelte Realdauer zudem in anderen Simulationsmodellen übernommen werden, sofern sich die real verbauten Zylinder in einer ähnlichen Produktionsumgebung befinden.

6.2.5 Parameteroptimierung von Verhaltensmodellen

Im folgenden Abschnitt der Parameteroptimierung von Verhaltensmodellen werden die vier definierten Schritte des Vorgehens anhand einer Materialförderanlage aus der Produktion der elektrischen Antriebe durchlaufen. Abbildung 6-10 zeigt die bereits vorgestellte Methodik aus Kapitel 5.5 mit Bezug auf den betrachteten Anwendungsfall.

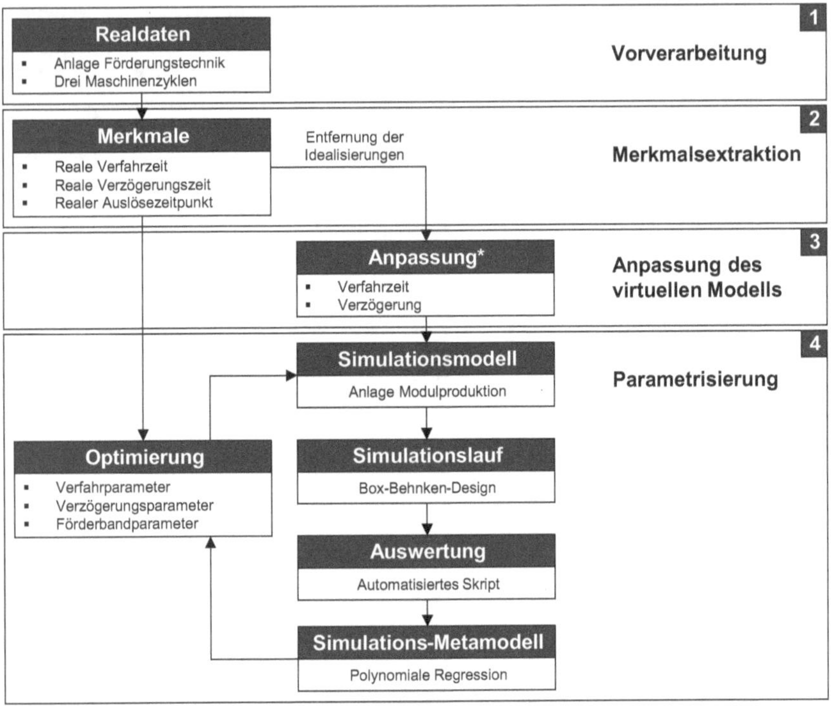

*Initiales Simulationsmodell ist bereits vorhanden. Erstellung wird nicht beschrieben

Abbildung 6-10: Spezifischer Aufbau des Vorgehens in der Validierung

Vorverarbeitung

Basierend auf der Datengrundlage aus der genannten Beispielanlage (s. Kapitel 6.2.4) werden in der Vorverarbeitung zunächst relevante Signale gefiltert und die Signaldaten in einzelne Maschinenzyklen unterteilt. Anschließend wird aus den Maschinenzyklen der Idealzyklus ausgewählt und dieser auf Flankenzeitpunkte (FZP) reduziert.

Die Realdaten liefern 139 Signale, welche alle fünf Stationen der Anlage beschreiben. Da die Validierung in der Station 390 der Anlage erfolgt, ist eine Signalreduktion notwendig. Dadurch bleiben noch 67 Signale übrig, welche die Station 390 beschreiben. Nach einer weiteren Filterung nach Zylindern, Lichtschranken und Förderbändern, wie in Kapitel 5.5.1.1 beschrieben wird, bleiben noch 20 Signale übrig (siehe Tabelle 9-21)

In der Erläuterung der Methodik wurde in Kapitel 4.1.2 ein Referenzsignal angesprochen, dessen ausgewählte Flanke sowohl das Ende des derzeitigen Maschinenzyklus als auch den Beginn eines neuen Maschinenzyklus definiert. Dadurch werden die Daten in mehrere Maschinenzyklen zerlegt, welche sich wieder nahtlos zusammensetzen lassen. Bei diesem Anwendungsfall tritt eine Besonderheit auf, da die Anlage eine lange Totzeit besitzt, in der das Fördergut geleert wird. Somit reicht eine Betrachtung des Nachfüllvorgangs aus, welcher im oberen Abschnitt beschrieben wurde. Für die Definition des Nachfüllvorgangs aus den Signalen werden zwei Referenzsignale definiert. Ein Referenzsignal, dessen Flanke den Beginn des Zyklus beschreibt und ein Referenzsignal, dessen Flanke das Ende des Zyklus beschreibt. Für den Beginn des Zyklus wird dazu das Ausgangssignal „Heber zu" mit einer steigenden Flanke gewählt. Der Zyklus endet mit der steigenden Flanke des Eingangssignals „Vereinzeler rechts zu". Der Maschinenzyklus wird somit als ein Vorgang beschrieben, beginnend mit dem Abtransport des Leerguts und endend mit dem erfolgreichen Nachfüllen eines Vollguts. Mithilfe der beiden Referenzsignale lassen sich drei Maschinenzyklen aus den Realdaten bilden.

In Kapitel 5.5.1.3 wurden die Vorteile der Auswahl eines Idealzyklus aus den Maschinenzyklen mithilfe des Medians beschrieben. In diesem Anwendungsfall wurden drei vollständige Maschinenzyklen aufgezeichnet. Die Gesamttaktzeit der einzelnen Zyklen ist in Tabelle 6-8 angegeben. Diese geringe Anzahl an Zyklen bietet die Möglichkeit, eine genauere Betrachtung des Taktzeitaufbaus der einzelnen Maschinenzyklen vorzunehmen, während bei einer großen Anzahl die Betrachtung des Medians der Gesamttaktzeiten ausreichen muss. Bei der Einzelbetrachtung des Taktzeitaufbaus der drei Zyklen lässt sich feststellen, dass der erste Zyklus trotz seiner längsten Gesamttaktzeit ein repräsentativeres Abbild der Realität liefert als die anderen beiden Zyklen. Somit wird der Zyklus 1 als repräsentativer Idealzyklus der Realdaten ausgewählt. Der Idealzyklus besitzt eine Taktzeit von 26,5 s.

Maschinenzyklus	Gesamttaktzeit [s]
Zyklus 1	26,5
Zyklus 2	23,5
Zyklus 3	25,8

Tabelle 6-8: Gesamttaktzeiten einzelner Maschinenzyklen

Um eine Vergleichsbasis gegenüber der initialen Parametrisierung des virtuellen Modells durch den Lieferanten zu bilden, wird der Idealzyklus im virtuellen Modell mit den initialen Parametern repliziert und aufgezeichnet. Das liefert eine Taktzeit von 20,1 s. Dies entspricht der angesprochenen Abweichung in Höhe von 25% gegenüber der realen Taktzeit.

Im nächsten Schritt findet die Datenreduktion auf die FZP statt. Dazu wurde prototypisch in dem Programm Microsoft Excel mit Visual Basic for Applications (VBA) ein Automatisierungsskript entwickelt, welches die Datenreduktion auf die FZP automatisiert. Das Skript ist auf diesen Anwendungsfall ausgelegt und erspart die zeitaufwendige, manuelle Suche nach FZP. Eine Übertragung auf andere Anwendungsfälle erfordert eine Anpassung des Skriptes. Im Anhang ist in Abbildung 9-4 das Automatisierungsskript zu finden. Nach Anwendung des Skriptes bleiben pro Signal jeweils 2 Datenpunkte übrig, die für die weitere Betrachtung relevant sind. Auf diese Weise lässt sich der Datensatz auf die wesentlichen Datenpunkte reduzieren, sodass nur noch 40 für die weitere Merkmalsextraktion übrigbleiben.

Merkmalsextraktion

Mithilfe der FZP der Realdaten aus der Vorverarbeitung werden die Signale zunächst nach Maschinenkomponenten gruppiert. Innerhalb dieser Gruppierungen können die „Reale Verfahrzeit" und „Reale Verzögerungszeit" des Stoppers und Vereinzelers ermittelt werden. Zudem werden die FZP weiter zu Auslösezeitpunkten reduziert. Durch die Gruppierung von Signalen wird jedem Ausgangssignal mindestens ein Eingangssignal zugeordnet. In diesem Anwendungsfall werden sechs Ausgangssignale betrachtet, welche alle zur Steuerung von Zylindern gedacht sind. Tabelle 9-22 zeigt die Signale gruppiert nach den Maschinenkomponenten.

Unter Nutzung der in Kapitel 5.5.2.1 vorgestellten Formeln (5-1) und (5-2) sowie den FZP aus der Datenreduktion der Vorverarbeitung lassen sich folgende Verfahrzeiten für jeden Zylinder aus der Differenz der zugeordneten FZP ermitteln. Für jeden Zylinder wurden jeweils eine Ausfahrzeit und eine Einfahrzeit ermittelt. Diese sind in Tabelle 6-9 dargestellt.

Signalbezeichnung	Zeit [s]
Vereinzeler Ausfahrzeit	0,2
Vereinzeler Einfahrzeit	0,3
Stopper Ausfahrzeit	0,2
Stopper Einfahrzeit	0,3
Heber Ausfahrzeit	1,8
Heber Einfahrzeit	2,9

Tabelle 6-9: Reale Verfahrzeiten

Die Verzögerungszeit lässt sich in diesem Anwendungsfall in der Signalgruppierung der einzelnen Zylinder finden. Mithilfe der Anwendung der Formel (5-3) aus Kapitel 5.5.2.2 lassen sich folgende Verzögerungszeiten der Zylinder ermitteln (s. Tabelle 6-10).

Signalbezeichnung	Zeit [s]
Vereinzeler Ausfahren Verzögerungszeit	0,2
Vereinzeler Einfahren Verzögerungszeit	0,1
Stopper Ausfahren Verzögerungszeit	0,1
Stopper Einfahren Verzögerungszeit	0,2
Heber Ausfahren Verzögerungszeit	0,3
Heber Einfahren Verzögerungszeit	1,1

Tabelle 6-10: Reale Verzögerungszeiten

Nun folgt die Betrachtung der Auslösezeitpunkte, welche alle FZP der Lichtschranken und im Rahmen der Impulsbetrachtung alle steigenden FZP der Ausgangssignale beinhaltet. Damit werden aus den 40 FZP der Datenreduktion in der Vorverarbeitung 12 Punkte herausgefiltert. Diese dienen als Restriktionen für die Parametrisierung der Förderbandgeschwindigkeit. Die Filterung der Auslösezeitpunkte aus den FZP wurde, analog zu Kapitel 5.5.1.4 ebenfalls prototypisch mithilfe eines Skriptes in VBA automatisiert (s. Abbildung 9-4). Tabelle 9-23 gibt die resultierenden 12 Auslösezeitpunkte wieder, die aus der Signalbezeichnung, dem Flankentyp und dem Zeitpunkt bestehen.

Anpassung des virtuellen Modells

Die Anpassung des virtuellen Modells findet in der Modellierungsoberfläche „ISG-virtuosM" statt. Darin wird die Steuerung des virtuellen Modells modelliert. Durch zusätzliches Modellieren von Bausteinen können die bestehenden Idealisierungen des Modells zur Verfahrzeit und Verzögerungszeit entfernt werden.

Zur Berücksichtigung unterschiedlicher Einfahr- und Ausfahrzeiten eines Zylinders wird jeder Zylinderbaustein in *ISG-virtuos M* angepasst (s. Kapitel 5.5.3). Dabei wird in jedem Zylinder ein zusätzlicher Relaisbaustein eingebaut, welcher zwischen zwei Verfahrzeiten schalten kann, um die unterschiedlichen Einfahr- und Ausfahrzeiten nachzubilden.

Zur Berücksichtigung der Verzögerungszeit wird für jeden Zylinder ein Verzögerungsbaustein in *ISG-virtuos M* eingebaut. Der Verzögerungsbaustein wird an das Ausgangssignal des Zustandsautomaten gekoppelt, da dieser die Steuerung simuliert. Somit kommt es zu einer Verzögerung, bis das Ausgangssignal den Zylinder erreicht. Insgesamt werden für jeden Zylinder jeweils zwei Verzögerungsbausteine eingebaut. Da sich die Zylinderpaare der Vereinzeler analog verhalten, werden für diese die Verzögerungsbausteine zusammengefasst.

Parametrisierung

Die Parametrisierung auf Basis der simulationsbasierten Optimierung wird auf das virtuelle Modell der Station 390 angewendet. Dabei wird im Simulationsmodell in *ISG-virtuos* der Nachfüllzyklus als Idealzyklus mit unterschiedlichen Testparametern durchlaufen. Während der Simulationsläufe werden die 20 virtuellen Signale aufgezeichnet. Diese sind äquivalent zu den realen Signalen aus dem vorherigen Abschnitt. Die Signale werden auch in derselben Reihenfolge wie bei der Signalgruppierung (s. Tabelle 9-22) angeordnet. Die Datenaufzeichnung erfolgt mit derselben Abtastrate wie bei der Aufzeichnung der Realdaten, also 0,1s. Anschließend werden die aufgezeichneten Daten automatisiert ausgewertet. Die gewonnenen Erkenntnisse fließen gemeinsam mit den Merkmalen aus der Merkmalsextraktion in die Optimierung der idealen Parameter ein. Die drei entstehenden idealen Parameter „Verfahrparameter“, „Verzögerungsparameter“ und „Förderbandparameter“ werden darauffolgend in das Simulationsmodell eingesetzt.

In diesem Anwendungsfall handelt es sich bei allen Zylindern um denselben Zylindermodulbaustein. Dadurch reicht es aus, einen Zusammenhang zu bilden, welcher für alle Zylinder vom selben Modulbaustein gilt. Der Zusammenhang wird über den Ausfahrvorgang des Hebers hergestellt und anschließend auf die restlichen Zylinder angewandt. Hierzu werden zwei Parameterwerte für die Ausfahrzeit des Hebers ausgewählt. Da der Abstand zwischen beiden Parameterwerten mindestens einer Aufzeichnungsrate von 0,1 s entsprechen soll, werden als Parameterwerte 1 s und 4 s ausgewählt. Mit diesen Ausfahrzeiten wird im Anschluss jeweils ein virtueller Zyklus für jede Ausfahrzeit aufgezeichnet. Auf Grundlage der Datenreduktion aus der Vorverarbeitung und der Merkmalsextraktion für die Verfahrzeit kann dadurch die resultierende Ausfahrzeit für den jeweiligen Parameter ermittelt werden. Der eingesetzte Parameterwert von 1 s liefert eine reale Verfahrzeit von 0,8 s. Der Parameterwert 4 s liefert eine reale Verfahrzeit von 3,2 s. Eine lineare Regression über diese beiden Datenpunkte kann Abbildung 6-11 entnommen werden und liefert folgenden Zusammenhang:

$$P_F = 1{,}25 \cdot T_F \tag{6-1}$$

$P_F =$ Verfahrparameter

$T_F =$ Verfahrzeit

Mit dem errechneten Zusammenhang ist es möglich, die idealen Parameter für die Verfahrzeiten aller restlichen Zylinder zu bestimmen. Zudem lässt sich aus der Hälfte der Differenz zwischen der realen Verfahrzeit und dem idealen Parameter der Verfahrzeit der einseitige zeitliche Versatz für jeden Zylinder ermitteln, welcher für die folgende Parametrisierung der Verzögerungszeit relevant ist. Die entstehenden idealen Verfahrparameter sowie die daraus errechneten einseitigen zeitlichen Versätze sind in Tabelle 9-26 aufgelistet Die idealen Verfahrparameter werden in die Parameter der einzelnen Zylinder im virtuellen Modell eingetragen.

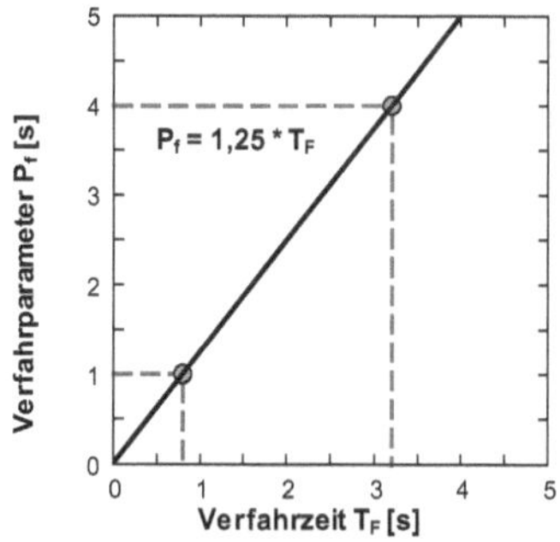

Abbildung 6-11: Lineare Regression über zwei Parameter

Unter Nutzung der Formel (5-6) kann mit dem Merkmal der Verzögerungszeit und dem einseitigen zeitlichen Versatz der Verzögerungsparameter für jeden Verfahrvorgang der Zylinder gebildet werden. Die berechneten Verzögerungsparameter aus Tabelle 9-27 werden anschließend in den jeweiligen Verzögerungsbaustein in *ISG-virtuos* eingesetzt.

Zur Parametrisierung der Förderbänder wird zunächst ein Versuchsplan für Simulationsläufe aufgestellt. Auf Basis der entstehenden Simulationsdaten wird mithilfe der RSM ein Metamodell für die anschließende Optimierung erstellt. Die Optimierung findet mit der CDM statt. Als Automatisierungslösung für die Erstellung des Metamodells und dessen Optimierung wird die Software *Minitab* verwendet. *Minitab* ist in der Lage, die besprochene RSM und CDM für die Optimierung von Parametern automatisiert anzuwenden.

In diesem Anwendungsfall existieren drei Förderbänder, die jeweils parametrisiert werden sollen. Für diese drei Parameter wird ein Versuchsplan nach Box-Behnken-Design mit drei Faktoren aufgestellt. Das entspricht 15 Versuchsdurchläufen mit unterschiedlichen Parameterkombinationen.

Um den Variationsbereich der Förderbänder zu ermitteln, werden manuell die Grenzen der Förderbandparameter erprobt. In diesem Anwendungsfall liegt die Maximalgrenze von Förderband 1 bei einem Förderbandparameter von 0,2, bei der das Fördergut zu schnell ist, um vom Vereinzeler aufgehalten zu werden. Bei Förderband 2 und 3 liegt die Maximalgrenze bei 0,3. Die Minimalgrenze von allen Förderbändern liegt bei 0,1. Ab diesem Parameter bewegt sich das Fördergut so langsam, dass der Vereinzeler bereits schließt, noch bevor das Fördergut den Vereinzeler verlassen hat.

Gemeinsam mit den Extremwerten der Parametervariation kann nun der Versuchsplan erstellt werden. Für jede der 15 Parameterkombinationen des Versuchsplans wird ein Maschinenzyklus durchlaufen und aufgezeichnet.

Durch die bestehenden Automatisierungsskripte in VBA (s. Anhang, Abbildung 9-4) werden aus den 15 Datensätzen jeweils alle Auslösezeitpunkte gefiltert. Da die virtuellen Daten den Strukturaufbau der realen Daten teilen, ist dies mithilfe derselben Vorgehensweise aus der Merkmalsextraktion möglich. Dieser Vorgang liefert für jeden der 15 Datensätze jeweils 12 virtuelle Auslösezeitpunkte, welche die Restriktionen für die anstehende Optimierung bilden. Die Auslösezeitpunkte Y_i werden für jeden Simulationsschritt in den Versuchsplan zu den zugehörigen Parametern in Form von Eingangsgrößen x_i eingetragen. Dazu werden noch die idealen Auslösezeitpunkte aus den Realdaten unter dem Versuchsplan ergänzt. Tabelle 9-28 zeigt den komplett ausgefüllten Versuchsplan mit den idealen Auslösezeitpunkten.

Anhand der Daten aus Tabelle 9-28 kann nun mithilfe der RSM für jeden der *m* Auslösezeitpunkte eine Regression nach einem quadratischen Modell aufgestellt werden. Dazu wird die Software *Minitab* angewandt, welche eine automatisierte Anwendung der RSM sowie der anschließenden CDM ermöglicht. Die Anwendung des Response-Surface-Tools von *Minitab* liefert beispielsweise für den ersten virtuellen Auslösezeitpunkt folgende Regressionsfunktion:

$$\hat{Y}_1(x) = 41{,}1 - 2{,}02x_1 - 6{,}92x_2 - 7{,}29x_3 + 1{,}60x_1^2 + 1{,}625x_2^2 + 0{,}85x_3^2 - 1{,}85x_1x_2 + 0x_1x_3 + 0{,}475x_2x_3 \quad (6\text{-}2)$$

$\hat{Y}_1(x)$ = Regressionsfunktion für Auslösezeitpunkt 1

x_i = Parameter i als Eingangsgröße

Diese Funktion beschreibt den Zusammenhang zwischen den drei Fließbandparametern und dem betrachteten Auslösezeitpunkt. Eine Anwendung des Tools auf alle Restriktionen liefert insgesamt 12 Regressionsfunktionen.

Das Ziel der Optimierung liegt darin, die Auslösezeiten so zu parametrisieren, dass diese möglichst nah an den jeweiligen Zielwert Y_{Ri}, den idealen Auslösezeitpunkt der Realdaten, kommen. Dazu wird für jede Regressionsfunktion eine Desirability-Funktion gebildet, die ihr Maximum erreicht, wenn der Zielwert exakt getroffen wird. Die Bildung der Desirability-Funktion setzt Kenntnis über den spätesten Auslösezeitpunktes U_i und den frühesten Auslösezeitpunkt L_i der jeweiligen Restriktion voraus. Am Beispiel von Y_1 wird dies veranschaulicht:

$$Y_{R1} = 20{,}8 \quad (6\text{-}3)$$

$$U_1 = max(\hat{Y}_1) = 28{,}6 \quad (6\text{-}4)$$

$$L_1 = min(\hat{Y}_1) = 16{,}9 \tag{6-5}$$

Mithilfe dieser Werte kann die Desirability-Funktion gebildet werden:

$$d_1(\hat{Y}_1) = \begin{cases} 0,\ wenn\ \hat{Y}_1(x) < 16{,}9 \\ \left(\frac{\hat{Y}_1(x) - 16{,}9}{20{,}8 - 16{,}9}\right),\ wenn\ 16{,}9 \leq \hat{Y}_1(x) \leq 20{,}8 \\ \left(\frac{\hat{Y}_1(x) - 28{,}6}{20{,}8 - 28{,}6}\right),\ wenn\ 20{,}8 \leq \hat{Y}_1(x) \leq 28{,}6 \\ 0,\ wenn\ \hat{Y}_1(x) > 28{,}6 \end{cases} \tag{6-6}$$

d_1 = Desirability für Auslösezeitpunkt 1

$\hat{Y}_1(x)$ = Regressionsfunktion für Auslösezeitpunkt 1

Aus allen Desirability-Funktionen wird durch Optimierung nach einem Maximum von Formel (5-11) die Composite-Desirability ermittelt. Dies ist möglich, da Formel (5-11) alle Desirability-Funktionen gemeinsam repräsentiert. Die Maximierung der Composite-Desirability findet in *Minitab* statt und liefert eine maximale Composite-Desirability von 99,6% für die Förderbandparameter in Tabelle 6-11.

Parameterbezeichnung	Parameterwert
Förderband 1	0,1288
Förderband 2	0,1791
Förderband 3	0,1921

Tabelle 6-11: Förderbandparameter

Die idealen Förderparameter können nun in das virtuelle Modell eingesetzt werden.

Ergebnis

Im Rahmen der Parametrisierung wurden die idealen Verfahrparameter, Verzögerungsparameter und Förderbandparameter ermittelt. Durch das Durchlaufen und Aufzeichnen des Idealzyklus mit diesen Parametern kann nun validiert werden, wie gut der ideale Realzyklus durch die Parametrisierung des virtuellen Modells abgebildet wird.

Das Einsetzen der idealen Parameter in das virtuelle Modell resultiert in einer virtuellen Taktzeit von 26,5 s. Das entspricht etwa einer Abweichung von 1% gegenüber der realen Taktzeit von 26,2 s. Im Gegensatz dazu entsprach die initiale Parametrisierung des virtuellen Modells einer virtuellen Taktzeit von 20,1 s und damit einer Abweichung von etwa 25%. Somit wurde durch die entwickelte Methodik die Abweichung der Taktzeit von 25% auf 1% reduziert und die Abbildungsgenauigkeit des virtuellen Modells damit erfolgreich erhöht. Tabelle 6-12 zeigt die Gesamttaktzeiten aus dem Realzyklus, dem parametrisierten virtuellen Zyklus und dem initialen virtuellen Zyklus.

Zyklusbezeichnung	Gesamttaktzeit [s]
Realer Zyklus	26,5
Parametrisierter virtueller Zyklus	26,2
Initialer virtueller Zyklus	20,1

Tabelle 6-12: Vergleich der Gesamttaktzeiten

Abbildung 6-12 wirft einen genaueren Blick auf die zeitliche Entwicklung der Taktzeitabweichungen der virtuellen Modelle zur realen Anlage.

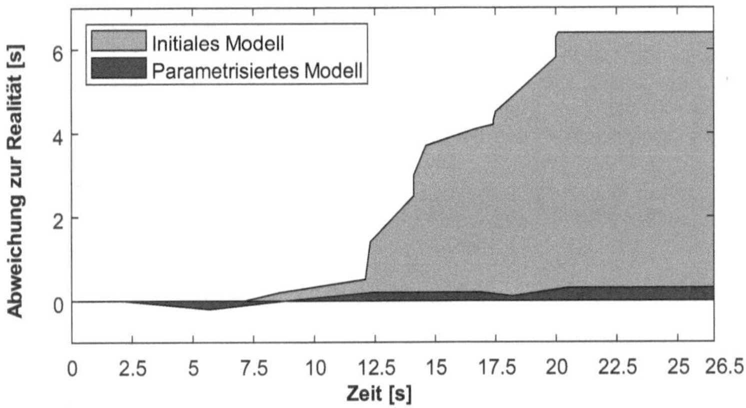

Abbildung 6-12: Kumulierte Modellabweichungen über einen Nachfüllzyklus

In der Abbildung ist zu erkennen, dass die Diskrepanz eines Nachfüllzyklus im initialen virtuellen Modell sich über den gesamten Nachfüllzyklus kumuliert und in einer Gesamttaktzeitdifferenz von 6,4 s resultiert. Nach der Parametrisierung häufen sich die Abweichungen wesentlich geringer und die Gesamttaktzeitdifferenz wird auf 0,3 s reduziert.

Im Folgenden soll ermittelt werden, woher die noch bestehende Diskrepanz von 0,3 s stammt. Dazu wurden aus den Simulationsdaten des parametrisierten virtuellen Zyklus die drei Merkmalswerte mit der Vorgehensweise aus Kapitel 5.5.2 ermittelt. Diese werden mit den Merkmalswerten aus den Realdaten verglichen.

Einen Vergleich der Verfahr- und Verzögerungszeiten des parametrisierten virtuellen Zyklus liefert Tabelle 9-24. Es lässt sich feststellen, dass es keinen zeitlichen Unterschied in der Verfahrzeit und Verzögerungszeit zwischen dem virtuellen und realen Zyklus gibt. Dies bestätigt die Theorie des zeitlichen Versatzes aus der Entwicklung der Methodik.

Der Abgleich der 12 Auslösezeitpunkte zwischen realen und virtuellen Daten liefert jedoch zeitliche Differenzen, welche für die gesamte Diskrepanz von 0,3 s verantwortlich sind. Tabelle 9-25 im Anhang zeigt die einzelnen absoluten Differenzen der Auslösezeitpunkte. Obwohl bei der Optimierung mit den Auslösezeitpunkten eine Composite-Desirability von 99,6 % erreicht wurde, treffen nicht alle Auslösezeitpunkte exakt den Zielwert. Das lässt sich auf die Abbildungsgenauigkeit des Metamodells mit der RSM zurückführen. Das erzeugte Metamodell versucht mithilfe der polynomialen Regression ein vereinfachtes Modell der Realität abzubilden. Die Nutzung von Regressionsfunktionen ist jedoch immer mit einem Fehlermaß behaftet, welches wahrscheinlich für die restliche zeitliche Differenz in Höhe von 0,3 s verantwortlich ist.

Ein weiterer Einfluss auf diese Abweichung kann auf den Quantisierungsfehler zurückgeführt werden, welcher aufgrund der Diskretisierung der stetigen Signale durch die Aufzeichnungsrate von 0,1 s entsteht. Somit ist es unmöglich, einen Fehler von +/- 0,1 s auszuschließen.

6.2.6 Gestaltung des Vorgehens zur Nutzung generierter Erkenntnisse

Die Optimierungsphase startet mit der prozessseitigen Optimierung durch den Projektabschluss der Ausbaustufe. Innerhalb dieses Schrittes wird zunächst mit allen Prozessbeteiligten ein Lessons-Learned-Workshop durchgeführt. Die ausgefüllte Vorlage für den Workshop und damit auch das Dokument, welches durch den Prozessplaner und den Steuerungsplaner nach dem Workshop zur Dokumentation eingesetzt wird, befindet sich im Anhang (s. Tabelle 9-16). Dieses Dokument stellt eine fortlaufende Liste dar, die nach jeder Ausbaustufe und nach jedem Projekt erweitert wird, damit eine einheitliche und aggregierte Liste aus Erfahrungen und Lessons Learned entsteht.

Um das in dieser Arbeit vorgestellte Vorgehensmodell zu entwickeln, wurde bereits vor Durchführung des VIBN-Projektes ein Lessons-Learned-Workshop durchgeführt, um auf bisherigen Erfahrungen aufzubauen. In Tabelle 6-13 sind die Ergebnisse der Lessons Learned vor dem Beginn des VIBN-Projektes zusammengefasst.

Schwachstelle	Lessons Learned
Schlechte Kommunikation	Regelmäßige Kontrolltermine einführen
Fehlende Struktur und Zuständigkeit	Prozessmodellierung mit Rollenzuordnung
Fehlende Bewertungsmöglichkeit, wann VIBN sinnvoll ist	Einführung einer Bewertungsmethodik
Fehlende Daten	Einführung eines Meilensteins

Tabelle 6-13: Ergebnisse der Lessons Learned vor dem Beginn des VIBN-Projektes

Es ist erkennbar, dass vier identifizierte Schwachstellen vorliegen. Die erste Schwachstelle ist schlechte Kommunikation sowohl im Projektteam als auch in Zusammenarbeit mit dem Lieferanten und dem VIBN-Experten. Die schlechte Kommunikation entsteht durch fehlende Struktur und Zuständigkeit, was die zweite Schwachstelle darstellt. Beide wurden im Rahmen der Lessons Learned innerhalb des entwickelten Vorgehensmodells durch eine klare Strukturierung und Verteilung der Zuständigkeiten behoben. Zudem existieren innerhalb des Vorgehensmodells Kontrolltermine mit dem Lieferanten, um eine regelmäßige Kommunikation mit dem Lieferanten sicherzustellen. Die dritte Schwachstelle wurde in einer fehlenden Methodik zur Bewertung eines VIBN-Projektes identifiziert. Diese Schwäche wurde in den ersten Schritt des Vorgehensmodells integriert, um den wirtschaftlichen Einsatz der VIBN zu bewerten. Die letzte innerhalb dieser Lessons Learned identifizierte Schwäche war das Fehlen von Daten zu definierten Zeitpunkten. Dies wurde in dem Vorgehensmodells durch Einführung eines Meilensteins für die Übergabe der Daten behoben.

Neben dem Lessons-Learned-Workshop vor Durchführung des VIBN-Projektes wurde basierend auf den Schritten des Vorgehensmodell nach Durchführung des VIBN-Projektes ein weiterer Lessons-Learned-Workshop organisiert. Die Ergebnisse wurden in die fortlaufende Liste (s. Anhang, Tabelle 9-16) dokumentiert.

Die Erkenntnisse der Lessons Learned dienen in der nächsten Ausbaustufe der skalierbaren Produktionssysteme mit allen weiteren Dokumenten, wie dem „Terminplan“, den „Testspezifikationen“ und dem „Pflichtenheft“ als Input für die zwei Schritte „Grobplanung der VIBN“ und „Feinplanung der VIBN“ des Vorgehensmodells. Insbesondere die Dokumente „Terminplan“, „Pflichtenheft“ und „Testspezifikation“ können in der nächsten Ausbaustufe nach kleinen Anpassungen wiederverwendet werden, wodurch der Aufwand der Erstellung dieser Unterlagen signifikant reduziert wird.

6.3 Kritische Reflexion

Im vorliegenden Kapitel wird die dargestellte und angewandte Methodik hinsichtlich der Erfüllung der formalen sowie inhaltlichen Anforderungen aus Kapitel 4.2 kritisch reflektiert.

Die Anwendung der Methodik in der Elektromotorenproduktion zeigt die empirische Richtigkeit, indem die Ähnlichkeit mit der Realität als hinreichend genau betrachtet werden kann. Eine widerspruchsfreie Reproduzierbarkeit des vorgestellten Vorgehens wird gewährleistet, sodass das Kriterium der formalen Richtigkeit als erfüllt zu betrachten ist. Die Produktivität der Methodik wird durch die praktische Validierung in der Fertigung elektrischer Antriebe erprobt und zeigt durch die mehrfache Anwendbarkeit Effizienzen auf. Der allgemeingültige Einsatz in der Fertigung elektrischer Antriebe und die detailiierte Beschreibung der einzelnen Prozessschritte machen das Vorgehen bei einem adäquaten Aufwand-

Nutzen-Verhältnis handhabbar. Demnach sind die formalen Kriterien der Handhabbarkeit und des niedrigen Aufwandes ebenfalls erfüllt.

Die inhaltlichen Anforderungen sind zu prüfen, indem die Validierung diese als erfüllt nachweist. Eine kontinuierliche Verbesserung der Anläufe wird durch das Vorgehen ermöglicht, indem bspw. der Lessons-Learned-Workshop nach jeder Ausbaustufe stattfindet. Durch den Nachweis des Einsatzes der Methodik für skalierbare Fertigungssysteme elektrischer Antriebe und die Nutzung im operativen Einsatz der Wiederanläufe sind beide inhaltlichen Kriterien dazu ebenfalls erfüllt.

Einer wirtschaftlichen Einbettung der VIBN wird die Methodik durch die qualitative Messbarkeit des erfolgreichen Einsatzes gerecht. Weitere Tools zur Transparenz bzw. Vorausschau von OEE-Kurven sind an dieser Stelle einsetzbar. Die Realdatenanbindung und Optimierung von Simulationsmodellen wird durch die Validierung aufgezeigt. Hier ist zu beachten, dass lediglich ein Einsatz auf Stationsebene durchgeführt wurde, weshalb eine breitere Auslegung denkbar ist. Insgesamt sind die formalen wie inhaltlichen Kriterien aus Kapitel 4.2 als erfüllt zu betrachten.

Abschließend erfolgt die Reflektierung des Gültigkeitsbereichs der Methodik, welche für die Integration virtueller Methoden in das Anlaufmanagement skalierbarer Fertigungssysteme entwickelt wurde. Ziel ist vor allem die Unterstützung der Industrialisierung von elektrischen Antrieben durch einen effizienteren Einsatz aller Ressourcen. Der Anwender der Methodik bestätigt eine deutliche Reduzierung des Aufwandes während der Inbetriebnahmephase, sodass durch die Methodik sowohl Kosten reduziert als auch Zeit eingespart werden können.

Während der vorliegenden Validierung konnten die Auswirkungen der Komplexität auf den Ausbau des Fertigungssystems durch die Methodik eingeordnet und die Bewertung zum Einsatz der VIBN durchgeführt werden. Daraufhin wurden gezielte Maßnahmen zur gesamthaften Einführung der VIBN im Projekt eingeleitet. Nach der Einschätzung des Anwenders konnten durch die Nutzung des gesamthaften Vorgehens bis zu 1,5 Wochen Produktionsunterbrechung eingespart werden. Die durchgeführte VIBN im Anwendungsfall führte zur Freigabe von ca. 70-80% der Softwarebausteine noch vor der Installation der neuen Anlagen. Durch das gesamte Projekt konnten schwerwiegende Softwarefehler noch im Entstehungsprozess am Modell gefunden werden. Dies hat den OEE-Abfall nach dem Ausbau der Skalierungsstufe des Fertigungssystems um bis zu 15% reduziert. Im vorliegenden Anwendungsfall wurde die Erreichung des Ziel-OEE im ersten Modul (s. Kapitel 6.2.1) prognostiziert. Negative Rückschlüsse durch die Nutzung im Fallbeispiel sind nicht erkennbar. Die Anwendung zahlt in die effizientere Realisierung der Fertigung elektrischer Antriebskomponenten ein. Das Vorgehen leistet somit einen Beitrag zur erfolgreichen Elektrifizierung von Teilen der automobilen Flotten.

Die Validierung der Methodik kann gesamthaft als erfolgreich bezeichnet werden. Formale und inhaltliche Anforderungen konnten bestätigt werden. Meilensteine, Prozesse und Verantwortlichkeiten zur Einführung der VIBN bei der Realisierung skalierbarer Fertigungssysteme werden durch die Methodik transparent aufgezeigt.

7 Zusammenfassung

Die fortschreitende Elektrifizierung der Flotten in der Automobilindustrie erfordert eine effiziente Großserienproduktion des elektrischen Antriebsstrangs. Neue Produktionstechnologien und rasante Entwicklungen der Produkte erfordern eine flexible und kosteneffiziente Anpassung aufzubauender Produktionskapazitäten. Skalierbare Fertigungssysteme senken initiale Investitionskosten und erhalten die Anpassungsfähigkeit an Technologiesprünge. Insbesondere teure Inbetriebnahmephasen durch die Integration neuer Stationen und deren Software treten häufiger auf. Die effiziente Gestaltung der Umbauphasen wird durch den gesamthaften Einsatz der VIBN in Projekten zwischen OEM und Anlagenbau als adäquates Werzeug unterstützt.

Die durchgeführte Industriestudie sowie Expertengespräche (s. Kapitel 2.5) zeigen auf, dass insbesondere Potenziale der VIBN und deren Weiterführung in Richtung eines digitalen Zwillings aufgedeckt werden müssen. Deshalb ist die Hauptanforderung aus der Praxis, ein Vorgehen zum effizienten Einsatz virtueller Methoden beim Ausbau skalierbarer Fertigungssysteme zu entwickeln, um Potenziale bei Wiederanläufen auszuschöpfen. Das Spannungsfeld zwischen dem Anlaufmanagement skalierbarer Fertigungssysteme und der effizienten Nutzung virtueller Methoden bilden die Forschungsumgebung.

Die Untersuchung des literarischen Rahmens und der Abgleich der Anforderungen aus der Praxis zeigen eine Vielzahl an Ansätzen im Forschungsbereich des Anlaufmanagements als auch der wandlungsfähigen Produktionssysteme auf. Das Theoriedefizit wird durch die fehlende Verknüpfung zwischen der wirtschaftlichen Integration der VIBN im Anlaufmanagement, der Besonderheit bei skalierbaren Fertigungssystemen und fehlenden Vorgehensmodellen zur Schaffung der nötigen Datenanbindung zur Optimierung virtueller Modelle aufgezeigt.

Der wesentliche Beitrag der vorliegenden Forschungsarbeit ist die Integration der VIBN in Projekte skalierbarer Fertigungssysteme. Die technologische Weiterentwicklung durch reale Produktionsdaten wird methodisch vorbereitet. Zur Beantwortung der Forschungsfragen wird im Anschluss ein Lösungsansatz zum Vorgehen einer effizienten Integration von virtuellen Methoden in das Anlaufmanagement skalierbarer Fertigungssysteme vorgestellt. Die Detaillierung erfolgt anhand von sechs Modulen. Die Module werden chronologisch durchlaufen und richten sich nach dem Ablauf des V-Modells, ausgehend von der Ebene des Fertigungssystems über die Ebene der Fertigungslinie bis auf die Ebene der Fertigungsmaschine. Innerhalb der Module wird zur Strukturierung die ausgewählte Modellierungssprache der Swimlane-Diagramme angewandt.

Im Modul der Auswirkungen von Komplexität im Anlauf einer Ausbaustufe zur Kapazitätssteigerung und Integration neuer Technologien wird ein Vorgehen der Fallunterscheidung von Produktionsintegrationen hinsichtlich der Komplexität eingeführt. Die Komplexitätstreiber werden nach ihrem zeitlichen Auftreten anhand der OEE-Kurve kategorisiert, um darauf basierend passende Maßnahmen durch die VIBN in den jeweiligen Abschnitten des Hochlaufs ableiten zu können.

Zum Einsatz der VIBN in Serienprojekten von Fertigungssystemen werden die grundlegende Architektur, involvierte Stakeholder, organisatorische Varianten, nötige Kompetenzen und Anforderungen an die Software sowie den Lieferanten aufgezeigt. Das Modul schließt mit der Beschreibung der Grobplanung anhand der wichtigsten Meilensteine der VIBN im Anlagenentstehungsprozess ab.

Im dritten Modul wird ein Bewertungsvorgehen entwickelt, das vor jedem Projekt herangezogen werden kann, um die Wirtschaftlichkeit eines VIBN-Projektes einzuschätzen. Es wird die Herangehensweise zur Entwicklung des Bewertungsmodells beschrieben, um die relevanten Kriterien zu identifizieren. Abschließend werden die Realisierung und die Feinplanung eines Projektes zur VIBN erläutert, um dem Anweder anhand der Swimlane-Darstellung alle wichtigen Schritte näher zu bringen.

Das vierte Modul beschreibt das Vorgehen zur Realdatenanbindung bei der VIBN. Das Ziel ist die Erweiterung der VIBN durch eine Anbindung an reale Produktionsmaschinen. Dazu werden die Verantwortlichkeiten im Projekt festgeschrieben und das grundsätzliche Vorgehen vorgestellt. Im Anschluss werden folgende sechs Schritte durchlaufen: Zieldefinition, Auswahl der Systemvariablen Aufzeichnung der realen Signalverläufe, Aktualisierung der VIBN-Soft- und -Hardware, Aufzeichnen der Signalverläufe des virtuellen Modells und Abgleich der Signalkurven.

Aufbauend auf dem vorangegangenen Modul wird im fünften Modul ein methodisches Vorgehen zur Parametrisierung eines virtuellen Modells mithilfe von Realdaten entwickelt und im Detail vorgestellt. Ziel des Vorgehens ist es, anhand von binären SPS-Prozessdaten aus einer realen Anlage ideale Parameter für das virtuelle Modell der Anlage zu ermitteln, um die reale Taktzeit möglichst genau abzubilden.

Nach der Realdatenanbindung und Optimierung der Verhaltensmodelle wird ein Vorgehen definiert, welches kommende Wiederanläufe in skalierbaren Fertigungssystemen prozessseitig optimiert. Mit dem Abschluss des VIBN-Projektes besitzen die Prozessbeteiligten eine Vielzahl neuer Erfahrungen. Um einen kontinuierlichen Verbesserungsprozess umzusetzen, eignet sich das Konzept der Lessons Learned, welches durch alle Prozessbeteiligten durchgeführt werden muss. Dabei wird das Projekt durch alle Stakeholder rückblickend bewertet und Verbesserungspotenziale werden identifiziert. Die Erkenntnisse fließen in die kommenden Ausbaustufen des skalierbaren Produktionssystems ein und werden ebenfalls für zukünftige Projekte verwendet. Die Rückkopplung zur Bewertung der

Wirtschaftlichkeit aus dem dritten Modul schließt eine prozessseitige Verbesserung und das Wachstum der Bibliothek virtueller Modelle mit ein. Demnach werden Skaleneffekte einen langfristig positiven Einfluss auf den Nutzen sowie eine Reduzierung des Aufwandes erzielen.

Basierend auf dieser Arbeit ergeben sich weitere Möglichkeiten, die reale und die virtuelle Produktionsplanung und -steuerung zu parallelisieren. Insbesondere die Ausweitung der virtuellen Modelle zu digitalen Abbildern der laufenden Produktion sind Inhalte für weitere Forschungsarbeiten. Hier entstehen Möglichkeiten zur adäquaten Vorausschau von OEE-Entwicklungen und dadurch Handlungsspielraum für präventive Maßnahmen zur Zielerreichung in der Effizienz der Produktion elektrischer Antriebe.

Die erforschte Realdatenanbindung und Parametrisierung der virtuellen Modelle wurde auf Grundlage einzelner Fertigungsstationen durchgeführt, weil bei einer Ausweitung schnell große Datenmengen entstehen, welche zum aktuellen Zeitpunkt nur schwer zu verarbeiten sind. Hier entstehen Anknüpfungspunkte für eine flächendeckende Forschung durch leistungsstarke Rechner und Datenbanken. Eine Ausweitung hinsichtlich des Untersuchungsschwerpunktes über die in dieser Arbeit erforschte Taktzeit ist ebenfalls denkbar.

8 Literaturverzeichnis

Abel, M. (2017) Automatisierte Inbetriebnahme
Automatisierte Inbetriebnahme von rekonfigurierbaren Bearbeitungsmaschinen mit serviceorientierten Paradigmen, Dissertation, Fraunhofer-Institut für Produktionstechnik und Automatisierung, 2017.

Abele, E./Albrecht, F. et al. (2011) Wandlungsfähige Produktion in der Medizintechnik
Wandlungsfähige Produktion in der Medizintechnik. In: ZWF Zeitschrift für wirtschaftlichen Fabrikbetrieb, Ausgabe 5, Jg. 106, 2011, S. 306-309.

Aldinger, L. A. (2009) Strategische Leistungsplanung
Methode zur strategischen Leistungsplanung in wandlungsfähigen Produktionsstrukturen des Mittelstandes, Jost-Jetter, Heimsheim, 2009.

Babiel, G. (2014) Elektrische Antriebe in der Fahrzeugtechnik
Elektrische Antriebe in der Fahrzeugtechnik, Springer Fachmedien Wiesbaden, Wiesbaden, 2014.

Bäck, T./Krause, P. et al. (2015) Automatische Metamodellierung
Automatische Metamodellierung von CAE-Simulationsmodellen. In: ATZ - Automobiltechnische Zeitschrift, Ausgabe 5, Jg. 117, 2015, S. 64-69.

Bäumers, Y. (2016) Montageablaufplanung Dissertation
Wirtschaftlicher Detaillierungsgrad der Montageablaufplanung, 1. Auflage; , 2016.

Baumgarten, H./Risse, J. (2001) Management des Produktentstehungsprozesses
Logistikbasiertes Management des Produktentstehungsprozesses. In: Hossner, R. (Hrsg.): Logistik Jahrbuch 2001, Verlagsgruppe Handelsblatt, Düsseldorf, 2001, S. 150-156.

Bender, K. (2005) Embedded Systems
Embedded Systems - Qualitätsorientierte Entwicklung, Springer, Berlin, 2005.

Bergholz, M. (2006) Objektorientierte Fabrikplanung
Objektorientierte Fabrikplanung, Aachen, 2006.

Bergmann, W. (2009) Werkstofftechnik
Werkstofftechnik 2 - Teil 2: Anwendung, 4., aktualisierte Auflage; Hanser Verlag, München, 2009.

Billmann, L. (2008) Elektrotechnik - Basics
Elektrotechnik - Basics - Skriptum zur Vorlesung "Elektrotechnik" für Verfahrenstechniker im 3. Semester, L. Billmann, Darmstadt, 2008.

Blank, G. S. (1998) Systemorientiertes Controlling Heidelberg, Univ., Diss., 1998
Systemorientiertes Controlling der Erfolgsfaktoren Zeit, Kosten und Qualität auf Basis eines Prozess-Netzplan-Modells (PNM), Lang, Frankfurt am Main, 1998.

Bley, H./Franke, C. (2001) Integration von Produkt- und Produktionsmodell
Integration von Produkt- und Produktionsmodell mit Hilfe der Digitalen Fabrik. In: wt Werkstattstechnik online, Ausgabe 04, 2001, S. 214-220.

Böcker, J. (2010) VDE-Studie: Elektrofahrzeuge Studie der Energietechnischen Gesellschaft im VDE (ETG) ; [VDE-Studie]
Elektrofahrzeuge - Bedeutung, Stand der Technik, Handlungsbedarf, , 2010.

Boschert, S./Heinrich, C. et al. (2018) Next Generation Digital Twin
Next Generation Digital Twin. In: Horváth, I./Suárez Rivero, J. P./ et al. (Hrsg.): Tools and methods of competitive engineering - Proceedings of theTwelfth International Symposium on Tools and Methods of Competitive Engineering - TMCE 2018, May 07-11, Las Palmas de Gran Canaria, Spain, Delft University of Technology, Delft, the Netherlands, 2018, S. 209-218.

Bozem, K./Nagl, A. et al. (2013) Elektromobilität
Elektromobilität: Kundensicht, Strategien, Geschäftsmodelle, Springer Fachmedien Wiesbaden, Wiesbaden, 2013.

Bracht, U./Geckler, D. et al. (2018) Digitale Fabrik
Digitale Fabrik - Methoden und Praxisbeispiele, 2., aktualisierte und erweiterte Auflage; SPRINGER VIEWEG, Berlin, 2018.

Brecher, C./Klocke, F. et al. (2017) Internet of Production für agile Unternehmen
Internet of Production für agile Unternehmen - AWK Aachener Werkzeugmaschinen-Kolloquium 2017, 18. bis 19. Mai, 1. Auflage; Apprimus Verlag, Aachen, 2017.

Brökelmann, J. (2015) Systematik der virtuellen Inbetriebnahme
Systematik der virtuellen Inbetriebnahme von automatisierten Produktionssystemen, Zugl.: Paderborn, Universität Paderborn, Diss., 2014, Universitätsbibliothek, 2015.

Brunner, F. J./Wagner, K. W. (2004) Taschenbuch Qualitätsmanagement
Taschenbuch Qualitätsmanagement - Leitfaden für Ingenieure und Techniker, 3., vollst. neu bearb. Aufl.; Hanser, München, 2004.

Bruns, M. (1991) Systemtechnik
Systemtechnik - Ingenieurwissenschaftliche Methodik zur interdisziplinären Systementwicklung, Springer Berlin Heidelberg, Berlin, Heidelberg, 1991.

Buchholz, W. (1996) Time-to-market-Management Zugl.: Gießen, Univ., Diss., 1996
Time-to-market-Management - Zeitorientierte Gestaltung von Produktinnovationsprozessen, Kohlhammer, Stuttgart, 1996.

Bullinger, H.-J./Warnecke, H. J. et al. (2003)
Neue Organisationsformen im Unternehmen: Ein Handbuch für das moderne Management, Springer Berlin Heidelberg, Berlin, Heidelberg, 2003.

Bungard, W./Hofmann, K. (2003) Anlaufmanagement
Anlaufmanagement am Beispiel der Automobilindustrie. In: Bullinger, H.-J./Warnecke, H. J./ et al. (Hrsg.): Neue Organisationsformen im Unternehmen: Ein Handbuch für das moderne Management, Springer Berlin Heidelberg, Berlin, Heidelberg, 2003, S. 1261-1278.

Busch, R. (2015) Elektrotechnik und Elektronik
Elektrotechnik und Elektronik - Für Maschinenbauer und Verfahrenstechniker, 7., überarb. Aufl. 2015; Springer Fachmedien Wiesbaden, Wiesbaden, 2015.

Dahl, M./Bengtsson, K. et al. (2016) Virtual Preparation
Integrated Virtual Preparation and Commissioning: supporting formal methods during automation systems development. In: IFAC-PapersOnLine, Ausgabe 12, Jg. 49, 2016, S. 1939-1944.

Dangelmaier, W. (1999) Fertigungsplanung
Fertigungsplanung, Springer, Berlin Heidelberg, 1999.

Deutsches Institut für Normung (2004)
Automationssysteme und Integration. Beuth Verlag GmbH, Berlin, 2004-12.

Dombrowski, U./Bothe, T. et al. (2001) Visionen für die Digitale Fabrik
Visionen für die Digitale Fabrik. In: ZWF Zeitschrift für wirtschaftlichen Fabrikbetrieb, Ausgabe 3, Jg. 96, 2001, S. 96-100.

Dombrowski, U./Wullbrandt, J. et al. (2018) Industrie 4.0 in Production
"Industrie 4.0 in production ramp-up management". In: Procedia Manufacturing, Jg. 17, 2018, S. 1015-1022.

Dominka, S. (2007) Hybride Inbetriebnahme von Produktionsanlagen Zugl.: München, Techn. Univ., Diss., 2007
Hybride Inbetriebnahme von Produktionsanlagen - von der virtuellen zur realen Inbetriebnahme, 1. Aufl.; Sierke, Göttingen, 2007.

Döring, N./Bortz, J. (2016) Forschungsmethoden
Forschungsmethoden und Evaluation in den Sozial- und Humanwissenschaften, 5. vollständig überarbeitete, aktualisierte und erweiterte Auflage; Springer, Berlin, Heidelberg, 2016.

Dyckhoff, H./Müser, M. et al. (2012) Produktionstheorie des Serienanlaufs
Ansätze einer Produktionstheorie des Serienanlaufs. In: Zeitschrift für Betriebswirtschaft, Ausgabe 12, Jg. 82, 2012, S. 1427-1456.

Ehrlenspiel, K./Kiewert, A. et al. (2014) Kostengünstig Entwickeln und Konstruieren
Kostengünstig Entwickeln und Konstruieren - Kostenmanagement bei der integrierten Produktentwicklung, 7. Aufl.; SPRINGER VIEWEG, Berlin, 2014.

Fahrmeir, L./Kneib, T. et al. (2009) Regression
Regression, Springer Berlin Heidelberg, Berlin, Heidelberg, 2009.

Fischer, R. (2009) Elektrische Maschinen
Elektrische Maschinen, 14., aktualisierte und erw. Aufl.; Hanser, München, 2009.

Fleisch, E./Mattern, F. (2005) Das Internet der Dinge
Das Internet der Dinge - Ubiquitous Computing und RFID in der Praxis: Visionen, Technologien, Anwendungen, Handlungsanleitungen ; mit 21 Tabellen/ edited by Elgar Fleisch, Friedemann Mattern, Springer-Verlag Berlin Heidelberg, Berlin, Heidelberg, 2005.

Fleischer, J./Haag, S. et al. (2017) Quo Vadis Wickeltechnik?
Quo Vadis Wickeltechnik? - Eine Studie zum aktuellen Stand der Technik und zur Recherche zukünftiger Trends im Automobilbau, Fleischer, J., 2017.

Fleischer, J./Spath, D. et al. (2003) Qualitätssimulation im Serienanlauf
Qualitätssimulation im Serienanlauf - Vorbestimmte Qualitätsfähigkeitskurven von Elementarprozessen. In: wt Werkstattstechnik online, Ausgabe 1/2, Jg. 93, 2003, S. 50-54.

Fleischmann, A./Oppl, S. et al. (2018) Ganzheitliche Digitalisierung von Prozessen
Ganzheitliche Digitalisierung von Prozessen, Springer Fachmedien Wiesbaden, Wiesbaden, 2018.

Focke, M./Steinbeck, J. (2018) Steigerung der Anlagenproduktivität
Steigerung der Anlagenproduktivität durch OEE-Management - Definitionen, Vorgehen und Methoden – von manuell bis Industrie 4.0, Springer Gabler, Wiesbaden, 2018.

Fortuna, L./Graziani, S. et al. (2007) Monitoring and Control of Industrial Processes
Soft Sensors for Monitoring and Control of Industrial Processes, Springer, London, Berlin, Heidelberg, 2007.

Franke, J./Merhof, J. et al. (2010) Intelligente Steuerungskonzepte
Intelligente Steuerungskonzepte für wandlungsfähige Produktionssysteme. In: Industrie Management, Ausgabe 2, Jg. 26, 2010, S. 61-64.

Freeman, R. E. (2010) Strategic Management
Strategic management - A stakeholder approach, Cambridge University Press, Cambridge, 2010.

Friedman, L. W. (1996) The Simulation Metamodel
The Simulation Metamodel, Springer US, Boston, MA, 1996.

Fritsche, R. (1998) Bewertung und Verkürzung von Anlaufprozessen Zugl.: Berlin, Techn. Univ., Diss., 1997
Bewertung und Verkürzung von Anlaufprozessen für Betriebsmittel, IPK, Berlin, 1998.

Fritz, A. H. (2012) Fertigungstechnik
Fertigungstechnik, 10., neu bearb. Aufl.; SPRINGER VIEWEG, Berlin, 2012.

Frohm, J. (2008) Levels of automation in production systems
Levels of automation in production systems, Department of Product and Production Development, 2008.

Fuest, K./Döring, P. (2008) Elektrische Maschinen und Antriebe
Elektrische Maschinen und Antriebe - Lehr- und Arbeitsbuch für Gleich-, Wechsel- und Drehstrommaschinen Lehr- und Arbeitsbuch, 7., aktualisierte Aufl., unveränd. Nachdr; Vieweg + Teubner, Wiesbaden, 2008.

Füßel, A. (2017) Technische Potenzialanalyse der Elektromobilität
Technische Potenzialanalyse der Elektromobilität, Springer Fachmedien Wiesbaden, Wiesbaden, 2017.

Gadatsch, A. (2012) Geschäftsprozess-Management
Grundkurs Geschäftsprozess-Management, Vieweg+Teubner Verlag, Wiesbaden, 2012.

Gadatsch, A. (2015) Geschäftsprozesse analysieren und optimieren
Geschäftsprozesse analysieren und optimieren, Springer Fachmedien Wiesbaden, Wiesbaden, 2015.

Gartzen, T. (2012) Diskrete Migration als Anlaufstrategie Zugl.: Aachen, Techn. Hochsch., Diss., 2012
Diskrete Migration als Anlaufstrategie für Montagesysteme, 1. Aufl.; Apprimus-Verl., Aachen, 2012.

Geist, M./Köhler, R. (1981)
Die Führung des Betriebes - Curt Sandig zu seinem 80. Geburtstag, Poeschel, Stuttgart, 1981.

Gessler, M. (2016) Kompetenzbasiertes Projektmanagement
Kompetenzbasiertes Projektmanagement (PM3) (- Handbuch für die Projektarbeit, Qualifizierung und Zertifizierung auf Basis der IPMA Competence Baseline Version 3.0, 8. Auflage; GPM Deutsche Gesellschaft für Projektmanagement e. V, Nürnberg, 2016.

Glaessel, T./Seefried, J. et al. (2017) Challenges in the manufacturing of hairpin windings
Challenges in the manufacturing of hairpin windings and application opportunities of infrared lasers for the contacting process. In: International Electric Drives Production Conference (EDPC), 2017, S. 1-7.

Gläßer, J. F. (2012) Ereignisorientierte Simulation
Ereignisorientierte Simulation der Bierherstellung, München, 2012.

Gleichmar, R. (2004) Multidisziplinäre Strukturoptimierung
Approximationen und paralleles Rechnen bei der multidisziplinären Strukturoptimierung, Dissertation, Technische Universität München, 2004.

Greiner, O./Deeg, M. et al. (2017) Fakten-Check Elektromobilität
Fakten-Check Elektromobilität Update 2016/17, , 2017.

Haas, S./Sheehan, E. et al. (2014) Zukunftsfähige Produktionssysteme
Zukunftsfähige Produktionssysteme. In: ZWF Zeitschrift für wirtschaftlichen Fabrikbetrieb, Ausgabe 3, Jg. 109, 2014, S. 133-137.

Haberfellner, R./Weck, O. L. de et al. (**2019) Systems engineering**
Systems engineering - Fundamentals and applications, Springer International Publishing, Cham, 2019.

Harmon, P. (2014)
Business Process Change - Business Process Management Guide for Managers and Process Professionals, Morgan Kaufmann, Burlington, 2014.

Harmon, P. (2014) Business Process Management Suites
Business Process Management Suites. In: Harmon, P. (Hrsg.): Business Process Change - Business Process Management Guide for Managers and Process Professionals, Morgan Kaufmann, Burlington, 2014, S. 395-416.

Hees, A. F. (2017) Rekonfigurierbare Produktionssysteme
System zur Produktionsplanung für rekonfigurierbare Produktionssysteme, Herbert Utz Verlag, München, 2017.

Heimes, H. H. (2014) Batterieproduktion Zugl.: Aachen, Techn. Hochsch., Diss., 2014
Methodik zur Auswahl von Fertigungsressourcen in der Batterieproduktion, 1. Aufl.; Apprimus-Verl., Aachen, 2014.

Hildebrand, T./Günther, U. et al. (2004) Die Fabrik als Produkt
Die Fabrik als Produkt: Neue Leitbilder für die Fabrikplanung - Ganzheitliche Prozesseffizienz und integratives Konzept zum stufenweisen Ausbau von Typfabriken. In: wt Werkstattstechnik online, Ausgabe 7/8, Jg. 94, 2004, S. 355-362.

Höhn, R./Höppner, S. et al. (2008) Das V-Modell XT
Das V-Modell XT - Anwendungen, Werkzeuge, Standards, Springer, Berlin, Heidelberg, 2008.

Horváth, I./Suárez Rivero, J. P. et al. (2018) Proceedings of TMCE 2018
Tools and methods of competitive engineering - Proceedings of theTwelfth International Symposium on Tools and Methods of Competitive Engineering - TMCE 2018, May 07-11, Las Palmas de Gran Canaria, Spain, Delft University of Technology, Delft, the Netherlands, 2018.

Horváth, P./Fleig, G. (1998)
Integrationsmanagement für neue Produkte, Schäffer-Poeschel, Stuttgart, 1998.

Hossner, R. (2001)
Logistik Jahrbuch 2001, Verlagsgruppe Handelsblatt, Düsseldorf, 2001.

Huber, W. (2016) Industrie 4.0 in der Automobilproduktion
Industrie 4.0 in der Automobilproduktion - Ein Praxisbuch, SPRINGER VIEWEG, Wiesbaden, 2016.

Hüttl, R. F./Pischetsrieder, B. et al. (2010) Elektromobilität
Elektromobilität - Potenziale und wissenschaftlichtechnische Herausforderungen, Springer, Berlin, New York, 2010.

IEEE. (2007)
Winter Simulation Conference, IEEE, Washington, DC, USA, 2007.

IEEE. (2018)
8th International Electric Drives Production Conference (EDPC), IEEE, Schweinfurt, 2018.

IEEE. (2018)
International Conference on Industrial Technology (ICIT), IEEE, Lyon, 2018.

IEEE. (2019)
8th International Conference on Industrial Technology and Management (ICITM), IEEE, Cambridge, UK, 2019.

IEEE. (2020)
9th International Conference on Industrial Technology and Management (ICITM), IEEE, Oxford, UK, 2020.

Isermann, R. (2008) Mechatronische Systeme
Mechatronische Systeme - Grundlagen, 2., vollständig neu bearb. Aufl.; Springer-Verlag Berlin and Heidelberg, Berlin, 2008.

Jacobi, H.-F./Landherr, M. (2013) Informations- und Kommunikationstechnik
Bedeutung des Treibers Informations- und Kommunikationstechnik für die Wettbewerbsfähigkeit industrieller Produktion. In: Westkämper, E./Spath, D./ et al. (Hrsg.): Digitale Produktion, Springer Berlin Heidelberg, Berlin, Heidelberg, 2013, S. 41-44.

Junker, S. (2007) Technologien und Systemlösungen permanent erregter Läufer
Technologien und Systemlösungen für die flexibel automatisierte Bestückung permanent erregter Läufer mit oberflächenmontierten Dauermagneten, Meisenbach, Bamberg, 2007.

Kalpakjian, S./Schmid, S. R. et al. (2011) Werkstofftechnik
Werkstofftechnik, 5., aktualisierte Aufl.; Pearson Studium, München/Germany, 2011.

Kampker, A. (2014) Elektromobilproduktion
Elektromobilproduktion, SPRINGER VIEWEG, Berlin, 2014.

Kampker, A./Kohnhäuser, M. et al. (2016) Planung skalierbarer Produktionssysteme
Planung skalierbarer Produktionssysteme. In: ZWF Zeitschrift für wirtschaftlichen Fabrikbetrieb, Ausgabe 12, Jg. 111, 2016, S. 775-778.

Kampker, A./Kreiskother, K. et al. (2019) Re-Ramp-Up Management
Re-Ramp-Up Management of Scalable Production Systems in the Automotive Industry. In: IEEE (Hrsg.): 8th International Conference on Industrial Technology and Management (ICITM), IEEE, Cambridge, UK, 2019, S. 137-141.

Kampker, A./Nee, C. (2012) Herausforderungen in der Elektromotorenproduktion
Herausforderungen in der Elektromotorenproduktion für den Einsatz in Elektrofahrzeugen. In: Mobilität morgen, Ausgabe 3, Jg. 2, 2012, S. 20-22.

Kampker, A./Treichel, P. et al. (2018) Hairpin Stator Production
Ex-Ante Process-FMEA for Hairpin Stator Production by Early Prototypical Production Concepts. In: IEEE (Hrsg.): 8th International Electric Drives Production Conference (EDPC), IEEE, Schweinfurt, 2018, S. 1-8.

Kampker, A./Vallée, D. et al. (2018) Elektromobilität
Elektromobilität - Grundlagen einer Zukunftstechnologie, 2. Auflage; SPRINGER VIEWEG, Berlin, 2018.

Kampker, A./Wessel, S. et al. (2020) Virtual Commissioning for Production Systems
Virtual Commissioning for Scalable Production Systems in the Automotive Industry: - Model for evaluating benefit and effort of virtual commissioning. In: IEEE (Hrsg.): 9th International Conference on Industrial Technology and Management (ICITM), IEEE, Oxford, UK, 2020, S. 107-111.

Kiefer, J. (2007) Mechatronikorientierte Planung automatisierter Fertigungszellen Zugl.: Saarbrücken, Univ., Diss., 2007
Mechatronikorientierte Planung automatisierter Fertigungszellen im Bereich Karosserierohbau, Univ. des Saarlandes Lehrstuhl für Fertigungstechnik, Saarbrücken, 2007.

Kleine Büning, M. (2019) Informationsorientierte Prototypenplanung
Informationsorientierte Prototypenplanung zur Effizienzsteigerung im Produktionsplanungsprozess - Information oriented prototype planning for efficiency optimization in production planning processes, 1. Auflage; Apprimus Verlag, Aachen, 2019.

Klocke, F./Bassett, E. et al. (2017) Assistenzsysteme in der Produktionstechnik
Assistenzsysteme in der Produktionstechnik. In: Brecher, C./Klocke, F./ et al. (Hrsg.): Internet of Production für agile Unternehmen - AWK Aachener Werkzeugmaschinen-Kolloquium 2017, 18. bis 19. Mai, 1. Auflage; Apprimus Verlag, Aachen, 2017, S. 265-287.

Kopel, M./Löffler, C. (2008) Commitment, first-mover-, and second-mover advantage
Commitment, first-mover-, and second-mover advantage. In: Journal of Economics, Ausgabe 2, Jg. 94, 2008, S. 143-166.

Koren, Y. (2005) Reconfigurable Manufacturing and Beyond
Reconfigurable Manufacturing and Beyond - The summary of a keynote Speech, CIRP 3rd International conference on Reconfigurable Manufacturing, 2005.

Krips, D. (2017) Stakeholdermanagement
Stakeholdermanagement - Kurzanleitung Heft 5, 2nd ed.; Springer Berlin Heidelberg, Berlin, Heidelberg, 2017.

Kubicek, H. (1976) Heuristische Bezugsrahmen
Heuristische Bezugsrahmen und heuristisch angelegte Forschungsdesign als Elemente einer Konstruktionsstrategie empirischer Forschung, Inst. für Unternehmungsführung im Fachbereich Wirtschaftswiss. d. Freien Univ, Berlin, 1976.

Kufner, A. (2012) Automatisierte Erstellung von Maschinenmodellen Zugl.: Stuttgart, Univ., Diss., 2011
Automatisierte Erstellung von Maschinenmodellen für die Hardware-in-the-Loop-Simulation von Montagemaschinen, Jost-Jetter, Heimsheim, 2012.

Kuhn, A./Wiendahl, H. P. et al. (2002) Fast ramp up
"Fast ramp up" - Schneller Produktionsanlauf von Serienprodukten, Verl. Praxiswissen, Dortmund, 2002.

Kuster, J./Bachmann, C. et al. (2019) Handbuch Projektmanagement
Handbuch Projektmanagement - Agil - klassisch - hybrid, 4., vollständig überarbeitete und erweiterte Auflage; Springer Gabler, Berlin, 2019.

Lacour, F.-F. (2012) Physikbasierte virtuelle Inbetriebnahme Zugl.: München, Techn. Univ., Diss., 2011
Modellbildung für die physikbasierte virtuelle Inbetriebnahme materialflussintensiver Produktionsanlagen, Utz, München, 2012.

Laick, T. (2003) Hochlaufmanagement
Hochlaufmanagement - Sicherer Produktionshochlauf durch zielorientierte Gestaltung und Lenkung des Produktionsprozesssystems, Univ., Lehrstuhl für Fertigungstechnik und Betriebsorganisation, Kaiserslautern, 2003.

Landherr, M./Neumann, M. et al. (2013) Digitale Fabrik
Digitale Fabrik. In: Westkämper, E./Spath, D./ et al. (Hrsg.): Digitale Produktion, Springer Berlin Heidelberg, Berlin, Heidelberg, 2013, S. 107-131.

Lanza, G./Fleischer, J. (2005) OEE-Prognose im Produktionsanlauf
OEE-Prognose im Produktionsanlauf - Simulationsbasierte Anlaufunterstützung mittels Kennzahlen. In: wt Werkstattstechnik online, Ausgabe 7/8, 2005, S. 554.

Lanza, G./Sauer, A. et al. (2013) Planung einer wandlungsfähigen Batteriemontage
Planung einer wandlungsfähigen Batteriemontage. In: wt Werkstattstechnik online, Ausgabe 4, Jg. 103, 2013, S. 281-284.

Lechler, T./Fischer, E. et al. (2019) Virtual Commissioning
Virtual Commissioning – Scientific review and exploratory use cases in advanced production systems. In: Procedia CIRP, Jg. 81, 2019, S. 1125-1130.

Lee, C./Park, S. (2014) Virtual commissioning of manufacturing systems
Survey on the virtual commissioning of manufacturing systems. In: Journal of Computational Design and Engineering, Ausgabe 3, Jg. 1, 2014, S. 213-222.

Leidich, E. (2016) Welle-Nabe-Verbindungen
Welle-Nabe-Verbindungen. In: Sauer, B. (Hrsg.): Konstruktionselemente des Maschinenbaus 1, Springer Berlin Heidelberg, Berlin, Heidelberg, 2016, S. 493-570.

Lukac, D. (2008) Ausbildungskonzept für Robotik
Realisierung eines ferngesteuerten autonomen mobilen Roboters - Entwurf eines Ausbildungskonzeptes für Robotik, Diplomica Verlag, , 2008.

Madauss, B.-J. (2000) Handbuch Projektmanagement
Handbuch Projektmanagement - Mit Handlungsanleitungen für Industriebetriebe, Unternehmensberater und Behörden, 6., überarb. u. erw. Aufl.; Schäffer-Poeschel, Stuttgart, 2000.

Marczinski, G. (2006) Umfrageergebnisse zur Digitalen Fabrik
Umfrageergebnisse zur Digitalen Fabrik. In: VDI-Z, Ausgabe 11/12, Jg. 147, 2006.

Marinescu, M. (2012) Elektrische und magnetische Felder
Elektrische und magnetische Felder, Springer, Berlin Heidelberg, 2012.

Mathews, P. G. (2005) Design of Experiments
Design of Experiments with MINITAB, , 2005.

Matull, E. (2005)
Deutsch-Niederländische Automatisierungstage - 3./4. Februar 2005 an der Fachhochschule in Emden ; verteilte und lokale Automation ; [AT, Automatisierungstage 2005, Emden, 2005.

Maue, A. (2015) Gestaltung des Produktionsanlaufs Dissertation
Aufwandsorientierte Gestaltung des Produktionsanlaufs am Beispiel der Automobilproduktion, 1. Auflage; , 2015.

May, C./Koch, A. (2008) Overall Equipment Effectiveness
Overall Equipment Effectiveness (OEE) - Werkzeug zur Produktivitätssteigerung. In: Zeitschrift der Unternehmensberatung : ZUb. - Berlin, Ausgabe 6, Jg. 3, 2008, S. 245-250.

Meckesheimer, M. (2001) Metamodel-Based Designs
A Framework for Metamodel-Based Designs - Subsystem Metamodel Assessment and Im-plemetation Issues., Pennsylvania, 2001.

Meier, H./Schröder S. et al. (**2013) Wandlungsfähigkeit**
Wandlungsfähigkeit durch die Konfiguration modular gestalteter Produktionssysteme - Ganzheitliche Betrachtung von Technik, Organisation und Personal. In: wt-online, Ausgabe 4, 2013, S. 350-355.

Menges, R. (2005) Produktbeeinflussung und Prozessabsicherung
Frühzeitige Produktbeeinflussung und Prozessabsicherung. In: ZWF Zeitschrift für wirtschaftlichen Fabrikbetrieb, Ausgabe 1-2, Jg. 100, 2005, S. 25-31.

Meschede, D. (2015) Gerthsen Physik
Gerthsen Physik, 25. Aufl.; Springer Spektrum, Berlin, 2015.

Mewes, J. (2005) Virtuelle Inbetriebnahme mit realen Automatisierungssystemen
Virtuelle Inbetriebnahme mit realen Automatisierungssystemen und virtuellen Maschinen. In: Matull, E. (Hrsg.): Deutsch-Niederländische Automatisierungstage - 3./4. Februar 2005 an der Fachhochschule in Emden ; verteilte und lokale Automation ; [AT, Automatisierungstage 2005, Emden, 2005, S. 52-56.

Möller, K. (2002) Lebenszyklusorientierte Planung
Lebenszyklusorientierte Planung und Kalkulation des Serienanlaufs. In: Zeitschrift für Planung, Ausgabe 4, Jg. 13, 2002, S. 431-457.

Mueller, G. (2014) Grundlagen elektrischer Maschinen
Grundlagen elektrischer Maschinen, Wiley, , 2014.

Müller, E. (2014) Qualitätsmanagement
Qualitätsmanagement für Unternehmer und Führungskräfte, Springer Berlin Heidelberg, Berlin, Heidelberg, 2014.

Müller, G./Ponick, B. (2006) Grundlagen elektrischer Maschinen
Grundlagen elektrischer Maschinen, 9., völlig neu bearb. Aufl. , [Elektronische Ressource]; WILEY-VCH, Weinheim, 2006.

Myers, R. H. (2016) Response Surface Methodology
Response Surface Methodology, Fourth edition Raymond H. Myers, Douglas C. Montgomery, Christine M. Anderson-Cook; Wiley, UNITED STATES, 2016.

Nagel, J. (2011) Risikoorientiertes Anlaufmanagement
Risikoorientiertes Anlaufmanagement, Gabler Verlag / Springer Fachmedien Wiesbaden GmbH, Wiesbaden, Wiesbaden, 2011.

Negri, E./Fumagalli, L. et al. (2019) Digital Twin Simulation
FMU-supported simulation for CPS Digital Twin. In: Procedia Manufacturing, Jg. 28, 2019, S. 201-206.

Neuhausen, J. (2001) Gestaltung modularer Produktionssysteme
Methodik zur Gestaltung modularer Produktionssysteme für Unternehmen der Serienproduktion, Diss., Techn. Hochsch.,, 2001.

Nyhuis, P./Fronia, P. et al. (2009) Wandlungsfähige Produktionssysteme
Wandlungsfähige Produktionssysteme - Ergebnisse der BMBF-Vorstudie "Wandlungsfähige Produktionssysteme". In: wt Werkstattstechnik online, Ausgabe 4, 2009, S. 205-210.

Nyhuis, P./Heinen, T. et al. (2007) Adequate and economic factory transformability
Adequate and economic factory transformability and the effects on logistical performance. In: International Journal of Flexible Manufacturing Systems, Ausgabe 3, Jg. 19, 2007, S. 286-307.

Nyhuis, P./Heinen, T. et al. (2008) Wandlungsfähige Produktionssysteme
Wandlungsfähige Produktionssysteme - Theoretischer Hintergrund zur Wandlungsfähigkeit von Produktionssystemen. In: wt-online, Ausgabe 1/2, 2008, S. 85-91.

Nyhuis, P./Heins, M. et al. (2008) Wandlungsfähige Produktionssysteme
Wandlungsfähige Produktionssysteme – Fit sein für die Produktion von morgen. In: ZWF Zeitschrift für wirtschaftlichen Fabrikbetrieb, Ausgabe 5, Jg. 103, 2008, S. 333-337.

Nyhuis, P./Reinhart, G. et al. (2008) Wandlungsfähige Produktionssysteme
Wandlungsfähige Produktionssysteme - Heute die Industrie von morgen gestalten, PZH Produktionstechnisches Zentrum; Technische Informationsbibliothek u. Universitätsbibliothek, Garbsen, Hannover, 2008.

Obermaier, R. (2019) Handbuch Industrie 4.0 und Digitale Transformation
Handbuch Industrie 4.0 und Digitale Transformation - Betriebswirtschaftliche, technische und rechtliche Herausforderungen, 1st ed. 2019; , 2019.

Park, S./Chang, M. (2012) Hardware-in-the-loop simulation
Hardware-in-the-loop simulation for a production system. In: International Journal of Production Research, Ausgabe 8, Jg. 50, 2012, S. 2321-2330.

Patzak, G. (1982) Systemtechnik
Systemtechnik - Planung komplexer innovativer Systeme - Grundlagen, Methoden, Techniken, Springer Berlin Heidelberg, Berlin, Heidelberg, 1982.

Peters, N./Hofstetter, J. (2008) Konzepte und Erfolgsfaktoren für Anlaufstrategien
Konzepte und Erfolgsfaktoren für Anlaufstrategien in Netzwerken der Automobilindustrie. In: Schuh, G./Stölzle, W./ et al. (Hrsg.): Anlaufmanagement in der Automobilindustrie erfolgreich umsetzen - Ein Leitfaden für die Praxis, Springer, Berlin, Heidelberg, 2008, S. 9-29.

Pfeifer, T. (2001) Qualitätsmanagement
Qualitätsmanagement - Strategien, Methoden, Techniken, 3., völlig überarb. und erw. Aufl.; Hanser, München, 2001.

Ponn, J./Lindemann, U. (2011) Gestaltung technischer Produkte
Konzeptentwicklung und Gestaltung technischer Produkte, Springer Berlin Heidelberg, Berlin, Heidelberg, 2011.

Porter, M. E. (2013) Wettbewerbsstrategie
Wettbewerbsstrategie - Methoden zur Analyse von Branchen und Konkurrenten = (Competitive strategy), 486 S; s.n.], [S.l., 2013.

Rauch, E. (2013) Modulares Produktionssystem Zugl.: Stuttgart, Univ., Diss., 2013
Konzept eines wandlungsfähigen und modularen Produktionssystems für Franchising-Modelle, Fraunhofer-Verlag, Stuttgart, 2013.

Reif, K. (2010) Konventioneller Antriebsstrang und Hybridantriebe
Konventioneller Antriebsstrang und Hybridantriebe, Vieweg+Teubner Verlag / GWV Fachverlage, Wiesbaden, Wiesbaden, 2010.

Reif, K. (2011) Autoelektrik und Autoelektronik
Bosch-Autoelektrik und -Autoelektronik - Bordnetze, Sensoren und elektronische Systeme ; mit 43 Tabellen, 6., überarb. und erw. Aufl.; Vieweg + Teubner, Wiesbaden, 2011.

Reinhart, G./Wünsch, G. (2007) Anwendung der virtuellen Inbetriebnahme, übers.
Economic application of virtual commissioning to mechatronic production systems. In: Production Engineering, Ausgabe 4, Jg. 1, 2007, S. 371-379.

Reinhart, G./Zäh, M. (2008) Flexibilität und Wandlungsfähigkeit
Flexibilität und Wandlungsfähigkeit in der Montage. In: wt-online, Ausgabe 9, 2008, S. 657.

Renner, T. (2012) Performance-Management
Performance-Management im Produktionsanlauf, Publikationsserver der RWTH Aachen University, Aachen, 2012.

Risse, J. (2003) Time-to-Market-Management Zugl.: Berlin, Techn. Univ., Diss., 2002
Time-to-Market-Management in der Automobilindustrie - Ein Gestaltungsrahmen für ein logistikorientiertes Anlaufmanagement, Haupt, Bern, 2003.

Roddeck, W. (2003) Einführung in die Mechatronik
Einführung in die Mechatronik, 2., neubearbeitete Auflage; Vieweg+Teubner Verlag; Imprint, Wiesbaden, 2003.

Roeder, T. M. K./Frazier, P. I. et al. (2016)
Winter Simulation Conference (WSC), IEEE, Arlington County, Virginia, 2016.

Rudolf, S. (2013) Produktionsgerechte Baukastengestaltung Zugl.: Aachen, Techn. Hochsch., Diss., 2013
Produktionsgerechte Baukastengestaltung, 1. Aufl.; Apprimus-Verl., Aachen, 2013.

Runde, C./Cannarozzi, M. (2016) Digitales Engineering
Zukunftsstudie Digitales Engineering 2025, , 2016.

RWTH Aachen IKA. (2014) Elektromobile Wertschöpfungskette
eVchain.NRW - Modellierung der zukünftigen elektromobilen Wertschöpfungskette - Ableitung von Handlungsempfehlungen zur Stärkung des Elektromobilitätsstandortes NRW, , 2014.

Santos, I./Santos, P. (2007) Simulation metamodels
Simulation metamodels for modeling output distribution parameters. In: IEEE (Hrsg.): Winter Simulation Conference, IEEE, Washington, DC, USA, 2007, S. 910-918.

Sauer, B. (2016)
Konstruktionselemente des Maschinenbaus 1, Springer Berlin Heidelberg, Berlin, Heidelberg, 2016.

Sauer, O./Schleipen, M. et al. (2010) Digitaler Fabrikbetrieb
Digitaler Fabrikbetrieb. In: Zülch, G./Stock, P. (Hrsg.): Integrationsaspekte der Simulation: Technik, Organisation und Personal - Integration aspects of simulation: equipment, organization and personnel ; Karlsruhe, 7. und 8. Oktober 2010, KIT Scientific Publ, Karlsruhe, 2010, S. 555-562.

Schleipen, M. (2013) Manufacturing Execution Systeme Zugl.: Karlsruhe, Karlsruher Institut für Technologie, KIT, Diss., 2012
Adaptivität und semantische Interoperabilität von Manufacturing Execution Systemen, Print on demand; Technische Informationsbibliothek u. Universitätsbibliothek; KIT Scientific Publishing, Hannover, Karlsruhe, 2013.

Schmitt, R. (2015) Anlaufmanagement
Anlaufmanagement - Begriffe und Definitionen, Apprimus Wissenschaftsverlag, Aachen, 2015.

Schmitt, R./et al. **(2016) Anlaufmanagement im Wandel der Zeit**
Anlaufmanagement im Wandel der Zeit - Schneller zum Produkt, Konradin Mediengruppe, 2016.

Schneider, H. (2013) Auswuchttechnik
Auswuchttechnik, Springer Berlin Heidelberg, Berlin, Heidelberg, 2013.

Schneider, M./Lücke, M. (2002) Kooperations- und Referenzmodelle
Kooperations- und Referenzmodelle für den Anlauf - Schneller Produktionsanlauf von Serienprodukten. In: wt Werkstattstechnik online, Ausgabe 10, 2002, S. 514.

Scholz-Reiter, B./König, F. (2010) Kernkompetenzen Anlaufmanagement
Entwicklung der Kernkompetenzen Anlaufmanagement - Mit der Adaption von "lean" Prinzipien den "Fast Ramp-up" erreichen. In: PRODUCTIVITY Management, Ausgabe 4, Jg. 15, 2010, S. 42-45.

Scholz-Reiter, B./Krohne, F. (2010) Ramp-Up Excellence
Ramp-Up Excellence. - Ein skalierbares Anlaufmanagementprozessmodell für Elektronik Zulieferer, BIBA – Bremer Institut für Produktion und Logistik GmbH, 2010.

Schönherr, H. (2002) Spanende Fertigung
Spanende Fertigung, De Gruyter, Oldenbourg, 2002.

Schraft, R. (2003) Digitale Fabrik
Von der Vision zur Realität durch die Digitale Fabrik. In: ZWF Zeitschrift für wirtschaftlichen Fabrikbetrieb, Ausgabe 6, Jg. 98, 2003, S. 268-269.

Schröder, D. (2013) Elektrische Antriebe
Elektrische Antriebe - Grundlagen, 4. Aufl.; Springer Berlin Heidelberg, Berlin, Heidelberg, 2013.

Schröder, D. (2015) Regelung von Antriebssystemen
Elektrische Antriebe - Regelung von Antriebssystemen, Springer Berlin Heidelberg, Berlin, Heidelberg, 2015.

Schuh, G./Potente, T. et al. (2013) Strukturbedingte Wandlungsfähigkeit
Strukturbedingte Wandlungsfähigkeit - Nachweis der Abhängigkeit der Wandlungsfähigkeit von der Produktionsstruktur mithilfe von Simulation. In: wt Werkstattstechnik online, Ausgabe 4, Jg. 103, 2013, S. 285-290.

Schuh, G./Stölzle, W. et al. (2008) Anlaufmanagement in der Automobilindustrie
Anlaufmanagement in der Automobilindustrie erfolgreich umsetzen - Ein Leitfaden für die Praxis, Springer, Berlin, Heidelberg, 2008.

Schuh, G./Stölzle, W. et al. (2008) Grundlagen des Anlaufmanagements
Grundlagen des Anlaufmanagements: - Entwicklungen und Trends, Definitionen und Begriffe, Integriertes Anlaufmanagementmodell. In: Schuh, G./Stölzle, W./ et al. (Hrsg.): Anlaufmanagement in der Automobilindustrie erfolgreich umsetzen - Ein Leitfaden für die Praxis, Springer, Berlin, Heidelberg, 2008, S. 1-6.

Seinsch, H. O. (1988) Grundlagen elektrischer Maschinen und Antriebe
Grundlagen elektrischer Maschinen und Antriebe, 2., neubearb. u. erw. Aufl.; Teubner, Stuttgart, 1988.

Seiter, M./Käfer, U. et al. (2013) Wandlungsfähige Produktionssysteme
Wandlungsfähige Produktionssysteme als Herausforderung für das Produktionscontrolling - der Einfluss der Wandlungsfähigkeit auf die Kalkulation der Herstellkosten. In: Controlling : Zeitschrift für erfolgsorientierte Unternehmenssteuerung, Ausgabe 8/9, Vol. 25, 2013, S. 472-478.

Shahim, N./Møller, C. (2016) Virtual Commissioning
Economic justification of Virtual Commissioning in automation industry. In: Roeder, T. M. K./Frazier, P. I./ et al. (Hrsg.): Winter Simulation Conference (WSC), IEEE, Arlington County, Virginia, 2016, S. 2430-2441.

Siebertz, K./van Bebber, D. et al. (2010) Statistische Versuchsplanung
Statistische Versuchsplanung - Design of Experiments (Doe), Springer, Dordrecht, 2010.

Spath, D. (2013) Nutzung neuer Informationstechnologien
Einführung in Trends der Nutzung neuer Informationstechnologien. In: Westkämper, E./Spath, D./ et al. (Hrsg.): Digitale Produktion, Springer Berlin Heidelberg, Berlin, Heidelberg, 2013, S. 199-200.

Spitzweg, M. (2009) Physikalisches Modell von Produktionsanlagen Zugl.: München, Techn. Univ., Diss., 2009
Methode und Konzept für den Einsatz eines physikalischen Modells in der Entwicklung von Produktionsanlagen, Utz, München, 2009.

Spring, E. (2009) Elektrische Maschinen
Elektrische Maschinen, 3rd ed.; Springer, Berlin, 2009.

Stachowiak, H. (1973) Allgemeine Modelltheorie
Allgemeine Modelltheorie, Springer, Wien, 1973.

Steven, M. (2014) Produktionsmanagement
Produktionsmanagement, W. Kohlhammer Verlag, s.l., 2014.

Stöck, M. (2016) Steigerung der Leistungsdichte von Elektromotoren
Steigerung der Leistungsdichte und der Wirtschaftlichkeit von Elektromotoren für atomotive Fahrantriebe, ETH Zurich, , 2016.

Stölting, H.-D./Amrhein, W. (2006) Handbuch elektrische Kleinantriebe
Handbuch elektrische Kleinantriebe - Mit 36 Tabellen, 3., neu bearb. und erw. Aufl.; Hanser, München, 2006.

Strathmann, T. (2019) Disruptive Innovationen in der Automobilindustrie
Disruptive Innovationen in der Automobilindustrie. In: Strathmann, T. (Hrsg.): Elektromobilität als disruptive Innovation, Springer Fachmedien Wiesbaden, Wiesbaden, 2019, S. 21-30.

Strathmann, T. (2019) Elektromobilität als disruptive Innovation
Elektromobilität als disruptive Innovation, Springer Fachmedien Wiesbaden, Wiesbaden, 2019.

Talkhestani, B./Jazdi, N. et al. (2018) Virtual production system
A concept in synchronization of virtual production system with real factory based on anchor-point method. In: Procedia CIRP, Jg. 67, 2018, S. 13-17.

Terwiesch, C./Bohn, R. (2001) Improvement during production ramp-up
Learning and process improvement during production ramp-up. In: International Journal of Production Economics, Ausgabe 1, Jg. 70, 2001, S. 1-19.

Tomczak, T. (1992) Forschungsmethoden
Forschungsmethoden in der Marketingwissenschaft. Ein Plädoyer für den qualitativen Forschungsansatz. In: Marketing ZFP, Ausgabe 2, Jg. 14, 1992, S. 77-87.

Tücks, G. (2010) Ramp-Up Management Zugl.: Aachen, Techn. Hochsch., Diss., 2009
Ramp-Up Management in der Automobilindustrie, 1. Aufl.; Apprimus-Verl., Aachen, 2010.

Ulrich, H. (1981) Betriebswirtschaftslehre
Die Betriebswirtschaftslehre als anwendungsorientierte Sozialwissenschaft. In: Geist, M./Köhler, R. (Hrsg.): Die Führung des Betriebes - Curt Sandig zu seinem 80. Geburtstag, Poeschel, Stuttgart, 1981, S. 1-25.

Ulrich, H./Dyllick, T. et al. (1984) Anwendungsorientierte Sozialwissenschaft
Management - Hrsg. von Thomas Dyllick u. Gilbert J. B. Probst, Haupt, Bern & Stuttgart, 1984.

Ulrich, P./Hill, W. (1976) Wissenschaftstheoretische Grundlagen der BWL
Wissenschaftstheoretische Grundlagen der Betriebswirtschaftslehre. In: Wirtschaftswissenschaftliches Studium : Zeitschrift für Ausbildung und Hochschulkontakt, Ausgabe 7+8, Jg. 5, 1976, S. 304-309.

VDE-Studie. (2010) Elektrofahrzeuge
Elektrofahrzeuge. - Bedeutung, Stand der Technik, Handlungsbedarf., VDE Verband der Elektrotechnik Elektronik Informationstechnik e. V., Energietechnische Gesellschaft (ETG), 2010.

VDI/VDE (2016) VDI 3693 Blatt 1 Virtuelle Inbetriebnahme
Virtuelle Inbetriebnahme. Beuth Verlag GmbH, Berlin, 2016.

VDI-Richtlinie (2008) VDI 4499 Blatt 1 Digitale Fabrik - Grundlagen
Digitale Fabrik. Beuth Verlag GmbH, Berlin, 2008.

VDI-Richtlinie (2011) VDI 4499 Blatt 2 Digitale Fabrik - Digitaler Fabrikbetrieb
Digitale Fabrik. Beuth Verlag GmbH, Berlin, 2011.

VDI-Richtlinie (2014) VDI 3633 Blatt 1 Simulation von Produktionssystemen
Simulation von Logistik-, Materialfluss und Produktionssystemen. Beuth Verlag GmbH, Berlin, 2014.

Velkova, J. (2014) Selbstbewertung der Wandlungsfähigkeit
Methode zur Selbstbewertung der Wandlungsfähigkeit von Produktionssystemen, Shaker, Aachen, 2014.

Stark, Müller et al. 2018 – ViB-SHP
ViB-SHP - Virtuelle Inbetriebnahme für Industrie 4.0 zukunftssicher beherrschen - Modulare Gestaltung und immersive, digitale Absicherung von mechatronischen Produktionsanlagen. Herausgegeben von Rainer Stark, Patrick Müller und Hendrik GrosserFraunhofer Verlag, Stuttgart (2018)

Vogel-Heuser, B./Bauernhansl, T. et al. (2017) Handbuch Industrie 4.0
Handbuch Industrie 4.0 Bd.1 - Produktion, 2., erweiterte und bearbeitete Auflage; Springer Berlin Heidelberg, Berlin, Heidelberg, 2017.

Voß, V. (2012) Simulationsmodelle für die Produktentwicklung Zugl.: Stuttgart, Univ., Diss., 2012 (Nicht für den Austausch)
Wiederverwendbare Simulationsmodelle für die domänen- und disziplinübergreifende Produktentwicklung, Jost-Jetter, Heimsheim, 2012.

Wangenheim, S. v. (1998) Planung und Steuerung des Serienanlaufs Zugl.: Stuttgart, Univ., Diss., 1998
Planung und Steuerung des Serienanlaufs komplexer Produkte - Dargestellt am Beispiel der Automobilindustrie, Lang, Frankfurt am Main, 1998.

Wangenheim, S. v. (1998) Integrationsbedarf im Serienanlauf
Integrationsbedarf im Serienanlauf, dargestellt am Beispiel der Automobilindustrie. In: Horváth, P./Fleig, G. (Hrsg.): Integrationsmanagement für neue Produkte, Schäffer-Poeschel, Stuttgart, 1998, S. 57-86.

Weber, K. H. (2019) Inbetriebnahme verfahrenstechnischer Anlagen
Inbetriebnahme verfahrenstechnischer Anlagen - Praxishandbuch mit Checklisten und Beispielen, 5. Auflage; , 2019.

Weck, M./Brecher, C. (2006) Werkzeugmaschinen
Werkzeugmaschinen 4 - Automatisierung von Maschinen und Anlagen, 6., neu bearbeitete Auflage; Springer-Verlag Berlin Heidelberg, Berlin, Heidelberg, 2006.

Weidauer, J. (2011) Elektrische Antriebstechnik
Elektrische Antriebstechnik ; Auslegung ; Anwendungen ; Lösungen - Grundlagen, 2., überarb. Aufl.; Publicis Publ, Erlangen, 2011.

Westkämper, E. (2013) Digitale Produktion
Definition und Entwicklung der digitalen Produktion. In: Westkämper, E./Spath, D./ et al. (Hrsg.): Digitale Produktion, Springer Berlin Heidelberg, Berlin, Heidelberg, 2013, S. 47-49.

Westkämper, E. (2013) Rahmenmodell der digitalen Produktion
Rahmenmodell der digitalen Produktion. In: Westkämper, E./Spath, D./ et al. (Hrsg.): Digitale Produktion, Springer Berlin Heidelberg, Berlin, Heidelberg, 2013, S. 15-16.

Westkämper, E./Bierschenk, S. et al. (2003) Digitale Fabrik
Digitale Fabrik - nur was für die Großen. In: wt Werkstattstechnik online, Jg. 93, 2003, S. 22-26.

Westkämper, E./Spath, D. et al. (2013) Digitale Produktion
Digitale Produktion, Springer Berlin Heidelberg, Berlin, Heidelberg, 2013.

Westkämper, E./Zahn, E. (2009) Wandlungsfähige Produktionsunternehmen
Wandlungsfähige Produktionsunternehmen - Das Stuttgarter Unternehmensmodell, Springer- Verlag, Berlin Heidelberg, 2009.

Weule, H. (2002) Integriertes Forschungs- und Entwicklungsmanagement
Integriertes Forschungs- und Entwicklungsmanagement - Grundlagen - Strategien - Umsetzung, Hanser, München, 2002.

Wiendahl, H. (2002) Auf dem Weg zur „Digitalen Fabrik"
Auf dem Weg zur „Digitalen Fabrik". In: wt Werkstattstechnik online, Ausgabe 4, Jg. 92, 2002, S. 121.

Wiendahl, H. (2002) Wandlungsfähigkeit
Wandlungsfähigkeit - Schlüsselbegriff der zukunftsfähigen Fabrik. In: wt-online, Ausgabe 4, 2002, S. 122.

Wiendahl, H./El Maraghy, H. et al. (2007) Changeable Manufacturing
Changeable Manufacturing - Classification, Design and Operation. In: CIRP Annals, Ausgabe 2, Jg. 56, 2007, S. 783-809.

Wiendahl, H./Hegenscheidt, M. et al. (2002) Anlaufrobuste Produktionssysteme
Anlaufrobuste Produktionssysteme. In: wt Werkstattstechnik online, Ausgabe 11/12, 2002, S. 650.

Wiendahl, H.-P./Nofen, D. et al. (2005) Planung modularer Fabriken
Planung modularer Fabriken - Vorgehen und Beispiele aus der Praxis, Carl Hanser Verlag GmbH & Co. KG, München, 2005.

Wiesinger, G./Housein, G. (2002) Schneller Produktionsanlauf von Serienprodukten
Schneller Produktionsanlauf von Serienprodukten - Wettbewerbsvorteile durch ein anforderungsgerechtes Anlaufmanagement. In: wt Werkstattstechnik online, Ausgabe 10, 2002, S. 505.

Wildemann, H. (2004) Instrumente zur Anlaufoptimierung
Instrumente zur Anlaufoptimierung in komplexen Wertschöpfungsketten. In: ZWF Zeitschrift für wirtschaftlichen Fabrikbetrieb, Ausgabe 9, Jg. 99, 2004, S. 457-460.

Wildemann, H. (2015) Anlaufmanagement
Anlaufmanagement - Leitfaden zur Optimierung der Anlaufphase von Produkten, Anlagen und Dienstleistungen ; [Leitfaden zur Verkürzung der Hochlaufzeit und Optimierung der An- und Auslaufphase von Produkten], 14. Aufl.; TCW Transfer-Centrum, München, 2015.

Winkler, H. (2007) Wirkbeziehungen im Produktionsanlauf
Zugl.: Hannover, Univ., Diss., 2007
Modellierung vernetzter Wirkbeziehungen im Produktionsanlauf, PZH Produktionstechn. Zentrum, Garbsen, 2007.

Wöhe, G./Döring, U. (2013) Einführung in die allgemeine Betriebswirtschaftslehre
Einführung in die allgemeine Betriebswirtschaftslehre, 25., überarbeitete und aktualisierte Auflage; Verlag Franz Vahlen, München, 2013.

Wünsch, G. (2008) Methoden für die virtuelle Inbetriebnahme
Zugl.: München, Techn. Univ., Diss., 2007
Methoden für die virtuelle Inbetriebnahme automatisierter Produktionssysteme, Utz, München, 2008.

Zäh, M./Möller, N. et al. (2005) Symbiosis of Changeable and Virtual Production
Symbiosis of Changeable and Virtual Production - The Emperor's New Clothes or Key Factor for Future Success. In: International Conference on Changeable, Agile, Reconfigurable and Virtual Production, 2005, S. 1-8.

Zäh, M./Wünsch, G. (2005) Schnelle Inbetriebnahme von Produktionssystemen
Schnelle Inbetriebnahme von Produktionssystemen - Qualitätssicherung von automatisierten Maschinen durch Simualtion. In: wt Werkstattstechnik online, Ausgabe 09, 2005, S. 699-704.

Zangemeister, C. (2014) Nutzwertanalyse in der Systemtechnik
Teilw. zugl.: Berlin, Univ., Diss., 1970
Nutzwertanalyse in der Systemtechnik - Eine Methodik zur multidimensionalen Bewertung und Auswahl von Projektalternativen, 5., erw. Aufl.; Books on Demand, Norderstedt, 2014.

Zhang, H./Liu, Q. et al. (2017) A Digital Twin
A Digital Twin-Based Approach for Designing and Multi-Objective Optimization of Hollow Glass Production Line. In: IEEE Access, Jg. 5, 2017, S. 26901-26911.

Zipper, H./Auris, F. et al. (2018) Keeping the digital twin up-to-date
Keeping the digital twin up-to-date — Process monitoring to identify changes in a plant. In: IEEE (Hrsg.): International Conference on Industrial Technology (ICIT), IEEE, Lyon, 2018, S. 1592-1597.

Zülch, G./Stock, P. (2010) Integration aspects of simulation: equipment, organization and personnel
Integrationsaspekte der Simulation: Technik, Organisation und Personal - Integration aspects of simulation: equipment, organization and personnel; Karlsruhe, 7. und 8. Oktober 2010, KIT Scientific Publ, Karlsruhe, 2010.

9 Anhang

	Bewertungsmodell Überprüfung hinsichtlich Aufwand der virtuellen Inbetriebnahme				
	Kriterium	**Gewichtung**	**Einschätzung**	**Bewertung**	**Ergebnis**
Komplexität der Anlage	Steuerungstechnische Komplexität (versch. Schnittstellen/ Systeme)	30%	gering	1	0,3
	Anteil Steuerungstechnik	25%	gering	1	0,3
	Größe der Anlage	20%	mittel	2	0,4
	Technologische Komplexität	20%	hoch	3	0,6
	Reifegrad der Prozesse	5%	mittel	2	0,1
	Summe	**35%**			**1,7**
Daten-verfügbarkeit	Konsistente Daten	42%	mittel	2	0,8
	Kompatible Dateiformate	25%	gering	3	0,8
	Erwarteter Reifegrad der Konstruktionsdaten	25%	mittel	2	0,5
	Erwarteter Reifegrad der Steuerungs-software	8%	mittel	2	0,2
	Summe	**20%**			**2,25**
VIBN Software	Komplexität der Implementierung in virtuelles Modell	33%	hoch	3	1,0
	Automatisierter Generierungsprozess	25%	hoch	1	0,3
	Geforderte Detailtiefe der Simulation	25%	mittel	2	0,5
	Umfang Bibliothek	17%	gering	3	0,5
	Summe	**15%**			**2,25**
Lieferant	Zuverlässigkeit & Kooperation	100%	hoch	1	1
	Summe	**5%**			**1**
Interne Faktoren	Verfügbare VIBN Kompetenz	50%	mittel	2	1,0
	Ressourcenverfügbarkeit	33%	hoch	1	0,3
	Bestehende Ausstattung	17%	mittel	2	0,3
	Summe	**5%**			**1,67**
Gesamtbewertung Aufwand					**1,45**

Tabelle 9-1: Beispielhafte Darstellung Gesamtbewertung Aufwand

	ISG virtuos	fe.screen-sim	WinMOD	NX Mechatronics Concept Designer	industrialPhysics
Unternehmen	ISG Industrielle Steuerungstechnik GmbH	F.EE Informatik + Systeme	Mewes & Partner GmbH	Siemens	machineering
Kernkompetenz	Steuerungstechnik	Logistik	Logistik	Maschinenbau	Maschinenbau
Vorteile	Echtzeitfähig Auf Hauptthematik Steuerung ausgelegt Gute Performance (so genau wie nötig) Service/ Support bei Problemen sehr gut Modellierung von Schnittstellen sehr gut	Materialflussimulation (u.a. Portale) Änderungen während laufender Simulation möglich Offene Programmierschnittstelle (C#) Automatisierte Übertragung von CAD-Daten möglich	Materialflussimulation Effizient	Physiksimulation Daten (keine zusätzliche Schnittstelle) Direkte Einbindung CAD Daten	Physiksimulation
Nachteile	Oberfläche nicht so benutzerfreundlich Defizite bei Materialfluss Mehraufwand durch Visualisierung (zusätzlich zu Verhaltensmodell) Bei Änderungen muss Stand neu erzeugt werden	Bedingt echtzeitfähig (Kombination mit TwinCAT)	Nicht echtzeitfähig Keine Physik Engine (keine Kollisionserkennung etc.) Keine Weiterentwicklungen der Software Nur für Logistikprozesse geeignet Sehr langsam (durch Visualisierung)	Nicht echtzeitfähig Performance-Probleme durch hohe Detaillierung & Physiksimulation (hohe Rechenleistung) Lange Wartezeiten bei Service/ Support	Nicht echtzeitfähig Performance-Probleme durch hohe Detaillierung & Physiksimulation (hohe Rechenleistung) Weniger Funktionen als beworben

Tabelle 9-2: Ergebnisse der Umfrage zur Software

Gewichtungsfaktoren Kategorie "Komplexität der Anlage"	Größe der Anlage	Technologische Komplexität	Anteil Steuerungstechnik	Steuerungstechnische Komplexität	Auswertung	**Gewichtungsfaktor**
Größe der Anlage		0	0	0	0	**0%**
Technologische Komplexität	2		0	1	3	**38%**
Anteil Steuerungstechnik	1	1		0	2	**25%**
Steuerungstechnische Komplexität	1	1	1		3	**38%**
Summe					8	

Tabelle 9-3: Gewichtungsfaktoren Kategorie Komplexität der Anlage (Nutzenbewertung)

Gewichtungsfaktoren Kategorie "Risiko"	Aufbau-/ Umbauzeit	Bedeutung	Projektwert	Auswertung	**Gewichtungsfaktor**
Aufbau-/ Umbauzeit		1	2	3	**50%**
Bedeutung (Einfluss auf Stückzahl)	1		2	3	**50%**
Projektwert	0	0		0	**0%**
				6	

Tabelle 9-4: Gewichtungsfaktoren Kategorie Risiko (Nutzenbewertung)

Gewichtungsfaktoren Kategorien Nutzen	Komplexität	Risiko	Lieferant	Interne Faktoren	Auswertung	**Gewichtungsfaktor**
Komplexität		0	2	1	3	**25%**
Risiko	2		2	2	6	**50%**
Lieferant	0	0		0	0	**0%**
Interne Faktoren	1	0	2		3	**25%**
					12	

Tabelle 9-5: Gewichtungsfaktoren Kategorie Nutzen

Gewichtungsfaktoren Kategorie "Komplexität der Anlage"	Größe der Anlage	Technologische Komplexität	Anteil Steuerungstechnik	Steuerungstechnische Komplexität	Reifegrad der Prozesse	Auswertung	**Gewichtungsfaktor**
Größe der Anlage		1	1	0	2	4	**20%**
Technologische Komplexität	1		0	1	2	4	**20%**
Anteil Steuerungstechnik	1	2		1	1	5	**25%**
Steuerungstechnische Komplexität	2	1	1		2	6	**30%**
Reifegrad der Prozesse	0	0	1	0		1	**5%**
						20	

Tabelle 9-6: Gewichtungsfaktoren Kategorie Komplexität der Anlage (Aufwandsbewertung)

Gewichtungsfaktoren Kategorie "Datenverfügbarkeit"	Kompatible Dateiformate	Konsistente Daten	Reifegrad der Konstruktionsdaten	Reifegrad der Steuerungssoftware	Auswertung	**Gewichtungsfaktor**
Kompatible Dateiformate		1	1	1	3	**25%**
Konsistente Daten	1		2	2	5	**42%**
Reifegrad der Konstruktionsdaten	1	0		2	3	**25%**
Reifegrad der Steuerungssoftware	1	0	0		1	**8%**
					12	

Tabelle 9-7: Gewichtungsfaktoren Kategorie Datenverfügbarkeit (Aufwandsbewertung)

Gewichtungsfaktoren Kategorie "VIBN Software"	Modellierungskomplexität	Automatisierte Generierung	Umfang Bibliothek	Detailtiefe der Simulation	Auswertung	**Gewichtungsfaktor**
Modellierungskomplexität		1	2	1	4	**33%**
Automatisierte Generierung	1		1	1	3	**25%**
Umfang Bibliothek	0	1		2	3	**25%**
Detailtiefe der Simulation	1	1	0		2	**17%**
					12	

Tabelle 9-8: Gewichtungsfaktoren Kategorie VIBN Software (Aufwandsbewertung)

Gewichtungsfaktoren Kategorie "Interne Faktoren"	Verfügbare VIBN Kompetenz	Bestehende Ausstattung	Ressourcenverfügbarkeit	Auswertung	**Gewichtungsfaktor**
Verfügbare VIBN Kompetenz		2	1	3	50%
Bestehende Ausstattung	0		1	1	17%
Ressourcenverfügbarkeit	1	1		2	33%
				6	

Tabelle 9-9: Gewichtungsfaktoren Kategorie Interne Faktoren (Aufwandsbewertung)

Gewichtungsfaktoren Kategorien Aufwand	Komplexität	Datenverfügbarkeit	VIBN Software	Lieferant	Interne Faktoren	Auswertung	**Gewichtungsfaktor**
Komplexität		1	2	2	2	7	35%
Datenverfügbarkeit	1		2	1	0	4	20%
VIBN Software	0	0		2	1	3	15%
Lieferant	0	1	0		0	1	5%
Interne Faktoren	0	2	1	2		5	25%
						20	

Tabelle 9-10: Gewichtungsfaktoren Kategorien Aufwand

Bewertungskriterien	ISG virtuos	Fe.screen-sim	WinMOD	NX MCD	industrialPhysics
Bedienfreundlichkeit	--	++	+	--	Keine weitere Bewertung
Modellierungsaufwand	--	+	+	0	
Schulungsaufwand	++	+	-	--	
Service/ Support	++	++	--	--	
Besonderheit	Echtzeitfähigkeit	Materialflussorientiert	Materialflussorientiert Integration Schnittstellen	Detailliertes 3D-Modell Physiksimulation	

Tabelle 9-11: Softwarevergleich virtuelle Inbetriebnahme

Überprüfung Grundvoraussetzungen				
Verfügbarkeit digitaler Daten	3D CAD-Daten/ Layout	ja	Ergebnis: Grundvoraus-setzungen für eine VIBN erfüllt?	JA
	Funktionsbeschreibung	ja		
	Hardwarekonfiguration	ja		
Verfügbarkeit Equipment	Leistungsfähige Rechner	ja		
	VIBN Software	ja		
	Versuchsaufbau	ja		
Lieferant	Bereitschaft zur VIBN	ja		
	Softwareentwicklungs-prozess vorhanden	ja		
Planungszeitpunkt	Vorlauf zur realen Inbetriebnahme	ja		

Tabelle 9-12: Überprüfung der Grundvoraussetzungen

	Nutzen der virtuellen Inbetriebnahme				
	Kriterium	**Einschätzung**	**Gewichtung**	**Bewertung**	**Ergebnis**
Risiko	Aufbau-/ Umbauzeit	gering	40%	3	1,2
	Bedeutung (Einfluss auf Stückzahl)	mittel	40%	2	0,8
	Projektwert	mittel	20%	2	0,4
	Summe		**50%**		**2,4**
Komplexität der Anlage	Steuerungstechnische Komplexität (versch. Schnittstellen/ Systeme)	gering	30%	1	0,3
	Technologische Komplexität	mittel	30%	2	0,6
	Anteil Steuerungstechnik	hoch	25%	3	0,8
	Größe der Anlage	mittel	15%	2	0,3
	Summe		**25%**		**2,0**
Interne Faktoren	Weiterverwendungspotential des virtuellen Modells	hoch	100%	3	3
	Summe		**20%**		**3**
Lieferant	Erfahrung mit der Technologie	mittel	100%	2	2
	Summe		**5%**		**2**
Gesamtbewertung Nutzen					**2,39**

	Aufwand der virtuellen Inbetriebnahme				
	Kriterium	**Einschätzung**	**Gewichtung**	**Bewertung**	**Ergebnis**
Komplexität der Anlage	Steuerungstechnische Komplexität (versch. Schnittstellen/ Systeme)	mittel	30%	2	0,6
	Anteil Steuerungstechnik	mittel	25%	2	0,5
	Größe der Anlage	mittel	20%	2	0,4
	Technologische Komplexität	mittel	20%	2	0,4
	Reifegrad der Prozesse	gering	5%	3	0,2
	Summe		**35%**		**2,1**
Datenverfügbarkeit	Konsistente Daten	mittel	42%	2	0,8
	Kompatible Dateiformate	hoch	25%	1	0,3
	Erwarteter Reifegrad der Konstruktionsdaten	hoch	25%	1	0,3
	Erwarteter Reifegrad der Steuerungssoftware	gering	8%	3	0,2
	Summe		**20%**		**1,58**
VIBN Software	Komplexität der Implementierung in virtuelles Modell	mittel	33%	2	0,7
	Automatisierter Generierungsprozess	gering	25%	3	0,8
	Geforderte Detailtiefe der Simulation	mittel	25%	2	0,5
	Umfang Bibliothek	gering	17%	3	0,5
	Summe		**15%**		**2,42**
Lieferant	Zuverlässigkeit & Kooperation	hoch	100%	1	1
	Summe		**5%**		**1**
Interne Faktoren	Verfügbare VIBN Kompetenz	mittel	50%	2	1,0
	Ressourcenverfügbarkeit	mittel	33%	2	0,7
	Bestehende Ausstattung	mittel	17%	2	0,3
	Summe		**5%**		**2**
Gesamtbewertung Aufwand					**1,50**

Tabelle 9-13: Aufwand-Nutzen Bewertung

Bewertungsmodell		
Endbewertung		
Nutzen der VIBN	Ergebnis: Ist es sinnvoll eine VIBN durchzuführen?	JA
2,39		
Aufwand der VIBN		
1,50		

Tabelle 9-14: Endberwertung VIBN-Projekt

Nr.	Funktionsgruppe	Kondition	Testname	Test Beschreibung	Ergebnis	Kommentar
1	Generell	Inbetriebnahme	Virtueller IO Check	/	n.i.O.	"Datum" Reset Button fehlt
2	Störungsfreier Ablauf	Funktion	Zufuhr	Zuführung von Material in der Anlage		
3	Fehlfunktion	Error	Error Signal von PLC	In jedem Fall von Zuführung, Transfer und Ausfuhr muss eine Fehlermeldung der PLC simuliert werden.		
4						
5						
6						
7						
8						
9						
10						
11						
12						

Tabelle 9-15: Vorlage Testspezifikation

1	Telegram-Achsadressen teilweise fehlerhaft
2	Sammelsignal der Busteilnehmer FT090 aufgelegt und an Anlage angepasst
3	Diagnose Freigabe der übergeorndeten Peripherie FT060 + FT090 hat bei einigen Stoppern, HQ's, Dämpfer und Bändern gefehlt
4	Greifer-Funktion war im HMI nicht vorhanden
5	Anpassungen der Auftragsverwaltung LIP notwendig
6	Anpassungen einzelner JOB's LIP notwendig
7	Doppelaufruf Not-Halt sowie Schutztüren
8	Drahtbruchkontrolle Z12 hat gefehlt
9	Quittierung Schutztüren angepasst
10	Fahrfreigaben der Achsen erweitert bzw. Fehler beseitigt
11	Fahrfreigaben der Greifer erweitert bzw. Fehler beseitigt
12	Im Signalaustausch FT090<>FT060 haben einige Signale gefehlt, bzw waren fehlerhaft
13	PRM-Konfiguration einiger Achsen berichtigt
14	Schieben der Werkstückdaten LIP<>FT090 und LIP<>Module (Datenfächer angepasst, Signale "Daten gelöscht", "Daten übernommen" fehlten)
15	Fahrfreigaben Modul Schutztüren waren vertauscht
16	Signale von Beladeluke sowie Positionswerte von Station 1 und Station 2 waren teilweise vertauscht
17	Grundstellungsprogramme LIP A12-Achse hat gefehlt
18	Auswertung Typ-Konfig mussten Aufgrund der verschiedenen Konstellationen Schablone und/oder Stator in den Greifern, NiO-Bearbeitung angepasst werden
19	Verzielung der Schablone und des Stators im Greifer
20	Freigabe des Rüstzustandes der Maschine an die VK
21	Grundstellung der FG's berichtigt
22	Steuerung der Dämpfer ergänzt, Endlagenüberwachung korrigiert
23	Zyklusfehler beim Datenschieben Greifer<>Modul und Greifer<>FT090, Aufrufreihenfolge musste angepasst werden
24	Aufruf HMI Werkstückdatendetailansicht aktualisiert
25	Endschalter vertauscht Stopper HQ043
26	Da die Ausgewertung des Partstate nicht greift wenn eine Schablone im Greifer ist, musste an einigen Stellen dieses Signal sinnvoll gebrückt/ergänzt werden
27	Freigabe für kontrollierten Stopp (HnTe) darf immer erfolgen
28	Abfrage der Beladeluke in die Aufträge integriert um eine bessere Diagnose zu gewährleisten
29	Fehler im Standardbaustein GROB_GATE_LOADING_HATCH_FB
30	Typauswertung Datenfach für Station 2 und 3
31	HMI Abwahl Station 1-3 hatten keine Funktion
32	Typauswertung CHECK_PART_STATE_FC Schleifenzähler musste erhöht werden
33	Namen der Z1A und Z2A-Achsen in der HW-Konfig fehlerhaft
34	einige Fehler im Standardbaustein GROB_STOP_CONTROL_FB, GROB_HQ_LOGIC_FB
35	Array der Routen zu groß, für alle HQ-Aufrufe berichtigt
36	Freigabe zum Auslaufen der Leerpaletten aus HQ, speziell TQ043
37	vorhergende und nachfolgende SEQ an HQ, Stopper teilweise fehlerhaft
38	Konfiguration aller HQ's unvollständig
39	Parametrierung Stopper FG13 , FG14 und FG15 fehlerhaft
40	Falsche Verweisung der FG in der Konfiguration einiger Stopper
41	Autokomatikansteuerung der Bandantriebe für die Aufzüge und im Speicher benötigen einen eigenen Baustein, der Standard Baustein für die Bandantriebe funktioniert hier nicht richtig
42	Umladen der vorherigen und nachfolgenden Stopper der Aufzüge wurde falsch umgeladen
43	Verzielung der Etage und der Maschine im Speicher wurde überarbeitet
44	Datenhandling zwischen Ausschleusverwaltung und Entkopplungsspeicher muss statisch erfolgen
45	einige Bezeichnung von Variablen war nicht eindeutig
46	Grundstellungsgraph für die Aufzüge hat komplett gefehlt
47	falscher Koppler am HQ-FB parametriert
48	Konfig der HQ im FG11 war von überall beschreibbar und einsehbar, sollte jedoch nur intern verfügbar sein -> kam zu Datenüberschneidung
49	COMMUNICATION_FB im FT140_FB war nicht vorhanden
50	HMI Speicher Schnittstelle nach Namensänderung nicht mehr erreichbar
51	Überprüfung der Etage und der Zielmaschine in den Graphen der Aufzüge fehlte
52	Kommunikation zu FT080 wurde komplett überarbeitet
53	Parametrierung zu TH034 war falsch

Abbildung 9-1: Checkliste der identifizierten Fehler während der VIBN

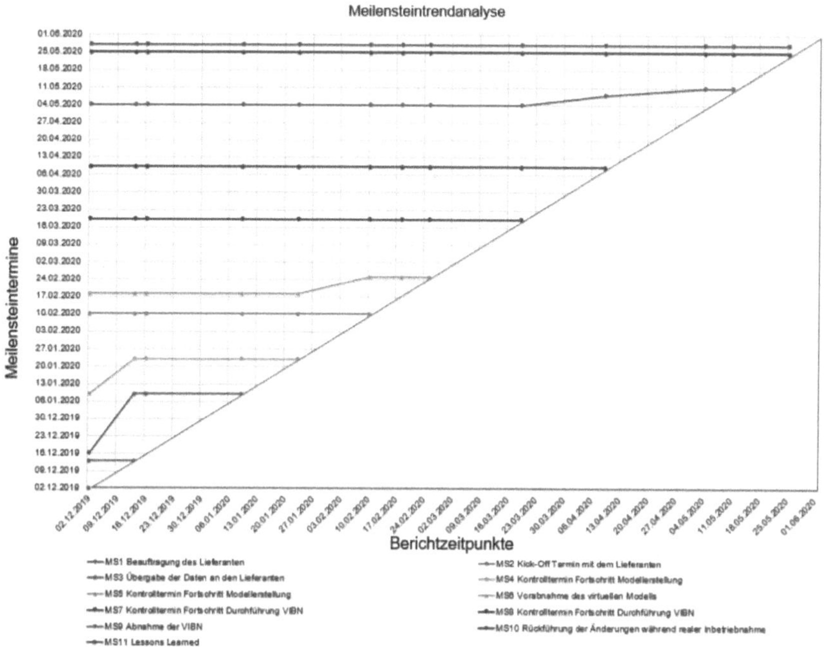

Abbildung 9-2: Meilensteintrendanalyse

```
Sub Plandaten()

    Dim Datum As Date
    Dim LastColumn As Integer
    Dim FirstColumn As Integer
    Dim AnzahlColumn As Integer
    Dim i As Long
    Dim k As Long
    Dim a As Long

    Datum = ThisWorkbook.Sheets("Meilensteintrendanalyse").Range("B8").Value

    'Plandaten für die einzelnen Meilensteine einfügen in die Spalte "Planung"
    LastColumn = Cells(Rows.Count, 4).End(xlUp).Row
    FirstColumn = 9
    AnzahlColumn = LastColumn - FirstColumn
    k = 0
    For i = FirstColumn To LastColumn
        ThisWorkbook.Sheets("Meilensteintrendanalyse").Range("F" & i).Value = Datum + k * 7
        k = k + 1
    Next

    'Daten für die einzelnen Kontrollzeitpunkte einfügen in die Zeile F8-Q8
    a = 0
    For i = 6 To 17
        ThisWorkbook.Sheets("Meilensteintrendanalyse").Cells(8, i).Value = Datum + a * 7
        a = a + 1
    Next

    'Achsenoptionen Diagramm anpassen - Maximales Datum bestimmen
    MaxDatum = Sheets("Meilensteintrendanalyse").Application.Max(Range("F:F"))

    'Achsenoptionen Diagramm anpassen
    ActiveSheet.ChartObjects("Diagramm 2").Activate
    With ActiveChart.Axes(xlValue)
        .MinimumScale = Range("F8") - 7
        .MaximumScale = MaxDatum + 7
    End With

End Sub
```

```
Sub Bericht()

    'Nächste freie Spalte ermitteln
    Dim intLastS As Integer
    Dim intaktS As Integer

    LastColumn2 = Cells(Rows.Count, 6).End(xlUp).Row

    intLastS = Cells(LastColumn2, Columns.Count).End(xlToLeft).Column + 1
    intaktS = intLastS - 1

    'Werte aus letztem Bericht kopieren und einfügen
    Worksheets("Meilensteintrendanalyse").Range(Cells(9, intaktS), Cells(38, intaktS)).Copy _
    Destination:=Worksheets("Meilensteintrendanalyse").Range(Cells(9, intLastS), Cells(38, intLastS))

    For i = 9 To 100
        If ThisWorkbook.Sheets("Meilensteintrendanalyse").Range("C" & i).Value = "ü" Then
            Range(Cells(i, intLastS), Cells(i, intLastS)).ClearContents
        End If
    Next

End Sub
```

```
Sub Löschen()

    Range("G9:X38").ClearContents
    Range("C9:C38").ClearContents

End Sub
```

Abbildung 9-3: Automatisierungsskript Meilensteintrendanalyse

```
Sub Flankenzeitpunkte()
'Durchläuft alle Zellen und markiert die Flankenzeitpunkte. Zeilen ohne Flankenzeitpunkte
'werden für den besseren Überblick eingeklappt

Dim marker As Boolean
marker = False

'Markiere alle Zellen und fixiere die erste Reihe
Range("B2").Select
ActiveWindow.FreezePanes = True
'Durchlaufe alle Zellen dieser Tabelle
For i = 2 To Cells(Rows.Count, 1).End(xlUp).Row - 1
    For n = 2 To Cells(1, Columns.Count).End(xlToLeft).Column
        'Wenn Zelle nicht versteckt ist
        If Columns(n).Hidden = False Then
            'Wenn der Inhalt der betrachteten Zelle nicht mit dem Inhalt der nächsten Zelle
            'übereinstimmt, dann markiere die nächste Zelle. Diese ist ein Flankenzeitpunkt.
            If Cells(i, n) <> Cells(i + 1, n) And IsEmpty(Cells(i + 1, n)) = False Then
                Cells(i + 1, n).Interior.ColorIndex = 6
                marker = True
            End If
        End If
    Next n

    'Wenn die betrachtete Zeile keine markierte Zelle(FZP) beinhaltet, verstecke die Zeile
    If marker = False Then
    Rows(i + 1).Hidden = True
    End If
    marker = False
Next i

End Sub
```

```
Sub Ausloesezeitpunkte()
'Durchläuft anwendungsspezifischen Zellenbereich durch und markiert die Auslösezeitpunkte
'aus den Flankenzeitpunkten. Gibt alle markierten Auslösezeitpunkte zurück

x = 1
For i = 1 To 53
    For n = 2 To Cells(Rows.Count, 1).End(xlUp).Row
        If Cells(n, i + 1).Interior.ColorIndex = 3 Then
            Cells(354, x) = Cells(n, 1)
            x = x + 1
        End If
    Next n
Next i

End Sub
```

Abbildung 9-4: Automatisierungsskript Flankenzeitpunkte und Auslösezeitpunkte

Nummer	Situation	Fehlerursache	Prozessschritt	Verantwortlichke	Dokument	Lessons Learned	Kommentar
1	Fehlende Kommunikation	Basiert auf fehlender Struktur und fehlendem Interesse.	übergreifend	Auftraggeber; Lieferant		Regelmäßige Feedbackrunden einführen	
2	Fehlende Struktur und Zuständigkeit	Keine klar verteilten Zuständigkeiten, wodurch sich niemand für den Prozess verantwortlich fühlt	übergreifend	Auftraggeber; Lieferant		Prozessmodellierung mit Rollenzuordnung	
3	Fehlende Entscheidungs-unterstützung, wann die VIBN sinnvoll ist	Keine Möglichkeit vorhanden den Aufwand und den Nutzen der VIBN zu quantifizieren und gegeneinander abzuwägen, um eine Entscheidung für oder gegen die VIBN treffen zu können	Überprüfung der Grund-voraussetzungen	Auftraggeber		Bewertungsmethodik für Aufwand und Nutzen einführen	
4	Fehlende Daten	Kein fester Zeitpunkt zur Übergabe der Daten bekannt, sodass die Beschaffung dieser teilweise sehr lange dauert	Bereitstellung der Daten an den Lieferanten	Auftraggeber	Daten zur Modellerstellung	Meilensteine für Datenübergabe festlegen	
5	Testfälle detaillierte definieren	Testfälle waren sehr grob definiert, sodass viele Nachfragen durch den Lieferanten entstanden sind	Definition der Testfälle	Auftraggeber	Testspezifikation	Testfälle detailliert in Vorlage spezifizieren	
6	Fehlendes Interesse an der VIBN	Vorteile der VIBN sind zwar verstanden und allen bewusst, allerdings ist der initiale Aufwand für die Modellerstellung teilweise sehr hoch und die Priorität der VIBN bei den Planern eher gering	übergreifend	Auftraggeber; Lieferant		Einbindung des Erfolgs der VIBN in die Mitarbeiterziele	

Tabelle 9-16: Dokumentation Lessons-Learned-Workshop

9.1 Realdaten

<table>
<tr><th rowspan="2">Zeit [s]</th><th colspan="3">Stopper</th><th colspan="2">Vereinzeler</th><th colspan="4">Heber</th></tr>
<tr><th>rechts auf</th><th>rechts zu</th><th>Bauteil in Stopper</th><th>rechts auf</th><th>rechts zu</th><th>oben</th><th>unten</th><th>Lichtschranke vorne</th><th>Lichtschranke hinten</th></tr>
<tr><td></td><td rowspan="8">182</td><td rowspan="7">179</td><td rowspan="10">219</td><td rowspan="13">231</td><td rowspan="12">228</td><td>16</td><td rowspan="2">34</td><td rowspan="4">99</td><td rowspan="3">66</td></tr>
<tr><td>0</td><td rowspan="5">161</td></tr>
<tr><td>1,8</td><td rowspan="3">114</td></tr>
<tr><td>5</td><td rowspan="8">161</td></tr>
<tr><td>8,3</td><td rowspan="5">96</td></tr>
<tr><td>13,2</td><td rowspan="14">141</td></tr>
<tr><td>16,1</td><td rowspan="13">112</td></tr>
<tr><td>16,3</td><td rowspan="9">94</td></tr>
<tr><td>16,6</td><td rowspan="7">89</td></tr>
<tr><td>17,9</td><td rowspan="10">94</td></tr>
<tr><td>20,3</td><td rowspan="4">51</td></tr>
<tr><td>21,1</td><td rowspan="8">62</td></tr>
<tr><td>21,2</td><td rowspan="6">49</td></tr>
<tr><td>21,5</td><td rowspan="4">44</td></tr>
<tr><td>25,4</td><td rowspan="5">19</td></tr>
<tr><td>25,5</td><td rowspan="4">18</td></tr>
<tr><td>25,7</td><td rowspan="3">16</td></tr>
<tr><td rowspan="2"></td><td rowspan="2">14</td></tr>
<tr><td>12</td></tr>
</table>

Tabelle 9-17: Periodendauern in [s] des ersten Ablaufzyklus

<table>
<tr><th rowspan="2">Zeit [s]</th><th colspan="3">Stopper</th><th colspan="2">Vereinzeler</th><th colspan="4">Heber</th></tr>
<tr><th>rechts auf</th><th>rechts zu</th><th>Bauteil in Stopper</th><th>rechts auf</th><th>rechts zu</th><th>oben</th><th>un-ten</th><th>Licht-schranke vorne</th><th>Licht-schranke hinten</th></tr>
<tr><td></td><td rowspan="8">154</td><td rowspan="7">152</td><td rowspan="9">191</td><td rowspan="9">203</td><td rowspan="9">200</td><td>16</td><td rowspan="2">34</td><td rowspan="4">99</td><td rowspan="3">66</td></tr>
<tr><td>0</td><td rowspan="4">134</td></tr>
<tr><td>1,8</td><td rowspan="3">87</td></tr>
<tr><td>5</td><td rowspan="6">133</td></tr>
<tr><td>8,3</td><td rowspan="5">67</td></tr>
<tr><td>10,5</td><td rowspan="4">110</td><td rowspan="4">139</td></tr>
<tr><td>13,4</td></tr>
<tr><td>13,6</td><td rowspan="2">92</td></tr>
<tr><td>13,8</td><td>88</td></tr>
<tr><td>15</td><td rowspan="6"></td><td rowspan="7"></td><td></td><td rowspan="4"></td><td rowspan="3"></td><td rowspan="10"></td><td rowspan="10"></td><td rowspan="10">94</td><td rowspan="2"></td></tr>
<tr><td>17,5</td><td rowspan="4">50</td></tr>
<tr><td>18,3</td><td rowspan="8">61</td></tr>
<tr><td>18,4</td><td rowspan="6">48</td></tr>
<tr><td>18,7</td><td rowspan="4">43</td></tr>
<tr><td>22,5</td><td rowspan="5">19</td></tr>
<tr><td>22,6</td><td rowspan="4">18</td></tr>
<tr><td>22,8</td><td rowspan="3">16</td></tr>
<tr><td rowspan="2"></td><td rowspan="2">14</td></tr>
<tr><td>12</td></tr>
</table>

Tabelle 9-18: Periodendauern in [s] des zweiten Ablaufzyklus

Zeit [s]	Stopper			Vereinzeler		Heber			
	rechts auf	rechts zu	Bauteil in Stopper	rechts auf	rechts zu	oben	un-ten	Licht-schranke vorne	Licht-schranke hinten
						16			
0							34		66
1,8								99	
5	181	178				160	114		
8,3									
13,2			216						
16				228	225			92	
16,2									158
16,5									
17,5									
20									
20,8	85	90							
20,9			48			108	136		
21,2									
24,8								93	
25				41	46				60
25,2			20						
	18	16		15	13				

Tabelle 9-19: Periodendauern in [s] des dritten Ablaufzyklus

Zeit [s]	Ablaufschritt
0	Heber fährt nach unten
1,8	Heber kommt unten an
5	Lichtsensor hinten verlassen
8,3	Lichtsensor vorne verlassen
12,3	Heber fährt nach oben
15,2	Heber kommt oben an
15,4	Stopper öffnet sich
15,6	Stopper ist offen
16,8	Lichtsensor vorne betreten
19,3	Lichtsensor im Stopper verlassen
20,1	Lichtsensor hinten betreten
20,2	Vereinzeler öffnet sich
20,5	Vereinzeler ist offen
24,3	Lichtsensor im Stopper betreten
24,3	Stopper schließt sich
24,6	Stopper ist geschlossen

Tabelle 9-20: Wertetabelle zum Gesamtverlauf der realen Signale

Signalbezeichnung	Signaltyp
Vereinzeler links auf	Eingangssignal
Vereinzeler links zu	Eingangssignal
Vereinzeler rechts auf	Eingangssignal
Vereinzeler rechts zu	Eingangssignal
Stopper links auf	Eingangssignal
Stopper links zu	Eingangssignal
Stopper rechts auf	Eingangssignal
Stopper rechts zu	Eingangssignal
Heber oben	Eingangssignal
Heber unten	Eingangssignal
Bauteil im Vereinzeler	Eingangssignal
Bauteil im Stopper	Eingangssignal
Lichttaster Förderband	Eingangssignal
Lichttaster Anschlag	Eingangssignal
Vereinzeler auf	Ausgangssignal
Vereinzeler zu	Ausgangssignal
Stopper auf	Ausgangssignal
Stopper zu	Ausgangssignal
Heber auf	Ausgangssignal
Heber zu	Ausgangssignal

Tabelle 9-21: Signale nach der Signalfilterung (Mermalsextraktion)

Signalbezeichnung	Signaltyp	Maschinenkomponente
Vereinzeler auf	Ausgangssignal	Vereinzeler (Pneumatischer Zylinder)
Vereinzeler zu	Ausgangssignal	
Vereinzeler links auf	Eingangssignal	
Vereinzeler links zu	Eingangssignal	
Vereinzeler rechts auf	Eingangssignal	
Vereinzeler rechts zu	Eingangssignal	
Stopper auf	Ausgangssignal	Stopper (Pneumatischer Zylinder)
Stopper zu	Ausgangssignal	
Stopper links auf	Eingangssignal	
Stopper links zu	Eingangssignal	
Stopper rechts auf	Eingangssignal	
Stopper rechts zu	Eingangssignal	
Heber auf	Ausgangssignal	Heber (Pneumatischer Zylinder)
Heber zu	Ausgangssignal	
Heber oben	Eingangssignal	
Heber unten	Eingangssignal	
Bauteil im Vereinzeler	Eingangssignal	Lichtschranke 1
Bauteil im Stopper	Eingangssignal	Lichtschranke 2
Lichttaster Förderband	Eingangssignal	Lichtschranke 3
Lichttaster Anschlag	Eingangssignal	Lichtschranke 4

Tabelle 9-22: Gruppierte Signale nach Maschinenkomponenten

Signalbezeichnung	Flankentyp	Zeitpunkt [s]
Bauteil im Stopper	fallend	20,8
Bauteil im Stopper	steigend	25,8
Lichttaster Förderband	fallend	8,8
Lichttaster Förderband	steigend	18,3
Lichttaster Anschlag	fallend	5,5
Lichttaster Anschlag	steigend	21,6
Stopper auf	steigend	16,6
Stopper zu	steigend	25,8
Vereinzeler auf	steigend	21,6
Vereinzeler zu	steigend	26,1
Heber auf	steigend	12,6
Heber zu	steigend	0,1

Tabelle 9-23: Reale Auslösezeitpunkte

Bezeichnung	Real [s]	Virtuell [s]
Vereinzeler Ausfahrzeit	0,2	0,2
Vereinzeler Einfahrzeit	0,3	0,3
Stopper Ausfahrzeit	0,2	0,2
Stopper Einfahrzeit	0,3	0,3
Heber Ausfahrzeit	1,8	1,8
Heber Einfahrzeit	2,9	2,9
Vereinzeler Ausfahren Verzögerungszeit	0,2	0,2
Vereinzeler Einfahren Verzögerungszeit	0,1	0,1
Stopper Ausfahren Verzögerungszeit	0,1	0,1
Stopper Einfahren Verzögerungszeit	0,2	0,2
Heber Ausfahren Verzögerungszeit	0,3	0,3
Heber Einfahren Verzögerungszeit	1,1	1,1

Tabelle 9-24: Vergleich der Verfahrzeiten und Verzögerungszeiten

Bezeichnung Auslösezeitpunkt	Flankentyp	Zeitpunkt real [s]	Zeitpunkt virtuell [s]	Differenz [s]
Bauteil im Stopper	fallend	20,8	20,5	0,3
Bauteil im Stopper	steigend	25,8	25,5	0,3
Lichttaster Förderband	fallend	8,8	8,8	0
Lichttaster Förderband	steigend	18,3	18,2	0,1
Lichttaster Anschlag	fallend	5,5	5,7	-0,2
Lichttaster Anschlag	steigend	21,6	21,3	0,3
Stopper auf	steigend	16,6	16,4	0,2
Stopper zu	steigend	25,8	25,5	0,3
Vereinzeler auf	steigend	21,6	21,3	0,3
Vereinzeler zu	steigend	26,1	25,8	0,3
Heber auf	steigend	12,6	12,4	0,2
Heber zu	steigend	0,1	0,1	0

Tabelle 9-25: Vergleich der Auslösezeitpunkte

Parameterbezeichnung	Parameterwert	Einseitiger zeitlicher Versatz
Vereinzeler Ausfahrzeit	0,250	0,0250
Vereinzeler Einfahrzeit	0,375	0,0375
Stopper Ausfahrzeit	0,250	0,0250
Stopper Einfahrzeit	0,375	0,0375
Heber Ausfahrzeit	2,250	0,2250
Heber Einfahrzeit	3,625	0,3625

Tabelle 9-26: Verfahrparameter

Parameterbezeichnung	Parameterwert
Vereinzeler Ausfahrverzögerung	0,1750
Vereinzeler Einfahrverzögerung	0,0625
Stopper Ausfahrverzögerung	0,0750
Stopper Einfahrverzögerung	0,1625
Heber Ausfahrverzögerung	0,0750
Heber Einfahrverzögerung	0,7375

Tabelle 9-27: Verzögerungsparameter

Run	x_1	x_2	x_3	Y_1	Y_2	Y_3	Y_4	Y_5	Y_6	Y_7	Y_8	Y_9	Y_{10}	Y_{11}	Y_{12}
1	0,1	0,1	0,2	23,5	30,3	9,7	19,4	5,7	25,1	17,3	30,3	25,1	30,6	13,3	0,1
2	0,15	0,1	0,1	28,6	33,6	11,4	24,4	5,7	30,1	22,3	33,6	30,1	33,9	18,3	0,1
3	0,15	0,1	0,3	21,6	26,6	8,9	17,4	5,7	23,1	15,3	26,6	23,1	26,9	11,3	0,1
4	0,15	0,3	0,1	22,0	26,1	8,4	20,6	5,7	22,5	19,0	26,1	22,5	26,4	15,0	0,1
5	0,2	0,2	0,1	23,9	27,4	9,4	21,8	5,7	24,7	20,1	27,4	24,7	27,7	16,1	0,1
6	0,1	0,3	0,2	22,0	27,8	8,4	20,6	5,7	22,5	19,0	27,8	22,5	28,1	15,0	0,1
7	0,15	0,2	0,2	19,8	24,1	8,5	17,7	5,7	20,6	16,0	24,1	20,6	24,4	12,0	0,1
8	0,2	0,1	0,2	23,5	27,8	9,7	19,4	5,7	25,1	17,3	27,8	25,1	28,1	13,3	0,1
9	0,1	0,2	0,1	23,9	29,9	9,4	21,8	5,7	24,7	20,1	29,9	24,7	30,2	16,1	0,1
10	0,2	0,3	0,2	18,3	21,5	7,9	16,9	5,7	18,8	15,3	21,5	18,8	21,8	11,3	0,1
11	0,15	0,3	0,3	16,9	21,0	7,6	15,5	5,7	17,4	13,9	21,0	17,4	21,3	9,9	0,1
12	0,2	0,2	0,3	18,2	21,7	8,1	16,1	5,7	19,0	14,4	21,7	19,0	22,0	10,4	0,1
13	0,15	0,2	0,2	19,8	24,1	8,5	17,7	5,7	20,6	16,0	24,1	20,6	24,4	12,0	0,1
14	0,1	0,2	0,3	18,2	24,2	8,1	16,1	5,7	19,0	14,4	24,2	19,0	24,5	10,4	0,1
15	0,15	0,2	0,2	19,8	24,1	8,5	17,7	5,7	20,6	16,0	24,1	20,6	24,4	12,0	0,1
Reale Auslösezeitpunkte (Y_{Ri})				20,8	25,8	8,8	18,3	5,5	21,6	16,6	25,8	21,6	26,1	12,6	0,1

Tabelle 9-28: Ausgefüllter Versuchsplan

9.2 Ergänzende Simulationsdaten

<table>
<tr><th rowspan="2">Zeit [s]</th><th colspan="3">Stopper</th><th colspan="2">Vereinzeler</th><th colspan="4">Heber</th></tr>
<tr><th>rechts auf_sim</th><th>rechts zu_sim</th><th>Bauteil in Stopper_sim</th><th>rechts auf_sim</th><th>rechts zu_sim</th><th>oben_sim</th><th>Unten_sim</th><th>Lichtschranke vorne_sim</th><th>Lichtschranke hinten_sim</th></tr>
<tr><td></td><td rowspan="8">121</td><td rowspan="7">114</td><td rowspan="10">142</td><td rowspan="12">161</td><td rowspan="11">154</td><td>16</td><td rowspan="2">30</td><td rowspan="4">61</td><td rowspan="3">32</td></tr>
<tr><td>0</td><td rowspan="5">96</td></tr>
<tr><td>1,4</td><td rowspan="3">67</td></tr>
<tr><td>1,6</td><td rowspan="8">122</td></tr>
<tr><td>4,5</td><td rowspan="5">64</td></tr>
<tr><td>8,1</td><td rowspan="11">102</td></tr>
<tr><td>9,6</td><td rowspan="10">87</td></tr>
<tr><td>9,8</td><td rowspan="8">76</td></tr>
<tr><td>10,5</td><td rowspan="6">62</td></tr>
<tr><td>10,9</td><td rowspan="7">74</td></tr>
<tr><td>12,6</td><td rowspan="3">40</td></tr>
<tr><td>13,8</td><td rowspan="5">45</td><td rowspan="5">45</td></tr>
<tr><td>14,5</td><td rowspan="4">38</td></tr>
<tr><td>16,6</td><td rowspan="3">17</td></tr>
<tr><td>16,7</td><td rowspan="2">16</td></tr>
<tr><td>17,4</td><td>9</td></tr>
</table>

Tabelle 9-29: Periodendauern in [s] des simulierten Ablaufzyklus

Zeit [s]	Stopper			Vereinzeler		Heber				Virtuell/Real	Nummer
	rechts auf	rechts zu	Bauteil in Stopper	rechts auf	rechts zu	oben	unten	Lichtschranke vorne	Lichtschranke hinten		
0	0	1	1	0	1	0	0	1	1	Beides	0
1,4	0	1	1	0	1	0	1	1	1	Virtuell	1
1,6	0	1	1	0	1	0	1	1	0	Virtuell	2
1,8	0	1	1	0	1	0	1	1	1	Real	1
4,5	0	1	1	0	1	0	1	0	0	Virtuell	3
5	0	1	1	0	1	0	1	1	0	Real	2
8,1	0	1	1	0	1	0	0	0	0	Virtuell	4
8,3	0	1	1	0	1	0	1	0	0	Real	3
9,6	0	1	1	0	1	1	0	0	0	Virtuell	5
9,8	0	0	1	0	1	1	0	0	0	Virtuell	6
10,5	1	0	1	0	1	1	0	0	0	Virtuell	7
10,9	1	0	1	0	1	1	0	1	0	Virtuell	8
12,3	0	1	1	0	1	0	0	0	0	Real	4
12,6	1	0	0	0	1	1	0	1	0	Virtuell	9
13,8	1	0	0	0	0	1	0	1	1	Virtuell	10 /11
14,5	1	0	0	1	0	1	0	1	1	Virtuell	12
15,2	0	1	1	0	1	1	0	0	0	Real	5
15,4	0	0	1	0	1	1	0	0	0	Real	6
15,6	1	0	1	0	1	1	0	0	0	Real	7
16,6	1	0	1	1	0	1	0	1	1	Virtuell	13
16,7	0	0	1	1	0	1	0	1	1	Virtuell	14
16,8	1	0	1	0	1	1	0	1	0	Real	8
17,4	0	1	1	1	0	1	0	1	1	Virtuell	15
19,3	1	0	0	0	1	1	0	1	0	Real	9
20,1	1	0	0	0	1	1	0	1	1	Real	10
20,2	1	0	0	0	0	1	0	1	1	Real	11
20,5	1	0	0	1	0	1	0	1	1	Real	12
24,3	0	0	1	1	0	1	0	1	1	Real	13/14
24,6	0	1	1	1	0	1	0	1	1	Real	15

Tabelle 9-30: Realer/Simulierter Ablaufzyklus in Binärform kombiniert

Zeit [s]	Ablaufschritt	Virtuell/Real	Nummer
0	Heber fährt nach unten	Virtuell/Real	0
1,4	Heber kommt unten an	Virtuell	1
1,6	Lichtsensor hinten verlassen	Virtuell	2
1,8	Heber kommt unten an	Real	1
4,5	Lichtsensor vorne verlassen	Virtuell	3
5	Lichtsensor hinten verlassen	Real	2
8,1	Heber fährt nach oben	Virtuell	4
8,3	Lichtsensor vorne verlassen	Real	3
9,6	Heber kommt oben an	Virtuell	5
9,8	Stopper öffnet sich	Virtuell	6
10,5	Stopper ist offen	Virtuell	7
10,9	Lichtsensor vorne betreten	Virtuell	8
12,3	Heber fährt nach oben	Real	4
12,6	Lichtsensor im Stopper verlassen	Virtuell	9
13,8	Lichtsensor hinten betreten/Vereinzeler öffnet sich	Virtuell	10/11
14,5	Vereinzeler ist offen	Virtuell	12
15,2	Heber kommt oben an	Real	5
15,4	Stopper öffnet sich	Real	6
15,6	Stopper ist offen	Real	7
16,6	Lichtsensor im Stopper betreten	Virtuell	13
16,7	Stopper schließt sich	Virtuell	14
16,8	Lichtsensor vorne betreten	Real	8
17,4	Stopper ist geschlossen	Virtuell	15
19,3	Lichtsensor im Stopper verlassen	Real	9
20,1	Lichtsensor hinten betreten	Real	10
20,2	Vereinzeler öffnet sich	Real	11
20,5	Vereinzeler ist offen	Real	12
24,3	Lichtsensor im Stopper betreten	Real	13
24,3	Stopper schließt sich	Real	14
24,6	Stopper ist geschlossen	Real	15

Tabelle 9-31: Realer/Simulierter Ablaufzyklus in Textform kombiniert

Zeit [s]	Ablaufschritt
0	Heber fährt nach unten
1,4	Heber kommt unten an
1,6	Lichtsensor hinten verlassen
4,5	Lichtsensor vorne verlassen
8,1	Heber fährt nach oben
9,6	Heber kommt oben an
9,8	Stopper öffnet sich
10,5	Stopper ist offen
10,9	Lichtsensor vorne betreten
12,6	Lichtsensor im Stopper verlassen
13,8	Lichtsensor hinten betreten/Vereinzeler öffnet sich
14,5	Vereinzeler ist offen
16,6	Lichtsensor im Stopper betreten
16,7	Stopper schließt sich
17,4	Stopper ist geschlossen

Tabelle 9-32: Wertetabelle zum Gesamtverlauf der simulierten Signale

In der Reihe **Ergebnisse aus der Elektromobilproduktion** zuletzt erschienen:

Schön, Christoph:

Gestaltung und Bewertung von skalierbaren Technologieketten für die Großserienproduktion von Brennstoffzellen

ISBN 978-3-98555-056-2

Erscheinungsdatum: 23.03.2022

Lutz, Nicolas Johannes:

Integration virtueller Methoden in das Anlaufmanagement skalierbarer Fertigungssysteme

ISBN 978-3-98555-035-7

Erscheinungsdatum: 31.01.2022

Diekmann, Tobias:

Montagegerechte Standardisierung von Bauteilschnittstellen für die variantenreiche Automobilproduktion

ISBN 978-3-98555-016-6

Erscheinungsdatum: 25.11.2021

Ayvaz, Peter:

Methode zur merkmalbasierten Gesamtkostenermittlung für polymer-additiv gefertigte Spritzgießwerkzeuge

ISBN 978-3-86359-999-7

Erscheinungsdatum: 20.09.2021

Edition Wissenschaft
Apprimus

Hehl, Martin:

Lösungsraum-Management für die Produktionsplanung im Disruptiven Umfeld

ISBN 978-3-86359-974-4
Erscheinungsdatum: 10.06.2021

Haunreiter, Andreas:

Unsicherheitsmanagement von Produktanforderungen in der Entwicklung von Hochvolt-Batteriesystemen

ISBN: 978-3-86359-955-3
Erscheinungsdatum: 07.05.2021

Mohsseni, Ahmad:

Gestaltung von lebenszyklusrobusten Produktarchitekturen am Beispiel des Lithium-Ionen-Batteriesystems

ISBN: 978-3-86359-961-4
Erscheinungsdatum: 19.04.2021

Wessel, Saskia:

Gestaltung des Prüfprozesses zur Effizienzsteigerung im Entwicklungsprozess der Lithium-Ionen-Batterie

ISBN: 978-3-86359-909-6
Erscheinungsdatum: 10.11.2020

Edition Wissenschaft
Apprimus

FSC
www.fsc.org
MIX
Papier | Fördert gute Waldnutzung
FSC® C083411

Zeitfracht Medien GmbH
Ferdinand-Jühlke-Straße 7
99095 Erfurt, Deutschland
produktsicherheit@kolibri360.de